"十二五"普通高等教育本科国家级规划教材

大学物理学

（上）

主编 陆培民 陈美锋 曾永志

参编 王松柏 江云坤 陈永毅
苏万钧 张晓岚 杨开宇
钟志荣 翁臻臻 夏 岩
龚炎芳 黄春晖 黄碧华
曾晓萌 曾群英 蒋夏萍

清华大学出版社
北京

内容简介

本书分为上、下两册，上、下册各有7章内容。第1章到第3章属于经典力学的内容，讲述质点运动学、质点动力学以及刚体定轴转动；第4章介绍狭义相对论基础知识；第5章到第7章属于波动与光学的内容，讲述振动与波动的基本特征、几何光学基本规律以及光的干涉、衍射和偏振；第8章和第9章属于热学内容，讲述气体动理论和热力学基本定律；第10章到第12章属于电磁学内容，讲述静电场、稳恒电流磁场、电磁感应和电磁波的基本概念；第13章和第14章属于量子物理基础内容，讲述量子物理基本概念、原子中电子的状态和分布规律，并简单介绍固体的结构及其组成粒子之间的相互作用与运动规律。上、下册都开设专题阅读，介绍物理前沿和现代物理思想。

本书涵盖《理工科非物理类专业大学物理课程教学基本要求》的所有A类内容，B类内容有的带“*”号出现，有的写成专题形式；适合中等学时的大学物理教学。

图书在版编目(CIP)数据

大学物理学．上/陆培民，陈美锋，曾永志主编．—北京：清华大学出版社，2010.12(2025.1重印)
ISBN 978-7-302-24766-1

Ⅰ．①大…　Ⅱ．①陆…　②陈…　③曾…　Ⅲ．①物理学—高等学校—教材　Ⅳ．①O4

中国版本图书馆CIP数据核字(2011)第016106号

责任编辑：朱红莲
责任校对：刘玉霞
责任印制：刘海龙

出版发行：清华大学出版社
网　　址：https://www.tup.com.cn，https://www.wqxuetang.com
地　　址：北京清华大学学研大厦A座　　邮　　编：100084
社 总 机：010-83470000　　邮　　购：010-62786544
投稿与读者服务：010-62776969，c-service@tup.tsinghua.edu.cn
质量反馈：010-62772015，zhiliang@tup.tsinghua.edu.cn
印 装 者：三河市铭诚印务有限公司
经　　销：全国新华书店
开　　本：185mm×260mm　　印　　张：14.25　　字　　数：345千字
版　　次：2010年12月第1版　　印　　次：2025年1月第16次印刷
定　　价：38.00元

产品编号：039999-03

FOREWORD

前言

物理学是研究物质的基本结构、相互作用和物质运动最基本、最普遍的形式及其相互转化规律的科学。物理学的研究对象具有极大的普遍性，它的基本理论渗透在自然科学的一切领域，并广泛地应用于生产技术的各个部门。以物理学的基础知识为内容的“大学物理学”课程，它所包括的经典物理、近代物理以及它们在科学技术上应用的初步知识是理工科学生进一步学习专业知识的基础。为了很好地完成“大学物理学”课程的教学任务，目前有大量的相关教材。不同的教材是根据不同的实际情况编写的，这是因为随着高校招生规模的扩大，高等教育正在从精英教育向大众教育过渡，分层次办学以及人才培养多样化的趋势日渐突出。

本书编写的初衷，是为中等学时的大学物理教学提供一套难度合适、篇幅精练、易教易学的教材。本书是根据教育部最新制定的《理工科非物理类专业大学物理课程教学基本要求》，在福州大学邱雄等人主编的《大学物理》（上、下册，2002 版）基础上进行编写的。它涵盖《理工科非物理类专业大学物理课程教学基本要求》的所有 A 类内容；B 类内容有的带“*”号出现、有的写成专题形式。

在本书编写初衷的指导下，本书具备以下特色：(1) 强调物理思想和物理图像，简约推导，能够用物理图像解释清楚的，尽量不用复杂的数学推证；(2) 精心设计问题，引导读者学习，体现引导式、研究性学习理念；(3) 注重物理学知识与科学技术相结合、与自然现象相结合、与生活相结合，以增强物理学理论的真实感和生动感；(4) 注重科学思维和方法的培养，把物理学方法论中所涉及的一些基本原理介绍给读者；(5) 在近代物理学内容的叙述上力求通俗、生动，突出物理学图像，以近代物理学发展的历史为主线编写近代物理；(6) 开设专题阅读，介绍物理前沿和现代物理思想，以激发读者学习物理的兴趣；(7) 版面设计美观，写作语言朴实流畅、通俗易懂。

本书分上、下两册。上册包括质点力学、刚体定轴转动、狭义相对论、振动波动和光学等内容，下册包括热学、电磁学、量子物理基础和固体物理简介等内容。在保证大学物理教学体系的整体性和系统性的基础上，章节的编排适当地考虑了教学上的方便。例如，狭义相对论虽然属于近代物理内容，但本书把它排在质点力学和刚体定轴转动之后，目的是在经典时空观之后紧接着全新的狭义相对论时空观，形成鲜明的对比；又如，由于振动和波动是波动光学的基础，所以把光学安排在上册。

本书编写参考了许多资料和兄弟院校的教材，在此一并表示真诚的谢意。

由于水平所限，加上时间紧，书中的错误和不足在所难免，请读者提出宝贵意见，以期再版时作进一步的修改。

物理常量表

名　　称	符号	计 算 用 值
引力常量	G	6.67×10^{-11} N·m²/kg²
真空中的光速	c	3.00×10^{8} m/s
电子静质量	m_e	9.11×10^{-31} kg
质子静质量	m_p	1.67×10^{-27} kg
中子静质量	m_n	1.67×10^{-27} kg
阿伏伽德罗常量	N_A	6.02×10^{23} mol^{-1}
玻耳兹曼常量	k	1.38×10^{-23} J/K
元电荷	e	1.60×10^{-19} C
真空介电常量	ε_0	8.85×10^{-12} F/m
真空磁导率	μ_0	1.26×10^{-6} N/A^2
普朗克常量	h	6.63×10^{-34} J·s
电子康普顿波长	λ_C	2.43×10^{-12} m
玻尔磁子	μ_B	9.27×10^{-24} J/T
里德堡常量	R	1.10×10^{7} m^{-1}
玻尔半径	a_0	5.29×10^{-11} m

CONTENTS

目录

第1章 质点运动学

世界是物质的世界，物质是在永恒地运动着的。物理学的研究对象中，物质运动最基本最普遍的形式与规律是其主要内容。在这些运动形式中，最简单而又最基本的运动是物体位置的变化。这种变化可以是物体之间相对位置的变化，也可以是物体本身中的某些部分相对其他部分位置的变化。例如，宇宙空间中天体的运行、地球上各种交通工具的运动等。这种位置变化叫做机械运动。

力学是研究物体机械运动所遵循的运动规律的一门科学。根据研究对象的不同可将力学分为更细的分支学科。经典力学是研究低速（速度比光速小很多）情况下宏观物体的机械运动所遵循的规律，相对论力学则是研究高速（速度与光速可比拟）情况下宏观物体的机械运动所遵循的规律。根据描述物体运动的侧重点的不同，还可以将力学分为运动学、动力学和静力学等。运动学只研究物体运动的描述，而不涉及物体为什么会运动以及改变物体运动的原因；动力学则是研究物体间的相互作用与物体运动状态变化之间的内在联系；静力学主要研究物体在相互作用下的平衡问题。

本章我们将就运动学的基本内容进行阐述。

1.1 参考系和坐标系　质点

1.1.1 参考系和坐标系

在自然界，一切物质都处于永恒的运动中，因此运动是普遍的、绝对的。但是我们观察和描述运动却总是相对的。例如，相对地面垂直下落的雨滴，对于一个坐在行驶汽车里的人，却总是倾斜向下落的。可见，选择不同的参考物体，对同一个运动描述的结果一般是不相同的。因此，我们描述一个物体的运动时，必须指明是相对于什么参考物体来说的。这个被选定的参考物体称为参考系。

原则上，参考系的选择是任意的，可以根据对象的不同或问题的需要来选择。在研究运动学问题时，参考系的选择主要是考虑所选择的参考系在问题的描述方面是否方便。通常在没有特别指明的情况下，我们总是选地球为参考系的，这是因为我们所研究的物体绝大部分是在地球上运动的。如果研究的是太阳系中行星的运动，则通常选太阳作为参考系。

确定了参考系后，为了能定量地描述物体的位置，还需要在参考系中建立坐标系。最常用的坐标系是直角坐标系，有时也选用极坐标系、球坐标系、柱坐标系等。至于选用哪种坐标系，是以研究问题的方便为准则的。

需要注意的是，同一参考系中两个不同的坐标系，它们对同一物体运动性质的描述是一样的，而仅仅是描述的参数变了。坐标系实质上是由实物构成的参考系的数学抽象，一旦建立了坐标系，意味着参考系也已选定。

1.1.2 时间标准和长度标准

研究物体位置随时间的变化，离不开时间和长度的度量。要度量时间和长度，首先要选择时间和长度的标准。下面简单介绍时间和长度的标准及单位。

1. 时间标准和单位

自然界存在着许多周期性的现象，时间标准应以这种周期性现象为基础。过去的时间标准是在天文观测的基础上规定的。人们把太阳每连续两次经过子午圈相隔的时间称为1个太阳日，也就是通常所说的一昼夜。因为一年之中，太阳日的长短略有差异，我们取一年中所有太阳日的平均值作为时间的标准单位，叫做1个平均太阳日，或简称1日。1日分为24小时，1小时分为60分，1分又分为60秒。这样一个平均太阳日就有$24\times60\times60=86\,400$秒。

以天文观测为基础的时间标准，确定它非常费事，而且用这种方法所确定的时间的准确度也不能满足现代科学技术发展的要求。随着人们对微观世界认识的日益深入和实验水平的日益提高，使得把时间标准和某些分子或原子的固有性质联系起来成为可能。在长期研究的基础上，1967年第十三届国际计量大会决定以铯的一种同位素——铯133所辐射的某一种电磁波的周期作为时间的新标准，并规定1秒等于该周期的9 192 631 770倍。

在国际单位制（SI制）中，时间的单位是s（秒）。除了“秒”外，还可以用其他某些时间单位。常用的其他时间单位的符号及其与“秒”的关系如下：

$$1\ \text{min(分)}=60\ \text{s}$$

$$1\ \text{ms(毫秒)}=10^{-3}\ \text{s}$$

$$1\ \mu\text{s(微秒)}=10^{-6}\ \text{s}$$

$$1\ \text{ns(纳秒)}=10^{-9}\ \text{s}$$

2. 长度标准和单位

1889年第一届国际计量大会通过：将保存在法国巴黎附近的国际计量局中的一根铂铱合金棒在0℃时两条横刻线之间的距离叫做1米。各国都有这个被称为国际米原器的合金棒的精确复制品，而其他各种量具的刻度就是以这种国际米原器的精确复制品为根据的。

长度标准以实物作为基准，就无法保证其不随时间发生变化，也很难防止战争、地震等灾害的毁坏。物理学家早就发现任何大块物质都不可能保持本身的物理性质永久不变，而单个原子的性质却可以合理地假定为基本上不随时间而改变。随着科学技术的发展，1960年第十一届国际计量大会决定，以氪的一种纯同位素——氪86发出的橙红色光的波长作为长度的标准，规定1米等于该波长的1 650 763.73倍，从而实现了长度计量的自然基准。

随着激光技术的发展和爱因斯坦的相对论观点不断为实验事实所验证，人们发现通过光速来定义米的精度要远优于氪 86。于是，1983 年第十七届国际计量大会通过：米是光在真空中 1/299 792 458 秒的时间间隔内运行路程的长度，同时规定了真空中光速值为 $c=299\ 792\ 458$ m/s(米每秒)。

本书主要采用国际单位制。在国际单位制中，长度的单位是 m(米)。除了“米”外，还可以用“米”的十进倍数或分数作长度单位。常用长度单位的符号及其与“米”的关系如下：

$$1\ \text{km}(千米)=10^3\ \text{m}$$

$$1\ \text{cm}(厘米)=10^{-2}\ \text{m}$$

$$1\ \text{mm}(毫米)=10^{-3}\ \text{m}$$

$$1\ \mu\text{m}(微米)=10^{-6}\ \text{m}$$

$$1\ \text{nm}(纳米)=10^{-9}\ \text{m}$$

另外，在天文学中计量天体之间的距离时，还常用“天文单位(AU)”、“光年(l. y.)”等作为长度单位

$$1\ \text{AU}\approx 1.496\times 10^{11}\ \text{m}$$

$$1\ \text{l. y.}\approx 9.46\times 10^{15}\ \text{m}$$

1.1.3 质点

自然现象是互相联系和互相制约的，其影响因素往往是多方面的，但它们多有主次之分。如果不分主次地考虑所有因素，不利于找出其基本规律，也不利于求得精确的结果。因而，人们在研究自然现象的过程中，总是先抓住那些主要因素，从中找出其基本的运动规律。在这个基础上，继续加进一些次要因素，从而使运动规律更能反映客观实际。这是自然科学中普遍采用的一种研究方法。这种研究方法是将实际对象简化成一种理想化的模型。理想化的模型在现实的世界里是不存在的，但它却起到了突出重点简化问题的作用。

力学中很重要的一个理想化模型是质点，它是指没有大小和形状仅具有质量的几何点。

必须特别指出，把物体当作质点是有条件的、相对的，而不是任意的、绝对的。一个物体能否被看成质点不在于这个物体的大与小，也不在于物体的轻与重，唯一的依据是看物体的大小和形状在所讨论的问题中起不起作用。例如，当我们研究一个乒乓球是如何沿一个斜面滚动时，尽管乒乓球很小也很轻，但球上各点的运动情况是大不相同的，就不能将其看成是质点。当研究地球绕太阳公转时，由于地球与太阳的平均距离(约为 1.5×10^8 km)比地球的半径(约为 6370 km)大得多，地球上各点相对于太阳的运动可以看作是相同的，所以在研究地球公转时，就可以把地球当作质点；但如果是研究地球本身的自转，地球上各点的运动情况就各不相同，此时的地球也就不能当作质点了。

此外，当我们研究一些比较复杂的物体的运动时，虽然不能把整个物体看成质点，但在处理方法上可以把复杂物体看成由许多质点组成，在解决质点运动问题的基础上来研究这些复杂物体的运动。

1.2 质点运动的描述

1.2.1 位置矢量 运动方程

1. 位置矢量

在运动学中,常用一个几何点代表质点。要描述质点的运动,首先要确定质点在任一时刻的位置。在选定的参考系上先建立坐标系,确定了坐标系后,从坐标原点到质点所在位置引出一个矢量 $\boldsymbol{r}$,该矢量可以表示出质点在坐标系中的位置,称为质点的位置矢量,简称位矢。

在图 1-1 中,某一时刻质点处于空间的 P 点位置,我们在建立了坐标系后由原点 O 出发向着 P 点画出一条带有箭头的线段 $\boldsymbol{r}$,这就是该时刻质点的位置矢量。位矢 $\boldsymbol{r}$ 的大小 r,表示质点到坐标原点的距离;$\boldsymbol{r}$ 的方向(由 O 点指向 P 点)表示质点相对于原点的方向。可见,当坐标原点选定之后,位矢 $\boldsymbol{r}$ 就能指明质点相对原点的距离和方位,亦即确定了质点的空间位置。另一方面也应注意到,对于质点的一个确定位置,它的位矢的大小和方向与坐标系的选择有关。

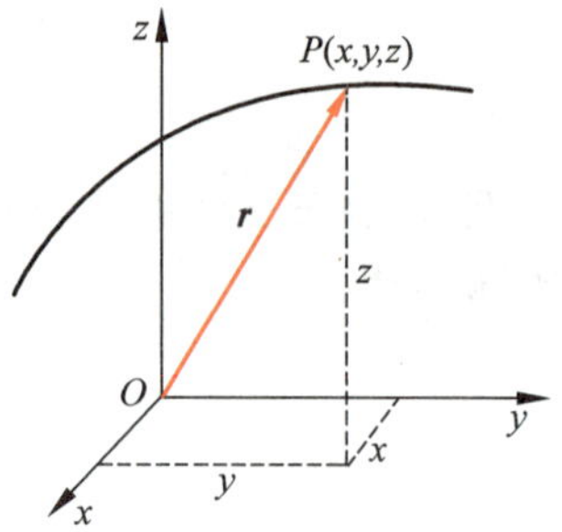

图 1-1 位置矢量及其投影

在直角坐标系中,位矢 $\boldsymbol{r}$ 在三个坐标轴上的投影就是质点的三个位置坐标 x、y、z。以 $\boldsymbol{i}$、$\boldsymbol{j}$、$\boldsymbol{k}$ 分别表示沿 x、y、z 轴正方向的单位矢量,有

$$\boldsymbol{r} = x\boldsymbol{i} + y\boldsymbol{j} + z\boldsymbol{k} \tag{1-1}$$

质点 P 距原点 O 的距离(即位矢的大小)r 为

$$r = |\boldsymbol{r}| = \sqrt{x^2 + y^2 + z^2} \tag{1-2}$$

位矢 $\boldsymbol{r}$ 的方向由三个方向余弦确定

$$\cos\alpha = \frac{x}{r}, \quad \cos\beta = \frac{y}{r}, \quad \cos\gamma = \frac{z}{r} \tag{1-3}$$

式中 α、β、γ 分别是位矢 $\boldsymbol{r}$ 与三个坐标轴 x、y、z 之间的夹角,它们满足

$$\cos^2\alpha + \cos^2\beta + \cos^2\gamma = 1 \tag{1-4}$$

2. 运动方程

当质点运动时,其位矢 $\boldsymbol{r}$ 就随时间变化,即 $\boldsymbol{r}$ 为时间 t 的矢量函数。在任一时刻 t,有

$$\boldsymbol{r} = \boldsymbol{r}(t) \tag{1-5}$$

上式描述了质点在任一时刻 t 相对于坐标原点的距离和方位,称之为质点的运动方程。

在直角坐标系中,质点的运动方程可表示为

$$\boldsymbol{r}(t) = x(t)\boldsymbol{i} + y(t)\boldsymbol{j} + z(t)\boldsymbol{k} \tag{1-6}$$

或者用分量式表示为

$$\begin{cases} x = x(t) \\ y = y(t) \\ z = z(t) \end{cases} \tag{1-7}$$

也就是说三个位置坐标 x、y、z 都是时间的函数。

运动方程可以用分量式表示，说明一个运动可以分解为几个分运动，而这些分运动叠加起来就构成合运动。这一性质称为运动的叠加性。例如，作平抛运动的质点，其运动可分解为水平匀速直线运动和竖直匀加速直线运动。

3. 轨道方程

运动质点所经空间各点连成的曲线称为运动轨道，相应的曲线方程称为轨道方程。将质点的运动方程消去参数 t，就得到了质点的轨道方程。例如，已知某一质点的运动方程为

$$\boldsymbol{r} = 5\sin\left(\frac{\pi}{2}t\right)\boldsymbol{i} + 5\cos\left(\frac{\pi}{2}t\right)\boldsymbol{j}$$

其分量式表示为

$$x = 5\sin\left(\frac{\pi}{2}t\right),\quad y = 5\cos\left(\frac{\pi}{2}t\right),\quad z = 0$$

该质点的轨道方程为

$$x^2 + y^2 = 25,\quad z = 0$$

这是一个圆的曲线方程，它表明质点是在 Oxy 平面内作圆周运动。

1.2.2 位移 路程

1. 位移

运动的质点，其位置在自身的运动轨道上连续地变化着。不同的时刻，有不同的位置矢量。如图 1-2 所示，质点沿图中的轨道曲线运动，曲线 AB 是其运动轨道的一部分。t 时刻质点位于 A 点，相应的位矢为 $\boldsymbol{r}_1$；$t+\Delta t$ 时刻质点位于 B 点，位矢为 $\boldsymbol{r}_2$。在此过程中，质点的位置变化量可用从 A 点指向 B 点的矢量 $\Delta\boldsymbol{r}$ 表示。$\Delta\boldsymbol{r}$ 称为质点由位置 A 到位置 B 的位移。从图 1-2 可以看出

$$\Delta\boldsymbol{r} = \boldsymbol{r}_2 - \boldsymbol{r}_1 \tag{1-8}$$

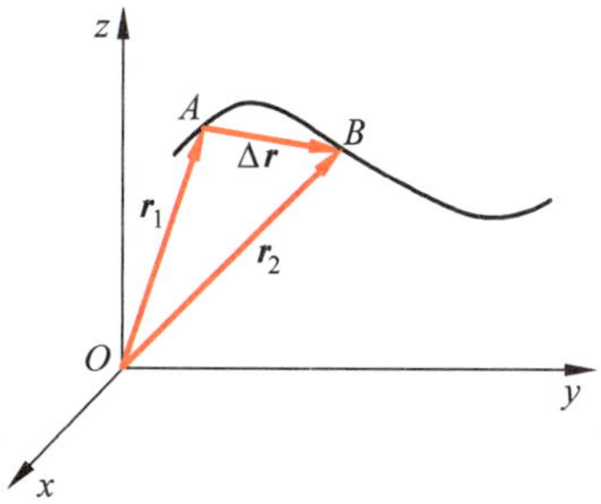

图 1-2 位移的定义

在直角坐标系中，t 时刻质点的位矢可表示为 $\boldsymbol{r}_1 = x_1\boldsymbol{i}+y_1\boldsymbol{j}+z_1\boldsymbol{k}$；$t+\Delta t$ 时刻质点的位矢可表示为 $\boldsymbol{r}_2=x_2\boldsymbol{i}+y_2\boldsymbol{j}+z_2\boldsymbol{k}$。因此，$\Delta t$ 时间间隔内质点的位移为

$$\begin{aligned}\Delta\boldsymbol{r} &= (x_2 - x_1)\boldsymbol{i} + (y_2 - y_1)\boldsymbol{j} + (z_2 - z_1)\boldsymbol{k}\\ &= \Delta x\boldsymbol{i} + \Delta y\boldsymbol{j} + \Delta z\boldsymbol{k}\end{aligned} \tag{1-9}$$

式中 $\Delta x=x_2-x_1$，$\Delta y=y_2-y_1$，$\Delta z=z_2-z_1$ 分别表示质点的位移 $\Delta\boldsymbol{r}$ 在三个坐标轴方向的分量。

直角坐标系中，位移的大小为

$$|\Delta\boldsymbol{r}| = \sqrt{\Delta x^2 + \Delta y^2 + \Delta z^2} \tag{1-10}$$

应注意的是，位移的大小必须写成 $|\Delta\boldsymbol{r}|$，而不能写为 Δr（或 $\Delta|\boldsymbol{r}|$）。这是因为 Δr（或 $\Delta|\boldsymbol{r}|$）均是表示位矢大小的增量，即 $\Delta r=\Delta|\boldsymbol{r}|=r_2-r_1$。$|\Delta\boldsymbol{r}|$ 与 Δr（或 $\Delta|\boldsymbol{r}|$）的大小不一

样，物理意义也不一样。

2. 路程

运动质点在 Δt 时间间隔内所经过的实际路径的长度称为路程，通常用 Δs 表示。路程与位移的区别主要在于：(1)路程 Δs 是标量，而位移 $\Delta \boldsymbol{r}$ 是矢量。(2)路程准确地描述了质点实际运动的长度，却不能指出质点位置变化后的最终位置；位移只是粗略地描述了质点运动位置变化的量值，但能够指出质点位置变化后的最终位置。一般情况下二者的大小不相等，即 $\Delta s \neq |\Delta \boldsymbol{r}|$。从图 1-2 可以看出，$t \sim t+\Delta t$ 时间间隔内，质点运动的路程是 A 点到 B 点的弧长，而其位移的大小是弦长 $\overparen{AB}$，二者显然是不相等的。

1.2.3 速度 速率

为了描述质点运动的快慢和方向，需要引入速度这个物理量。

1. 平均速度

如图 1-2 所示，质点在 Δt 时间间隔内的位移为 $\Delta \boldsymbol{r}$。我们把质点发生的位移 $\Delta \boldsymbol{r}$ 与所经历的时间 Δt 之比，定义为质点在这段时间内的平均速度，用 $\bar{\boldsymbol{v}}$ 表示，即

$$\bar{\boldsymbol{v}} = \frac{\Delta \boldsymbol{r}}{\Delta t} \tag{1-11}$$

平均速度 $\bar{\boldsymbol{v}}$ 是一个矢量，其大小为 $\left|\frac{\Delta \boldsymbol{r}}{\Delta t}\right|$，方向与位移 $\Delta \boldsymbol{r}$ 同向。平均速度 $\bar{\boldsymbol{v}}$ 只能粗略地反映 Δt 时间内质点位置变化的快慢和方向，并且其粗略的程度与 Δt 成正比。Δt 越大，这种表示就越粗略；Δt 越小，这种表示就越准确。

2. 速度 速率

当 Δt 趋于零时，平均速度的极限叫做质点在 t 时刻的瞬时速度，简称速度，用 $\boldsymbol{v}$ 表示，即

$$\boldsymbol{v} = \lim_{\Delta t \to 0} \frac{\Delta \boldsymbol{r}}{\Delta t} = \frac{\mathrm{d}\boldsymbol{r}}{\mathrm{d}t} \tag{1-12}$$

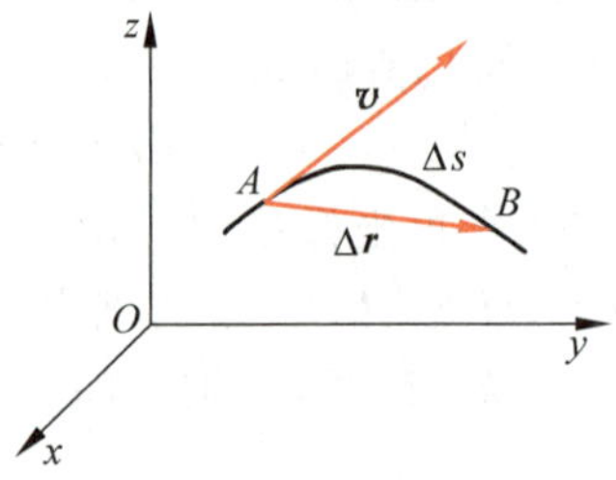

图 1-3 速度的方向

速度是一个矢量，其大小为 $\left|\frac{\mathrm{d}\boldsymbol{r}}{\mathrm{d}t}\right|$，其方向是当 Δt 趋于零时平均速度或位移 $\Delta \boldsymbol{r}$ 的极限方向。由图 1-3 可知，当 $\Delta t \to 0$ 时，B 点无限趋近于 A 点，此时位移的方向趋于曲线在 A 点的切线方向。因此，速度在 t 时刻的方向就沿着该时刻质点所在处运动轨道的切线并指向质点前进的方向。

在直角坐标系中，$\boldsymbol{r} = x\boldsymbol{i} + y\boldsymbol{j} + z\boldsymbol{k}$，有

$$\boldsymbol{v} = \frac{\mathrm{d}\boldsymbol{r}}{\mathrm{d}t} = \frac{\mathrm{d}x}{\mathrm{d}t}\boldsymbol{i} + \frac{\mathrm{d}y}{\mathrm{d}t}\boldsymbol{j} + \frac{\mathrm{d}z}{\mathrm{d}t}\boldsymbol{k} = v_x\boldsymbol{i} + v_y\boldsymbol{j} + v_z\boldsymbol{k} \tag{1-13}$$

式中 $v_x = \frac{\mathrm{d}x}{\mathrm{d}t}$，$v_y = \frac{\mathrm{d}y}{\mathrm{d}t}$，$v_z = \frac{\mathrm{d}z}{\mathrm{d}t}$ 是速度 $\boldsymbol{v}$ 在 x、y、z 三个坐标轴上的投影，也即分量。

速度的大小为

$$|\boldsymbol{v}| = \sqrt{v_x^2 + v_y^2 + v_z^2} \tag{1-14}$$

由图 1-3 可知，$t \sim t+\Delta t$ 时间内，质点从 A 点运动到 B 点，路程为 Δs。我们把 Δt 时间内质点所经过的路程 Δs 与时间间隔 Δt 之比值定义为 Δt 时间内质点的平均速率，用 $\bar{v}$ 表示，即

$$\bar{v} = \frac{\Delta s}{\Delta t} \tag{1-15}$$

当 $\Delta t \to 0$ 时，平均速率的极限值称为质点在 t 时刻的瞬时速率，简称速率，用 v 表示，即

$$v = \lim_{\Delta t \to 0} \frac{\Delta s}{\Delta t} = \frac{\mathrm{d}s}{\mathrm{d}t} \tag{1-16}$$

当 $\Delta t \to 0$ 时，$\mathrm{d}s = |\mathrm{d}\boldsymbol{r}|$，因此有 $v = |\boldsymbol{v}|$，这表明速率就是速度的大小，它反映了质点运动的快慢程度。

速度和速率是两个不同的概念。日常生活所说的“火车的速度”、“火箭的速度”等，实际上指的是“火车的速率”、“火箭的速率”。

在国际单位制中，速度的单位是 m/s。

1.2.4 加速度

一般情况下，质点运动速度的大小和方向是随时间变化的。因此，对于质点的运动，仅仅知道其速度是不够的，通常还需要研究其速度变化的快慢和方向，这就需要引入加速度的概念。

1. 平均加速度

如图 1-4 所示，质点在 t 时刻的速度为 $\boldsymbol{v}_1$，在时刻 $t+\Delta t$ 的速度为 $\boldsymbol{v}_2$，则在这段时间内的平均加速度 $\bar{\boldsymbol{a}}$ 定义为

$$\bar{\boldsymbol{a}} = \frac{\boldsymbol{v}_2 - \boldsymbol{v}_1}{\Delta t} = \frac{\Delta \boldsymbol{v}}{\Delta t} \tag{1-17}$$

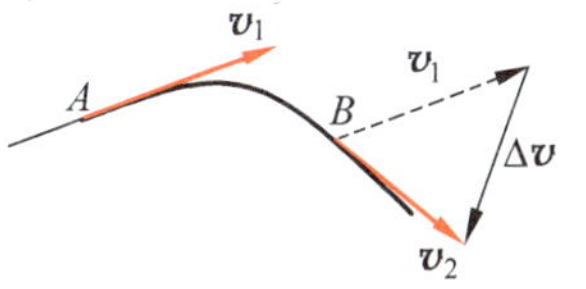

图 1-4 速度的增量 $\Delta\boldsymbol{v}$

平均加速度 $\bar{\boldsymbol{a}}$ 也是一个矢量，其大小为 $\left|\frac{\Delta \boldsymbol{v}}{\Delta t}\right|$，方向与速度增量 $\Delta\boldsymbol{v}$ 同向。

平均加速度 $\bar{\boldsymbol{a}}$ 只是近似地描述了在 $t \sim t+\Delta t$ 的时间内质点速度变化的快慢和方向。同样地，当 Δt 越小时，其对质点速度变化快慢的描述就越精确。

2. 加速度

当 Δt 趋于零时，平均加速度的极限叫做质点在 t 时刻的瞬时加速度，简称加速度，用 $\boldsymbol{a}$ 表示，即

$$\boldsymbol{a} = \lim_{\Delta t \to 0} \frac{\Delta \boldsymbol{v}}{\Delta t} = \frac{\mathrm{d}\boldsymbol{v}}{\mathrm{d}t} = \frac{\mathrm{d}^2 \boldsymbol{r}}{\mathrm{d}t^2} \tag{1-18}$$

上式表明，加速度 $\boldsymbol{a}$ 等于速度对时间的一阶导数或位矢对时间的二阶导数。$\boldsymbol{a}$ 的方向与 $\Delta t \to 0$ 时 $\frac{\Delta \boldsymbol{v}}{\Delta t}$ 的极限的方向相同。在直线运动中，$\boldsymbol{a}$ 与 $\boldsymbol{v}$ 同向，质点作加速运动；反之作减速运动。在曲线运动中，加速度 $\boldsymbol{a}$ 总是指向运动轨道曲线凹的一侧。图 1-5 画出了质点在

曲线运动中速度 $\boldsymbol{v}$ 和加速度 $\boldsymbol{a}$ 的三种不同情形。

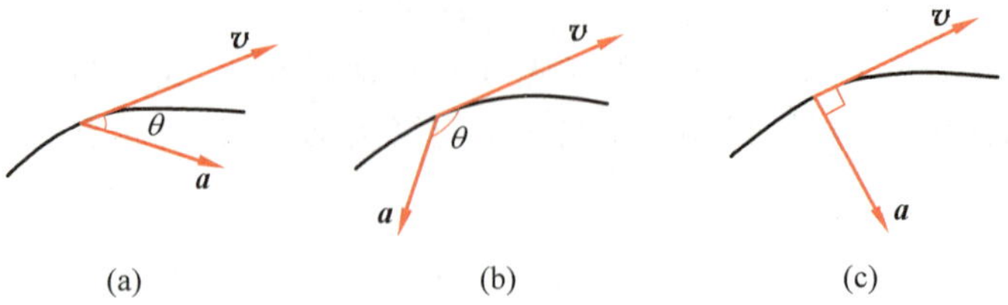

图 1-5　曲线运动中 $\boldsymbol{v}$ 和 $\boldsymbol{a}$ 的三种不同情形

在直角坐标系中，$\boldsymbol{v}=v_x\boldsymbol{i}+v_y\boldsymbol{j}+v_z\boldsymbol{k}$，所以

$$\boldsymbol{a}=\frac{\mathrm{d}\boldsymbol{v}}{\mathrm{d}t}=\frac{\mathrm{d}v_x}{\mathrm{d}t}\boldsymbol{i}+\frac{\mathrm{d}v_y}{\mathrm{d}t}\boldsymbol{j}+\frac{\mathrm{d}v_z}{\mathrm{d}t}\boldsymbol{k}=\frac{\mathrm{d}^2x}{\mathrm{d}t^2}\boldsymbol{i}+\frac{\mathrm{d}^2y}{\mathrm{d}t^2}\boldsymbol{j}+\frac{\mathrm{d}^2z}{\mathrm{d}t^2}\boldsymbol{k}$$
$$=a_x\boldsymbol{i}+a_y\boldsymbol{j}+a_z\boldsymbol{k} \tag{1-19}$$

式中 $a_x=\frac{\mathrm{d}v_x}{\mathrm{d}t}=\frac{\mathrm{d}^2x}{\mathrm{d}t^2}, a_y=\frac{\mathrm{d}v_y}{\mathrm{d}t}=\frac{\mathrm{d}^2y}{\mathrm{d}t^2}, a_z=\frac{\mathrm{d}v_z}{\mathrm{d}t}=\frac{\mathrm{d}^2z}{\mathrm{d}t^2}$ 是加速度 $\boldsymbol{a}$ 在 x、y、z 三个坐标轴上的投影，也即分量。

加速度 $\boldsymbol{a}$ 的大小为

$$a=|\boldsymbol{a}|=\sqrt{a_x^2+a_y^2+a_z^2} \tag{1-20}$$

在国际单位制中，加速度的单位是 $\mathrm{m/s^2}$。

1.2.5　运动学的两类问题

前面已介绍了描写质点运动的位矢 $\boldsymbol{r}$、位移 $\Delta\boldsymbol{r}$、速度 $\boldsymbol{v}$ 和加速度 $\boldsymbol{a}$ 等物理量。这些物理量中的 $\boldsymbol{r}$ 和 $\boldsymbol{v}$ 描述了质点在某一时刻所处的状态，称为描述质点运动的状态参量。$\Delta\boldsymbol{r}$ 表示 Δt 时间内质点位置的变化，$\boldsymbol{a}$ 为速度的瞬时变化率，它们都是描述质点运动状态变化的参量。这些物理量有以下的共同特点：

(1) 矢量性：四个物理量都是矢量，不但可以表示大小，还描述了方向。因此，在必要的时候可以运用矢量运算知识进行分解与叠加，这是运动叠加原理的反映。

(2) 相对性：四个物理量都是相对于一定参考系的。不同的参考系对质点运动状态的描述是不一样的。

(3) 时间性：$\boldsymbol{r}$、$\boldsymbol{v}$、$\boldsymbol{a}$ 这三个物理量在每一时刻的值一般是不同的，是时间的函数；而 $\Delta\boldsymbol{r}$ 是与不同的时间间隔有关的。

从以上讨论还可以知道，质点的运动方程 $\boldsymbol{r}=\boldsymbol{r}(t)$ 是描述质点运动的核心。这是因为运动方程包含了质点运动的最完整的信息，如果给出了质点的运动方程，就可以求出质点在任一时刻的位置、速度和加速度等，从而能了解质点的全部运动状态。

在实际遇到的运动学问题中，大致有以下两种类型。

第一类：已知质点运动方程，求质点在任意时刻的速度和加速度。求解这一类问题的基本方法是求导法，即按公式

$$\boldsymbol{v}=\frac{\mathrm{d}\boldsymbol{r}}{\mathrm{d}t}\quad 和 \quad \boldsymbol{a}=\frac{\mathrm{d}\boldsymbol{v}}{\mathrm{d}t}=\frac{\mathrm{d}^2\boldsymbol{r}}{\mathrm{d}t^2}$$

将已知的 $\boldsymbol{r}(t)$ 函数对时间 t 求导数即可求解。

第二类：已知运动质点的加速度或速度随时间的变化关系以及初始条件（$t=0$ 时刻质点所处的位置和速度），求质点在任意时刻的速度和运动方程。求解这一类问题的基本方法是积分法。

下面通过具体例子来说明以上两类问题的计算方法。

【例 1-1】 如图 1-6 所示，在高为 h 的岸边，绞车以恒定速率 v_0 收拖缆绳使船靠岸。求当船与岸的水平距离为 x 时船的速度与加速度。

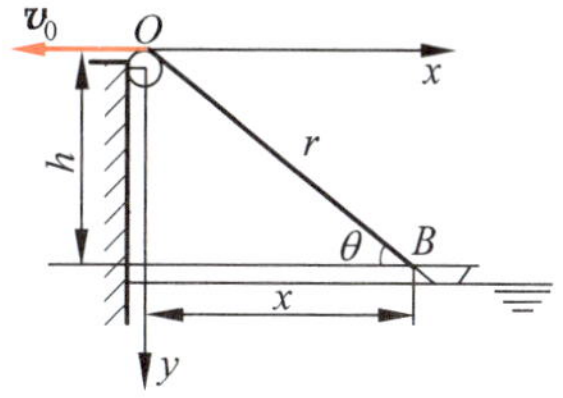

图 1-6 例 1-1 图

解 要求船（可看作质点）的速度和加速度，需要先写出船的运动方程。以绞车 O 为坐标原点，建立如图所示的直角坐标系，则其运动方程为

$$\boldsymbol{r}=x\boldsymbol{i}+h\boldsymbol{j}$$

式中 h 为恒量，而 $x=\sqrt{r^2-h^2}$。

由速度的定义，有

$$\boldsymbol{v}=\frac{\mathrm{d}\boldsymbol{r}}{\mathrm{d}t}=\frac{\mathrm{d}x}{\mathrm{d}t}\boldsymbol{i}=\frac{\mathrm{d}\left(\sqrt{r^2-h^2}\right)}{\mathrm{d}t}\boldsymbol{i}=\frac{r}{\sqrt{r^2-h^2}}\cdot\frac{\mathrm{d}r}{\mathrm{d}t}\boldsymbol{i}$$

式中 $\frac{\mathrm{d}r}{\mathrm{d}t}$ 是矢径大小随时间的变化率，即收绳速率。因为绳子变短，所以 $\frac{\mathrm{d}r}{\mathrm{d}t}=-v_0$，有

$$\boldsymbol{v}=-\frac{rv_0}{\sqrt{r^2-h^2}}\boldsymbol{i}=-\frac{\sqrt{x^2+h^2}}{x}\cdot v_0\boldsymbol{i}$$

式中负号表示 $\boldsymbol{v}$ 的方向与 x 轴正方向相反。

由加速度的定义有

$$\boldsymbol{a}=\frac{\mathrm{d}\boldsymbol{v}}{\mathrm{d}t}=-\frac{v_0\,\mathrm{d}\left(\frac{\sqrt{x^2+h^2}}{x}\right)}{\mathrm{d}t}\boldsymbol{i}=-\frac{v_0^2h^2}{x^3}\boldsymbol{i}$$

式中负号同样表示 $\boldsymbol{a}$ 的方向与 x 轴正方向相反。由于 $\boldsymbol{a}$ 与 $\boldsymbol{v}$ 方向相同，所以船是加速靠岸的。

【例 1-2】 一质点的运动方程为 $\boldsymbol{r}=(t-2)\boldsymbol{i}+(4t-t^3)\boldsymbol{j}$（SI）。求：(1) 质点在 $t=1$ s 时的速度 $\boldsymbol{v}$ 和加速度 $\boldsymbol{a}$；(2) 在 $t=1$ s 到 $t=3$ s 这段时间内质点的平均速度 $\bar{\boldsymbol{v}}$ 和平均加速度 $\bar{\boldsymbol{a}}$。

解 (1) 把运动方程对时间 t 求导，可得

$$\boldsymbol{v}=\frac{\mathrm{d}\boldsymbol{r}}{\mathrm{d}t}=\frac{\mathrm{d}x}{\mathrm{d}t}\boldsymbol{i}+\frac{\mathrm{d}y}{\mathrm{d}t}\boldsymbol{j}=\boldsymbol{i}+(4-3t^2)\boldsymbol{j}$$

质点第 1 s 时的速度为

$$\boldsymbol{v}=\boldsymbol{i}+\boldsymbol{j}\ (\mathrm{m/s})$$

将速度对时间 t 求导，可得

$$\boldsymbol{a}=\frac{\mathrm{d}\boldsymbol{v}}{\mathrm{d}t}=\frac{\mathrm{d}v_x}{\mathrm{d}t}\boldsymbol{i}+\frac{\mathrm{d}v_y}{\mathrm{d}t}\boldsymbol{j}=-6t\boldsymbol{j}$$

质点第 1 s 时的加速度为

$$\boldsymbol{a}=-6\boldsymbol{j}\ (\mathrm{m/s^2})$$

(2) 在 $t=1$ s 到 $t=3$ s 时间间隔内质点运动的平均速度

$$\bar{\boldsymbol{v}}=\frac{\Delta \boldsymbol{r}}{\Delta t}=\frac{(\boldsymbol{i}-15\boldsymbol{j})-(-\boldsymbol{i}+3\boldsymbol{j})}{3-1}=\boldsymbol{i}-9\boldsymbol{j}\ (\mathrm{m/s})$$

平均加速度

$$\bar{\boldsymbol{a}}=\frac{\Delta \boldsymbol{v}}{\Delta t}=\frac{(\boldsymbol{i}-23\boldsymbol{j})-(\boldsymbol{i}+\boldsymbol{j})}{3-1}=-12\boldsymbol{j}\ (\mathrm{m/s^2})$$

【例 1-3】 一质点沿 x 轴作匀变速直线运动，加速度为 a，初速度为 v_0，初始位置为 x_0。求任意时刻质点的速度和位置。

解 因为是沿 x 轴的一维运动，各个运动量都可作为标量处理。

由 $a=\frac{\mathrm{d}v}{\mathrm{d}t}$ 得 $\mathrm{d}v=a\mathrm{d}t$，两边积分，有

$$\int_{v_0}^{v}\mathrm{d}v=\int_0^t a\mathrm{d}t$$

式中积分上限 v 为质点在任一时刻 t 的速度。注意到 a 为常数，积分整理得

$$v=v_0+at$$

这就是匀变速直线运动的速度公式。

同理，由 $v=\frac{\mathrm{d}x}{\mathrm{d}t}$ 得 $\mathrm{d}x=v\mathrm{d}t$，两边积分，有

$$\int_{x_0}^{x}\mathrm{d}x=\int_0^t v\mathrm{d}t$$

式中积分上限 x 为质点在任一时刻 t 的位置坐标。将速度 v 的表达式代入，积分整理得

$$x=x_0+v_0t+\frac{1}{2}at^2$$

这就是匀变速直线运动的运动方程。

从速度公式和运动方程消去 t，或通过下面的积分运算，还可以得出匀变速直线运动的另一个辅助公式 $v^2-v_0^2=2a(x-x_0)$。由于

$$a=\frac{\mathrm{d}v}{\mathrm{d}t}=\frac{\mathrm{d}v}{\mathrm{d}x}\cdot\frac{\mathrm{d}x}{\mathrm{d}t}=v\frac{\mathrm{d}v}{\mathrm{d}x}$$

于是

$$v\mathrm{d}v=a\mathrm{d}x$$

两边积分，有

$$\int_{v_0}^{v}v\mathrm{d}v=\int_{x_0}^{x}a\mathrm{d}x$$

即得

$$v^2-v_0^2=2a(x-x_0)$$

【例 1-4】 一气球以速率 v_0 从地面上升，由于水平风的影响，随着高度的上升，气球的水平速率按 $v_x=by$ 增大，式中 b 是正的常量，y 是从地面算起的高度，x 轴取水平向右的方向。求：(1)气球的运动方程；(2)气球水平飘移的距离与高度的关系。

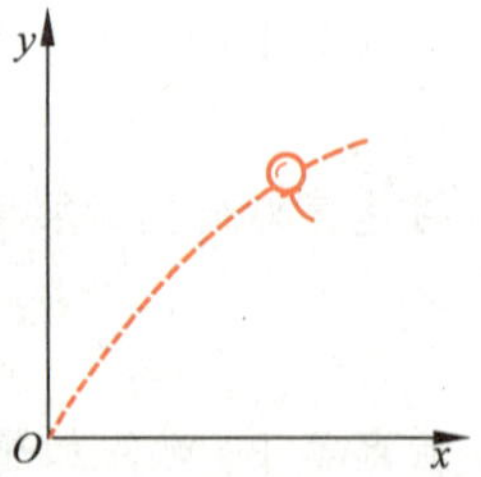

图 1-7　例 1-4 图

解 (1) 取平面直角坐标系 Oxy 如图 1-7 所示，令 $t=0$

时气球位于坐标原点(地面)。

已知

$$v_y = v_0$$

于是有

$$y = v_0 t$$

而

$$\frac{dx}{dt} = by = bv_0 t$$

即

$$dx = bv_0 t dt$$

对上式两边积分,有

$$\int_0^x dx = \int_0^t bv_0 t dt$$

$$x = \frac{1}{2} bv_0 t^2$$

于是气球的运动方程为

$$\boldsymbol{r} = \frac{1}{2} bv_0 t^2 \boldsymbol{i} + v_0 t \boldsymbol{j}$$

(2) 气球的水平飘移距离与高度的关系,在这里就是其轨道方程。从 $x=\frac{1}{2}bv_0t^2$, $y=v_0t$ 两式消去时间 t,得 $x=\frac{by^2}{2v_0}$。

【例 1-5】 大炮以初速度 $\boldsymbol{v}_0$、仰角 θ 射出质量为 m 的炮弹,炮弹的落地点和发射点在同一平面,若不计空气阻力,求炮弹的飞行时间、射程和飞行的最大高度。

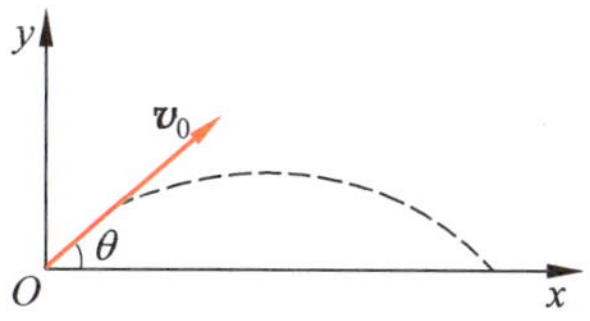

图 1-8 例 1-5 图

解 如图 1-8 所示,以发射点为坐标原点建立直角坐标系,Ox 轴位于水平方向,Oy 轴铅直向上。

$\boldsymbol{v}_0$ 沿 x 轴和 y 轴的分量分别为

$$\begin{cases} v_{0x} = v_0 \cos\theta \\ v_{0y} = v_0 \sin\theta \end{cases}$$

炮弹在空中的加速度分别为

$$\begin{cases} a_x = 0 \\ a_y = -g \end{cases}$$

式中负号表示加速度的方向与 y 轴的正向相反。利用上述条件易求得炮弹在空中任意时刻的速度

$$\begin{cases} v_x = v_0 \cos\theta \\ v_y = v_0 \sin\theta - gt \end{cases}$$

也可以求出炮弹在飞行过程中的运动方程

$$\begin{cases} x = (v_0 \cos\theta) t \\ y = (v_0 \sin\theta) t - \frac{1}{2} g t^2 \end{cases}$$

上式中令 $y=0$ 可求出炮弹飞行的时间为

$$T=\frac{2v_0\sin\theta}{g}$$

将 $t=T=\frac{2v_0\sin\theta}{g}$ 代入运动方程，可求出炮弹飞行的射程为

$$x_{\max}=\frac{v_0^2\sin 2\theta}{g}$$

将 $t=\frac{T}{2}=\frac{v_0\sin\theta}{g}$ 代入运动方程，可求出炮弹飞行的最大高度为

$$y_{\max}=\frac{v_0^2\sin^2\theta}{2g}$$

1.2.6 平面曲线运动的自然坐标描述

前面在描述一般曲线运动时，我们采用了直角坐标系。在质点作平面曲线运动且已知运动轨道的情况下，也可采用自然坐标来描述运动。

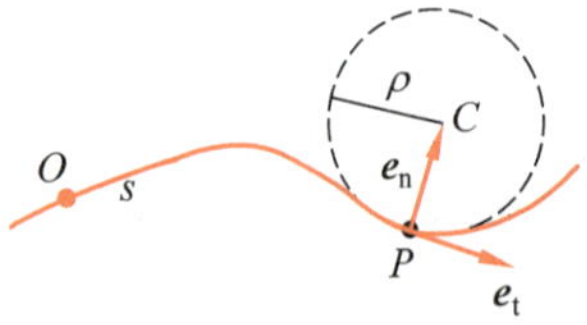

图 1-9 自然坐标系

如图 1-9 所示，质点沿已知的平面曲线轨道运动，我们可将此轨道曲线作为一维坐标的轴线，在其上任选一点 O 作为坐标原点，以质点与原点间的轨道长度 s 来确定质点的位置，称 s 为自然坐标。当质点运动时，质点的位置随时间变化的规律（即运动方程）可以表示为 $s=s(t)$。

为研究质点在轨道上某点的速度和加速度，可以在该点建立相互垂直的两个坐标轴，其中一个坐标轴沿该点的切线并指向质点运动的方向，称为切向，其单位矢量为 $\boldsymbol{e}_t$；另一个坐标轴沿该点的法线并指向轨道曲线的凹侧，即沿该点的曲率半径 ρ 指向曲率中心 C，称为法向，其单位矢量为 $\boldsymbol{e}_n$。这种坐标系称为自然坐标系。应该指出，自然坐标轴是固定在运动质点上的，随质点一起运动，沿轨道上各点，自然坐标轴的方位不断变化。

因为质点运动的速度总是沿轨道切线并指向运动方向，所以在自然坐标系中速度矢量可以表示为

$$\boldsymbol{v}=v\boldsymbol{e}_t=\frac{ds}{dt}\boldsymbol{e}_t \tag{1-21}$$

根据加速度的定义，有

$$\boldsymbol{a}=\frac{d\boldsymbol{v}}{dt}=\frac{d(v\boldsymbol{e}_t)}{dt}=\frac{dv}{dt}\boldsymbol{e}_t+v\frac{d\boldsymbol{e}_t}{dt} \tag{1-22}$$

上式中，第一项 $\frac{dv}{dt}\boldsymbol{e}_t$ 的大小为质点速率的变化率，其方向指向曲线的切线方向，称为切向加速度，用 $\boldsymbol{a}_t$ 表示，即

$$\boldsymbol{a}_t=\frac{dv}{dt}\boldsymbol{e}_t=a_t\boldsymbol{e}_t \tag{1-23}$$

式中 $a_t=\frac{dv}{dt}$，其值可正可负。$a_t>0$ 表示速率随时间增大，这时 $\boldsymbol{a}_t$ 的方向与速度 $\boldsymbol{v}$ 的方向相

同；$a_t<0$ 表示速率随时间减小，这时 $\boldsymbol{a}_t$ 的方向与速度 $\boldsymbol{v}$ 的方向相反。

下面讨论式(1-22)中第二项的$\frac{\mathrm{d}\boldsymbol{e}_t}{\mathrm{d}t}$。如图 1-10(a)所示，质点在 Δt 时间内沿曲线经历的路程为一段弧线。当时间间隔 Δt 很小时，曲线上的路程 Δs 可以看成半径为 ρ 的一段圆弧长度。单位矢量 $\boldsymbol{e}_t$ 在 $t\sim t+\Delta t$ 时间内的增量为 $\Delta\boldsymbol{e}_t=\boldsymbol{e}_t(t+\Delta t)-\boldsymbol{e}_t(t)$。

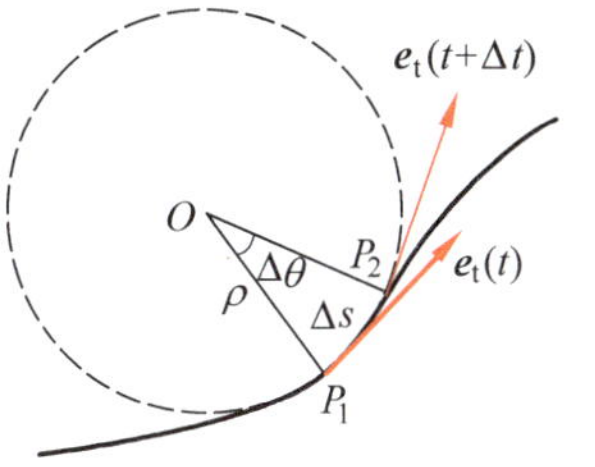

(a) 切向单位矢量$\boldsymbol{e}_t$的方向随时间变化

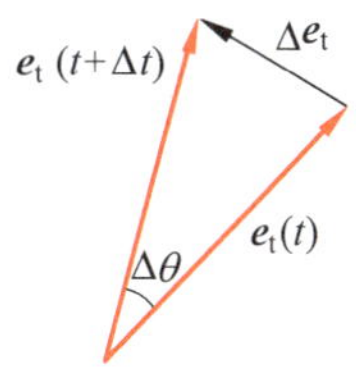

(b) $\Delta\boldsymbol{e}_t$的方向

图 1-10

图 1-10(b)中，$\Delta\theta$ 为 P_1 和 P_2 两点切线间的夹角。当 Δt 趋于零时，$\Delta\theta$ 很小并趋于零，此时应有 $|\Delta\boldsymbol{e}_t|=|\boldsymbol{e}_t|\Delta\theta=\Delta\theta$，并且 $\Delta\boldsymbol{e}_t$ 的方向趋近于法向 $\boldsymbol{e}_n$ 的方向，故有 $\Delta\boldsymbol{e}_t=\Delta\theta\boldsymbol{e}_n$。因此

$$\frac{\mathrm{d}\boldsymbol{e}_t}{\mathrm{d}t}=\lim_{\Delta t\to 0}\frac{\Delta\boldsymbol{e}_t}{\Delta t}=\lim_{\Delta t\to 0}\frac{\Delta\theta}{\Delta t}\boldsymbol{e}_n=\frac{\mathrm{d}\theta}{\mathrm{d}t}\boldsymbol{e}_n$$

因为 $\rho=\frac{\mathrm{d}s}{\mathrm{d}\theta}$，所以有

$$\frac{\mathrm{d}\boldsymbol{e}_t}{\mathrm{d}t}=\frac{\mathrm{d}\theta}{\mathrm{d}t}\boldsymbol{e}_n=\frac{\mathrm{d}\theta}{\mathrm{d}s}\cdot\frac{\mathrm{d}s}{\mathrm{d}t}\boldsymbol{e}_n=\frac{v}{\rho}\boldsymbol{e}_n$$

因此式(1-22)中第二项可表示为 $v\frac{\mathrm{d}\boldsymbol{e}_t}{\mathrm{d}t}=\frac{v^2}{\rho}\boldsymbol{e}_n$，称为法向加速度，用 $\boldsymbol{a}_n$ 表示，即

$$\boldsymbol{a}_n=\frac{v^2}{\rho}\boldsymbol{e}_n=a_n\boldsymbol{e}_n \tag{1-24}$$

式中 $a_n=\frac{v^2}{\rho}$。

综上所述，质点的加速度 $\boldsymbol{a}$ 可表示为

$$\boldsymbol{a}=\boldsymbol{a}_t+\boldsymbol{a}_n=a_t\boldsymbol{e}_t+a_n\boldsymbol{e}_n \tag{1-25}$$

即质点在平面曲线运动中的加速度等于质点的切向加速度和法向加速度的矢量和。加速度的大小为

$$a=|\boldsymbol{a}|=\sqrt{a_t^2+a_n^2} \tag{1-26}$$

加速度的方向可由 $\boldsymbol{a}$ 与 $\boldsymbol{a}_t$ 的夹角 α 确定

$$\alpha=\arctan\frac{a_n}{a_t} \tag{1-27}$$

将加速度表示成 $\boldsymbol{a}=\boldsymbol{a}_t+\boldsymbol{a}_n$，使得加速度的物理意义更加明确了。我们知道，加速度是用来反映速度变化的，其中切向加速度 $\boldsymbol{a}_t$ 反映了速度大小的变化；法向加速度 $\boldsymbol{a}_n$ 反映了速度方向的变化。例如，当质点作匀速率圆周运动时，$a_t=\frac{\mathrm{d}v}{\mathrm{d}t}=0$，速度大小不变，而 $a_n=\frac{v^2}{\rho}\neq 0$，速度方向不断变化；当质点作直线运动时，这时的 ρ 可认为是无限大，$a_n=\frac{v^2}{\rho}=0$，速度方向

不变，此时质点运动速度的大小由 $a_t=\frac{dv}{dt}$ 决定。

【例 1-6】 以仰角 $\theta=45°$、初速度 $v_0=20$ m/s 抛出一物体。求抛出后第二秒末物体的切向加速度、法向加速度的大小和轨道的曲率半径。

解 建立图 1-11 所示的坐标系，物体运动的速度分量分别是

$$v_x = v_0\cos\theta = 10\sqrt{2}$$

$$v_y = v_0\sin\theta - gt = 10\sqrt{2} - 9.8t$$

代入 $t=2$ s，有

$$v_x = 10\sqrt{2}\ (\text{m/s})$$

$$v_y = 10\sqrt{2} - 9.8\times 2 = -5.5\ (\text{m/s})$$

由此可得速度矢量 $\boldsymbol{v}$ 与 x 轴正向的夹角

$$\alpha = \arctan\left(\frac{5.5}{10\sqrt{2}}\right) = 21.3°$$

由于物体的加速度 $\boldsymbol{a}=\boldsymbol{g}$，如图 1-12 所示，将加速度分别沿 $\boldsymbol{v}$ 方向和垂直 $\boldsymbol{v}$ 方向投影即可得 $\boldsymbol{a}_t$ 和 $\boldsymbol{a}_n$ 的大小

$$a_t = g\sin\alpha = 3.5\ (\text{m/s}^2)$$

$$a_n = g\cos\alpha = 9.1\ (\text{m/s}^2)$$

轨道的曲率半径为

$$\rho = \frac{v^2}{a_n} = \frac{v_x^2 + v_y^2}{a_n} = 25.08\ (\text{m})$$

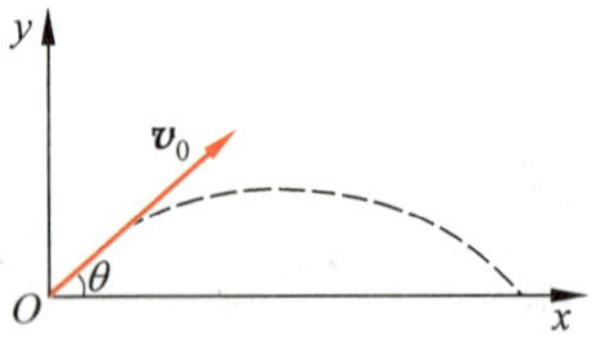

图 1-11 例 1-6 图 1

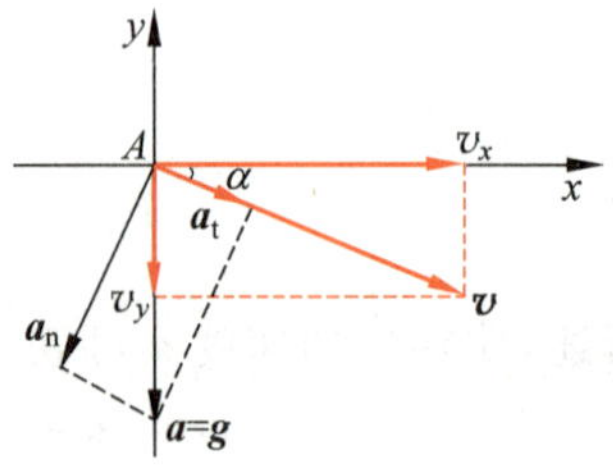

图 1-12 例 1-6 图 2

本题也可以先求速率 v，再用 a_t 和 a_n 的定义式进行求解，但要繁琐许多。

【例 1-7】 汽车在半径 $R=256$ m 的圆弧轨道上按 $s=30t+t^2$ (SI) 的规律运动。求第一秒末的速度和加速度的大小。

解 $v = \frac{ds}{dt} = 30 + 2t$

$$a_t = \frac{dv}{dt} = 2$$

$$a_n = \frac{v^2}{R} = \frac{(30+2t)^2}{256}$$

在第一秒末，$t=1$ s，有

$$v = 32(\mathrm{m/s})$$

$$a_t = \frac{\mathrm{d}v}{\mathrm{d}t} = 2(\mathrm{m/s^2})$$

$$a_n = 4(\mathrm{m/s^2})$$

$$a = \sqrt{a_t^2 + a_n^2} = \sqrt{20}\ (\mathrm{m/s^2})$$

1.2.7 圆周运动的角量描述

质点的圆周运动，除了用位矢、位移、速度和加速度等所谓的线量来描述外，也常用角量来描述。

如图 1-13 所示，设质点在 Oxy 平面内作圆周运动，此时位矢 $\boldsymbol{r}$ 大小不变，等于圆周的半径 R，因此可以用 $\boldsymbol{r}$ 与 x 轴正方向的夹角 θ 来描述质点的位置，θ 称为质点的角位置。

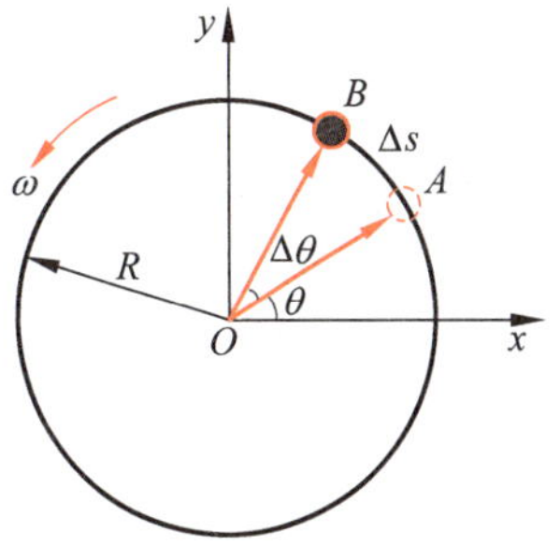

图 1-13 用角量来描述圆周运动

当质点运动时，角位置 θ 是时间 t 的函数，因此圆周运动的运动方程可以写成

$$\theta = \theta(t) \tag{1-28}$$

若在时间 Δt 内，质点由 A 点运动到 B 点，则角位置的变化可用质点转过的角度 $\Delta\theta$ 来表示，$\Delta\theta$ 称为质点在 Δt 时间内的角位移。在国际单位制中，角位置和角位移的单位为 rad。

角位置 $\Delta\theta$ 与所经历的时间 Δt 之比称为质点在 Δt 时间内的平均角速度，用 $\bar{\omega}$ 表示。

$$\bar{\omega} = \frac{\Delta\theta}{\Delta t} \tag{1-29}$$

当 Δt 趋近于零时，平均角速度的极限值叫做质点在 t 时刻的瞬时角速度，简称角速度，用 ω 表示。

$$\omega = \lim_{\Delta t \to 0} \frac{\Delta\theta}{\Delta t} = \frac{\mathrm{d}\theta}{\mathrm{d}t} \tag{1-30}$$

在国际单位制中，角速度的单位为 rad/s。

注意：角速度是矢量，用$\boldsymbol{\omega}$表示。$\boldsymbol{\omega}$方向由右手螺旋法则确定，让右手四指顺质点运动方向，大拇指所指的方向就是$\boldsymbol{\omega}$方向。质点作圆周运动时，$\boldsymbol{\omega}$方向只有沿垂直于圆周平面的两个方向，可以用正负号表示$\boldsymbol{\omega}$的方向。我们规定垂直于圆周平面的一个方向为正向，与正向同方向的$\boldsymbol{\omega}$为正，反之为负。

设质点在 Δt 时间内角速度的增量为 $\Delta\omega$，则 $\Delta\omega$ 与所经历的时间 Δt 之比称为质点在 Δt 时间内的平均角加速度，用 $\bar{\beta}$ 表示，即

$$\bar{\beta} = \frac{\Delta\omega}{\Delta t} \tag{1-31}$$

当 Δt 趋近于零时，平均角加速度的极限值叫做质点在 t 时刻的瞬时角加速度，简称角加速度，用 β 表示，即

$$\beta = \lim_{\Delta t \to 0} \frac{\Delta \omega}{\Delta t} = \frac{\mathrm{d}\omega}{\mathrm{d}t} \tag{1-32}$$

角加速度也是矢量。质点作圆周运动时,角加速度也只有沿垂直于圆周平面的两个方向,可以用正负号表示方向。当角速度 ω 增大时,角加速度与角速度同向,反之反向。在国际单位制中,角加速度的单位为 $\mathrm{rad/s^2}$。

圆周运动中的运动方程、角速度和角加速度间的关系,与直线运动中的运动方程、速度和加速度间的关系,形式完全类似,所以质点作匀变速圆周运动的基本公式与匀变速直线运动的基本公式在形式上相似

$$\begin{cases} \omega = \omega_0 + \beta t \\ \theta = \theta_0 + \omega_0 t + \dfrac{1}{2}\beta t^2 \\ \omega^2 - \omega_0^2 = 2\beta(\theta - \theta_0) \end{cases} \tag{1-33}$$

式中 θ_0、ω_0 表示 $t=0$ 时的初始角位置和初始角速度。

当质点在半径为 R 的圆周上运动时,由图 1-13 可以看出,质点从 A 到 B 所经过的路程与角位移的关系为

$$\Delta s = R\Delta\theta \tag{1-34a}$$

质点作圆周运动的速率为

$$v = \frac{\mathrm{d}s}{\mathrm{d}t} = \frac{\mathrm{d}(R\theta)}{\mathrm{d}t} = R\frac{\mathrm{d}\theta}{\mathrm{d}t} = R\omega \tag{1-34b}$$

质点的切向加速度和法向加速度的大小分别为

$$a_{\mathrm{t}} = \frac{\mathrm{d}v}{\mathrm{d}t} = \frac{\mathrm{d}(R\omega)}{\mathrm{d}t} = R\frac{\mathrm{d}\omega}{\mathrm{d}t} = R\beta \tag{1-34c}$$

$$a_{\mathrm{n}} = \frac{v^2}{R} = R\omega^2 \tag{1-34d}$$

上述式(1-34)的各式表示了质点作圆周运动时角量和线量的关系。

【例 1-8】 半径 $R=0.5\ \mathrm{m}$ 的飞轮绕中心轴转动,其运动方程为 $\theta=t^3+3t$ (SI)。求 $t=2\ \mathrm{s}$ 时,轮缘上一点的角速度、角加速度以及切向加速度和法向加速度的大小。

解 $\theta = t^3 + 3t$

$$\omega = \frac{\mathrm{d}\theta}{\mathrm{d}t} = 3t^2 + 3$$

$$\beta = \frac{\mathrm{d}\omega}{\mathrm{d}t} = 6t$$

当 $t=2\ \mathrm{s}$ 时,

$$\omega = 3 \times 2^2 + 3 = 15\ (\mathrm{rad/s})$$
$$\beta = 6 \times 2 = 12\ (\mathrm{rad/s^2})$$
$$a_{\mathrm{t}} = R\beta = 0.5 \times 12 = 6\ (\mathrm{m/s^2})$$
$$a_{\mathrm{n}} = R\omega^2 = 0.5 \times 15^2 = 112.5\ (\mathrm{m/s^2})$$

1.3 相对运动

物体的运动总是相对于某个参考系而言的。前面曾指出，由于选取不同的参考系，对同一物体运动的描述就会不同，这反映了描述运动的相对性。下面我们研究同一质点在有相对运动的两个参考系中的位移、速度和加速度之间的关系。这里只讨论两个参考系相对平动的情况。

如图 1-14 所示，设有两个相互平动的参考系 S 和 S'，在 S 系中建立直角坐标系 $Oxyz$，在 S' 系中建立直角坐标系 $O'x'y'z'$。设质点 P 在空间运动，某一时刻 t，P 点相对于 S 系的位矢为 $\boldsymbol{r}_{PO}$，相对于 S' 系的位矢为 $\boldsymbol{r}_{PO'}$。而 O' 相对于 S 系的位矢为 $\boldsymbol{r}_{O'O}$，由图中可得

$$\boldsymbol{r}_{PO} = \boldsymbol{r}_{PO'} + \boldsymbol{r}_{O'O} \tag{1-35}$$

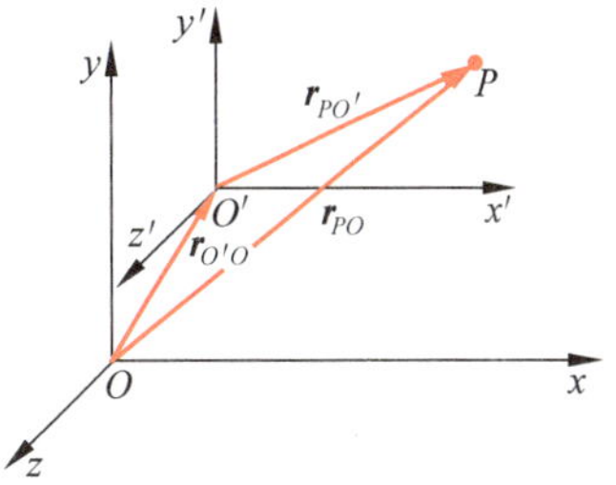

图 1-14 相对运动的描述

若经过 Δt 时间，P 点相对于 S 系和 S' 系的位移分别为 $\Delta\boldsymbol{r}_{PO}$ 和 $\Delta\boldsymbol{r}_{PO'}$，而 O' 点相对于 S 系的位移为 $\Delta\boldsymbol{r}_{O'O}$，则有

$$\Delta\boldsymbol{r}_{PO} = \Delta\boldsymbol{r}_{PO'} + \Delta\boldsymbol{r}_{O'O} \tag{1-36}$$

将式(1-35)对时间 t 求导，可得

$$\boldsymbol{v}_{PO} = \boldsymbol{v}_{PO'} + \boldsymbol{v}_{O'O} \tag{1-37}$$

再将式(1-37)对时间 t 求导，可得

$$\boldsymbol{a}_{PO} = \boldsymbol{a}_{PO'} + \boldsymbol{a}_{O'O} \tag{1-38}$$

当 $\boldsymbol{a}_{O'O}=0$ 时，由式(1-38)可知，$\boldsymbol{a}_{PO}=\boldsymbol{a}_{PO'}$。这表明，在两个相对作匀速直线运动的参考系中，质点具有相同的加速度。

我们可以把上述各变换式表示成一般的情况。若分别从相对平动的 B、C 两个参考系来观察物体 A 的运动，则物体 A 相对于 B、C 两个参考系的位矢、位移、速度、加速度之间的关系均可表示为

$$\boldsymbol{M}_{AC} = \boldsymbol{M}_{AB} + \boldsymbol{M}_{BC} \tag{1-39}$$

式中，$\boldsymbol{M}$ 可以表示位矢、位移、速度、加速度等物理量。其中 A 相对于 B 的物理量带有角标 AB，A 相对于 C 的物理量带有角标 AC，B 相对于 C 的物理量带有角标 BC。式(1-39)通常称为相对运动公式。

应该指出，式(1-39)所表达的矢量变换关系跟矢量的分解或合成有不同的物理意义。矢量的分解或合成是在同一参考系中进行的，分解式或合成式两边的各矢量都是相对于同一参考系的。但式(1-39)所表达的却是不同的参考系中各矢量之间的关系。

还应该指出，式(1-39)是在认为长度的测量和时间的测量都与参考系无关的前提下得到的。这只有在低速运动(运动速度远小于真空中的光速)的情况下才是正确的。

【例 1-9】 轮船驾驶舱中的罗盘指示船头指向正北，船速计指出船速为 20 km/h。若水流向正东，流速为 5 km/h，问船对地的速度是多少？驾驶员需将船头指向何方才能使船向正北航行？

解 以正东为 x 轴方向、正北为 y 轴方向建立直角坐标系，如图 1-15 所示。

由题意，有

$$v_{水地} = 5\boldsymbol{i}\ (\mathrm{km/h}) \quad v_{船水} = 20\boldsymbol{j}(\mathrm{km/h})$$

根据速度变换式(1-37)，有

$$\boldsymbol{v}_{船地} = \boldsymbol{v}_{船水} + \boldsymbol{v}_{水地} = 5\boldsymbol{i} + 20\boldsymbol{j}\ (\mathrm{km/h})$$

船对地的速度大小为

$$v_{船地} = \sqrt{5^2 + 20^2} = 20.6\ (\mathrm{km/h})$$

其方向为北偏东θ角

$$\theta = \arctan\frac{5}{20} = 14°2'$$

若要船对地的速度指向正北，由图 1-16 可知

$$v'_{船地} = \sqrt{v_{船水}^2 - v_{水地}^2} = 19.4\ (\mathrm{km/h})$$

其船头方向为北偏西θ'角

$$\theta' = \arcsin\frac{5}{20} = 14°29'$$

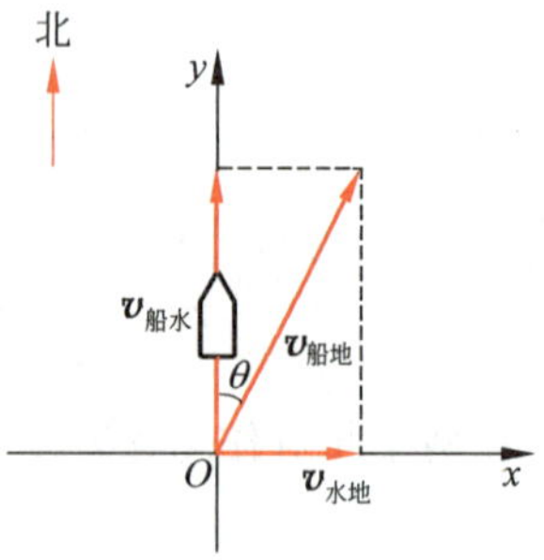

图 1-15　例 1-9 图 1

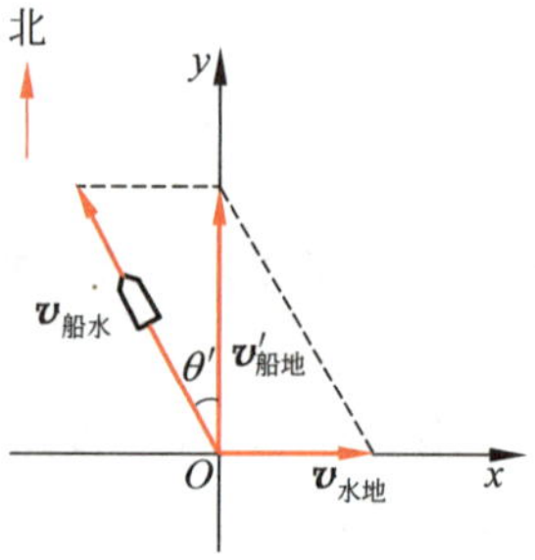

图 1-16　例 1-9 图 2

【例 1-10】 距地面高为h处有一物体A作自由落体运动，在以匀速率u作直线运动的火车上的观测者看来，该物体的运动方程如何？

解 在地面上和火车上分别建立直角坐标系Oxy和$O'x'y'$，并使x轴和x'轴沿火车运动的方向，$t=0$时两坐标系重合，物体A是在y轴上作自由落体运动。

在任意时刻t，地面上的观测者观测到物体A的运动方程为

$$\boldsymbol{r}_{AO} = \left(h - \frac{1}{2}gt^2\right)\boldsymbol{j}$$

而O'点相对于O的运动方程是

$$\boldsymbol{r}_{O'O} = ut\boldsymbol{i}$$

根据相对运动公式，物体A相对火车的运动方程为

$$\boldsymbol{r}_{AO'} = \boldsymbol{r}_{AO} + \boldsymbol{r}_{OO'} = \boldsymbol{r}_{AO} - \boldsymbol{r}_{O'O} = -ut\boldsymbol{i} + \left(h - \frac{1}{2}gt^2\right)\boldsymbol{j}$$

习　题

1-1 如图所示，质点自 A 点沿曲线运动到 B 点，A 点和 B 点的矢径分别为 $\boldsymbol{r}_A$ 和 $\boldsymbol{r}_B$。试在图中标出位移 $\Delta\boldsymbol{r}$ 和路程 Δs，同时对 $|\Delta\boldsymbol{r}|$ 和 Δr 的意义及它们与矢径的关系进行说明。

1-2 一质点沿 y 轴作直线运动，其运动方程为 $y=5+24t-2t^3$(SI)。求在计时开始的头 3 s 内质点的位移、平均速度、平均加速度和所通过的路程。

1-3 一质点沿 x 轴作直线运动，图示为其 v-t 曲线图。设 $t=0$ 时，$x=5$ m。试根据 v-t 图画出：(1)质点的 a-t 曲线图；(2)质点的 x-t 曲线图。

1-4 如图所示，路灯距地面的高度为 H，在与路灯水平距离为 s 处，有一气球由离地面 h 处开始以匀速率 v_0 上升($h<H$)。建立图示坐标系，在气球上升的高度小于 H 时，求气球影子 M 的速度和加速度与影子位置的关系。

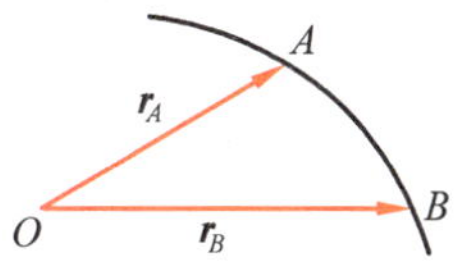

习题 1-1 图

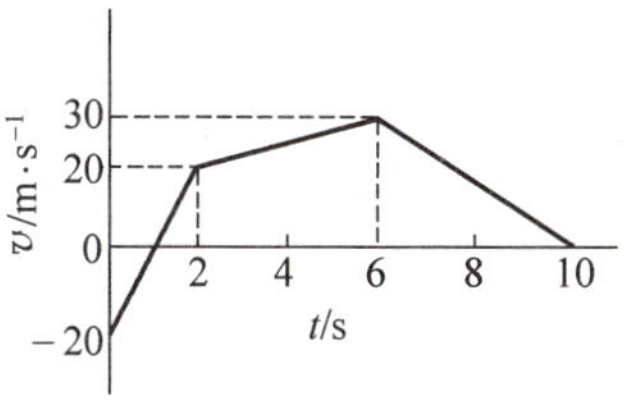

习题 1-3 图

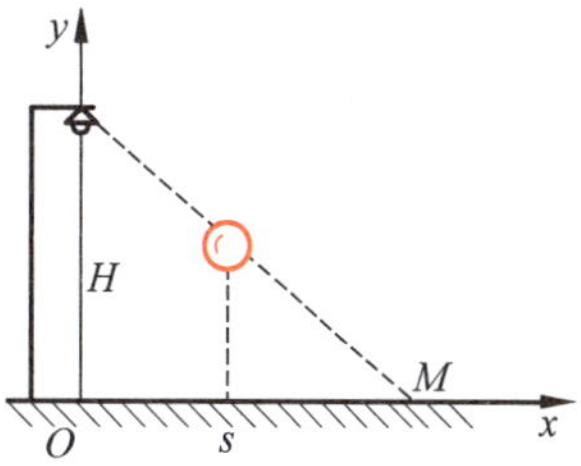

习题 1-4 图

1-5 一质点在 Oxy 平面内运动，运动方程为 $\boldsymbol{r}=2t\boldsymbol{i}+(19-2t^2)\boldsymbol{j}$(SI)。(1)求质点运动的轨道方程并画出运动轨道；(2)计算 1 s 末和 2 s 末质点的瞬时速度和瞬时加速度；(3)在什么时刻质点的位置矢量与其速度矢量恰好垂直？这时，它们的 x、y 分量各为多少？(4)在什么时刻质点离原点最近？算出这一距离。

1-6 一物体沿 x 轴运动，其加速度和位置的关系满足 $a=2+6x$(SI)。物体在 $x=0$ 处的速度为 10 m/s，求物体的速度和位置的关系。

1-7 一质点沿 x 轴作直线运动，初始速度为零，初始加速度为 a_0，出发后每经过时间间隔 τ 秒加速度就均匀增加 a_0，求出发后 t 秒，质点的速度和距出发点的距离。

1-8 一艘正在沿直线行驶的快艇，在发动机关闭后，其加速度方向与速度方向相反，大小与速度平方成正比，即 $a=-kv^2$，式中 k 为正常数。试证明快艇在关闭发动机后又行驶 x 距离时的速度为 $v=v_0\mathrm{e}^{-kx}$，式中 v_0 是发动机关闭瞬时的速度。

1-9 一飞轮的转速在 5 s 内由 900 rev/min 均匀地减到 800 rev/min。求：(1)飞轮的角加速度；(2)在此 5 s 内飞轮的总转数；(3)再经几秒飞轮将停止转动。

1-10 一质点在水平面内作圆周运动，半径 $R=2$ m，角速度 $\omega=kt^2$，式中 k 为正常数。当 $t=0$ 时，$\theta_0=-\pi/4$，第 2 s 末质点的线速度大小为 32 m/s。用角坐标表示质点的运动方程。

1-11 一质点沿半径为 0.01 m 的圆周运动，其运动方程为 $\theta=6t-2t^2$(SI)。求：(1)法向加速度与切向加速度大小恰好相等时的角位置 θ_1；(2)质点要回头运动时的角位置 θ_2。

1-12 一质点从静止出发沿半径 $R=3$ m 的圆周运动，切向加速度为 $a_t=3\ \mathrm{m/s^2}$。(1)经过多少时间它的总加速度 $\boldsymbol{a}$ 恰好与半径成 45°角？(2)在上述时间内，质点所经过的路程和角位移各为多少？

1-13 质点 M 作平面曲线运动，自 O 点出发经图示轨迹运动到 C 点。图中，OA 段为直线，AB、BC 段分别为不同半径的两个 1/4 圆周。设 $t=0$ 时，M 在 O 点，已知运动方程为 $s=30t+5t^2$(SI)，求 $t=2$ s 时刻，质点 M 的切向加速度和法向加速度的大小。

1-14 一质点沿半径为 R 的圆周按 $s=v_0t-\frac{1}{2}bt^2$ 的规律运动，其中 v_0 和 b 都是常数。求：(1)质点在 t 时刻的加速度；(2)t 为何值时，加速度在数值上等于 b；(3)当加速度大小为 b 时质点已沿圆周运行了几圈？

1-15 一个半径为 $R=1.0$ m 的轻质圆盘，可以绕过其盘心且垂直于盘面的转轴转动。一根轻绳绕在圆盘的边缘，其自由端悬挂一物体。若该物体从静止开始匀加速地下降，在 $\Delta t=2$ s 内下降的距离 $h=0.4$ m。求物体开始下降后 3 s 末，盘边缘上任一点的切向加速度与法向加速度的大小。

1-16 已知质点在水平面内运动，运动方程为 $\boldsymbol{r}=5t\boldsymbol{i}+(15t-5t^2)\boldsymbol{j}$(SI)，求 $t=1$ s 时的法向加速度和切向加速度的大小及轨道曲率半径。

1-17 公路旁一高为 H 的建筑物上有一物体以初速 v_0 作平抛运动，一汽车以 u 的速度在公路上行驶，如图所示。在图示坐标系下，以物体抛出的瞬时为计时零点，并设该瞬时两坐标系重合。求车上观察者观测到该物体的运动方程及轨道方程。

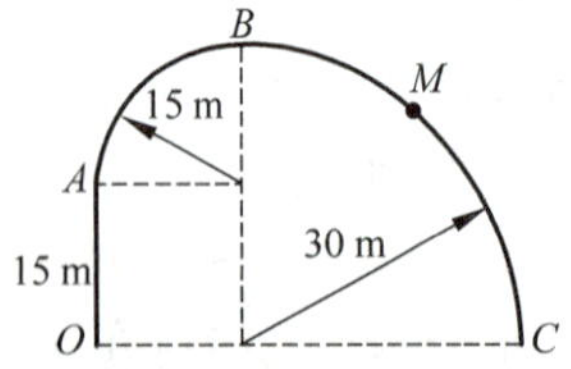

习题 1-13 图

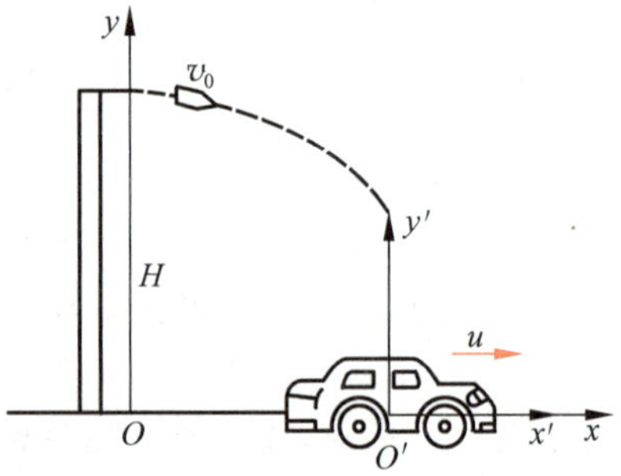

习题 1-17 图

1-18 一人骑车以 10 km/h 速率自东向西行驶时观察到雨滴垂直下落；当他的行驶速率增加至 20 km/h 时观察到雨滴与人前进方向成 135°角下落。求雨滴相对于地的速度。

1-19 飞机驾驶员要往正北飞行，而风相对地面以 10 m/s 的速率由东向西刮来。如果飞机的速率(在静止空气中的速率)为 30 m/s。试问，驾驶员应取什么航向？飞机相对于地面的速率为多少？

1-20 当一列火车以 120 km/h 的速率向东行驶时，相对于地面竖直下落的雨滴在列车的窗子上形成的雨迹偏离窗上竖直方向 30°角。求雨滴相对于地面的速度和相对于列车的速度。

1-21 一快艇正以 17 m/s 的速率向东行驶，有一架直升机准备降落在快艇的甲板上。海上刮着 12 m/s 的北风。若艇上的海员看到直升机以 5 m/s 的速度垂直降下，试问直升机相对于海水和相对于空气的速度各为多少？(以正南为 x 轴正方向，正东为 y 轴正方向，竖直向上为 z 轴正方向建立坐标系。)

第 2 章　质点动力学基本定律

在第 1 章中，我们研究了描述物体运动的物理量及它们之间的关系，力学的这一部分内容称为运动学。本章将研究物体运动与物体间相互作用的关系，讨论物体间的相互作用对物体运动状态的影响，力学的这一部分内容称为动力学。动力学的研究是以牛顿运动定律为基础的。300 多年前，在总结伽利略、惠更斯、开普勒等前人大量研究成果的基础上，牛顿卓越地归纳、综合、总结出三条运动定律和万有引力定律，找到了地上物体和宇宙天体共同遵循的普遍的机械运动规律，建立了经典力学基础。在这一章里，我们将阐述牛顿运动定律及在其基础上派生出来的定理和定律。

2.1 牛顿运动定律

2.1.1　牛顿运动定律

牛顿在 1687 年发表的《自然哲学的数学原理》一书中，提出了三条运动定律，应用这三条运动定律，可以导出力学的其他基本规律，因而它是研究一般动力学问题的基础。

1. 牛顿第一定律

牛顿第一定律：任何物体都保持静止或匀速直线运动的状态，直到其他物体的作用迫使它改变这种状态为止。

牛顿第一定律揭示了任何物体都具有保持其运动状态不变的性质，物体的这种固有属性称为惯性，因此牛顿第一定律也称为惯性定律。牛顿第一定律表明，要改变物体的运动状态，即要使物体获得加速度，必须有其他物体的作用。我们把一物体对另一物体的作用称为力，它是改变物体运动状态的原因，而不是维持速度的原因。

学习牛顿第一定律时应区分惯性和惯性运动这两个不同的概念。惯性是物体的固有属性，与物体是否受力无关；而惯性运动必须在没有外力作用或外力平衡的条件下才能实现。

第 1 章讲过，物体的运动状态与选择的参考系有关，不同的参考系对同一运动的描述一般不相同。从运动学角度来说，描述一个物体的运动可以任意选择参考系。但是，相对于不同的参考系所观察到的同一物体的运动并不一定都符合牛顿定律。例如，在地面参考系中观察到在光滑地面上静止或作匀速直线运动的物体，从正在加速的车厢中看就不是静止或匀速直线运动的。但地面和车厢中的观察者都观察到物体在水平方向上不受力的作用。这说明牛顿第一定律并不是对所有参考系都成立。我们把牛顿第一定律成立的参考系叫做惯性参考系，简称为惯性系；而把牛顿第一定律不成立的参考系称为非惯性参考系，简称为非惯性系。

要确定一个参考系是不是惯性系，只能依靠观察和实验。绝对的、理想的惯性系至今尚未找到，但已找到许多近似的惯性系。天体运动的研究表明，太阳是一个较好的惯性系。实验和理论还证明，凡是相对于某一惯性系静止或作匀速直线运动的参考系都是惯性系；相对于惯性系作变速运动的参考系都是非惯性系。在不考虑地球自转以及在运动经历时间较短（与地球绕太阳公转一周所需的时间相比）的情况下，当研究地面上和地面附近物体的运动时，可近似地把地球看作惯性系。

2. 牛顿第二定律

牛顿第二定律：物体受到外力作用时，物体所获得的加速度 $\boldsymbol{a}$ 的大小与合外力 $\boldsymbol{F}$ 的大小成正比，与物体的质量 m 成反比，加速度 $\boldsymbol{a}$ 的方向与合外力 $\boldsymbol{F}$ 的方向相同。其数学表达式为

$$\boldsymbol{F} = m\boldsymbol{a} \tag{2-1}$$

牛顿第二定律说明了力和加速度之间的瞬时的定量关系。牛顿第二定律表明，在一定外力作用下，加速度与物体的质量成反比。这表明质量越大的物体越不容易改变自己的运动状态，也就是说，质量越大的物体惯性越大。可见，质量是物体惯性大小的量度。

牛顿第二定律的表达式是矢量式，应用时通常把力和加速度沿选定的坐标系分解而得到相应的分量式。

在直角坐标系中的分量式为

$$\begin{cases} F_x = ma_x \\ F_y = ma_y \\ F_z = ma_z \end{cases} \tag{2-2}$$

物体作平面运动时，在自然坐标系中，其分量式为

$$\begin{cases} F_t = ma_t = m\dfrac{\mathrm{d}v}{\mathrm{d}t} \\ F_n = ma_n = m\dfrac{v^2}{\rho} \end{cases} \tag{2-3}$$

式中，F_t 称为切向力，F_n 称为法向力。

3. 牛顿第三定律

牛顿第三定律：两个物体间的相互作用力总是大小相等方向相反且沿同一直线。用 $\boldsymbol{F}$ 和 $\boldsymbol{F}'$ 表示一对相互作用力，则

$$\boldsymbol{F} = -\boldsymbol{F}' \tag{2-4}$$

对于牛顿第三定律应说明几点：(1)物体间的作用总是相互的，作用力和反作用力总是同时存在、互为依存的，每一个力都有它的施力者和受力者；(2)作用力和反作用力分别作用在不同的物体上，不能互相抵消；(3)作用力和反作用力总是属于同一性质的力。例如，作用力是弹性力，那么反作用力也一定是弹性力；作用力是引力，那么反作用力也一定是引力。

对于牛顿运动定律，还要指出以下几点：(1)牛顿运动定律是从实践中归纳出来的客观

规律,它不能从其他理论推导出来,它的正确性是在实践中被直接或间接证明了的;(2)牛顿运动定律中所说的物体都是质点;(3)牛顿运动定律有一定的适用范围,概括地讲,它适用于"宏观、低速、惯性系"。"宏观"是指所研究的质点是由大量分子、原子组成的宏观物体;"低速"是指所研究的物体的运动速度远小于真空中的光速;"惯性系"是指应用牛顿运动定律时选取的参考系必须是惯性系。

牛顿运动定律是宏观物体低速运动规律的科学总结,在一般科学和工程技术中有着广泛的应用。但对于高速和微观的领域,牛顿运动定律将失去其效力。高速物体的运动遵从相对论力学规律,诸如原子、电子等微观粒子的运动遵从量子力学规律。

2.1.2 力学中常见的几种力

要应用牛顿运动定律解决问题,首先必须能正确分析物体的受力情况。在日常生活和工程技术中经常遇到的力有万有引力、重力、弹力、摩擦力等。下面简单地总结一下关于这些力的知识。

1. 万有引力 重力

实验和理论都表明,凡是具有质量的物体之间都存在着一种相互吸引的力,称为万有引力。质量分别为 m_1 和 m_2 的两个质点,当它们的距离为 r 时,这两个质点之间的万有引力的大小和方向,可由牛顿提出的万有引力定律确定如下

$$\boldsymbol{F}=-G\frac{m_1m_2}{r^2}\boldsymbol{e}_r \tag{2-5}$$

式中,$G=6.67\times10^{-11}\ \mathrm{N\cdot m^2/kg^2}$ 称为引力常量;$\boldsymbol{e}_r$ 是由施力质点指向受力质点的单位矢量,式中负号表示万有引力 $\boldsymbol{F}$ 的方向与 $\boldsymbol{e}_r$ 的方向相反。

如果把地球看成质量均匀或质量球对称分布的球体,那么地球对地球外物体的引力等于地球的全部质量都集中在地心时对物体的引力。设质量为 m 的物体位于地面附近高度为 h 处,则物体受到地球的引力大小为

$$F=G\frac{mm_e}{(R_e+h)^2}$$

式中,m_e 为地球的质量,R_e 为地球的半径。引力方向指向地心。

在精度要求不高的一般计算中,可以近似地认为地球对物体的引力就等于物体所受的重力,即

$$G\frac{mm_e}{(R_e+h)^2}=mg$$

由此得到重力加速度

$$g=G\frac{m_e}{(R_e+h)^2} \tag{2-6}$$

对于地面附近的物体,$h\ll R_e$,$R_e+h\approx R_e$,即可认为物体到地心的距离就等于地球的半径,物体在地面附近不同高度时的重力加速度就可以看作恒量,其值为

$$g=G\frac{m_e}{R_e^2} \tag{2-7}$$

应该指出,地球上一般物体之间的万有引力是非常微弱的。例如,两个质量均为 1 kg

的物体彼此相距 0.1 m 时，它们之间的万有引力为 6.67×10^{-9} N，还不到它们各自重量的十亿分之一。因此，对于地球上的一般物体，完全可以不用考虑它们相互间的万有引力。但是对于太阳、行星、地球、月球等天体，由于它们的质量巨大，相互间的万有引力也很大，万有引力对天体的运动起着决定性的作用。

万有引力定律的发现对于天文学的发展有很大推动作用，牛顿还曾经利用它研究了潮汐问题。在应用万有引力定律取得成功的例子中，值得提出的是，人们曾发现天王星的运动有些异常，应用以万有引力定律为基础的摄动理论计算的结果发现这是由于另一颗尚未被发现的行星的作用，并预言了它的质量和位置，1846 年，在预计位置附近果然发现了这颗星，即“海王星”。与此类似，通过事先的计算，于 1930 年发现了“冥王星”。这些发现表明万有引力定律符合客观实际。当前的天体力学这门学科就是以开普勒定律和万有引力定律为基础的，用它可以研究天体运动的规律，确定行星的质量和轨道，计算行星、彗星、卫星的位置，在星际航行方面有重要的应用。

2. 弹力

物体在外力作用下因发生形变而产生的欲使其恢复原来形状的力称为弹力，其方向要根据物体形变的情况来决定。弹力的表现形式有很多种，下面只讨论常见的三种表现形式。

(1) 物体间相互挤压而产生的弹力

当两个物体互相挤压时，在物体接触处总要产生形变（这种形变通常十分微小以致难以观察到），因而产生对对方的弹力作用。这种弹力通常叫做正压力或支持力。它们的大小取决于相互压紧的程度，它们的方向总是垂直于接触面指向对方。

(2) 弹簧的弹力

当弹簧被拉伸或压缩时，它就会对连结体有弹力的作用，这种弹力总是要使弹簧恢复原长。如图 2-1 所示，弹簧一端固定，另一端连接一个放置在水平面上的物体。取弹簧没有被拉伸或压缩时物体的位置为坐标原点 O，建立坐标系 Ox 轴。O 点称为物体的平衡位置。根据胡克定律，在弹性限度内，弹性力可表示为

$$F=-kx \tag{2-8}$$

式中，k 为弹簧的劲度系数，它取决于弹簧本身的结构；x 是物体相对于平衡位置的位移，其大小为弹簧的形变量（伸长量或压缩量）；负号表示弹力的方向总是与位移方向相反。

(3) 绳子对物体的拉力

这种拉力是由于绳子发生了形变而产生的。它的大小取决于绳子被拉紧的程度，它的方向总是沿着绳而指向绳要收缩的方向。

绳子产生拉力时，绳子的内部各段之间也有相互的弹力作用，这种内部的弹力叫做张力。如图 2-2 所示，设在一根张紧的绳子上某位置作一假想横截面 $A—A'$，在假想横截面两

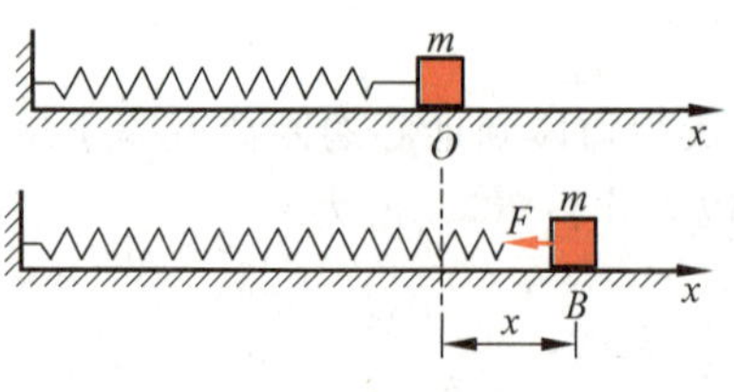

图 2-1　弹簧的弹力

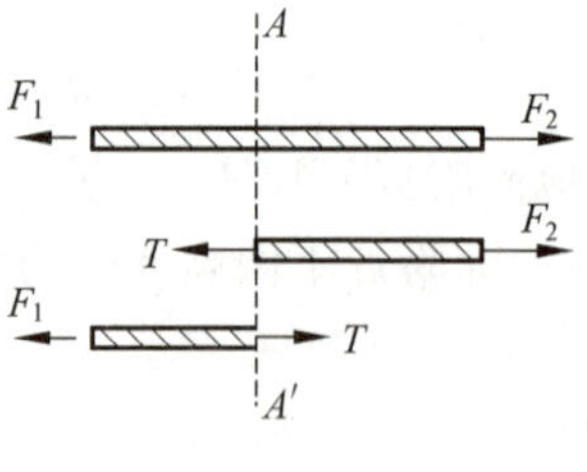

图 2-2　绳的拉力和绳中的张力

侧绳被分开的两部分互相施加的绳内弹力叫做横截面上的张力。在一般情况下，绳上各处的张力是不相等的。只有当绳子的质量可以忽略不计时，绳上各处的张力才相等，而且等于绳子两端所受的力。

3. 摩擦力

两个彼此接触而相互挤压的物体，当存在相对运动或相对运动的趋势时，在两者的接触面上会产生阻碍相对运动或相对运动趋势的力，这种相互作用力称为摩擦力。摩擦力产生在直接接触的物体之间，其方向沿两物体接触面的切线方向，并与物体相对运动或相对运动趋势的方向相反。

（1）静摩擦力

当两相互接触的物体沿接触面有相对运动趋势时，在两接触面之间会产生一对阻碍上述运动趋势的力，这一对作用力和反作用力称为静摩擦力。实验证明，静摩擦力的大小随引起相对运动趋势的外力而变化，但最大值 F_{smax} 与接触面间的正压力 N 成正比，即

$$F_{\mathrm{smax}} = \mu_{\mathrm{s}} N \tag{2-9}$$

式中，μ_{s} 称为静摩擦系数，它与两物体的质料和接触面的粗糙程度、干湿程度等有关。

（2）滑动摩擦力

当外力超过最大静摩擦力时，两物体间出现相对滑动，这时仍存在一对阻碍相对滑动的摩擦力，称为滑动摩擦力。实验证明，滑动摩擦力 F_{k} 也与接触面间的正压力 N 成正比，即

$$F_{\mathrm{k}} = \mu N \tag{2-10}$$

式中，μ 称为滑动摩擦系数。对于给定的接触面来说，静摩擦系数 μ_{s} 总是大于滑动摩擦系数 μ，但二者相差不大，在通常的计算中可近似认为 $\mu=\mu_{\mathrm{s}}$。

2.1.3 牛顿运动定律的应用

力对质点运动情况的影响是通过加速度表现出来的，质点在各个瞬时的加速度再附以适当的初始条件，就完全可以确定物体的运动情况。反过来，知道质点的运动情况就能确定物体的加速度，由加速度就可以知道质点的受力情况。因此，牛顿运动定律与质点运动学相结合，就提供了解决各种各样动力学问题的原则依据，其中“加速度”这个物理量起着重要的“桥梁”作用。

应用牛顿运动定律求解问题，一般有两种类型。一类是已知力求运动；另一类是已知运动求力。

应用牛顿运动定律解题时，一般可按下列步骤进行：(1)确定对象(一个或几个物体)；(2)正确地分析每个物体所受的力，作出受力图；(3)选择适当的坐标系，根据牛顿第二定律的分量式列方程求解。

应该指出，如果质点在运动过程中所受的力随时间、随质点的位置或随质点的速度而变时，这时质点的加速度是变化的，解决质点在这类变力作用下的运动问题，就应当用牛顿第二定律的微分式 $\boldsymbol{F}=m\dfrac{\mathrm{d}\boldsymbol{v}}{\mathrm{d}t}=m\dfrac{\mathrm{d}^2\boldsymbol{r}}{\mathrm{d}t^2}$，通过积分或解微分方程求出质点在任一瞬时的速度或位置。

【例 2-1】 如图 2-3(a)所示，均匀不可伸长的绳 OB 长为 L，质量为 m。外力 F 通过此绳拉质量为 M 的物块，使绳和物块在光滑水平面上运动。求绳内任一点处的张力。

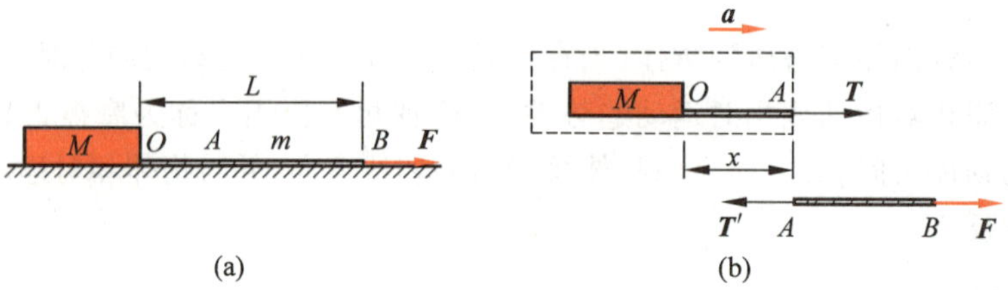

图 2-3 例 2-1 图

解 为求绳中 A 处的张力，应假想将绳从 A 处截断，把绳分成 OA 和 AB 两段。如图 2-3(b)所示，OA 和 AB 间的相互作用力 T 和 T' 就是 A 处张力，T 和 T' 是一对作用力和反作用力，只需求出其中任一个即可。如欲求 T，可使物块 M 和 OA 绳作为隔离体（图(b)中作虚线框出）。设 OA 长为 x，则其质量为 $m_1=\frac{m}{L}x$。此隔离体的总质量为 $M+\frac{m}{L}x$。由于绳子不可伸长，物块 M 和绳子具有共同的向右的加速度 $\boldsymbol{a}$。根据牛顿第二定律可列出此隔离体在水平方向的动力学方程为

$$T=\left(M+\frac{m}{L}x\right)a$$

由此可见，绳中不同位置张力 T 不相等。越靠右方（x 越大），张力 T 越大。如果绳的质量很小可以忽略不计（称轻绳，即 $m=0$），张力 $T=Ma$，绳内各处张力相等。

【例 2-2】 如图 2-4 所示，设升降机以不变加速度 $\boldsymbol{a}$ 上升，求放置在升降机底板上质量为 m 的物体 M 对底板的压力。

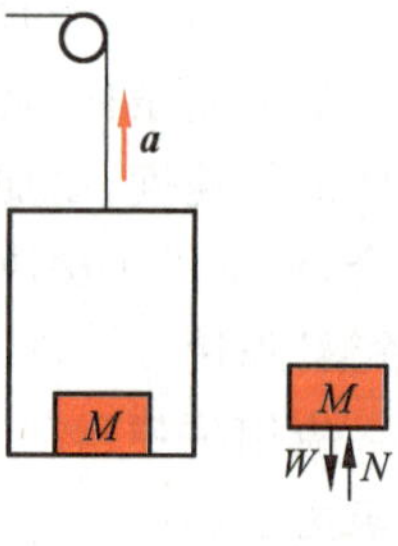

图 2-4 例 2-2 图

解 物体 M 受到重力 $\boldsymbol{W}$ 和底板对它的支持力 $\boldsymbol{N}$ 的作用，因为物体 M 随升降机一起上升，所以它的加速度亦为 $\boldsymbol{a}$。

根据牛顿第二定律，并注意到 $m=W/g$，可得到物体在竖直方向上的动力学方程

$$\frac{W}{g}a=-W+N$$

即

$$N=\frac{W}{g}a+W$$

底板所受到的压力 $\boldsymbol{N}'$ 应与 $\boldsymbol{N}$ 大小相等，方向相反。

由上面的结果可见，压力由两部分组成，第一部分是物体原来的重力 W，第二部分是由于升降机上升而引起的 Wa/g。前者称为静压力，后者称为附加压力。两者的总和称为总动压力，就是升降机上的磅秤测得的物重，亦叫表观重

量。当 $\boldsymbol{a}$ 向上时，表观重量大于原来重量，叫超重；当 $\boldsymbol{a}$ 向下时，表观重量小于原来重量，叫失重。

【例 2-3】 长为 L 的轻绳，一端固定，另一端系一质量为 m 的小球。使小球从悬挂着的铅直位置以水平初速度 v_0 开始运动，如图 2-5 所示。求小球沿逆时针方向转过 θ 角时的角速度和绳中的张力。

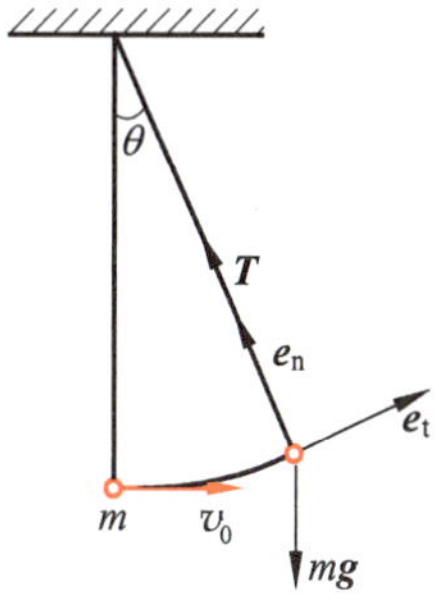

图 2-5 例 2-3 图

解 如图 2-5 所示。小球受重力 $m\boldsymbol{g}$ 和绳子的拉力 $\boldsymbol{T}$，根据牛顿第二定律，可得

$$m\boldsymbol{g}+\boldsymbol{T}=m\boldsymbol{a}$$

由于小球作圆周运动，所以我们按切向和法向来列牛顿第二定律的分量式。小球沿逆时针方向转过 θ 角时，牛顿第二定律的切向分量方程为

$$-mg\sin\theta=m\frac{\mathrm{d}v}{\mathrm{d}t}$$

将上式两边同乘 $\mathrm{d}\theta$，得

$$-g\sin\theta\mathrm{d}\theta=\frac{\mathrm{d}v}{\mathrm{d}t}\mathrm{d}\theta$$

因为 $v=L\omega,\omega=\frac{\mathrm{d}\theta}{\mathrm{d}t}$，上式可化为

$$-g\sin\theta\mathrm{d}\theta=L\omega\mathrm{d}\omega$$

对上式两边进行积分，得

$$-\int_0^\theta g\sin\theta\mathrm{d}\theta=\int_{\omega_0}^{\omega_\theta}L\omega\mathrm{d}\omega$$

$$\omega_\theta=\sqrt{\omega_0^2+\frac{2g}{L}(\cos\theta-1)}=\sqrt{\left(\frac{v_0}{L}\right)^2+\frac{2g}{L}(\cos\theta-1)}$$

小球沿逆时针方向转过 θ 角时，牛顿第二定律的法向分量方程为

$$T-mg\cos\theta=m\omega_\theta^2L$$

解得

$$T=mg\cos\theta+m\omega_\theta^2L=m\left(\frac{v_0^2}{L}+3g\cos\theta-2g\right)$$

【例 2-4】 质量为 m 的小球在水中受的浮力为 F，当它从静止开始沉降时，受到水的粘滞阻力为 $f=-kv$，式中 k 为正的常数。求小球在水中竖直沉降的速度 v 与时间 t 的关系。

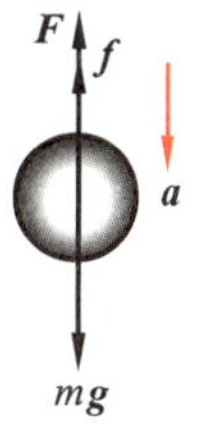

图 2-6 例 2-4 图

解 小球受到重力、浮力和粘滞阻力三个力的作用，如图 2-6 所示。取向下方向为正方向。根据牛顿第二定律，可得

$$mg-F-kv=m\frac{\mathrm{d}v}{\mathrm{d}t}$$

将上式分离变量，得

$$\frac{\mathrm{d}v}{kv - mg + F} = -\frac{1}{m}\mathrm{d}t$$

$$\int_0^v \frac{\mathrm{d}(kv - mg + F)}{kv - mg + F} = -\int_0^t \frac{k}{m}\mathrm{d}t$$

$$v = \frac{mg - F}{k}\left(1 - \mathrm{e}^{-\frac{k}{m}t}\right)$$

由上述结果可知，当时间足够长后，小球将以极限速度 $v_T = \dfrac{mg - F}{k}$ 匀速下降。

*2.1.4 非惯性系 惯性力

前面曾经指出，牛顿运动定律只对惯性系成立。若一参考系相对惯性系作加速运动，在此参考系中牛顿运动定律就不再成立，这样的参考系称为非惯性系。在实际问题中常常需要在非惯性系中观察和处理物体的运动现象。为了方便起见，我们也常常形式地利用牛顿第二定律分析问题，为此我们引入惯性力的概念。下面分两种情形来讨论。

1. 平动加速系

设有一个质量为 m 的质点，相对于某一惯性系 S，它在外力 $\boldsymbol{F}$ 作用下产生加速度 $\boldsymbol{a}$。根据牛顿第二定律，有

$$\boldsymbol{F} = m\boldsymbol{a}$$

设想有另一参考系 S'，相对于惯性系 S 以加速度 $\boldsymbol{a}_0$ 平动。在 S' 参考系中，质点的加速度为 $\boldsymbol{a}'$，由运动的相对性，可知

$$\boldsymbol{a} = \boldsymbol{a}' + \boldsymbol{a}_0$$

代入上式，可得

$$\boldsymbol{F} = m(\boldsymbol{a}' + \boldsymbol{a}_0) = m\boldsymbol{a}' + m\boldsymbol{a}_0$$

或者写成

$$\boldsymbol{F} + (-m\boldsymbol{a}_0) = m\boldsymbol{a}'$$

上式说明，在 S' 参考系中，质点受的合外力 $\boldsymbol{F}$ 并不等于 $m\boldsymbol{a}'$，因此牛顿运动定律在 S' 参考系中并不成立。但是如果我们把 $(-m\boldsymbol{a}_0)$ 也看作是质点所受的一种力，称为惯性力，即

$$\boldsymbol{F}_i = -m\boldsymbol{a}_0 \tag{2-11}$$

则得到

$$\boldsymbol{F} + \boldsymbol{F}_i = m\boldsymbol{a}' \tag{2-12}$$

上式表明，在加速平动的非惯性系中，质点质量与其相对于非惯性系的加速度的乘积，等于作用在质点上的其他物体的作用力和惯性力的合力。这样，在引入惯性力后，式(2-12)就在形式上与牛顿第二定律保持一致。

由以上的讨论可知，在加速平动的非惯性系中，质点所受惯性力 $\boldsymbol{F}_i$ 的大小等于质点质量 m 与 $\boldsymbol{a}_0$ 大小的乘积，惯性力的方向与非惯性系的加速度 $\boldsymbol{a}_0$ 的方向相反。

虽然惯性力与物体间的相互作用力一样具有产生加速度的效果，但它们却有着本质的区别。首先，惯性力不是物体间的相互作用力，而只是一种假想力，它没有施力者，因而也没有反作用力。惯性力只是由于参考系本身相对于惯性系作加速运动所引起的。其次，物体间的相互作用力无论是在惯性系还是在非惯性系都存在，而且大小、方向不随参考系变化。而惯性力只在非惯性系中才出现，它的大小和方向取决于参考系的非惯性性质。

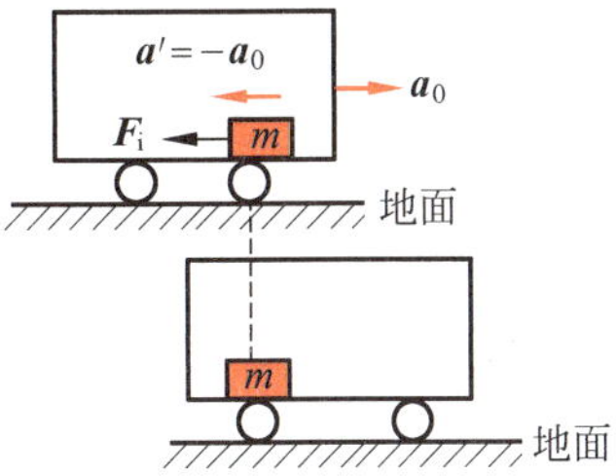

图 2-7　惯性力 F_i

为了加深对惯性力的认识，下面举一个例子来说明惯性力的物理意义。如图 2-7 所示，在理想光滑的车厢上放一个质量为 m 的物体。当车厢相对于地面以加速度 $\boldsymbol{a}_0$ 运动时。车内观察者发现，物体以 $\boldsymbol{a}'=-\boldsymbol{a}_0$ 的加速度相对于车厢运动。水平方向没有受力而有加速度，说明牛顿第二定律对非惯性系的车厢不成立。为了使牛顿第二定律从形式上对车厢仍成立，我们可以设想有一个惯性力 $\boldsymbol{F}_i=-m\boldsymbol{a}_0$ 作用于物体上，使物体产生了加速度 $\boldsymbol{a}'=-\boldsymbol{a}_0$，这样就恰有 $\boldsymbol{F}_i=m\boldsymbol{a}'$，从而在形式上沿用了牛顿第二定律，解释了车厢参考系中观察到的物体加速度是由于惯性力 $\boldsymbol{F}_i$ 作用的结果。

【例 2-5】 如图 2-8 所示，车厢以加速度 $\boldsymbol{a}_0$ 沿水平地面前进。物体 m_1 和 m_2 紧贴于车厢表面运动，接触面的滑动摩擦系数为 μ，不计滑轮和绳子的质量。求 m_1 和 m_2 相对于车厢的加速度。

解 相对于车厢这个非惯性系，m_1 和 m_2 的受力情况如图 2-8 所示。

对 m_1 应用牛顿第二定律，有

$$T-\mu N_1-m_1a_0=m_1a$$

$$N_1-m_1g=0$$

对 m_2 应用牛顿第二定律，有

$$N_2-m_2a_0=0$$

$$m_2g-\mu N_2-T=m_2a$$

联立以上四式，解得

$$a=\frac{(m_2-\mu m_1)g-(\mu m_2+m_1)a_0}{m_1+m_2}$$

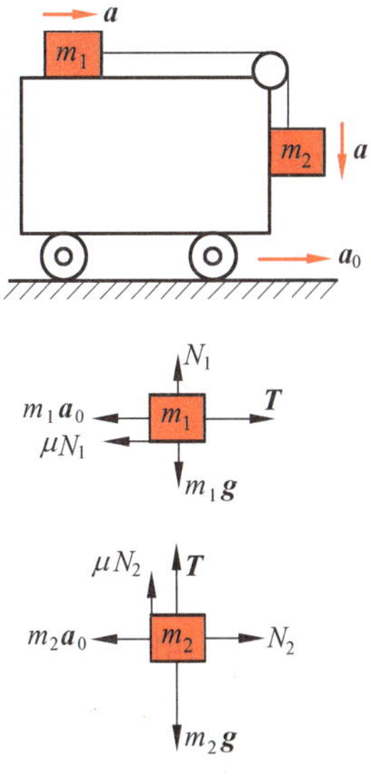

图 2-8　例 2-5 图

2. 转动参考系

若参考系相对惯性系转动，这类参考系称为转动参考系。这是另一类非惯性系。

如图 2-9(a)所示，一圆盘相对于地面以角速度 ω 绕过盘心的竖直轴匀速转动，长为 r 的细绳一端固定在盘心 O 处，另一端系一质量为 m 的小球。令小球相对于盘静止而随盘一起作匀速圆周运动。从地面参考系观察，小球作匀速圆周运动，只具有法向加速度，且 $\boldsymbol{a}_n=-\omega^2\boldsymbol{r}$，式中 $\boldsymbol{r}$ 为小球相对于盘心的位矢。向心力是由细绳对小球的拉力 $\boldsymbol{T}$ 提供的。由于对地面这个惯性系，牛顿运动定律成立，故有 $\boldsymbol{T}=m\boldsymbol{a}_{\mathrm{n}}=-m\omega^2\boldsymbol{r}$。

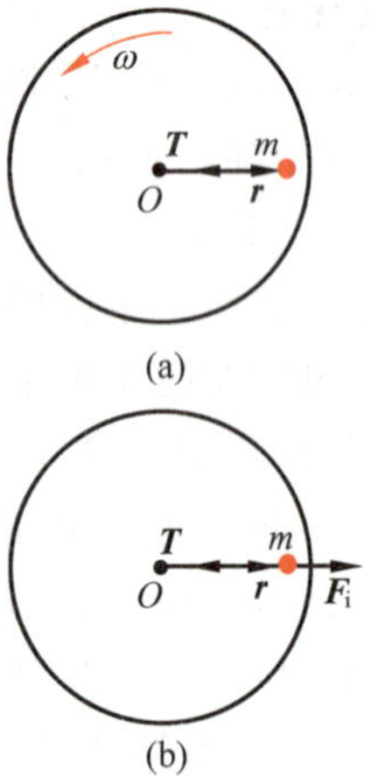

图 2-9　惯性离心力

若以圆盘为参考系来观察，小球受到拉力 $\boldsymbol{T}$ 的作用，但却保持静止，没有加速度，不符合牛顿运动定律。为使静止于匀速转动参考系中的物体受到拉力作用但却保持静止的现象在此参考系中也能用牛顿运动定律解释，必须设想小球又受到另外一个与拉力大小相等但方向相反的惯性力的作用，这个惯性力称为惯性离心力，如图 2-9(b)所示，它可表示为

$$\boldsymbol{F}_{\mathrm{i}}=m\omega^2\boldsymbol{r} \tag{2-13}$$

这样，对于上述小球，以圆盘为参考系，自然有 $\boldsymbol{T}+\boldsymbol{F}_{\mathrm{i}}=0$。由于此惯性力与拉力相平衡，从而使物体相对于这个匀速转动参考系保持静止。

总之，在匀速转动的非惯性系中，一个静止物体要受到惯性离心力的作用，惯性离心力的大小 $F_{\mathrm{i}}=m\omega^2 r$，方向由转轴垂直指向质点。

如果参考系加速转动，而且物体相对于转动参考系运动，除了需要引入惯性离心力外，还应引入其他惯性力，如切向惯性力和科里奥利力等。

2.2　动量定理和动量守恒定律

2.2.1　动量定理

1. 动量

我们已经知道，速度是反映物体运动状态的物理量，但是在长期的生产和生活实践中，我们所遇到的许多现象表明，物体的运动状态不仅取决于速度，而且与物体的质量有关。这就是说，从动力学的角度来考察物体的机械运动状态时，必须同时考虑速度和质量这两个因素。为此我们引入动量的概念。

一个质量为 m 的质点以速度 $\boldsymbol{v}$ 运动时，我们把质点的质量与其速度的乘积定义为质点的动量，用 $\boldsymbol{p}$ 表示

$$\boldsymbol{p}=m\boldsymbol{v} \tag{2-14}$$

动量 $\boldsymbol{p}$ 是描述质点运动的状态量，它是一个矢量，其方向与速度 $\boldsymbol{v}$ 的方向相同。在国际单位制中，动量的单位是 kg · m/s。

由若干个相互作用的质点组成的系统，称为质点系。系统内各质点之间的相互作用力称为内力；系统外其他物体对系统内任意一个质点的作用力称为外力。例如，如果将地球和月球看成一个系统，则它们之间的相互作用力称为内力，系统外的物体如太阳以及其他行星对地球或月球的引力都是外力。

对于由 n 个质点组成的质点系，其总动量定义为系统内各质点动量的矢量和，即

$$\boldsymbol{p}=\sum_{i=1}^{n}\boldsymbol{p}_i=\sum_{i=1}^{n}m_i\boldsymbol{v}_i \tag{2-15}$$

式中，$\boldsymbol{p}_i$ 为质点系中第 i 个质点的动量，m_i 和 $\boldsymbol{v}_i$ 分别为第 i 个质点的质量和速度。

2. 质点的动量定理

牛顿运动定律是力的瞬时作用规律，而实际上物体的受力往往不是瞬时的，而是在一段时间内不断受到力的作用。例如，质量为 m 的物体由位置 A 开始作自由落体运动，经 Δt 时间落到位置 B，物体速度的大小由零增大到 $g\Delta t$，这是由于物体在这段时间内始终受到一个恒定的重力 $m\boldsymbol{g}$ 作用的结果。可见，物体运动状态的改变往往是力在一段时间内不断作用的结果。因此，我们有必要描述力对时间的累积效果。这一效果可以直接由牛顿第二定律得出。

在牛顿力学理论中，物体的质量是一个不变的量，因此可以把牛顿第二定律的表达式(2-1)改写为

$$\boldsymbol{F}=m\boldsymbol{a}=m\frac{\mathrm{d}\boldsymbol{v}}{\mathrm{d}t}=\frac{\mathrm{d}(m\boldsymbol{v})}{\mathrm{d}t}=\frac{\mathrm{d}\boldsymbol{p}}{\mathrm{d}t} \tag{2-16}$$

上式表明，质点所受的合外力等于质点动量对时间的变化率。实际上，牛顿最初就是以上述形式来表达牛顿第二定律的。

由式(2-16)可以得到

$$\boldsymbol{F}\mathrm{d}t=\mathrm{d}\boldsymbol{p} \tag{2-17}$$

式中乘积 $\boldsymbol{F}\mathrm{d}t$ 表示力 $\boldsymbol{F}$ 在时间 $\mathrm{d}t$ 内的累积量，称为在 $\mathrm{d}t$ 时间内质点所受合外力的冲量。上式表明，在 $\mathrm{d}t$ 时间内质点所受合外力的冲量等于在同一时间内质点的动量的增量。这一关系叫做动量定理的微分形式。实际上它是牛顿第二定律公式的数学变形。

如果力 $\boldsymbol{F}$ 持续地从 t_0 时刻作用到 t 时刻，设 t_0 时刻质点的动量为 $\boldsymbol{p}_0$，t 时刻质点的动量为 $\boldsymbol{p}$，则对上式积分可求出力在这段时间内的持续作用效果

$$\int_{t_0}^{t}\boldsymbol{F}\mathrm{d}t=\int_{\boldsymbol{p}_0}^{\boldsymbol{p}}\mathrm{d}\boldsymbol{p}=\boldsymbol{p}-\boldsymbol{p}_0 \tag{2-18}$$

令

$$\boldsymbol{I}=\int_{t_0}^{t}\boldsymbol{F}\mathrm{d}t \tag{2-19}$$

则

$$\boldsymbol{I}=\int_{t_0}^{t}\boldsymbol{F}\mathrm{d}t=\boldsymbol{p}-\boldsymbol{p}_0 \tag{2-20}$$

式(2-19)表示了力 $\boldsymbol{F}$ 在 $t_0\sim t$ 这段时间内的累积量，称为在 $t_0\sim t$ 这段时间内合外力的冲量。如果 $\boldsymbol{F}$ 是恒力，则 $\boldsymbol{I}=\boldsymbol{F}(t-t_0)$，$\boldsymbol{I}$ 与 $\boldsymbol{F}$ 同向。如果 $\boldsymbol{F}$ 是变力，则 $\boldsymbol{I}$ 是无限多个无限小的矢量 $\boldsymbol{F}\mathrm{d}t$ 的矢量和，这时就不能用力的瞬时方向来表示冲量的方向。由式(2-20)可知，冲量的方向总是与动量增量的方向一致。在国际单位制中，冲量的单位为 N·s。

式(2-20)是动量定理的积分形式，它表明质点在 $t_0\sim t$ 这段时间内所受的合外力的冲量等于在同一时间内质点的动量的增量。

在直角坐标系中，动量定理矢量式(2-20)可用分量式表示

$$\begin{cases} \int_{t_0}^{t} F_x \mathrm{d}t = p_x - p_{0x} = mv_x - mv_{0x} \\ \int_{t_0}^{t} F_y \mathrm{d}t = p_y - p_{0y} = mv_y - mv_{0y} \\ \int_{t_0}^{t} F_z \mathrm{d}t = p_z - p_{0z} = mv_z - mv_{0z} \end{cases} \tag{2-21}$$

动量定理常用于碰撞过程。在这一过程中，物体相互作用的时间极短，但相互作用力很大，这种力通常叫做冲力。由于冲力随时间的变化非常大，冲力的变化规律 $\boldsymbol{F}(t)$ 很难确定，因此，可用平均冲力 $\overline{\boldsymbol{F}}$ 来替代。平均冲力是这样定义的：

$$\overline{\boldsymbol{F}} = \frac{\int_{t_0}^{t} \boldsymbol{F} \mathrm{d}t}{t - t_0} \tag{2-22}$$

引入平均冲力后，动量定理可表示为

$$\boldsymbol{I} = \overline{\boldsymbol{F}}(t - t_0) = \boldsymbol{p} - \boldsymbol{p}_0 \tag{2-23}$$

在处理一般的碰撞问题时，可以从质点动量的变化求出作用时间内的平均冲力。

由质点的动量定理可知，在动量变化一定的情况下，作用时间越长，物体受到的平均冲力就越小；反之则越大。例如，在跳高场地上要铺设厚厚的海绵垫子，目的是延长运动员着地时的作用时间，从而减小着地时地面对人体的冲力。

3. 质点系的动量定理

现在我们把质点动量定理应用到由 n 个质点组成的质点系。对质点系中第 i 个质点应用动量定理，则有

$$\int_{t_0}^{t} \boldsymbol{F}_i \mathrm{d}t = \boldsymbol{p}_i - \boldsymbol{p}_{i0} = m_i \boldsymbol{v}_i - m_i \boldsymbol{v}_{i0} \tag{2-24}$$

将式(2-24)对 n 个质点求和，有

$$\sum_{i=1}^{n} \int_{t_0}^{t} \boldsymbol{F}_i \mathrm{d}t = \sum_{i=1}^{n} m_i \boldsymbol{v}_i - \sum_{i=1}^{n} m_i \boldsymbol{v}_{i0}$$

上式可写成

$$\int_{t_0}^{t} \left(\sum_{i=1}^{n} \boldsymbol{F}_i\right) \mathrm{d}t = \sum_{i=1}^{n} m_i \boldsymbol{v}_i - \sum_{i=1}^{n} m_i \boldsymbol{v}_{i0}$$

把作用力区分为外力和内力，即

$$\boldsymbol{F}_i = \boldsymbol{F}_{i外} + \boldsymbol{F}_{i内}$$

由于质点系的内力总是以作用力和反作用力成对出现的，作用力冲量和反作用力冲量之和为零。因此有

$$\int_{t_0}^{t} \left(\sum_{i=1}^{n} \boldsymbol{F}_{i外}\right) \mathrm{d}t = \sum_{i=1}^{n} m_i \boldsymbol{v}_i - \sum_{i=1}^{n} m_i \boldsymbol{v}_{i0} \tag{2-25}$$

令质点系的初动量为 $\boldsymbol{p}_0 = \sum_{i=1}^{n} m_i \boldsymbol{v}_{i0}$，质点系的末动量为 $\boldsymbol{p} = \sum_{i=1}^{n} m_i \boldsymbol{v}_i$，质点系所受的合外力为 $\boldsymbol{F} = \sum_{i=1}^{n} \boldsymbol{F}_{i外}$，则式(2-25)可表示为

$$\int_{t_0}^{t} \boldsymbol{F} \mathrm{d}t = \boldsymbol{p} - \boldsymbol{p}_0 \tag{2-26}$$

上式表明，质点系所受合外力的冲量等于质点系总动量的增量，这一结论称为质点系的动量定理。

由以上的分析可知，只有外力才对系统的动量变化有贡献。内力能使系统内各质点的动量发生变化，但它们不能改变整个系统的动量。

【例 2-6】 有一质点，质量为 m，以 $\theta=30°$ 作斜上抛运动，速率为 v_0。不计空气阻力，求质点从抛出瞬时至其达到最高点时受到的冲量。

解 如图 2-10 所示，以抛出点为坐标原点建立直角坐标系，Ox 轴位于水平方向，Oy 轴铅直向上。

抛出瞬时质点的速度为

$$\boldsymbol{v}_0 = v_0\cos\theta\boldsymbol{i} + v_0\sin\theta\boldsymbol{j} = \frac{\sqrt{3}}{2}v_0\boldsymbol{i} + \frac{v_0}{2}\boldsymbol{j}$$

最高点质点的速度为

$$\boldsymbol{v} = v_0\cos\theta\boldsymbol{i} = \frac{\sqrt{3}}{2}v_0\boldsymbol{i}$$

根据动量定理，质点所受的冲量为

$$\boldsymbol{I} = m\boldsymbol{v} - m\boldsymbol{v}_0 = -\frac{mv_0}{2}\boldsymbol{j}$$

因此，质点从抛出瞬时至其达到最高点时，物体所受外力冲量大小为$\frac{mv_0}{2}$，方向竖直向下。

【例 2-7】 如图 2-11 所示，质量为 $m=0.2$ kg 的小球以 $v=5$ m/s 的速率与墙壁碰撞后以相同的速度弹出。碰撞前后小球的运动方向与墙壁法线的夹角都是 $\alpha=60°$，碰撞时间 $\Delta t=0.05$ s，求小球与墙壁碰撞过程中所受的平均冲力。

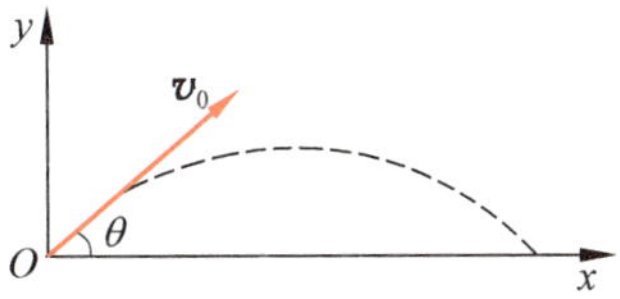

图 2-10 例 2-6 图

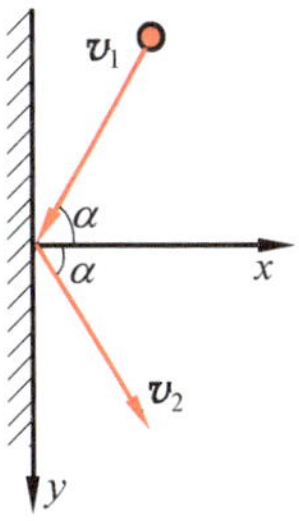

图 2-11 例 2-7 图

解 由题意知，$v_1=v_2=v=5$ m/s，按图示所取的坐标系 Oxy，小球的速度 $\boldsymbol{v}_1$ 和 $\boldsymbol{v}_2$ 均在坐标平面内。$\boldsymbol{v}_1$ 在 x 轴和 y 轴上的分量为

$$v_{1x} = -v\cos\alpha,\quad v_{1y} = v\sin\alpha$$

$\boldsymbol{v}_2$ 在 x 轴和 y 轴上的分量为

$$v_{2x} = v\cos\alpha,\quad v_{2y} = v\sin\alpha$$

由动量定理的分量式(2-21)，可得小球在碰撞过程中所受的冲量为

$$\bar{F}_x\Delta t = mv_{2x} - mv_{1x} = mv\cos\alpha - (-mv\cos\alpha) = 2mv\cos\alpha$$

$$\bar{F}_y\Delta t = mv_{2y} - mv_{1y} = mv\sin\alpha - mv\sin\alpha = 0$$

因此，小球所受的平均冲力为

$$\overline{F}=\overline{F}_x=\frac{2mv\cos\alpha}{\Delta t}=20\ (\mathrm{N})$$

$\overline{\boldsymbol{F}}$ 的方向沿 x 轴正向，根据牛顿第三定律可知，墙壁所受的平均冲力与之大小相等，方向相反。

【例 2-8】 一根柔软的重链的一端因自身重量从水平桌边自由下落，桌上没有进入运动的部分在桌面上仍保持静止。试分析此重链落下的运动规律。

解 设在某时刻 t，重链下垂部分的长度为 x，在 $\mathrm{d}t$ 时间内，下垂部分增加的长度为 $\mathrm{d}x$。由于链子是一连续体，所以下垂部分 $\mathrm{d}x$ 长链子的瞬时速度就是整个下垂部分的瞬时速度。

设单位长度链子质量为 ρ，则下垂部分链子质量为 $m=\rho x$，链子所受外力为 $F=\rho g x$。依质点系的动量定理，有

$$\rho g x=\frac{\mathrm{d}(mv)}{\mathrm{d}t}=v\frac{\mathrm{d}m}{\mathrm{d}t}+m\frac{\mathrm{d}v}{\mathrm{d}t}=v\rho\frac{\mathrm{d}x}{\mathrm{d}t}+\rho x\frac{\mathrm{d}v}{\mathrm{d}t}=v^2\rho+\rho x\frac{\mathrm{d}v}{\mathrm{d}t}$$

整理得

$$x\frac{\mathrm{d}v}{\mathrm{d}t}=gx-v^2$$

因为

$$\frac{\mathrm{d}v}{\mathrm{d}t}=\frac{\mathrm{d}v}{\mathrm{d}x}\cdot\frac{\mathrm{d}x}{\mathrm{d}t}=v\frac{\mathrm{d}v}{\mathrm{d}x}$$

链子下落运动的微分方程写为

$$xv\frac{\mathrm{d}v}{\mathrm{d}x}=gx-v^2$$

上式两边乘以 $2x$ 并移项得

$$2x^2v\frac{\mathrm{d}v}{\mathrm{d}x}+2xv^2=2gx^2$$

上式可写为

$$\mathrm{d}(v^2x^2)=2gx^2\,\mathrm{d}x$$

两边积分，并注意到链子是自由下落的($v_0=0$)

$$\int_0^{v^2x^2}\mathrm{d}(v^2x^2)=2\int_0^x gx^2\,\mathrm{d}x$$

积分得到

$$v=\frac{\mathrm{d}x}{\mathrm{d}t}=\sqrt{\frac{2}{3}gx}$$

对上式分离变量后积分

$$\int_0^x\frac{\mathrm{d}x}{\sqrt{x}}=\int_0^t\sqrt{\frac{2}{3}g}\,\mathrm{d}t$$

得到链子下落的运动规律为

$$x=\frac{1}{6}gt^2$$

2.2.2 动量守恒定律

由质点系动量定理的表达式(2-26)可看出，若

$$\boldsymbol{F} = \sum_{i=1}^{n} \boldsymbol{F}_{i外} = 0$$

则

$$\boldsymbol{p} = \sum_{i} \boldsymbol{p}_i = 常矢量 \tag{2-27}$$

上式表明，如果质点系所受的合外力为零，则质点系的总动量保持不变。这就是质点系的动量守恒定律。

关于动量守恒定律，需要说明以下几点：

(1) 动量守恒的条件是合外力为零，而不是合外力的冲量为零。动量守恒要求运动过程中任一状态(不仅是初态和末态)的动量都相等，即运动过程中动量始终保持恒定不变，要满足这样的要求，运动过程中任何时刻的合外力都必须为零。而一段时间内的冲量为零，只表示系统初态动量等于末态动量，把这种特定的情形称为动量守恒是不合适的。

(2) 若系统所受合外力不为零，但是合外力在某一方向的分量为零，则由式(2-21)可知，系统在该方向上的总动量守恒。例如，一个物体在空中爆炸后碎裂成两块，在忽略空气阻力的情况下，这两个碎块受到的外力只有竖直向下的重力，因此它们的总动量在水平方向的分量是守恒的。

(3) 由于我们是用牛顿运动定律导出动量守恒定律的，所以它只适用于惯性系。而且系统内所有质点的动量都必须对同一个惯性参考系而言。

(4) 在一些具体问题中，有时系统所受的合外力并不为零，但其值远小于系统内各质点之间的内力，在这种情况下，外力对质点系的总动量变化影响甚小，可以忽略不计，近似认为系统的总动量守恒。这种情况大多出现在碰撞、打击、爆炸等相互作用时间极短的过程中。

现代科学实验和理论都表明，动量守恒定律不仅适用于宏观低速物体，也适用于牛顿运动定律不适用的微观粒子和作高速运动的物体。也就是说，动量定理和动量守恒定律在微观、高速范围内仍适用。因此，动量守恒定律是自然界最基本的规律之一，它比牛顿运动定律更具有普遍意义。

【例 2-9】 如图 2-12 所示，质量为 M 的木座静放在光滑的水平面上，木座上有一半径为 R 的 1/4 圆弧面，弧面光滑并与水平面相切。现有质量为 m 的小球自顶点 A 从静止开始沿弧$\overset{\frown}{AB}$滑下。在小球从顶点 A 滑至底端 B 的过程中，求木座在水平面上滑行的距离。

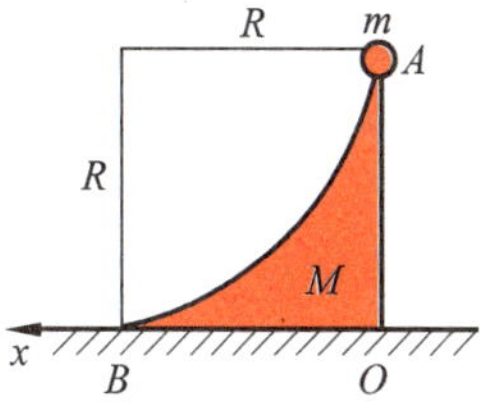

图 2-12 例 2-9 图

解 对于小球和木座组成的系统，水平方向上系统不受外力的作用，因此系统在水平方向上动量守恒。

建立图示的坐标系，设 t 时刻小球和木座在水平方向的速度分别为 v_1 和 v_2，则有

$$mv_1 + Mv_2 = 0$$

$$v_2 = -\frac{m}{M}v_1$$

式中，负号表明木座与小球的运动方向相反。

设 t 时刻小球的位置坐标为 x_1，木座的位置坐标为 x_2，则有 $v_1 = \frac{\mathrm{d}x_1}{\mathrm{d}t}$，$v_2 = \frac{\mathrm{d}x_2}{\mathrm{d}t}$，代入上式，得

$$\frac{\mathrm{d}x_2}{\mathrm{d}t} = -\frac{m}{M}\frac{\mathrm{d}x_1}{\mathrm{d}t}$$

$$\mathrm{d}x_2 = -\frac{m}{M}\mathrm{d}x_1$$

设小球滑至 B 端时，木座的位置坐标从零变为 x，则小球的位置坐标从零变为 $x+R$，对上式积分得

$$\int_0^x \mathrm{d}x_2 = -\frac{m}{M}\int_0^{x+R}\mathrm{d}x_1$$

解得

$$x = -\frac{m}{M+m}R$$

式中负号表示木座沿 x 轴负向滑动。于是可得木座在水平面上滑行的距离为

$$x = \frac{m}{M+m}R$$

【例 2-10】 火箭壳体连同携带的燃料及助燃剂等的总质量为 m_0，火箭壳体本身的质量为 m_1。火箭由静止开始发射升空，在飞行过程中，喷出的气体相对于火箭的速率为定值 u，若忽略重力、飞行时的空气阻力，求燃料耗尽时火箭的飞行速度。

解 以火箭飞行的方向为正方向。设 t 时刻火箭的总质量为 m，速度为 v。经过 $\mathrm{d}t$ 时间，火箭喷出气体的质量为 $-\mathrm{d}m$（其中 $\mathrm{d}m$ 为火箭质量的增量，为一负值），喷出的气体相对于火箭的速度为 u，它的方向与火箭前进方向相反。此时火箭的速度变为 $v+\mathrm{d}v$，喷出的气体相对于地面的速度为 $(v+\mathrm{d}v)+(-u)$。

在 t 时刻，火箭的动量为 mv，在 $t+\mathrm{d}t$ 时刻，质量为 $m+\mathrm{d}m$ 的火箭和质量为 $-\mathrm{d}m$ 的气体的总动量为 $(m+\mathrm{d}m)(v+\mathrm{d}v)-\mathrm{d}m(v+\mathrm{d}v-u)$。

我们把整个火箭壳体连同所装的燃料及助燃剂等视作一个系统，由于重力、飞行时的空气阻力等系统外力与火箭的内力相比皆可忽略不计，因而该系统的动量守恒，即

$$mv = (m+\mathrm{d}m)(v+\mathrm{d}v) - \mathrm{d}m(v+\mathrm{d}v-u)$$

略去二阶小量 $\mathrm{d}m\mathrm{d}v$，化简后可得

$$\mathrm{d}v = -u\frac{\mathrm{d}m}{m}$$

火箭开始飞行时的速度为零，设火箭燃料耗尽时速度为 v_1，对上式积分

$$\int_0^{v_1}\mathrm{d}v = \int_{m_0}^{m_1} -u\frac{\mathrm{d}m}{m}$$

解得

$$v_1 = u\ln\frac{m_0}{m_1}$$

2.2.3 质心和质心运动定律

1. 质心

质点系在运动过程中,其内部各质点的运动状态可能不尽相同,这就给描述质点系的运动带来了很大的麻烦,为了能够简洁地描述物体的运动状态,我们引入质量中心的概念,简称质心。

如图 2-13 所示,设某个质点系由 n 个质点组成,各质点的质量分别为 $m_1,m_2,\cdots,m_i,\cdots,m_n$,位矢分别为 $\boldsymbol{r}_1,\boldsymbol{r}_2,\cdots,\boldsymbol{r}_i,\cdots,\boldsymbol{r}_n$,定义质点系的质心 C 的位矢为

$$\boldsymbol{r}_C=\frac{\sum_{i=1}^{n}m_i\boldsymbol{r}_i}{\sum_{i=1}^{n}m_i}=\frac{\sum_{i=1}^{n}m_i\boldsymbol{r}_i}{m} \tag{2-28}$$

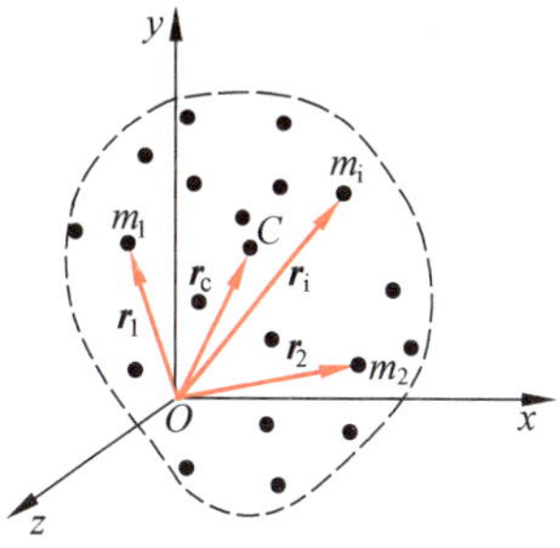

图 2-13 质心的位置矢量

式中,$m=\sum_{i=1}^{n}m_i$ 是质点系的总质量。作为位置矢量,质心位矢与坐标系的选择有关,但可以证明质心相对于质点系内各质点的相对位置是不会随坐标系的选择而变化的,即质心是相对于质点系本身的一个特定位置。

在直角坐标系中,质心的坐标可表示为

$$x_C=\frac{\sum_{i=1}^{n}m_ix_i}{m},\quad y_C=\frac{\sum_{i=1}^{n}m_iy_i}{m},\quad z_C=\frac{\sum_{i=1}^{n}m_iz_i}{m} \tag{2-29}$$

质量连续分布的物体,可以认为是由许多质点(或叫质元)组成的,以 dm 表示其中任一质元的质量,以 $\boldsymbol{r}$ 表示该质元的位矢,则该物体质心 C 的位矢为

$$\boldsymbol{r}_C=\frac{\int\boldsymbol{r}\mathrm{d}m}{\int\mathrm{d}m}=\frac{\int\boldsymbol{r}\mathrm{d}m}{m} \tag{2-30}$$

它的三个直角坐标分量式分别为

$$x_C=\frac{\int x\mathrm{d}m}{m},\quad y_C=\frac{\int y\mathrm{d}m}{m},\quad z_C=\frac{\int z\mathrm{d}m}{m} \tag{2-31}$$

利用上述公式 ,可求得均匀直棒、均匀圆环、均匀圆盘、均匀球体等质量均匀分布的物体的质心就在它们的几何对称中心上。当然,质心并不一定处在物体内部。对于不变形的物体,质心的相对位置(相对物体本身)是不变的,而对于变形体,它的质心相对位置就可能发生变化。

力学上还常用到重心的概念。重心是一个物体各部分所受重力的合力作用点,可以证明:尺寸不十分大的物体,它的质心和重心的位置重合。

2. 质心运动定理

将式(2-28)中的 r_C 对时间 t 求导,可得出质心运动的速度为

$$v_C = \frac{\mathrm{d}\boldsymbol{r}_C}{\mathrm{d}t} = \frac{\sum_{i=1}^{n} m_i \frac{\mathrm{d}\boldsymbol{r}_i}{\mathrm{d}t}}{m} = \frac{\sum_{i=1}^{n} m_i \boldsymbol{v}_i}{m}$$

由此可得

$$m\boldsymbol{v}_C = \sum_{i=1}^{n} m_i \boldsymbol{v}_i \tag{2-32}$$

式中，$\sum_{i=1}^{n} m_i \boldsymbol{v}_i$ 为质点系的总动量，即 $\boldsymbol{p} = \sum_{i=1}^{n} m_i \boldsymbol{v}_i$。上式表明，质点系的总动量 $\boldsymbol{p}$ 等于它的总质量与其质心运动速度的乘积。这一总动量的变化率为

$$\frac{\mathrm{d}\boldsymbol{p}}{\mathrm{d}t} = m\frac{\mathrm{d}\boldsymbol{v}_C}{\mathrm{d}t} = m\boldsymbol{a}_C$$

式中，$\boldsymbol{a}_C$ 为质心运动的加速度。由式(2-16)可得一个质点系的质心的运动和该质点系所受合外力的关系为

$$\boldsymbol{F} = \frac{\mathrm{d}\boldsymbol{p}}{\mathrm{d}t} = m\boldsymbol{a}_C \tag{2-33}$$

上式表明，质点系所受到的合外力等于质点系的总质量与质心加速度的乘积，这一结论称为质心运动定理。

质心运动定理给研究质点系的整体运动带来了很大的方便，质点系内的各个质点由于受到内力和外力的作用，它们的运动情况可能很复杂，但其质心的运动很简单，它仅由质点系所受的合外力决定，内力对质心的运动不产生影响。例如，高台跳水运动员离开跳台后，他的身体在空中不断地翻转，最后入水，在整个过程中，他身上各点的运动情况都相当复杂，但由于他所受的合外力只有重力（忽略空气阻力的作用），故他的质心在空中的轨道是一条抛物线。同样的，在投掷手榴弹时，它将一边翻转，一边前进，其中各点的运动情况相当复杂，但它的质心在空中的运动却和一个质点被抛出后的运动一样，其轨道是一个抛物线，即使手榴弹爆炸成许多碎片，这些碎片的质心仍然沿着原抛物线运动。

从质心运动定理可知，当质点系所受合外力 $\boldsymbol{F}=0$ 时，$\boldsymbol{a}_C=0$，$\boldsymbol{p}=$常矢量，也就是说，在合外力等于零的条件下，该质点系的总动量保持不变，此时该质点系的质心的速度也将保持不变。此外，只要所受合外力在某方向的分力为零，质心速度在该方向上的相应分量就保持不变。

【例 2-11】 质量为 m 的人站在质量为 M、长为 L 的船的船头上，开始时船静止，不计水对船的阻力，试求当人走到船尾时船移动的距离。

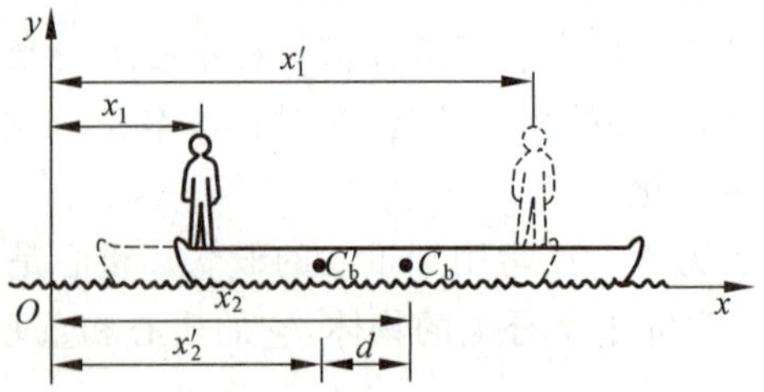

图 2-14　例 2-11 图

解　由于人和船组成的系统在水平方向不受外力作用，故质心在水平方向上应保持原有的静止状态，其坐标在人走动过程中保持不变。

如图 2-14 所示建立坐标系，设 x_1 为人在初始时刻的坐标，x_2 为船的质心 C_b 在初

始时刻的坐标。则初始时刻人船系统的质心位置为

$$x_C = \frac{mx_1 + Mx_2}{m + M}$$

当人向右走到船尾时，船的质心向左移动的距离为 d，此时人的坐标变为 x_1'，船的质心坐标变为 x_2'。这时人船系统的质心坐标为

$$x_C' = \frac{mx_1' + Mx_2'}{m + M}$$

由于 $x_C' = x_C$，有

$$mx_1 + Mx_2 = mx_1' + Mx_2'$$

即

$$M(x_2' - x_2) = m(x_1' - x_1)$$

由图可知 $x_2' - x_2 = d$，$x_1' - x_1 = L - d$，所以船移动的距离为

$$d = \frac{m}{m + M}L$$

2.3 角动量定理和角动量守恒定律

2.3.1 角动量定理

1. 角动量

角动量概念的引入与物体的转动有着密切的关系。在自然界中经常会遇到物体围绕某一中心或轴转动的情况，如行星围绕太阳的公转，门绕着门轴的转动等。在这类运动中，质点的动量在不断变化。为描述此类运动，我们引入一个新的物理量——角动量。

如图 2-15 所示，在惯性参考系中有一固定的参考点 O，某时刻质点对 O 点的位矢为 $\boldsymbol{r}$，动量为 $\boldsymbol{p} = m\boldsymbol{v}$。质点对 O 点的角动量 $\boldsymbol{L}$ 定义为

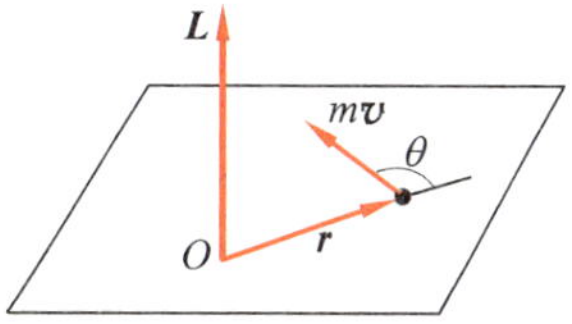

图 2-15　质点的角动量

$$\boldsymbol{L} = \boldsymbol{r} \times \boldsymbol{p} = \boldsymbol{r} \times m\boldsymbol{v} \tag{2-34}$$

角动量的大小为

$$L = rp\sin\theta = rmv\sin\theta \tag{2-35}$$

式中，θ 为 $\boldsymbol{r}$ 和 $\boldsymbol{v}$ 的夹角。角动量的方向垂直于由 $\boldsymbol{r}$ 和 $\boldsymbol{v}$ 构成的平面，其指向由右手螺旋法则确定。

当质点绕参考点 O 作圆周运动时，$\boldsymbol{r}$ 和 $\boldsymbol{v}$ 垂直，$\theta = 90°$，此时质点对于圆心 O 的角动量大小为

$$L = rp = rmv \tag{2-36}$$

对于由多个质点组成的质点系，该质点系对某一参考点 O 的角动量等于质点系中所有质点对 O 点的角动量的矢量和。设质点系由 n 个质点组成，它们对 O 点的位矢分别为 $\boldsymbol{r}_1, \boldsymbol{r}_2, \cdots, \boldsymbol{r}_i, \cdots, \boldsymbol{r}_n$，动量分别为 $\boldsymbol{p}_1, \boldsymbol{p}_2, \cdots, \boldsymbol{p}_i, \cdots, \boldsymbol{p}_n$，则质点系对 O 点的总角动量为

$$L = \sum_{i=1}^{n} \boldsymbol{L}_i = \sum_{i=1}^{n} (\boldsymbol{r}_i \times \boldsymbol{p}_i) \tag{2-37}$$

在国际单位制中,角动量的单位是 $kg \cdot m^2/s$,也可写作 $J \cdot s$。

2. 力矩

如图 2-16 所示,质点受到力 $\boldsymbol{F}$ 的作用,质点对于固定参考点 O 的位矢为 $\boldsymbol{r}$,则力 $\boldsymbol{F}$ 对参考点 O 的力矩 $\boldsymbol{M}$ 定义为

$$\boldsymbol{M} = \boldsymbol{r} \times \boldsymbol{F} \tag{2-38}$$

力矩的大小为

$$M = rF\sin\alpha = Fd \tag{2-39}$$

式中,α 为 $\boldsymbol{r}$ 和 $\boldsymbol{F}$ 的夹角,$d = r\sin\alpha$ 是力的作用线到 O 点的距离,称为力臂。力矩的方向垂直于由 $\boldsymbol{r}$ 和 $\boldsymbol{F}$ 构成的平面,其指向由右手螺旋法则确定,如图 2-16 所示。

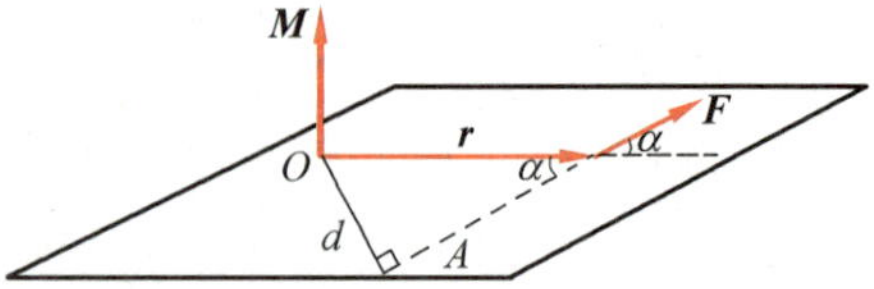

图 2-16　力矩的定义

对于一个由 n 个质点组成的质点系,设作用在各质点上的力分别为 $\boldsymbol{F}_1, \boldsymbol{F}_2, \cdots, \boldsymbol{F}_i, \cdots, \boldsymbol{F}_n$,各力作用点相对于参考点 O 的位矢分别为 $\boldsymbol{r}_1, \boldsymbol{r}_2, \cdots, \boldsymbol{r}_i, \cdots, \boldsymbol{r}_n$,则它们对参考点 O 的合力矩为各力单独存在时对该参考点力矩的矢量和,即

$$\boldsymbol{M} = \sum_{i=1}^{n} \boldsymbol{M}_i = \sum_{i=1}^{n} (\boldsymbol{r}_i \times \boldsymbol{F}_i) \tag{2-40}$$

在国际单位制中,力矩的单位是 $N \cdot m$。

3. 质点的角动量定理

将角动量的定义式(2-34)对时间 t 求导,可得角动量 $\boldsymbol{L}$ 随时间的变化率为

$$\frac{d\boldsymbol{L}}{dt} = \frac{d(\boldsymbol{r} \times \boldsymbol{p})}{dt} = \frac{d\boldsymbol{r}}{dt} \times \boldsymbol{p} + \boldsymbol{r} \times \frac{d\boldsymbol{p}}{dt}$$

考虑到 $\frac{d\boldsymbol{r}}{dt} \times \boldsymbol{p} = \boldsymbol{v} \times m\boldsymbol{v} = 0$,而且 $\boldsymbol{F} = \frac{d\boldsymbol{p}}{dt}$,再引用式(2-38),就得到

$$\boldsymbol{M} = \frac{d\boldsymbol{L}}{dt} \tag{2-41}$$

上式表明,质点相对某固定参考点所受的合外力矩等于质点相对该参考点的角动量随时间的变化率。这个结论叫质点的角动量定理。式(2-41)称为角动量定理的微分式。

将式(2-41)两边同乘以 dt,得

$$\boldsymbol{M}dt = d\boldsymbol{L}$$

如果在 $t_0 \sim t$ 的有限时间内对上式再求积分,就有

$$\int_{t_0}^{t} \boldsymbol{M}dt = \int_{L_0}^{L} d\boldsymbol{L} = \boldsymbol{L} - \boldsymbol{L}_0 \tag{2-42}$$

式中,$\int_{t_0}^{t} \boldsymbol{M}dt$ 称为作用于质点上的合力矩 $\boldsymbol{M}$ 在 $t_0 \sim t$ 时间内的冲量矩。上式表明,质点角动量的增量等于作用于质点的冲量矩。式(2-42)称为角动量定理的积分形式。

4. 质点系的角动量定理

下面我们把质点的角动量定理用到由 n 个质点组成的质点系。

设 $\boldsymbol{F}_i$ 为第 i 个质点所受到的系统外物体对它的合作用力，$\boldsymbol{F}_{ij}$ 为第 i 个质点所受到的系统内第 j 个质点对它的作用力，$\boldsymbol{r}_i$ 为第 i 个质点相对固定参考点 O 的位矢，则可对第 i 个质点写出质点角动量定理

$$\boldsymbol{r}_i \times \boldsymbol{F}_i + \boldsymbol{r}_i \times \sum_{j \neq i} \boldsymbol{F}_{ij} = \frac{\mathrm{d}}{\mathrm{d}t}(\boldsymbol{r}_i \times \boldsymbol{p}_i)$$

对系统内所有质点求和，得到

$$\sum_{i=1}^{n}(\boldsymbol{r}_i \times \boldsymbol{F}_i) + \sum_{i=1}^{n}\left(\boldsymbol{r}_i \times \sum_{j \neq i} \boldsymbol{F}_{ij}\right) = \frac{\mathrm{d}}{\mathrm{d}t}\sum_{i=1}^{n}(\boldsymbol{r}_i \times \boldsymbol{p}_i)$$

式中，$\sum_{i=1}^{n}(\boldsymbol{r}_i \times \boldsymbol{F}_i)$ 为质点系所受的合外力矩，$\sum_{i=1}^{n}\left(\boldsymbol{r}_i \times \sum_{j \neq i} \boldsymbol{F}_{ij}\right)$ 为各质点所受的合内力矩的矢量和。

根据牛顿第三定律，内力总是成对出现的，一对内力大小相等、方向相反、作用在同一直线上，因此一对内力的力矩之和一定为零。于是有 $\sum_{i=1}^{n}\left(\boldsymbol{r}_i \times \sum_{j \neq i} \boldsymbol{F}_{ij}\right) = 0$，上式可以写为

$$\sum_{i=1}^{n}(\boldsymbol{r}_i \times \boldsymbol{F}_i) = \frac{\mathrm{d}}{\mathrm{d}t}\sum_{i=1}^{n}(\boldsymbol{r}_i \times \boldsymbol{p}_i)$$

再引用式(2-37)和式(2-40)，则有

$$\boldsymbol{M} = \frac{\mathrm{d}\boldsymbol{L}}{\mathrm{d}t} \tag{2-43}$$

上式表明，质点系相对某固定参考点所受的合外力矩等于质点系相对该参考点的角动量随时间的变化率。这一结论称为质点系角动量定理。式(2-43)是质点系角动量定理的微分表达式。

式(2-43)和式(2-41)的形式完全相同，但式(2-43)中的 $\boldsymbol{M}$ 和 $\boldsymbol{L}$ 都是对质点系而言的，式(2-43)描写质点系转动的动力学定律。

将式(2-43)两边同乘以 $\mathrm{d}t$，并在 $t_0 \sim t$ 的有限时间内对时间积分，就有

$$\int_{t_0}^{t} \boldsymbol{M}\mathrm{d}t = \int_{\boldsymbol{L}_0}^{\boldsymbol{L}} \mathrm{d}\boldsymbol{L} = \boldsymbol{L} - \boldsymbol{L}_0 \tag{2-44}$$

式中，$\int_{t_0}^{t} \boldsymbol{M}\mathrm{d}t$ 称为作用于质点系的合外力矩 $\boldsymbol{M}$ 在 $t_0 \sim t$ 时间内的冲量矩。上式表明，质点系角动量的增量等于作用于质点系的冲量矩。式(2-44)称为质点系角动量定理的积分形式。

2.3.2 角动量守恒定律

由式(2-41)和式(2-43)可知，无论是一个质点还是由 n 个质点所组成的质点系，如果 $\boldsymbol{M}=0$，则 $\frac{\mathrm{d}\boldsymbol{L}}{\mathrm{d}t}=0$，因而

$$\boldsymbol{L} = \text{常矢量} \tag{2-45}$$

这表明，当质点或质点系所受外力对某参考点的力矩的矢量和为零时，质点或质点系对该点的角动量保持不变。这一结论称为质点或质点系的角动量守恒定律。

角动量守恒定律和动量守恒定律一样，也是自然界的一条最基本的定律，它有着广泛的

应用。在中心力场中，质点所受到的力总是沿着质点与此中心（称为力心）的连线，这种力对力心的力矩总为零。因此，质点在此力场中运动时，它对力心的角动量就保持不变，即角动量守恒。行星绕日运动、微观粒子的散射运动等都属于这类运动。

【例 2-12】 如图 2-17 所示，一质量为 m 的物体拴在穿过小孔的轻绳的一端，在光滑的水平台面以角速度 ω_0 作半径为 r_0 的圆周运动，自 $t=0$ 时刻开始，手拉着绳的另一端以匀速率 v 向下运动，使半径逐渐减小。求：(1)角速度与时间的关系；(2)绳中的张力与时间的关系。

解 (1) 物体在水平方向仅受到绳子拉力的作用，它相对小孔的角动量守恒。当质点与小孔的距离为 r 时，设其角速度为 ω，则有

$$mvr = mv_0 r_0$$

即

$$m\omega r^2 = m\omega_0 r_0^2$$

所以

$$\omega = \frac{r_0^2}{r^2}\omega_0$$

依题意，$r=r_0-vt$，代入上式，得

$$\omega = \frac{r_0^2}{(r_0-vt)^2}\omega_0$$

(2) 设 v_r 为物体沿绳子方向的速率，根据牛顿运动定律，沿绳子方向有

$$F = m\frac{\mathrm{d}v_r}{\mathrm{d}t} + mr\omega^2$$

由于 $v_r=v$ 是常量，得到

$$F = mr\omega^2 = m(r_0-vt)\left[\frac{r_0^2}{(r_0-vt)^2}\omega_0\right]^2 = m\frac{r_0^4\omega_0^2}{(r_0-vt)^3}$$

【例 2-13】 一质量 $m=1.2\times10^4$ kg 的登陆飞船，在离月球表面高度 $h=100$ km 处绕月球作圆周运动。飞船采用如下登月方式：当飞船位于图 2-18 中 A 点时，它向外侧（即沿月球中心 O 到 A 点的位矢方向）短时间喷气，使飞船与月球相切地到达 B 点，且 $\overline{OA}$ 与 $\overline{OB}$ 垂直。试求飞船到达月球表面 B 时的速度。已知月球的半径 $R_M=1700$ km，在飞船登月过程中，月球的重力加速度可视为常量 $g_M=1.62\ \mathrm{m/s^2}$。

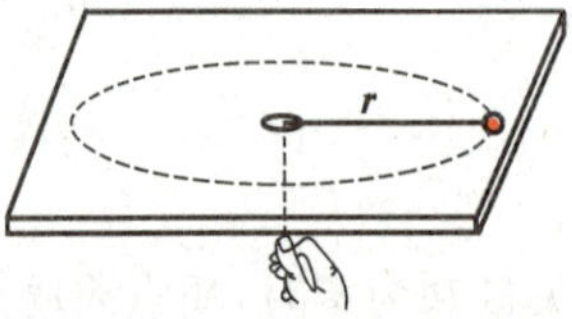

图 2-17 例 2-12 图

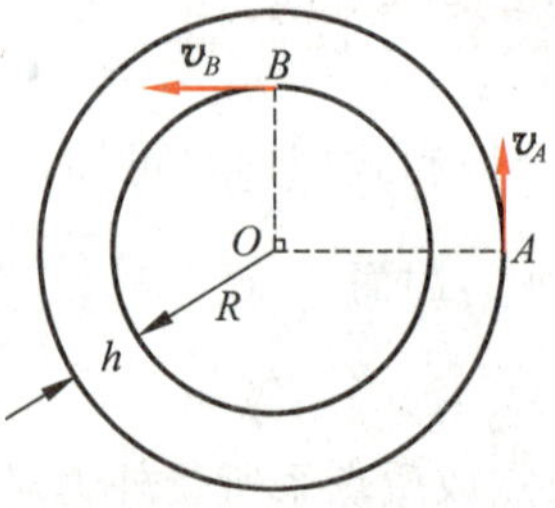

图 2-18 例 2-13 图

解 设飞船在 A 点的速度为 v_A，由万有引力定律和牛顿运动定律，有

$$G\frac{mm_M}{(R_M+h)^2}=m\frac{v_A^2}{R_M+h}$$

式中 m_M 为月球的质量。而月球表面附近的重力加速度为

$$g_M=G\frac{m_M}{R_M^2}$$

由以上两式得

$$v_A=\sqrt{\frac{g_M R_M^2}{(R_M+h)}}=1613\ (\mathrm{m/s})$$

在飞船即将喷气时，其质量由 m' 和燃气 $\Delta m'$ 两部分组成，其中飞船的剩余部分 m' 在 A 点和 B 点只受到引力的作用，故角动量守恒，有

$$m'v_A(R_M+h)=m'v_B R_M$$

$$v_B=\frac{R_M+h}{R_M}v_A=\frac{(1700+100)\times 10^3}{1700\times 10^3}\times 1613=1708\ (\mathrm{m/s})$$

2.4 功 和 能

在很多的实际情况中，我们常常要研究质点的位置发生变化时，力对它的作用效果。也就是说要研究力对空间的积累效果。本节我们将从力对空间积累作用出发，讲述功和能的基本概念，论述功和能的关系。

2.4.1 动能定理

1. 功和功率

如图 2-19 所示，设质点在恒力 $\boldsymbol{F}$ 的作用下沿直线运动了位移 $\Delta\boldsymbol{r}$，力 $\boldsymbol{F}$ 和位移 $\Delta\boldsymbol{r}$ 的夹角为 θ。此力 $\boldsymbol{F}$ 对质点所做的功定义为力在位移方向上的分量与该位移大小的乘积，用 A 表示功，则有

$$A=F\cos\theta\,|\Delta\boldsymbol{r}|$$

按矢量标积的定义，上式可写为

$$A=\boldsymbol{F}\cdot\Delta\boldsymbol{r} \tag{2-46}$$

上式表明，力对质点所做的功等于质点受的力与位移的标积。

根据功的定义可知功是标量，但有正负之分。当 $0\leqslant\theta<\frac{\pi}{2}$ 时，$A>0$，力对质点做正功；当 $\frac{\pi}{2}<\theta\leqslant\pi$ 时，$A<0$，力对质点做负功，或者说质点克服该力做功；当 $\theta=\frac{\pi}{2}$ 时，$A=0$，力对质点不做功。

一般情况下，作用在物体上的力往往不是恒力，而且质点的运动轨道也不一定是直线，这时不能直接用式(2-46)来计算功。如图 2-20 所示，质点在变力 $\boldsymbol{F}$ 的作用下沿某一曲线从 a 点运动到 b 点，此时我们可以把整个路径分成许多充分小的小段，任取一小段位移，用

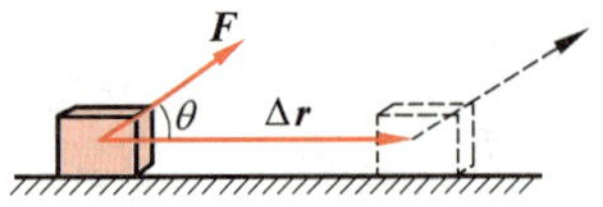

图 2-19　恒力的功

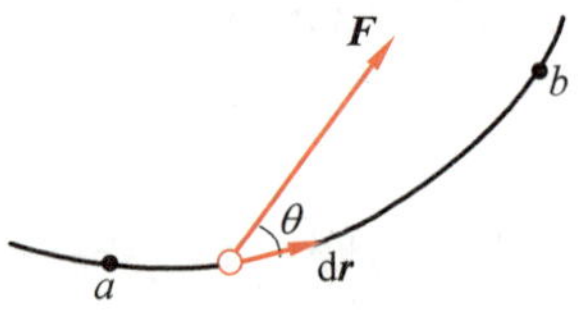

图 2-20　变力的功

d$\boldsymbol{r}$ 表示，在这段位移上质点所受的力 $\boldsymbol{F}$ 可视为恒力，根据功的定义，可知力 $\boldsymbol{F}$ 在 d$\boldsymbol{r}$ 位移内所做的功为

$$\mathrm{d}A=\boldsymbol{F}\cdot\mathrm{d}\boldsymbol{r} \tag{2-47}$$

式中 dA 称为元功。质点从 a 点沿曲线运动到 b 点的过程中，变力 $\boldsymbol{F}$ 所做的总功即为整个路径上所有元功的代数和，用积分表示为

$$A=\int_{(a)}^{(b)}\boldsymbol{F}\cdot\mathrm{d}\boldsymbol{r} \tag{2-48}$$

式(2-48)是变力做功的一般表达式。功的量值不仅与力的大小、方向、质点的始末位置有关，还和质点运动的具体路径有关。所以说，功是一个过程量。

在直角坐标系中，式(2-48)可以表示为

$$\begin{aligned}A&=\int_{(a)}^{(b)}\boldsymbol{F}\cdot\mathrm{d}\boldsymbol{r}=\int_{(a)}^{(b)}(F_x\boldsymbol{i}+F_y\boldsymbol{j}+F_z\boldsymbol{k})\cdot(\mathrm{d}x\boldsymbol{i}+\mathrm{d}y\boldsymbol{j}+\mathrm{d}z\boldsymbol{k})\\&=\int_{(a)}^{(b)}F_x\mathrm{d}x+\int_{(a)}^{(b)}F_y\mathrm{d}y+\int_{(a)}^{(b)}F_z\mathrm{d}z\end{aligned} \tag{2-49}$$

在自然坐标系中，若质点从 s_0 位置沿曲线运动到 s_1 位置，因为力 $\boldsymbol{F}$ 和位移 d$\boldsymbol{r}$ 可分别表示为

$$\boldsymbol{F}=F_\mathrm{t}\boldsymbol{e}_\mathrm{t}+F_\mathrm{n}\boldsymbol{e}_\mathrm{n},\quad \mathrm{d}\boldsymbol{r}=\mathrm{d}s\boldsymbol{e}_\mathrm{t}$$

式中，F_t 为力的切向分量，F_n 为力的法向分量，则式(2-48)可表示为

$$A=\int_{s_0}^{s_1}F_\mathrm{t}\mathrm{d}s \tag{2-50}$$

当质点同时受到几个力，如 $\boldsymbol{F}_1,\boldsymbol{F}_2,\cdots,\boldsymbol{F}_n$ 的作用而沿某路径从 a 点运动到 b 点时，合力 $\boldsymbol{F}$ 对质点所做的功为

$$\begin{aligned}A&=\int_{(a)}^{(b)}\boldsymbol{F}\cdot\mathrm{d}\boldsymbol{r}=\int_{(a)}^{(b)}(\boldsymbol{F}_1+\boldsymbol{F}_2+\cdots+\boldsymbol{F}_n)\cdot\mathrm{d}\boldsymbol{r}\\&=\int_{(a)}^{(b)}\boldsymbol{F}_1\cdot\mathrm{d}\boldsymbol{r}+\int_{(a)}^{(b)}\boldsymbol{F}_2\cdot\mathrm{d}\boldsymbol{r}+\cdots+\int_{(a)}^{(b)}\boldsymbol{F}_n\cdot\mathrm{d}\boldsymbol{r}\\&=A_1+A_2+\cdots+A_n\end{aligned} \tag{2-51}$$

上式表明，合力对质点所做的功等于各分力沿同一路径对质点所做功的代数和。

在一些实际问题中，有时不仅要知道做功的多少，还要知道做功的快慢。为了描述做功的快慢，物理学中引入功率的概念，它定义为力在单位时间内所做的功，用 P 表示

$$P=\frac{\mathrm{d}A}{\mathrm{d}t}=\boldsymbol{F}\cdot\frac{\mathrm{d}\boldsymbol{r}}{\mathrm{d}t}=\boldsymbol{F}\cdot\boldsymbol{v} \tag{2-52}$$

在国际单位制中，功的单位为 J，功率的单位为 W。

2. 质点的动能定理

如图 2-21 所示，质量为 m 的质点在合力 $\boldsymbol{F}$ 的作用下沿曲线自 a 点运动到 b 点，质点在 a 点和 b 点的速度分别为 $\boldsymbol{v}_0$ 和 $\boldsymbol{v}$。在这个运动过程中，合力 $\boldsymbol{F}$ 对质点所做的功为

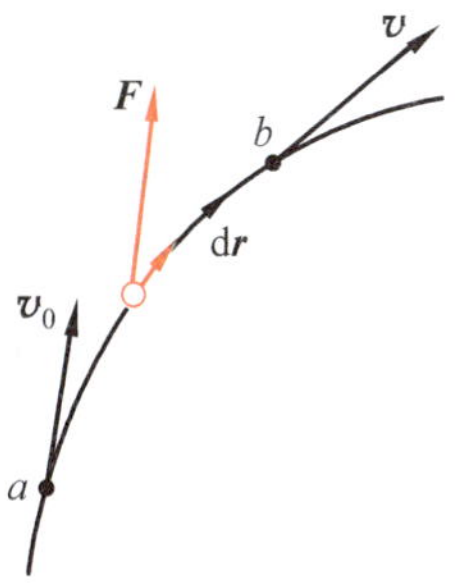

图 2-21　动能定理

$$A = \int_{(a)}^{(b)} \boldsymbol{F} \cdot \mathrm{d}\boldsymbol{r}$$

根据牛顿第二定律，有 $\boldsymbol{F}=m\dfrac{\mathrm{d}\boldsymbol{v}}{\mathrm{d}t}$，故

$$\boldsymbol{F} \cdot \mathrm{d}\boldsymbol{r} = m\frac{\mathrm{d}\boldsymbol{v}}{\mathrm{d}t} \cdot \mathrm{d}\boldsymbol{r} = m\boldsymbol{v} \cdot \mathrm{d}\boldsymbol{v} = mv\mathrm{d}v = \mathrm{d}\left(\frac{1}{2}mv^2\right)$$

因此

$$A = \int_{(a)}^{(b)} \boldsymbol{F} \cdot \mathrm{d}\boldsymbol{r} = \int_{v_0}^{v} \mathrm{d}\left(\frac{1}{2}mv^2\right) = \frac{1}{2}mv^2 - \frac{1}{2}mv_0^2 \qquad (2\text{-}53)$$

上式表明，合力对质点所做的功使得 $\dfrac{1}{2}mv^2$ 这个量获得了增量。我们定义该量为质点的动能，用 E_k 表示，即 $E_\mathrm{k}=\dfrac{1}{2}mv^2$。这样，式(2-53)就可以写成

$$A = E_{\mathrm{k}b} - E_{\mathrm{k}a} = \Delta E_\mathrm{k} \qquad (2\text{-}54)$$

式中 $E_{\mathrm{k}a}$ 和 $E_{\mathrm{k}b}$ 分别是质点在 a 点和 b 点的动能。式(2-54)表明，合力对质点所做的功等于质点动能的增量。这一结论称为质点的动能定理。

动能 E_k 是由于质点运动而具有的能量，只要质点的运动状态确定，它的动能就唯一地确定下来了，所以动能是描述质点运动状态的物理量。动能是标量，它的单位与功的单位相同。由式(2-54)可知，动能的变化可以用功来量度，所以功是能量变化的一种量度。

动能定理是由牛顿第二定律导出的，因而也只适用于惯性系。

3. 质点系的动能定理

(1) 内力的功

设质点系由 n 个质点组成。现先考虑质点系内第 i 和第 j 两个质点。设 $\boldsymbol{F}_{ij}$ 为质点 j 对质点 i 的作用力，$\boldsymbol{F}_{ji}$ 为质点 i 对质点 j 的作用力，根据牛顿第三定律，有 $\boldsymbol{F}_{ij}=-\boldsymbol{F}_{ji}$。

如图 2-22 所示，设 t 时刻第 i 和第 j 两个质点相对于某参考系的位矢分别为 $\boldsymbol{r}_i$ 和 $\boldsymbol{r}_j$。在 $\mathrm{d}t$ 时间内第 i 和第 j 两个质点相对于该参考系有位移 $\mathrm{d}\boldsymbol{r}_i$ 和 $\mathrm{d}\boldsymbol{r}_j$。在此过程中，这一对作用与反作用内力均要做功，这两个内力所做的元功之和应为

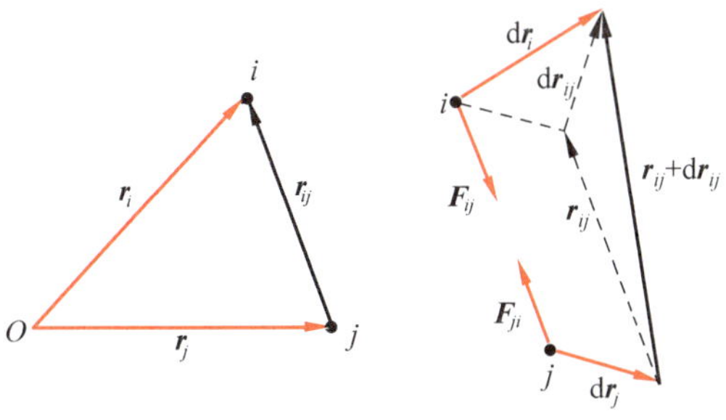

图 2-22　一对力的功

$$\mathrm{d}A=\boldsymbol{F}_{ij}\cdot\mathrm{d}\boldsymbol{r}_i+\boldsymbol{F}_{ji}\cdot\mathrm{d}\boldsymbol{r}_j=\boldsymbol{F}_{ij}\cdot\mathrm{d}\boldsymbol{r}_i-\boldsymbol{F}_{ij}\cdot\mathrm{d}\boldsymbol{r}_j$$
$$=\boldsymbol{F}_{ij}\cdot\mathrm{d}(\boldsymbol{r}_i-\boldsymbol{r}_j)=\boldsymbol{F}_{ij}\cdot\mathrm{d}\boldsymbol{r}_{ij}\tag{2-55}$$

式中 $\boldsymbol{r}_{ij}=\boldsymbol{r}_i-\boldsymbol{r}_j$ 是第 i 个质点相对于第 j 个质点的位矢，$\mathrm{d}\boldsymbol{r}_{ij}$ 为第 i 个质点相对于第 j 个质点的位移。同理，两个内力所做的元功之和也可以表示为

$$\mathrm{d}A=\boldsymbol{F}_{ji}\cdot\mathrm{d}\boldsymbol{r}_{ji}\tag{2-56}$$

式中 $\boldsymbol{r}_{ji}$ 是第 j 个质点相对于第 i 个质点的位矢，$\mathrm{d}\boldsymbol{r}_{ji}$ 为第 j 个质点相对于第 i 个质点的位移。

由式(2-55)和式(2-56)可知，相互作用的一对内力的元功之和等于其中一个质点受的力与该质点相对于另一个质点的位移的标积。由于这一位移是相对位移，与参考系的选择无关，所以一对相互作用的内力所做的功之和只决定于两质点的相对位移，与所选的参考系无关。

(2) 质点系的动能定理

设质点系由 n 个质点组成，对其中的第 i 个质点，动能定理可以写为

$$A_i=\frac{1}{2}m_iv_i^2-\frac{1}{2}m_iv_{i0}^2$$

式中 A_i 是作用在第 i 个质点上的所有力对质点所做的功，它既包括质点系以外其他物体的作用力(外力)的功 $A_{i外}$，又包括质点系内其他质点的作用力(内力)的功 $A_{i内}$。因此可以将功写成两项之和，即

$$A_{i外}+A_{i内}=\frac{1}{2}m_iv_i^2-\frac{1}{2}m_iv_{i0}^2$$

将上式应用于质点系内所有的质点，并求和，可得

$$\sum_{i=1}^{n}A_{i外}+\sum_{i=1}^{n}A_{i内}=\sum_{i=1}^{n}\frac{1}{2}m_iv_i^2-\sum_{i=1}^{n}\frac{1}{2}m_iv_{i0}^2$$

或写成

$$A_外+A_内=E_\mathrm{k}-E_\mathrm{k0}=\Delta E_\mathrm{k}\tag{2-57}$$

式中 $A_外=\sum\limits_{i=1}^{n}A_{i外}$ 表示作用于质点系上的所有外力做功的总和，$A_内=\sum\limits_{i=1}^{n}A_{i内}$ 表示质点系中所有内力做功的总和，$E_\mathrm{k0}=\sum\limits_{i=1}^{n}\frac{1}{2}m_iv_{i0}^2$ 表示质点系的初态总动能，$E_\mathrm{k}=\sum\limits_{i=1}^{n}\frac{1}{2}m_iv_i^2$ 表示质点系的末态总动能。式(2-57)表明，对于质点系来说，所有外力所做功和所有内力所做功之和等于质点系总动能的增量。这就是质点系的动能定理。

应该指出，对于一般质点系，由于各质点间的相对位置可能发生变化，各质点的相对位移不为零，因而内力的总功一般不为零，内力做功必然导致系统动能的变化。例如，地雷爆炸后，弹片四向飞散，它们的总动能显然比爆炸前增加了，这是内力对各弹片做正功的结果。

【例 2-14】 质量为 2 kg 的物体，沿 x 轴正方向运动，初始速率为 10 m/s，物体在运动过程中受到与速度成正比的阻力 $F=-\frac{v}{2}$(SI)作用。问：当物体的速率降至 5 m/s 时，它前进的距离为多少？在这段路程中阻力所做的功是多少？

解 根据牛顿第二定律，有

$$f=-\frac{v}{2}=m\frac{\mathrm{d}v}{\mathrm{d}t}=m\frac{\mathrm{d}v}{\mathrm{d}x}\frac{\mathrm{d}x}{\mathrm{d}t}=mv\frac{\mathrm{d}v}{\mathrm{d}x}$$

上式整理为

$$\mathrm{d}x=-2m\mathrm{d}v=-4\mathrm{d}v$$

两边积分

$$\int_{x_0}^{x}\mathrm{d}x=-4\int_{10}^{5}\mathrm{d}v$$

得物体前进的距离为

$$\Delta x=x-x_0=-4\int_{10}^{5}\mathrm{d}v=20\ (\mathrm{m})$$

根据动能定理，在这段路程中阻力所做的功为

$$A_f=\frac{1}{2}mv^2-\frac{1}{2}mv_0^2=-75\ (\mathrm{J})$$

【例 2-15】 质量为 m 长为 L 的匀质链条拉直放在水平桌面上并使其下垂，开始时下垂部分长为 a，并处于静止状态。设链条与桌面间的滑动摩擦系数为 μ。求链条完全滑离桌面时的速度 v。

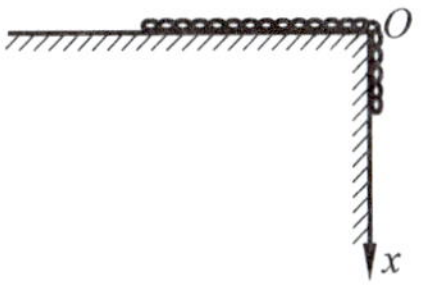

图 2-23 例 2-15 图

解 建立如图 2-23 所示坐标系，以链条整体作为研究对象。当下垂部分的长度为 x 时，链条所受的合外力为

$$F=\frac{x}{L}mg-\mu\frac{L-x}{L}mg$$

根据功的定义

$$A=\int_a^L F\mathrm{d}x=\int_a^L\left(\frac{x}{L}mg-\mu\frac{L-x}{L}mg\right)\mathrm{d}x$$

$$=\frac{mg(L^2-a^2)}{2L}-\frac{\mu mg(L-a)^2}{2L}$$

根据动能定理，有

$$A=\frac{1}{2}mv^2-0$$

所以，链条完全滑离桌面时的速度 v 为

$$v=\sqrt{\frac{2A}{m}}=\sqrt{\frac{g}{L}[(L^2-a^2)-\mu(L-a)^2]}$$

2.4.2 保守力和势能

1. 保守力

下面先讨论重力、万有引力和弹力做功的特点。

(1) 重力的功

在精度要求不高的一般计算中，可以近似地认为地球对物体的引力就等于物体所受的重力。如图 2-24 所示，以地面为 Oxy 平面、竖直轴为 z 轴建立直角坐标系。质量为 m 的质点在重力作用下，从 a 点沿任意路径运动到 b 点。在上述过程中，重力做功(实际上是地球

与质点 m 之间的一对引力做功）为

$$A=\int_{(a)}^{(b)}\boldsymbol{F}\cdot\mathrm{d}\boldsymbol{r}=\int_{(a)}^{(b)}(-mg\boldsymbol{k})\cdot(\mathrm{d}x\boldsymbol{i}+\mathrm{d}y\boldsymbol{j}+\mathrm{d}z\boldsymbol{k})$$

$$=\int_{z_a}^{z_b}(-mg)\mathrm{d}z=-(mgz_b-mgz_a)\tag{2-58}$$

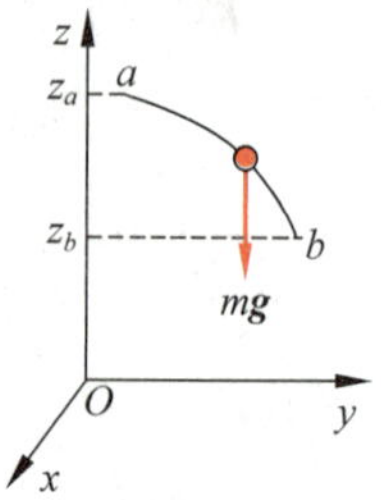

图 2-24　重力的功

式中 z_a 和 z_b 分别为质点在始末位置相对于地面的高度。

上式表明，重力做功仅取决于质点的始末位置，与质点经过的具体路径无关。

（2）万有引力的功

如图 2-25 所示，质量为 M 的质点与质量为 m 的质点之间存在一对万有引力。以 M 作为参考系并取为坐标原点。M 对 m 的引力表示为

$$\boldsymbol{F}=-G\frac{mM}{r^2}\boldsymbol{e}_r$$

式中 $\boldsymbol{e}_r$ 是由质点 M 指向质点 m 的单位矢量。当 m 由 a 点沿任意路径运动到 b 点时，一对万有引力做功为

$$A=\int_{(a)}^{(b)}\boldsymbol{F}\cdot\mathrm{d}\boldsymbol{r}=\int_{(a)}^{(b)}-G\frac{mM}{r^2}\boldsymbol{e}_r\cdot\mathrm{d}\boldsymbol{r}$$

$$=\int_{r_a}^{r_b}-G\frac{mM}{r^2}\mathrm{d}r=-\left[\left(-G\frac{mM}{r_b}\right)-\left(-G\frac{mM}{r_a}\right)\right]\tag{2-59}$$

式中 r_a 和 r_b 分别为初态和末态时 m 相对于 M 的距离。

上式表明，一对万有引力做功仅取决于质点的始末位置，与质点经过的具体路径无关。

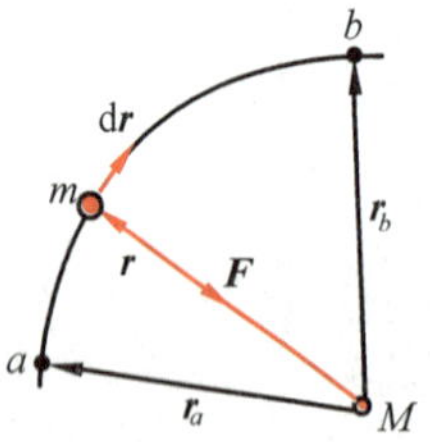

图 2-25　万有引力的功

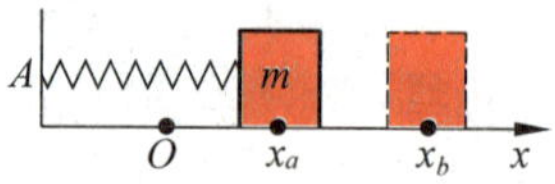

图 2-26　弹力的功

（3）弹力的功

如图 2-26 所示，将劲度系数为 k 的轻弹簧一端固定，另一端连接一个质量为 m 的物体，物体可以在水平面上运动。固定端与物体之间存在一对弹性力。以弹簧原长时质点 m 所在的平衡位置为坐标原点 O、水平向右方向为 x 轴正向在地面上建立坐标系。根据胡克定律，质点位于 x 处时受到弹簧的弹性力为 $F=-kx$。当物体从 a 点运动到 b 点时，一对弹性力做功为

$$A=\int_{(a)}^{(b)}\boldsymbol{F}\cdot\mathrm{d}\boldsymbol{r}=\int_{(a)}^{(b)}F\mathrm{d}x=\int_{x_a}^{x_b}(-kx)\mathrm{d}x$$

$$=-\left(\frac{1}{2}kx_b^2-\frac{1}{2}kx_a^2\right)\tag{2-60}$$

式中 x_a 和 x_b 分别为物体的始末位置。

上式表明，一对弹性力做功仅取决于质点的始末位置，与质点经过的具体路径无关。

从以上讨论可以看出，重力、万有引力和弹力做功只与始、末位置有关，而与质点所经历的路径无关。做功只与始末位置有关而与质点所经历的路径无关的力，称为保守力。以上推算告诉我们，由式(2-58)～式(2-60)求得的结果都是“一对保守力做的功”，我们通常说“保守力做功”只是一种简略说法。

因保守力做功与路径无关，在保守力作用下质点如果沿任意闭合路径运动一周，保守力所做的功必为零。亦即

$$\oint \boldsymbol{F} \cdot \mathrm{d}\boldsymbol{r} = 0 \tag{2-61}$$

如果力所做的功不仅取决于质点的始、末位置，而且还与质点所经过的路径有关，这种力称为非保守力。如摩擦力和冲击力就是非保守力。

2. 势能

由于功是能量变化的量度，因此保守力做功必将导致相应能量的变化。根据上述保守力做功的特点，显而易见，保守力做功引起的能量变化应该只取决于质点位置的变化。这种由空间位置决定的能量称为势能，用 E_p 表示。E_p 是空间位置的函数。

应当指出，势能是由于质点系内部质点之间的保守内力做功而引入的，它应属于以保守力相互作用着的整个质点系统。单就一个质点谈势能是没有意义的。我们通常说“物体的势能”只是一种简略说法。

当质点从 a 点运动到 b 点时，以 E_{pa} 和 E_{pb} 分别表示质点在 a 点和 b 点所具有的势能，依据式(2-58)到式(2-60)分析，保守力做功 A_{ab} 与势能的关系可表示为

$$A_{ab} = -(E_{pb} - E_{pa}) = -\Delta E_p \tag{2-62}$$

式中 $\Delta E_p = E_{pb} - E_{pa}$ 称为势能的增量。上式表明，保守力做功等于势能增量的负值。

式(2-62)只给出了势能差，由此不能确定某一确定位置的势能的大小。由于空间位置描述的相对性，势能只有相对值。通常会选择某一位置作为参考位置，规定此参考位置的势能为零，我们称此参考位置为势能零点。规定势能零点之后，势能才有确定的值。

势能零点可以根据问题的需要任意选择。很明显，对于不同的势能零点，质点在某同一位置的势能值是不同的。但由式(2-62)可知，不管把势能零点取在何处，空间任意两点之间的势能差是确定的。

在式(2-62)中，如果把 b 点作为势能零点，即规定 $E_{pb}=0$，则空间 a 点的势能为 $E_{pa} = A_{ab} = \int_{(a)}^{(b)} \boldsymbol{F} \cdot \mathrm{d}\boldsymbol{r}$。这表明，质点在空间某点的势能等于质点从该点沿任意路径移到势能零点的过程中保守力所做的功。

与重力相关的势能称为重力势能，根据式(2-58)可得质点在 a、b 两点时的势能差为

$$E_{pa} - E_{pb} = mgz_a - mgz_b$$

对于重力势能，通常取地面为势能零点。此时可令 $z_b=0$ 处的 $E_{pb}=0$，可得质点相对于地面的高度为 z 时的重力势能为

$$E_p(z) = mgz \tag{2-63}$$

与万有引力有关的势能称为引力势能，根据式(2-59)可得质点在 a、b 两点时的势能差为

$$E_{pa} - E_{pb} = \left(-G\frac{mM}{r_a}\right) - \left(-G\frac{mM}{r_b}\right)$$

对于引力势能，通常取无穷远处为势能零点。此时可令 $r_b \to \infty$ 时 $E_{pb}=0$，可得质点在任意位置 r 处的引力势能为

$$E_p(r) = -G\frac{mM}{r} \tag{2-64}$$

与弹力有关的势能称为弹性势能，根据式(2-60)可得质点在 a、b 两点时的势能差为

$$E_{pa} - E_{pb} = \frac{1}{2}kx_a^2 - \frac{1}{2}kx_b^2$$

对于弹性势能，通常取弹簧处于原长时质点位置为势能零点。此时可令 $x_b=0$ 处的 $E_{pb}=0$，可得质点在任意位置 x 处的弹性势能为

$$E_p(x) = \frac{1}{2}kx^2 \tag{2-65}$$

2.4.3 机械能守恒定律

1. 质点系的功能原理

由于质点系内各质点相互作用的内力可以分成保守内力和非保守内力，则内力的功可分为保守内力的功 $A_{保内}$ 和非保守内力的功 $A_{非保内}$。因而式(2-57)所表示的质点系的动能定理可以改写为

$$A_{外} + A_{保内} + A_{非保内} = E_k - E_{k0} = \Delta E_k$$

因为保守内力的功又等于势能增量的负值，即 $A_{保内} = -(E_p - E_{p0}) = -\Delta E_p$，代入得

$$A_{外} + A_{非保内} = \Delta E_k + \Delta E_p = (E_k + E_p) - (E_{k0} + E_{p0})$$

某一时刻系统的动能与势能之和称为系统的机械能，通常用 E 表示，即 $E=E_k+E_p$，则上式可表示为

$$A_{外} + A_{非保内} = E - E_0 = \Delta E \tag{2-66}$$

上式表明，质点系机械能的增量等于所有外力和所有非保守内力对质点系做功的代数和。这一结论称为质点系的功能原理。

功能原理是从质点系的动能定理推导出来的，因此它们之间并无本质上的区别。它与质点系动能定理不同之处就是将保守内力做的功用相应的势能增量的负值来代替，所以在计算功时，要将保守内力做的功除外。

2. 机械能守恒定律

由式(2-66)可以看出，在外力和非保守内力都不做功的情况下，即 $A_{外}=0$ 且 $A_{非保内}=0$，则有

$$E = E_k + E_p = 常量 \tag{2-67}$$

上式表明，在只有保守内力做功的情况下，质点系的机械能保持不变。这一结论叫做机械能守恒定律。

应该注意，机械能守恒只是指系统内的动能和势能之和保持不变，由于系统内可能有保守力做功，势能和动能仍可各自发生变化并互相转化。

机械能守恒是有条件的。外力不做功，系统机械能与外界能量不发生传递或转化；非保守内力不做功，系统内部不发生机械能与其他形式能量的转化。当这两个条件同时满足时，

系统内部只可能发生动能与势能之间的转化，而总机械能则保持不变。

机械能守恒定律也只适用于惯性系。但应指出，即使选取了惯性系，由于外力做功与参考系选择有关，因此，可能在某一惯性系中系统的机械能守恒，而在另一惯性系中系统的机械能不守恒。

机械能守恒定律只是普遍的能量转化和守恒定律的特殊情形。不同的运动形态对应着不同形式的能量。当运动从一种形态转化为另一种形态时，能量既不能被创造也不能被消灭，它只能从一个物体传递给另一个物体或者从一种形式的能量转化为另一种形式的能量。对于一个不受外界影响的系统（即所谓的孤立系统或封闭系统）来说，它所具有的各种形式的能量的总和是保持不变的。这就是普遍的能量转化和守恒定律。它是物理学中最具普遍性的定律之一，也是各种自然现象都必须服从的普遍规律，是物质运动统一性和不灭性的表现，是客观的真理。

【例 2-16】 物体的发射速度达到第一宇宙速度 v_1 时，物体将成为一颗人造地球卫星。如果发射速度继续增大到第二宇宙速度 v_2，物体会摆脱地球引力成为太阳系内一颗人造行星。发射速度继续增大到第三宇宙速度 v_3 时，物体甚至摆脱太阳引力到其他恒星去旅行。求 v_1、v_2 和 v_3 的值。

解 (1) 第一宇宙速度即物体环绕地球表面作匀速圆周运动的速度。设物体的质量为 m，地球的质量和半径分别为 M 和 R。由牛顿第二定律，可得

$$\frac{GmM}{R^2}=m\frac{v_1^2}{R}$$

即

$$v_1=\sqrt{\frac{GM}{R}}$$

因为 $\frac{GmM}{R^2}=mg$ 且 $R=6.4\times10^3$ km，$g=9.8\ \mathrm{m/s^2}$，代入上式，可得第一宇宙速度为

$$v_1=\sqrt{Rg}=\sqrt{6.4\times10^6\times9.8}=7.9\times10^3(\mathrm{m/s})=7.9\ (\mathrm{km/s})$$

(2) 第二宇宙速度（脱离速度）

选物体和地球组成的质点系，不考虑其他星球影响及空气阻力，在物体飞离地球的过程中，只有引力做功，因此系统机械能守恒。物体逃脱地球引力时，系统的引力势能为零。如果在地面上以最小发射速度 v_2 发射物体，那么物体逃脱地球引力时的动能也为零。根据机械能守恒定律，有

$$\frac{1}{2}mv_2^2+\left(-G\frac{mM}{R}\right)=0$$

由上式可得第二宇宙速度为

$$v_2=\sqrt{\frac{2GM}{R}}=\sqrt{2Rg}=11.2\ (\mathrm{km/s})$$

(3) 第三宇宙速度（即逃逸速度）

设物体以速度 v_3 发射，其动能为 $E_k=\frac{1}{2}mv_3^2$，这个动能包括两部分，脱离地球引力所需动能 E_{k1} 和脱离太阳引力所需动能 E_{k2}，即 $E_k=E_{k1}+E_{k2}$。

显然，$E_{k1}=\frac{1}{2}mv_2^2$，式中 v_2 为第二宇宙速度。

下面求 E_{k2}。从 $v_2=\sqrt{2Rg}$ 可知，物体环绕地球的速度乘以$\sqrt{2}$即为物体脱离地球引力的速度。根据机械能守恒定律，以此类比，地球绕太阳公转速度乘以$\sqrt{2}$也应该等于物体逃离太阳引力所需的速度。根据观测，地球绕太阳公转速度等于 29.8 km/s，所以物体脱离太阳引力所需速度应是

$$v_2'=\sqrt{2}\times 29.8=42.2\ (\mathrm{km/s})$$

如果准备飞出太阳系，物体运动的方向与地球公转方向相同，便可充分利用地球公转速度。这样，发射物体在离开地球时只需要有相对于地球的速度

$$v'=42.2-29.8=12.4\ (\mathrm{km/s})$$

即可摆脱太阳系，与此相应的动能为

$$E_{k2}=\frac{1}{2}mv'^2$$

综上所述，物体能脱离地球引力及太阳引力所需的总动能为

$$\frac{1}{2}mv_3^2=\frac{1}{2}mv_2^2+\frac{1}{2}mv'^2$$

代入数据，可得第三宇宙速度为

$$v_3=16.7\ (\mathrm{km/s})$$

【例 2-17】 长为 L 不可伸长的轻绳，一端固定，另一端竖直悬挂质量为 m 的小球。为使小球能在铅直平面内完成圆周运动，在最低点应给予小球多大的速度？

解 小球在铅直平面内作圆周运动时，绳子的张力 T 随位置 θ 而变。

在任意位置 θ（对应于轨道上的 c 点，如图 2-27 所示），对小球应用牛顿第二定律得

$$T+mg\cos\theta=m\frac{v^2}{L}$$

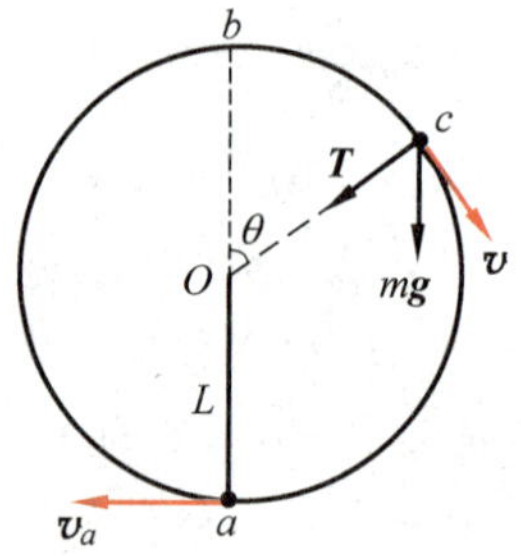

图 2-27　例 2-17 图

对于小球和地球组成的系统，根据机械能守恒定律，有

$$\frac{1}{2}mv_a^2=\frac{1}{2}mv^2+mgL(1+\cos\theta)$$

联立以上两式解得

$$T=\frac{mv_a^2}{L}-2mg-3mg\cos\theta$$

由此结果可知，θ 愈小，T 愈小。在顶点 b 处，$\theta=0$，T_b 最小。若 $T_b\geqslant 0$，则在其他各点都有 $T>0$，小球就能完成圆周运动。所以小球完成圆周运动的条件为 $T_b\geqslant 0$，即

$$\frac{mv_a^2}{L}-5mg\geqslant 0$$

所以小球在最低点 a 处的速度应为

$$v_a\geqslant\sqrt{5gL}$$

【例 2-18】 如图 2-28 所示，质量为 M 的平板接在另一端固定在地面的轻弹簧上，弹簧的劲度系数为 k。有一质量为 m 的小球沿入射角 θ 方向以速度 $\boldsymbol{v}_0$ 与平板发生完全弹性碰撞。求：(1)碰撞后小球的速度 $\boldsymbol{v}$；(2)碰撞后弹簧新增加的最大压缩量 h。

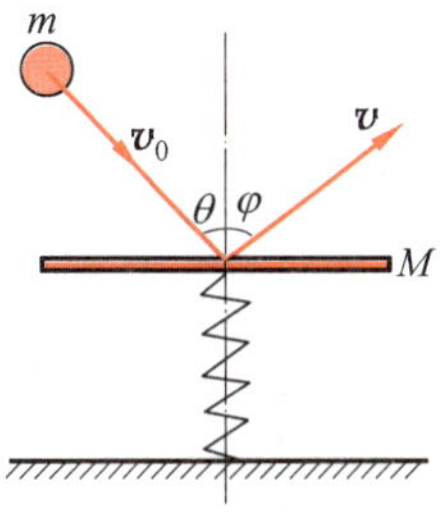

图 2-28 例 2-18 图

解 (1) 设碰撞后小球速度 $\boldsymbol{v}$ 与平板法线的夹角为 φ，平板速度为 $\boldsymbol{v}'$。由于碰撞的作用时间很短，在碰撞过程中，重力和弹簧弹力对球-板系统的冲量可忽略，因此系统的动量守恒，其水平和竖直两个方向的分量式为

水平方向

$$mv_0\sin\theta = mv\sin\varphi$$

竖直方向

$$mv_0\cos\theta = Mv' - mv\cos\varphi$$

由于碰撞是完全弹性碰撞，机械能守恒，有

$$\frac{1}{2}mv_0^2 = \frac{1}{2}mv^2 + \frac{1}{2}Mv'^2$$

联立求解上述三个方程，得

$$v = v_0\sqrt{1-\frac{4mM\cos^2\theta}{(M+m)^2}}$$

$$\tan\varphi = \frac{M+m}{M-m}\tan\theta$$

$$v' = \frac{2mv_0\cos\theta}{M+m}$$

(2) 压缩弹簧过程中，以平板、弹簧和地球组成的系统为研究对象，由于 $A_{外}=0$ 且 $A_{非保内}=0$，系统的机械能守恒。

以碰撞结束时弹簧被平板压缩 $h_0=\dfrac{Mg}{k}$、平板具有向下速度 $\boldsymbol{v}'$ 的状态为初态，以弹簧达到最大压缩量(h_0+h)、平板速度为零的状态为末态，并以初态为重力势能零点，以弹簧原长为弹性势能零点，则有

$$\frac{1}{2}Mv'^2 + \frac{1}{2}kh_0^2 = \frac{1}{2}k(h_0+h)^2 - Mgh$$

以 $kh_0=Mg$ 代入上式，可得

$$\frac{1}{2}Mv'^2 = \frac{1}{2}kh^2$$

所以，弹簧新增加的最大压缩量为

$$h = v'\sqrt{\frac{M}{k}} = \frac{2mv_0\cos\theta}{M+m}\sqrt{\frac{M}{k}}$$

习　题

2-1　如图所示，电梯作加速度大小为 a 的运动，物体质量为 m，弹簧的弹性系数为 k。求图(a)和图(b)情况下物体所受到的电梯支持力及图(c)情况下电梯所受到的弹簧对其拉力。

2-2　如图所示，质量为 10 kg 的物体，所受拉力为变力 $F=3t^2+21$(SI)，$t=0$ 时物体静止。该物体与地面的静摩擦系数为 $\mu_s=0.20$，滑动摩擦系数为 $\mu=0.10$，取 $g=10\ \text{m/s}^2$，求 $t=1$ s 时，物体的速度和加速度。

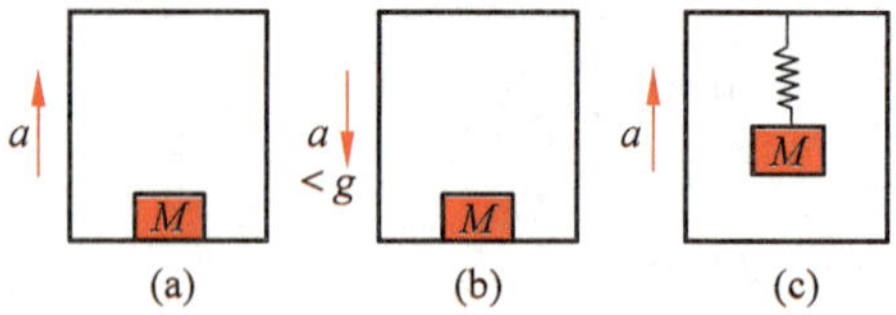

习题 2-1 图

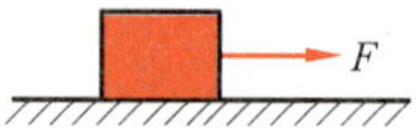

习题 2-2 图

2-3　一质点质量为 2.0 kg，在 Oxy 平面内运动，其所受合力 $\boldsymbol{F}=3t^2\boldsymbol{i}+2t\boldsymbol{j}$(SI)，$t=0$ 时，速度 $\boldsymbol{v}_0=2\boldsymbol{j}$(SI)，位矢 $\boldsymbol{r}_0=2\boldsymbol{i}$。求：(1)$t=1$ s 时，质点加速度的大小及方向；(2)$t=1$ s 时质点的速度和位矢。

2-4　质量为 m 的子弹以速度 v_0 水平射入沙土中，设子弹所受阻力与速度反向，大小与速度成正比，比例系数为 k，忽略子弹的重力。求：(1)子弹射入沙土后，速度随时间变化的关系；(2)子弹射入沙土的最大深度。

2-5　一悬挂软梯的气球总质量为 M，软梯上站着一个质量为 m 的人，共同在气球所受浮力 F 作用下加速上升。若该人相对软梯以加速度 a_m 上升，问气球的加速度如何？

2-6　如图所示，在一列以加速度 a 行驶的车厢上装有倾角 $\theta=30°$ 的斜面，并于斜面上放一物体，已知物体与斜面间的最大静摩擦系数 $\mu_s=0.2$，若欲使物体相对斜面静止，则车厢的加速度应有怎样限制？

2-7　棒球质量为 0.14 kg，用棒击打棒球的力随时间的变化关系如图所示。设棒被击打前后速度增量大小为 70 m/s，求力的最大值。设击打时不计重力作用。

习题 2-6 图

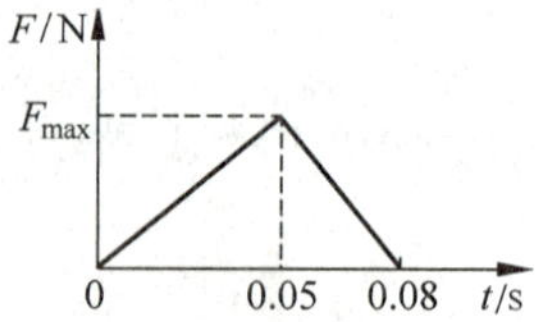

习题 2-7 图

2-8　子弹在枪筒中前进时受到的合力可表示为 $F=500-\dfrac{4}{3}\times10^5 t$(SI)，子弹由枪口飞出时的速度为 300 m/s，设子弹飞出枪口时合力刚好为零，求子弹的质量。

2-9　有两个质量均为 m 的人站在停于光滑水平直轨道的平板车上，平板车质量为 M。当他们从车上沿相同方向跳下后，车获得了一定的速度。设两个人跳下时相对于车的水平分速度均为 u。试比较两个人同时跳下和两个人依次跳下这两种情况下，车所获得的速度的大小。

2-10 质量为 m 的人拿着质量为 m_0 的物体跳远，设人起跳速度为 v_0，仰角为 θ，到最高点时，此人将手中的物体以相对速度 u 水平向后抛出，问此人的跳远成绩因此而增加多少？

2-11 有一正立方体铜块，边长为 a，今在其下半部中央挖去一截面半径为 $a/4$ 的圆柱形洞，如图所示，求剩余铜块的质心位置。

2-12 用劲度系数为 k 的轻质弹簧将质量为 m_1 和 m_2 的两物体 A 和 B 连接并平放在光滑桌面上，使 A 紧靠墙，在 B 上施力将弹簧自原长压缩 Δl，如图所示。若以弹簧、A 和 B 为系统，在外力撤去后，求：(1)系统质心加速度的最大值；(2)系统质心速度的最大值。

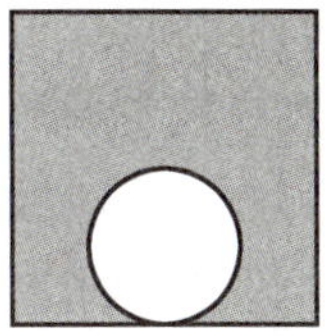

习题 2-11 图

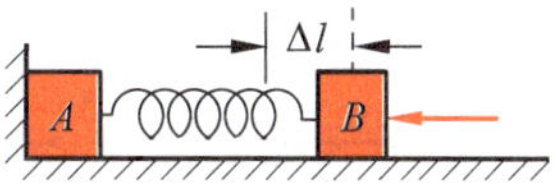

习题 2-12 图

2-13 人造卫星在地球引力作用下沿椭圆轨道运动，地球中心位于椭圆轨道的一个焦点上。卫星近地点离地面的距离为 439 km，卫星在近地点的速度大小为 8.12 km/s。设地球的半径为 6370 km，已知卫星在远地点的速度大小为 6.32 km/s。求卫星在远地点时离地面的距离。

2-14 炮弹的质量为 20 kg，出口的速度 $v_0=500$ m/s，炮身及支架置于光滑铁轨上，左端连同支架的共同质量为 600 kg，火药燃烧时间为 0.001 s，弹簧劲度系数为 1000 kN/m，求：(1)发射时铁轨约束力的平均值；(2)炮身后座的速度；(3)弹簧的最大压缩量。

2-15 质量为 M 的长为 L 的长木板，放置在光滑的水平面上，长木板最右端放置一质量为 m 的小物体，设物体和木板之间静摩擦系数为 μ_s，滑动摩擦系数为 μ。(1)要使小物体相对长木板无相对滑动，求加在长木板上的最大力 F_1；(2)如在长木板上的恒力 F_2($F_2>F_1$)欲把长木板从小物体抽出来，做功多少？

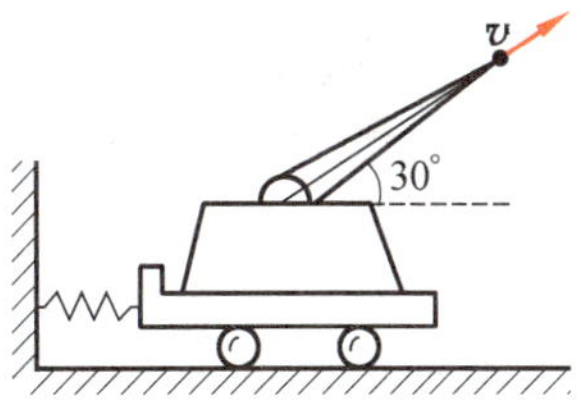

习题 2-14 图

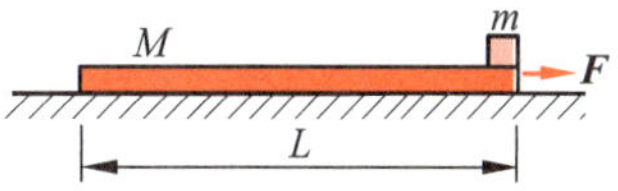

习题 2-15 图

2-16 一质量为 m 的质点系在细绳的一端，绳的另一端固定在水平面上。此质点在粗糙的水平面上作半径为 r 的圆周运动。设质点最初速率是 v_0，当它运动一周时，速率变

为 $v_0/2$,求:(1)摩擦力所做的功;(2)滑动摩擦系数;(3)在静止以前质点运动的圈数。

2-17 用铁锤把钉子敲入木板。设木板对钉子的阻力与钉子进入木板的深度成正比,且锤与铁钉的碰撞为完全非弹性碰撞。第一次敲击,能把钉子打入木板 1.0×10^{-2} m,若第二次打击时,保持第一次打击钉子的速度,则第二次能把钉子打多深?

2-18 一质点在 $\boldsymbol{F}=2y^2\boldsymbol{i}+3x\boldsymbol{j}$ (SI)作用下,从原点 O 出发,分别沿如图所示的折线 Oab 和直线路径 Ob 运动到 b 点,分别求这两个过程力所做的功。

2-19 如图所示,摆长为 L,摆锤质量为 m,起始时摆与竖直方向的夹角为 θ。在铅直线上距悬点 x 处有一小钉,摆可绕此小钉运动,问 x 至少为多少才能使摆以钉子为中心绕一完整的圆周?

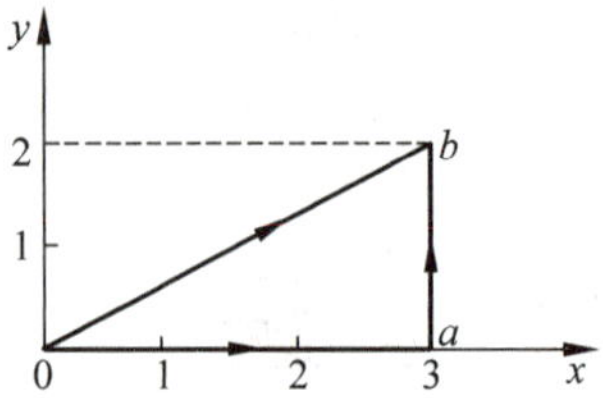

习题 2-18 图

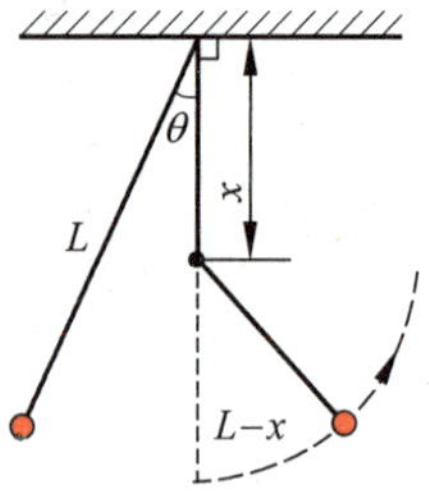

习题 2-19 图

2-20 劲度系数为 k 的轻弹簧,原长为 l_0,下端挂一质量为 m 物体,初始时静止于平衡位置。用力拉物体使其下移 L,如图所示,试分别以原长位置和平衡位置为重力势能和弹簧弹性势能为零势能参考位置,写出物体下移 L 时系统的总机械能。

2-21 如图所示,弹簧两端分别连接质量为 m_1 和 m_2 的物体,置于地面上,设 $m_2>m_1$,问:(1)对上面的物体必须施加多大的正压力 F,才能使在力 F 撤去而上面的物体跳起来后恰能使下面的物体提离地面?(2)如 m_1 和 m_2 交换位置,情况又如何?

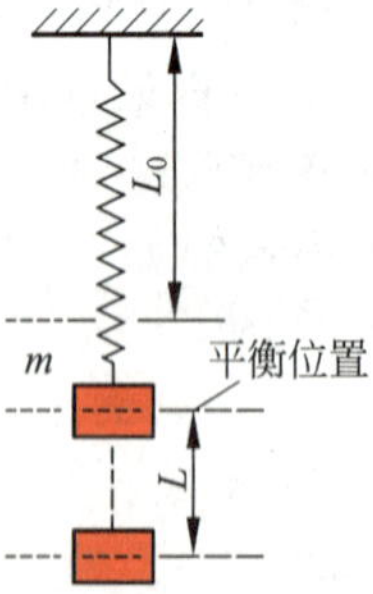

习题 2-20 图

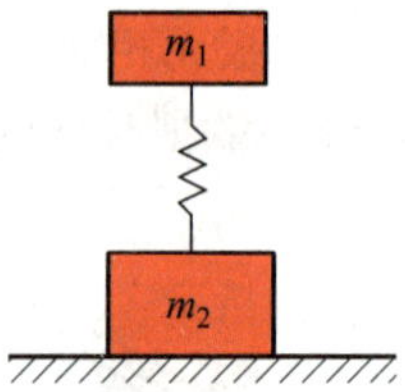

习题 2-21 图

2-22 质量为 m 的地球卫星在离地面高为 h 的圆形轨道上作匀速率圆周运动,地球的半径为 R,求:(1)该卫星的速率;(2)设卫星和地球相距无穷时,系统引力势能为零,求作圆周运动时系统的机械能。

第 3 章　刚体的定轴转动

前面两章探讨了质点力学的内容，本章将要介绍一种特殊的质点系——刚体，以及刚体所遵从的力学规律。所谓“刚体”，是指在受力时不发生形变的物体，或者说受力时任意两点之间的距离永远保持不变的物体。显然，刚体也是力学中的一个理想模型。实际的物体在外力作用下总是会发生或大或小的形变，但对于绝大多数的固体而言，这些形变极其微小以至于可以忽略，因此依然可以作为刚体来处理。对于刚体运动，本章着重讨论刚体绕定轴转动这种简单情况。

3.1 刚体定轴转动的描述

3.1.1 刚体的运动

刚体的基本运动可分为平动和转动。刚体的平动是指刚体上任意两点的连线在运动过程中始终保持平行的运动。刚体作平动时，各点的运动轨道不一定是直线。如图 3-1 所示的矩形薄板在运动时，其中任意两点所连成的直线始终与它的初始位置是平行的，所以该薄板的运动是平动，但薄板上各点的轨道是曲线而不是直线。刚体平动时，刚体内部所有各点的运动都相同，因此刚体内任意一点的运动都可以代表整个刚体的运动。这样，可以用质点的运动规律来研究平动刚体的运动问题。

刚体的定轴转动是指刚体上所有各点都绕同一直线作圆周运动，这一直线称为转轴。如图 3-2 所示，车床上工件的各点都绕图中的直线 OO' 转动，直线 OO' 就是工件作定轴转动的转轴。

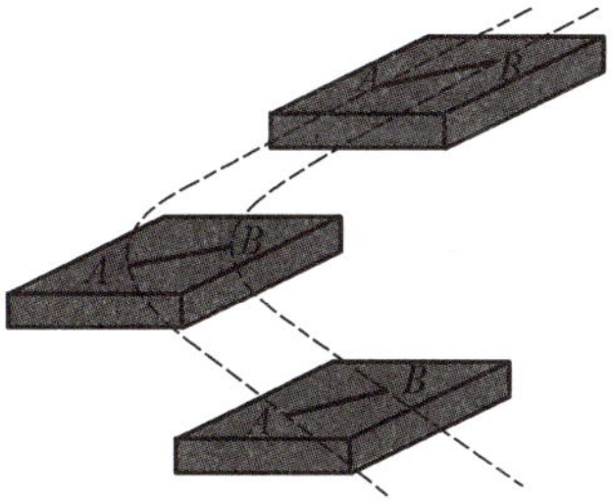

图 3-1　刚体的平动

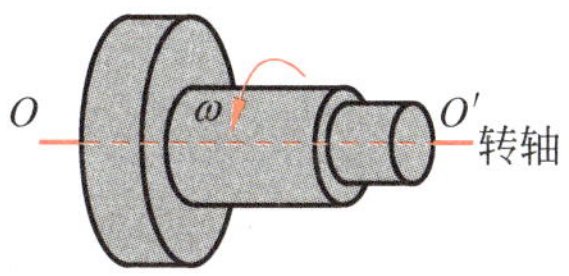

图 3-2　刚体的定轴转动

需要说明的是：刚体的各种复杂运动都可以看作是平动和绕轴转动的合成。因此掌握刚体平动和定轴转动的运动规律就为研究刚体的复杂运动奠定了基础。由于刚体的平动可以用质点的运动规律来研究，这里不再另加阐述，下面将详细讨论刚体的定轴转动。

3.1.2 定轴转动刚体的角量描述

当刚体作定轴转动时，刚体上的任一质点都在垂直于转轴的平面上作圆周运动，此时用角量描述转动最为方便。

如图 3-3 所示，一个刚体绕一固定轴作逆时针转动，P 是刚体上的任意一点。过 P 点作一垂直于转轴的横截面，该横截面称为转动平面。设转动平面与转轴的交点为 O，过 O 点在转动平面内作一极轴 x，连接 OP，则 OP 与极轴之间的夹角 θ 可以用来表示 P 点在 t 时刻的角位置。只要确定了 P 点的角位置，刚体的位置也就确定了。另外，刚体上各点作圆周运动的角位移、角速度和角加速度都相等。这样，可以用描述 P 点圆周运动的角量来描述刚体的定轴转动。即刚体的角速度可表示为

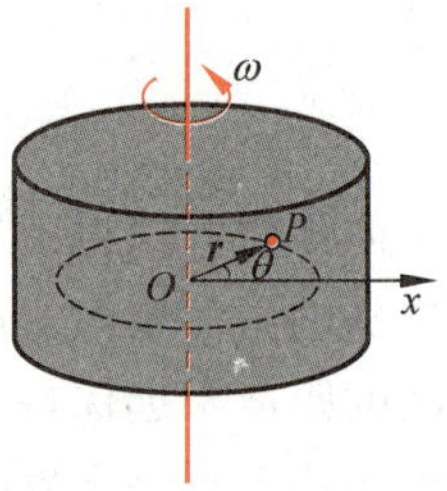

图 3-3 刚体定轴转动

$$\omega = \frac{\mathrm{d}\theta}{\mathrm{d}t} \tag{3-1}$$

角速度 ω 是矢量，其方向与刚体的转动方向满足右手螺旋法则。刚体作定轴转动时，由于转轴固定，刚体绕轴转动只有顺时针和逆时针两种方式。这样，ω 的方向只有两种取向，可以用正负号来表示 ω 的方向，正号表示 ω 的方向与所规定的转轴正方向一致；负号则相反。

刚体的角加速度为

$$\beta = \frac{\mathrm{d}\omega}{\mathrm{d}t} = \frac{\mathrm{d}^2\theta}{\mathrm{d}t^2} \tag{3-2}$$

同样，刚体定轴转动时，角加速度的方向也只有沿转轴的两种取向，因此也可以用正负号来表示 β 的方向。当刚体作加速转动时，β 与 ω 方向相同；作减速转动时，β 与 ω 方向相反。

定轴转动刚体上距转轴垂直距离为 r 处的任一点 P 的线速度与刚体角速度的关系为

$$v = r\omega \tag{3-3}$$

其切向加速度与刚体角加速度的关系为

$$a_{\mathrm{t}} = r\beta \tag{3-4}$$

其法向加速度与刚体角速度的关系为

$$a_{\mathrm{n}} = r\omega^2 \tag{3-5}$$

3.2 刚体定轴转动定律

3.2.1 刚体定轴转动定律

1. 力对转轴的力矩

在前面质点部分已经给出了力对定点的矩 $\boldsymbol{M}=\boldsymbol{r}\times\boldsymbol{F}$。根据经验，平行于门轴的力不可

能使门开启或关闭，即不产生转动效果，因此平行于轴线的力，对轴线的力矩为0。由于作用在刚体上的任何一个力均可分解为平行于转轴和垂直于转轴的两个正交分力，因此讨论力对转轴的力矩时只需考虑垂直于转轴的分力。

如图3-4(a)所示，设力 $\boldsymbol{F}$ 垂直于转轴，其作用点 P 相对于 O 点的矢径为 $\boldsymbol{r}$，力对转轴的力矩表示为

$$\boldsymbol{M}=\boldsymbol{r}\times\boldsymbol{F} \tag{3-6}$$

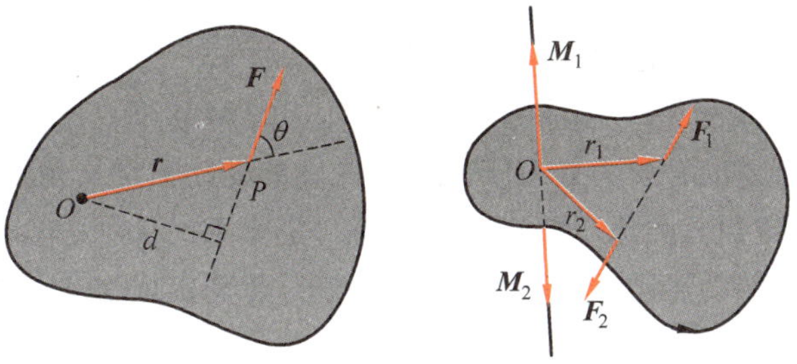

图3-4　力矩示意图

如图3-4(b)所示，刚体作定轴转动时，由于 $\boldsymbol{r}$、$\boldsymbol{F}$ 都位于垂直转轴的转动平面内，因此 $\boldsymbol{M}$ 的方向只有沿转轴的两种取向，可用正负表示方向，与所规定的转轴正向同方向的力矩为正，反之为负。

当定轴转动刚体同时受到几个力作用时，刚体所受的合力矩等于各力力矩的代数和。应该指出，求合力矩一般不能先求各力的合力再求合力的力矩。只有当诸力共点时，各力力矩的代数和(合力矩)才等于合力的力矩。

2. 刚体定轴转动定律的推导

牛顿第二定律是质点动力学的基本定律，我们不能把牛顿第二定律直接应用于刚体定轴转动，但我们可以根据牛顿第二定律推导出适用于定轴转动刚体的转动定律。如图3-5所示，一刚体绕过 O 点的固定轴转动，其瞬时角速度为 ω、角加速度为 β。考虑刚体上一质元，Δm_i 为质元质量，r_i 为质元到转轴的垂直距离。设刚体之外的物体对该质元的合作用力为 $\boldsymbol{F}_i$，刚体内部其他质元对该质元的合作用力为 $\boldsymbol{f}_i$，在自然坐标系中应用牛顿第二定律，有

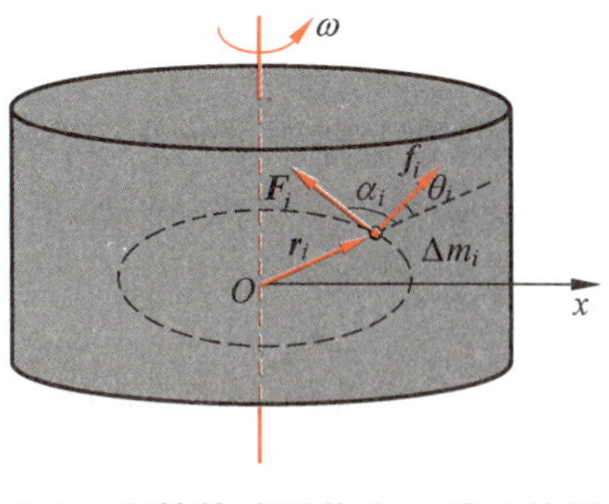

图3-5　定轴转动刚体上一质元的受力

$$F_{it}+f_{it}=(\Delta m_i)a_{it} \tag{3-7}$$

即

$$F_i\sin\alpha_i+f_i\sin\theta_i=(\Delta m_i)a_{it} \tag{3-8}$$

将式(3-8)两边同乘以 r_i，并代入式(3-4)，若遍及所有质元求和，可得

$$\sum_i F_i r_i\sin\alpha_i+\sum_i f_i r_i\sin\theta_i=\Big(\sum_i \Delta m_i r_i^2\Big)\beta \tag{3-9}$$

式(3-9)左边第一项表示刚体(各质元)所受的外力矩的代数和，称为合外力矩，记为 M。

式(3-9)左边第二项表示作用在刚体上所有内力矩的代数和。如图 3-6 所示，由于内力总是成对出现的，因此任何一对内力对转轴的力矩的代数和均为 0。式(3-9)右边的求和项 $\sum_i \Delta m r_i^2$ 只与刚体的质量和质量相对转轴的分布有关，与刚体的运动无关，称为刚体对转轴的转动惯量，用 J 表示。即

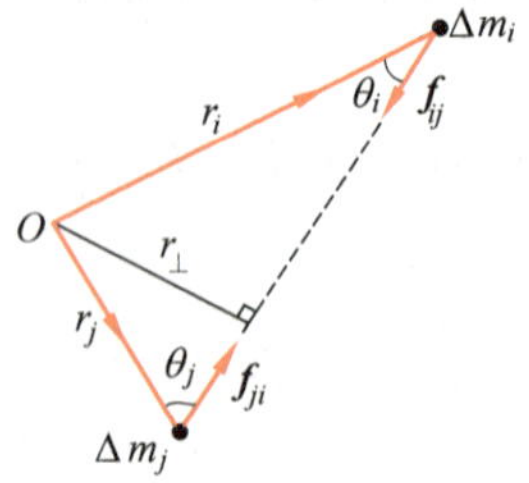

图 3-6　一对内力的力矩之和

$$J = \sum_i \Delta m r_i^2 \tag{3-10}$$

这样，式(3-9)可写为

$$M = J\beta \tag{3-11}$$

上式表明，刚体所受的合外力矩等于刚体对转轴的转动惯量与角加速度的乘积，这就是定轴转动刚体的转动定律。类比于质点的牛顿第二定律 $\boldsymbol{F}=m\boldsymbol{a}$ 可知，转动惯量决定了转动惯性的大小，改变定轴转动运动状态的原因是外力矩，转动定律建立了外力矩和角加速度之间的瞬时关系。

3.2.2　刚体转动惯量

现在进一步讨论转动惯量。由转动惯量的定义式 $J=\sum_i \Delta m r_i^2$ 可知，定轴转动刚体的转动惯量与刚体的质量以及质量相对轴的分布有关。因此，定轴转动刚体的转动惯量为一定值，与刚体的运动状态无关。计算转动惯量时，对于质量连续分布的刚体，应把定义式(3-10)中的求和转化为积分，即

$$J = \int r^2 \mathrm{d}m = \int r^2 \rho \mathrm{d}V \tag{3-12}$$

式中，r 为质元 $\mathrm{d}m$ 到转轴的垂直距离，ρ 表示刚体的质量密度，$\mathrm{d}V$ 表示质元的体积。

当刚体厚度很小时，可把刚体的质量看成连续分布在一平面上，引入质量面密度 σ，用 $\mathrm{d}S$ 表示质元的面积，则式(3-12)可改写为面积分，即

$$J = \int r^2 \mathrm{d}m = \int r^2 \sigma \mathrm{d}S \tag{3-13}$$

当刚体横截面积很小时，可把刚体的质量看成连续分布在一条细线上，引入质量线密度 λ，用 $\mathrm{d}l$ 表示质元的长度，则式(3-12)可改写为线积分，即

$$J = \int r^2 \mathrm{d}m = \int r^2 \lambda \mathrm{d}l \tag{3-14}$$

在国际单位制中，转动惯量的单位为 $\mathrm{kg \cdot m^2}$(千克·米^2)。

下面举几个例子说明如何计算刚体的转动惯量。

【例 3-1】　均质细环质量为 m，半径为 R，求细环绕垂直于环平面且通过圆心的转轴的转动惯量。

解　如图 3-7 所示，在细环上任取一线元 $\mathrm{d}l$，其质量为 $\mathrm{d}m$，因为细环上任意位置处的质元到转轴的垂直距离都是 R，所以

$$J = \int r^2 \mathrm{d}m = \int_{环} R^2 \mathrm{d}m = R^2 \int_{环} \mathrm{d}m = mR^2$$

【例 3-2】 求匀质薄圆盘绕过圆心且垂直于圆盘平面的转轴的转动惯量。已知圆盘的质量为 m，半径为 R。

解 圆盘上单位面积的质量(质量面密度)

$$\sigma = \frac{m}{\pi R^2}$$

如图 3-8 所示，在圆盘上取一半径为 r，宽为 $\mathrm{d}r$ 的薄圆环，其质量

$$\mathrm{d}m = \sigma \mathrm{d}S = \sigma 2\pi r \mathrm{d}r$$

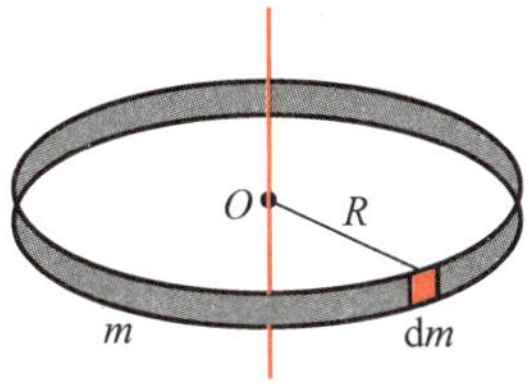

图 3-7 例 3-1 图

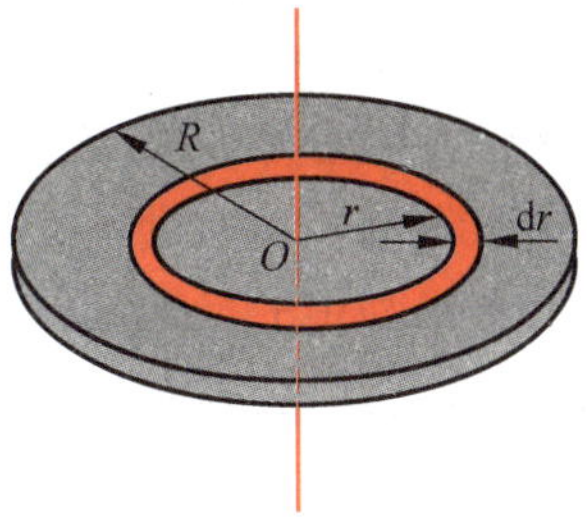

图 3-8 例 3-2 图

已知薄圆环的转动惯量

$$\mathrm{d}J = r^2 \mathrm{d}m = 2\pi r^3 \sigma \mathrm{d}r$$

圆盘的转动惯量为

$$J = \int \mathrm{d}J = \int_0^R 2\pi r^3 \sigma \mathrm{d}r = \frac{1}{2}\pi R^4 \sigma = \frac{1}{2} m R^2$$

【例 3-3】 求质量为 m、长为 L 的均质细杆对下列转轴的转动惯量：

(1) 转轴通过杆的一端并与棒垂直；

(2) 转轴通过杆的中心且与棒垂直。

解 细杆单位长度的质量(质量线密度)

$$\lambda = \frac{m}{L}$$

(1) 如图 3-9(a)所示，以转轴与细杆的交点 A 为坐标原点，x 轴沿细杆。在细杆上坐标为 x 处取一线元 $\mathrm{d}x$，其质量为 $\mathrm{d}m$，则

$$J_A = \int x^2 \mathrm{d}m = \int_0^L x^2 \lambda \mathrm{d}x = \frac{1}{3}\lambda L^3 = \frac{1}{3} m L^2$$

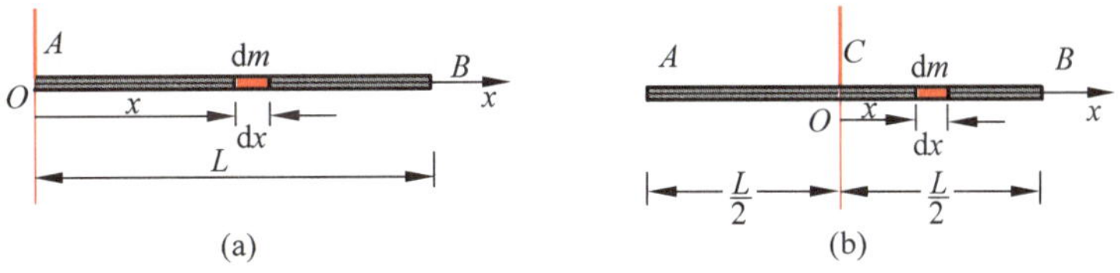

图 3-9 例 3-3 图

(2) 如图 3-9(b)所示，以转轴与细杆中心的交点 C 为坐标原点，x 轴沿细杆。则

$$J_C = \int x^2 \mathrm{d}m = \int_{-\frac{L}{2}}^{\frac{L}{2}} x^2 \lambda \mathrm{d}x = \frac{1}{12}\lambda L^3 = \frac{1}{12} m L^2$$

由例 3-3 可以看出，同一刚体对不同转轴的转动惯量不一定相等。可以证明（证明从略）：若质量为 m 的刚体绕通过质心 C 转轴（质心转轴）的转动惯量为 J_C，则此刚体绕与质心转轴平行且距离为 d 的转轴的转动惯量 J 为

$$J = J_C + md^2 \tag{3-15}$$

这个结论称为平行轴定理，如图 3-10 所示。

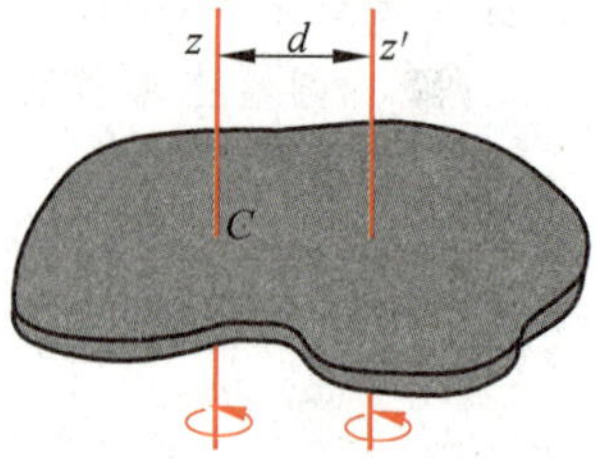

图 3-10　平行轴定理

重新考虑例 3-3，由(2)小题可知，均质细杆绕过其质心的垂直轴的转动惯量 $J_C = mL^2/12$。因为过端点 A 的轴与过质心 C 的轴平行，且相距为 $L/2$，依据平行轴定理，可以求出均质细杆绕过端点轴的转动惯量 $J_A = J_C + m(L/2)^2 = mL^2/3$，这个结果与前面积分运算的结果完全一致。可见利用平行轴定理可以使得某些转动惯量的计算变得简单。

工程上通常用实验方法来测量刚体的转动惯量。表 3-1 给出一些质量均匀分布的刚体的转动惯量。

表 3-1　一些质量均匀分布的刚体的转动惯量

刚体名称	刚体形状	轴的位置	转动惯量
细杆	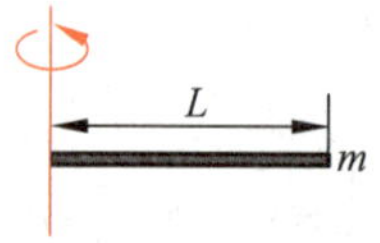	通过一端垂直杆	$\frac{1}{3}mL^2$
细杆	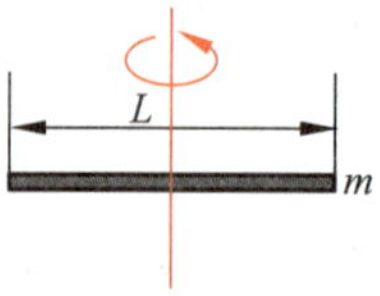	通过质点垂直杆	$\frac{1}{12}mL^2$
薄圆环（或薄圆筒）	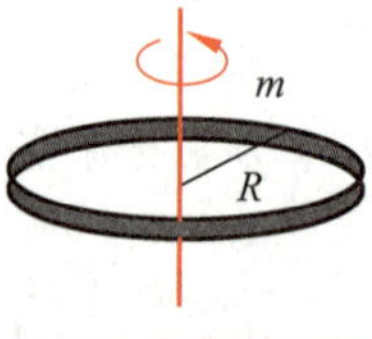	通过环心且垂直于环面	mR^2
圆盘（或圆柱体）	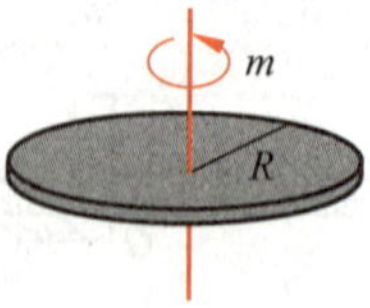	通过盘心且垂直于盘面	$\frac{1}{2}mR^2$
薄球壳	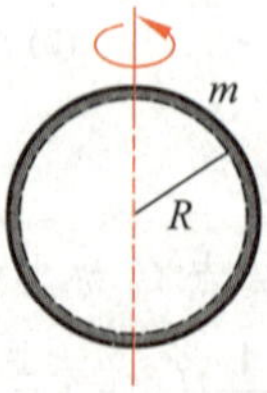	直径	$\frac{2}{3}mR^2$

续表

刚体名称	刚体形状	轴的位置	转动惯量
球体	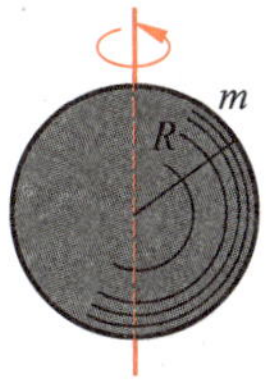	直径	$\frac{2}{5}mR^2$

3.2.3 刚体定轴转动定律的应用

第2章介绍了如何用牛顿运动定律解决质点动力学问题，下面我们通过几道例题来说明如何用定轴转动刚体的转动定律解决定轴转动刚体的动力学问题。

【例3-4】 匀质细棒，质量为 m、长为 L，可绕过 O 点的水平轴在铅直面内自由转动，让细棒由水平位置静止释放。求：

(1) 下摆到 θ 角时，细棒所受的重力矩；

(2) 初始时细棒的角加速度 β_1 和角速度 ω_1；

(3) 细棒转至铅直位置时的角加速度 β_2 和角速度 ω_2。

解 选取垂直于纸面向里作为转轴的正方向，并沿水平方向建立 x 轴。

(1) 如图3-11所示，在细棒上取一质元 $\mathrm{d}m$，当棒下摆到 θ 角时，质元所受到的重力对轴 O 的重力矩为

$$\mathrm{d}M = x(\mathrm{d}mg)$$

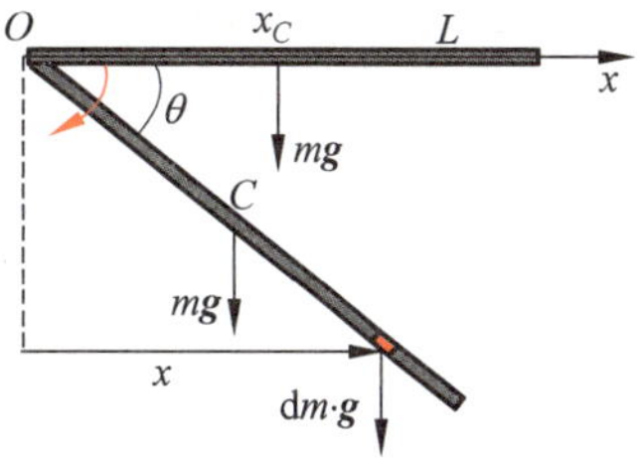

图3-11 例3-4图

其中，x 为质元 $\mathrm{d}m$ 的水平坐标，整个细棒受到的重力矩为

$$M = \int_{棒} x(\mathrm{d}mg) = g\int_{棒} x\mathrm{d}m$$

根据质心的定义可知 $\int_{棒} x\mathrm{d}m = mx_C$，其中 x_C 是质心的 x 轴坐标。于是

$$M = mgx_C$$

它表明重力对刚体产生的合重力矩等于把刚体受到的全部重力集中作用于质心所产生的力矩。由于上面推导没有涉及棒（刚体）的具体形状，因此上式的结果具有一般性。

匀质细棒下摆到 θ 角时，其质心的 x 轴坐标为

$$x_C = \frac{L\cos\theta}{2}$$

此时匀质细棒受到的重力矩为

$$M = mg\frac{L}{2}\cos\theta$$

由上式可知，在转动过程中作用在棒上的重力矩是变力矩。

(2) 初始时细棒水平放置，$x_C=\dfrac{L}{2}$，细棒受到的重力矩为 $M=mg\dfrac{L}{2}$。因为细棒的转动惯量 $J=\dfrac{1}{3}mL^2$，由 $M=J\beta$，得初始时细棒的角加速度为

$$\beta_1=\frac{M}{J}=\frac{3g}{2L}$$

由于细棒从水平位置静止下摆，所以 $\omega_1=0$。

(3) 铅直位置处 $x_C=0$，此时重力矩 $M=0$，$\beta_2=0$。

由(1)小题可知细棒下摆到任意位置 θ 角时，其重力矩 $M=mg\dfrac{L}{2}\cos\theta$，由 $M=J\beta$，得

$$\beta=\frac{M}{J}=\frac{3g\cos\theta}{2L}$$

又因为

$$\beta=\frac{\mathrm{d}\omega}{\mathrm{d}t}=\frac{\mathrm{d}\omega}{\mathrm{d}\theta}\frac{\mathrm{d}\theta}{\mathrm{d}t}=\omega\frac{\mathrm{d}\omega}{\mathrm{d}\theta}$$

所以有

$$\omega\frac{\mathrm{d}\omega}{\mathrm{d}\theta}=\frac{3g\cos\theta}{2L}$$

即

$$\omega\,\mathrm{d}\omega=\frac{3g\cos\theta}{2L}\mathrm{d}\theta$$

两边积分

$$\int_0^{\omega_2}\omega\,\mathrm{d}\omega=\int_0^{\frac{\pi}{2}}\frac{3g\cos\theta}{2L}\mathrm{d}\theta$$

可得

$$\omega_2=\sqrt{\frac{3g}{L}}$$

【例 3-5】 如图 3-12(a)所示，滑轮可视为匀质圆盘，其质量为 m_0，半径为 R。假设滑轮转动时不受到摩擦力矩作用，绳子为轻绳且不可伸长，绳子与滑轮之间无相对滑动。求重物 m_1 和 m_2 的加速度以及细绳两端所受的拉力(设 $m_2>m_1$)。

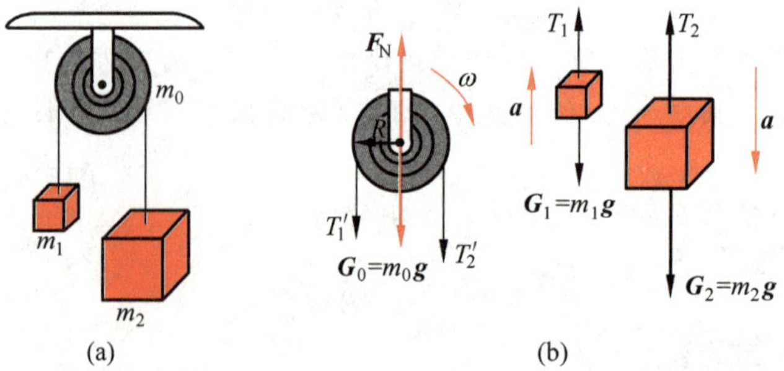

图 3-12 例 3-5 图

解 取垂直于纸面向里作为滑轮转轴的正方向。

分别选取 m_1、m_2、m_0 作研究对象，相应的受力分析如图 3-12(b)所示。因为绳子质量不计，T_1'和 T_1 相等、T_2'和 T_2 相等。根据牛顿第二定律及定轴转动刚体的转动定律，分别对三个对象列方程

$$m_2 g - T_2 = m_2 a_2$$

$$T_1 - m_1 g = m_1 a_1$$

$$(T_2 - T_1)R = J\beta$$

因为绳子不可伸长，有

$$a_1 = a_2$$

因为绳子与滑轮无相对滑动，则

$$a_1 = a_2 = R\beta$$

滑轮的转动惯量

$$J = \frac{1}{2}m_0 R^2$$

联立以上方程求解，得

$$a_1 = a_2 = \frac{2(m_2 - m_1)g}{2(m_1 + m_2) + m_0}$$

$$T_1 = \frac{4m_1 m_2 + m_0 m_1}{2(m_1 + m_2) + m_0}g$$

$$T_2 = \frac{4m_1 m_2 + m_0 m_2}{2(m_1 + m_2) + m_0}g$$

*3.3 定轴转动刚体的功和能

第 2 章讲过质点如果在外力的作用下发生位移，力就对质点做了功。下面讨论外力对定轴转动刚体做的功。如图 3-13 所示，假设定轴转动刚体上某一质元 P 受到一个垂直于转轴的外力 $\boldsymbol{F}$ 的作用，设质元 P 的位矢 $\boldsymbol{r}$ 与 $\boldsymbol{F}$ 之间的夹角为 φ。当刚体转过一微小角位移 $\mathrm{d}\theta$ 时，质元 P 的位移为 $\mathrm{d}\boldsymbol{r}$，外力 $\boldsymbol{F}$ 所做的元功为

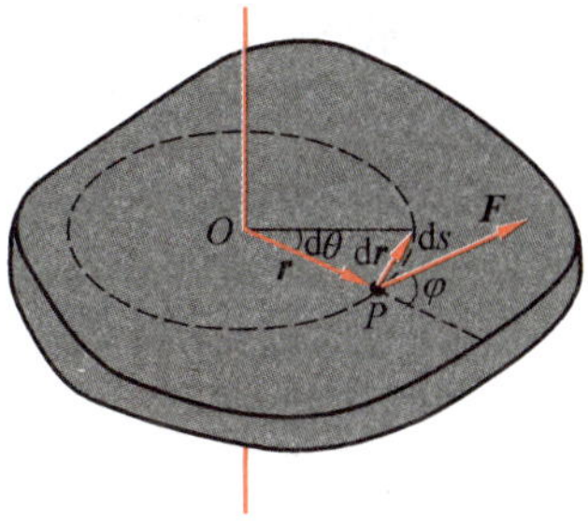

图 3-13 力矩做功

$$\mathrm{d}A = \boldsymbol{F}\cdot\mathrm{d}\boldsymbol{r} = F\cos\left(\frac{\pi}{2} - \varphi\right)\mathrm{d}r = F\sin\varphi r\,\mathrm{d}\theta$$

由于外力 $\boldsymbol{F}$ 对转轴的力矩为 $M = F\sin\varphi r$，因此

$$\mathrm{d}A = M\mathrm{d}\theta \tag{3-16}$$

刚体作定轴转动时，质元 P 的角位移就是刚体上所有质元的角位移，所以力对质元 P 所做的元功就是力矩对整个刚体所做的元功。上式表明力矩对刚体所做的元功等于力矩与刚体微小角位移的乘积。

假设刚体在变力矩 $\boldsymbol{M}$ 作用下绕定轴从角位置 θ_1 转到角位置 θ_2，此过程中变力矩对刚体所做的功表示为

$$A = \int_{\theta_1}^{\theta_2} M\mathrm{d}\theta \tag{3-17}$$

当刚体以角速度 ω 绕定轴转动时，其上各质元都具有动能。刚体上所有质元的动能之和就是刚体绕定轴的转动动能，即

$$E_k = \sum_i \frac{1}{2}\Delta m_i v_i^2 = \sum_i \frac{1}{2}\Delta m_i r_i^2 \omega^2 = \frac{1}{2}\left(\sum_i \Delta m_i r_i^2\right)\omega^2$$

式中，$\sum\limits_i \Delta m r_i^2$ 是刚体对定轴的转动惯量 J，因此刚体绕定轴的转动动能可写为

$$E_k = \frac{1}{2}J\omega^2 \tag{3-18}$$

把刚体的定轴转动定律 $M=J\beta$ 代入式(3-16)，可得

$$M\mathrm{d}\theta = J\beta\mathrm{d}\theta = J\frac{\mathrm{d}\omega}{\mathrm{d}t}\mathrm{d}\theta = J\omega\mathrm{d}\omega$$

如果刚体在合外力矩 M 作用下绕定轴从角位置 θ_1 转到角位置 θ_2，其角速度相应的从 ω_1 变到 ω_2，对上式积分，求得合外力矩对刚体所做的功为

$$A = \int_{\omega_1}^{\omega_2} J\omega\mathrm{d}\omega = \frac{1}{2}J\omega_2^2 - \frac{1}{2}J\omega_1^2 \tag{3-19}$$

上式表明，合外力矩对刚体所做的功等于刚体转动动能的增量，这就是定轴转动刚体的动能定理。

刚体如果受到保守力的作用，也可以引入势能的概念。在重力场中，刚体的重力势能就是其所有质元重力势能的总和。对于一个质量为 m 的刚体(图 3-14)，其重力势能为

$$E_p = \sum \Delta m_i g y_i = g\sum \Delta m_i y_i$$

式中，y_i 表示相对势能零点的高度。

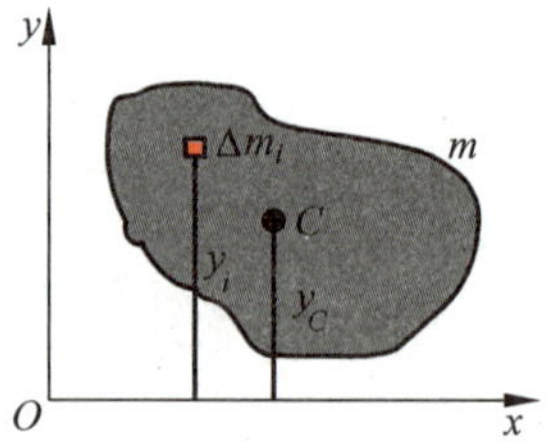

图 3-14　刚体的重力势能

由质心的定义可知

$$\frac{\sum \Delta m_i y_i}{m} = y_C$$

式中，y_C 表示此刚体质心相对势能零点的高度。所以刚体的重力势能可写为

$$E_p = mgy_C \tag{3-20}$$

上式表明，刚体的重力势能等于把它的全部质量集中在质心时所具有的重力势能。

3.4 定轴转动刚体的角动量守恒定律

3.4.1 定轴转动刚体的角动量定理

刚体绕定轴转动时，其上各个质元均绕转轴作圆周运动。设刚体转动的角速度为 ω，其上某个质元 Δm_i 到转轴的垂直距离为 r_i，质元的运动速度为 v_i，则质元 Δm_i 对转轴的角动量 $\boldsymbol{L}_i$ 为

$$\boldsymbol{L}_i = \boldsymbol{r}_i \times \Delta m_i \boldsymbol{v}_i$$

$\boldsymbol{L}_i$ 的大小为

$$L_i = \Delta m_i v_i r_i = \Delta m_i r_i^2 \omega$$

$\boldsymbol{L}_i$ 的方向由 $\boldsymbol{r}_i \times \boldsymbol{v}_i$ 决定。刚体作定轴转动时，$\boldsymbol{L}_i$ 只有沿转轴的两种取向，可用正负表示方向，与所规定的转轴正向同方向的角动量为正，反之为负。

显然，定轴转动刚体上所有质元绕轴的角动量的方向都相同。刚体绕定轴的角动量就是刚体上所有质元绕轴的角动量的和

$$L = \sum_i L_i = \left(\sum_i \Delta m_i r_i^2\right)\omega$$

$\sum_i \Delta m r_i^2$ 是刚体对定轴的转动惯量 J，刚体绕定轴的角动量可以表示为

$$L = J\omega \tag{3-21}$$

上式表明，定轴转动刚体的角动量等于转动惯量与角速度的乘积。

由刚体转动定律 $M=J\beta$ 及运动学关系 $\beta=\mathrm{d}\omega/\mathrm{d}t$，可得

$$M = J\frac{\mathrm{d}\omega}{\mathrm{d}t} = \frac{\mathrm{d}(J\omega)}{\mathrm{d}t} = \frac{\mathrm{d}L}{\mathrm{d}t} \tag{3-22}$$

上式表明，定轴转动刚体所受的合外力矩等于刚体角动量随时间的变化率。

由式(3-22)可以得到

$$M\mathrm{d}t = \mathrm{d}L \tag{3-23}$$

式中 $M\mathrm{d}t$ 表示合外力矩 M 在时间 $\mathrm{d}t$ 内的累积量，称为 $\mathrm{d}t$ 时间内合外力矩的冲量矩。国际单位制中，冲量矩的单位为 N·m·s。上式表明，在 $\mathrm{d}t$ 时间内刚体所受合外力矩的冲量矩等于在同一时间内刚体角动量的增量。式(3-23)是定轴转动刚体角动量定理的微分形式。

如果合外力矩 M 持续地从 t_1 时刻作用到 t_2 时刻，设 t_1 时刻刚体的角动量为 L_1，t_2 时刻刚体的角动量为 L_2，则对式(3-23)积分可求出

$$\int_{t_1}^{t_2} M\mathrm{d}t = \int_{L_1}^{L_2} \mathrm{d}L = L_2 - L_1 \tag{3-24}$$

式中 $\int_{t_1}^{t_2} M\mathrm{d}t$ 表示合外力矩 M 在 $t_1 \sim t_2$ 这段时间内的累积量，称为 $t_1 \sim t_2$ 这段时间内合外力矩的冲量矩。上式表明，合外力矩在一段时间内的冲量矩等于刚体角动量的增量。式(3-24)是定轴转动刚体角动量定理的积分形式。

刚体是特殊的质点系，定轴转动刚体的角动量定理还可以通过第 2 章介绍的质点系的角动量定理得到，请读者自行推导。

3.4.2 定轴转动刚体的角动量守恒定律

由式(3-22)可知，如果定轴转动刚体的合外力矩为零，即 $M=0$，则

$$\frac{\mathrm{d}L}{\mathrm{d}t} = 0 \quad 或 \quad L = J\omega = 恒量 \tag{3-25}$$

上式表明，当刚体所受的对转轴的合外力矩为零时，刚体对该转轴的角动量保持不变。这个结论称为定轴转动刚体的角动量守恒定律。应该指出，角动量守恒定律是自然界的普遍规律，不但适用于刚体，也适用于绕定轴转动的任意物体系统。下面对定轴转动刚体的角动量守恒定律的应用作几点说明。

(1) 对定轴转动的单个刚体，定轴转动惯量 J 是个常量，当合外力矩为零时，角速度 ω

将保持不变，刚体在惯性作用下作匀角速转动。

图 3-15　角动量守恒演示

(2) 对定轴转动的单个物体，如果物体上各个部分相对于转轴的距离可以发生变化，则物体的转动惯量 J 为变量。在满足角动量守恒的条件下，如果使系统的转动惯量减小，其角速度将增大；若使系统的转动惯量增大，其角速度将减小。如图 3-15 所示，一个手持哑铃、两臂伸直、坐在转椅上转动的人，当他把两臂收回把哑铃贴在胸前时，因角动量守恒，他的转速将增大。又比如，滑冰运动员或芭蕾舞演员为了能在原地快速旋转，必定要先伸开四肢并具有一定的初始角速度，然后突然收拢四肢，以尽量减小转动惯量，这时由于角动量守恒，他们的旋转的角速度将会大大加快。

(3) 当转动系统由若干质点或刚体组成时，转动系统内部刚体与刚体（包含质点）之间的作用都是内力矩作用，由于内力矩总是成对出现的，系统的内力矩之和必定为零，所以内力矩不会改变系统的总角动量。如果系统所受到的对转轴的合外力矩为零，则系统对转轴的总角动量守恒，即

$$\sum_i L_i = \sum_i J_i \omega_i = \text{恒量}$$

应该指出，系统总角动量守恒并不意味着系统内每一个刚体或质点的角动量守恒，事实上系统内各刚体或质点在内力矩的作用下，角动量是不守恒的。

(4) 角动量守恒定律和动量守恒定律成立的条件是不一样的。动量守恒定律成立的条件是合外力为 0，角动量守恒定律成立的条件是合外力矩为 0。在讨论质点和定轴转动刚体的碰撞问题时，由于转轴对刚体的约束力一般不能忽略，动量守恒定律成立的条件一般得不到满足。但是，这类问题中，约束力的力矩可以为 0 或近似为 0，角动量守恒定律成立的条件可以得到满足，因此可以用角动量守恒定律讨论这类碰撞问题。在两个同轴转动刚体的耦合过程中，如不计或忽略对轴的摩擦力矩，也满足角动量守恒定律。

【例 3-6】 长为 $2L$，质量为 m 的匀质棒，可在竖直平面内绕过中心的水平轴自由转动。初始时棒静止在水平位置，一质量为 m' 的小球以速度 u 垂直落到棒的一个端点，与棒作完全弹性碰撞，如图 3-16 所示，求碰撞后小球回跳的速度和棒的角速度。

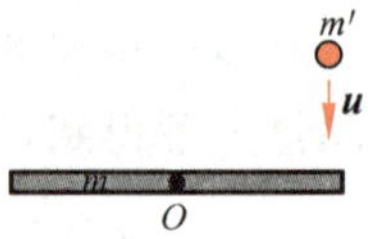

图 3-16　例 3-6 图

解　取垂直于纸面向里作为转轴的正方向。设碰撞后小球回跳的速度为 v，棒的角速度为 ω，考虑小球和棒组成的系统，碰撞过程中忽略重力矩的影响，系统所受的外力矩为 0，角动量守恒。又因为碰撞是完全弹性碰撞，碰撞过程机械能守恒，于是有

$$m'ul = J\omega - m'vl$$

$$\frac{1}{2}m'u^2 = \frac{1}{2}J\omega^2 + \frac{1}{2}m'v^2$$

把 $J = \frac{1}{3}mL^2$ 代入上面两式，解得

$$v = \frac{u(m - 3m')}{m + 3m'}$$

$$\omega = \frac{6m'u}{(m + 3m')L}$$

由结果可以看出，当 $m > 3m'$ 时，$v > 0$，小球向上回跳；当 $m < 3m'$ 时，$v < 0$，小球继续向下运动。

【例 3-7】 如图 3-17 所示，长为 l 的匀质细直杆 OA 竖直悬挂于 O 点，一摆线长为 l 的单摆也悬挂在 O 点，其摆球质量为 m_1，现将单摆拉至水平位置后由静止释放，摆球在 A 处与直杆作完全弹性碰撞后恰好静止，试求：(1) 细直杆的质量 m_2；(2) 碰撞后细直杆摆动的最大角度 θ（忽略一切阻力）。

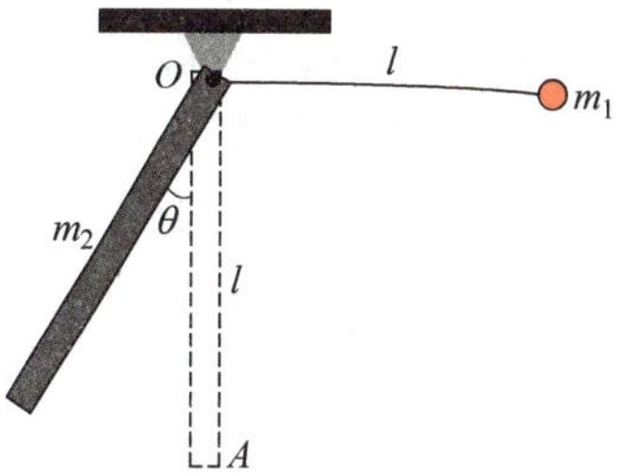

图 3-17 例 3-7 图

解 (1) 取垂直于纸面向里作为转轴的正方向。

考虑单摆和细杆组成的系统，碰撞的瞬时，由于摆球和细杆所受的重力以及转轴对它们的支撑力都通过转轴 O，系统所受的外力矩为 0，角动量守恒。又因为碰撞是完全弹性碰撞，碰撞过程中机械能守恒。假设碰撞前小球的速度为 v_1，碰撞后细杆的角速度为 ω_2，于是有

$$m_1 v_1 l = J_2 \omega_2$$

$$\frac{1}{2} m_1 v_1^2 = \frac{1}{2} J_2 \omega_2^2$$

把 $J_2 = \frac{1}{3} m_2 l^2$ 代入上面两式，解得

$$m_2 = 3m_1$$

(2) 考虑单摆、细杆和地球组成的系统，由于外力和非保守内力做功均为零，因此系统的机械能守恒，有

$$m_1 g l = m_2 g \frac{l}{2}(1 - \cos\theta)$$

求得碰撞后细杆摆动的最大角度为

$$\theta = 70.5°$$

习 题

3-1 一汽车发动机曲轴的转速在 12 s 内由每分钟 1200 转匀加速地增加到每分钟 2700 转，求：(1) 角加速度；(2) 在此时间内，曲轴转了多少转？

3-2 一飞轮的转动惯量为 J，在 $t=0$ 时角速度为 ω_0，此后飞轮经历制动过程。阻力矩 M 的大小与角速度 ω 的平方成正比，比例系数 $K>0$。求：(1) 当 $\omega=\omega_0/3$ 时，飞轮的角加速度；(2) 从开始制动到 $\omega=\omega_0/3$ 所需要的时间。

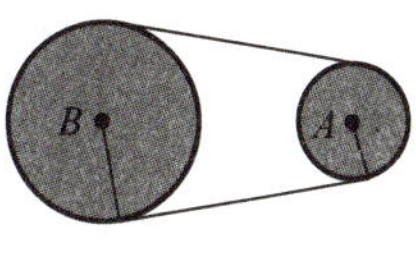

习题 3-3 图

3-3 如图所示，发电机的轮 A 由蒸汽机的轮 B 通过皮带带动。两

轮半径 $R_A=30$ cm，$R_B=75$ cm。当蒸汽机开动后，其角加速度 $\beta_B=0.8\pi \text{rad/s}^2$，设轮与皮带之间没有滑动。求(1)经过多少秒后发电机的转速达到 $n_A=600$ r/min？(2)蒸汽机停止工作后一分钟内发电机转速降到 300 r/min，求其角加速度。

3-4 一个半径为 $R=1.0$ m 的圆盘，可以绕过其盘心且垂直于盘面的转轴转动。一根轻绳绕在圆盘的边缘，其自由端悬挂一物体。若该物体从静止开始匀加速下降，在 $\Delta t=2.0$ s 内下降的距离 $h=0.4$ m。求物体开始下降后第 3 秒末，盘边缘上任一点的切向加速度与法向加速度。

3-5 一个砂轮直径为 0.4 m，质量为 20 kg，以 900 r/min 的转速转动。撤去动力后，一个工件以 100 N 的正压力作用在砂轮边缘上，使砂轮在 11.3 s 内停止，求砂轮和工件的摩擦系数(忽略砂轮轴的摩擦)。

3-6 如图所示，质量为 m 的匀质圆环，半径为 R，当它绕通过环心的直径轴转动时，求圆环对轴的转动惯量 J。

3-7 如图所示，长为 $2L$ 的匀质细棒，质量为 M，末端固定一质量为 m 的质点，当它绕过棒中点的水平轴转动时，求转动惯量 J。

3-8 如图所示，从质量为 M，半径为 R 的匀质薄圆板上挖去一个半径为 r 的圆孔，圆孔的中心位于半径的中点。求此时圆板对于圆板中心且与板面垂直的轴线的转动惯量。

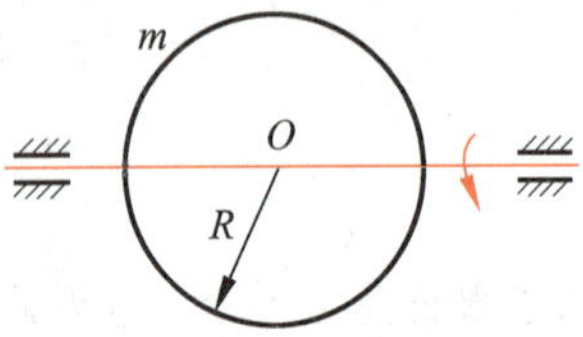

习题 3-6 图

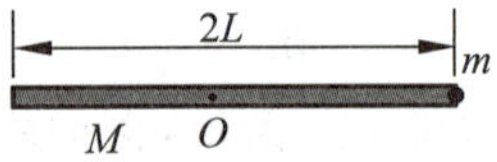

习题 3-7 图

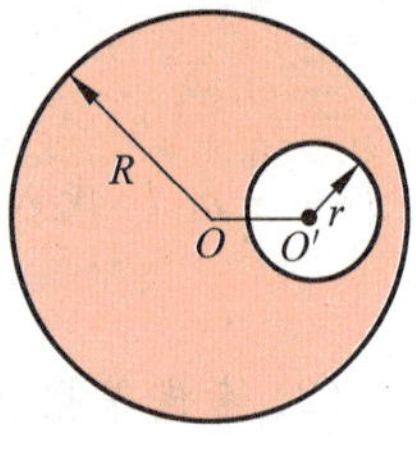

习题 3-8 图

3-9 如图所示，把两根质量均为 m，长为 l 的匀质细棒一端焊接相连，其夹角 $\theta=120°$，取连接处为坐标原点，两个细棒所在的平面为 Oxy 平面，求此结构分别对 Ox 轴、Oy 轴、Oz 轴的转动惯量。

3-10 如图所示，在边长为 a 的正六边形的六个顶点上各固定一个质量为 m 的质点，设这正六边形放在 Oxy 平面内，求：(1)对 Ox 轴、Oy 轴、Oz 轴的转动惯量；(2)对过中心 C 且平行于 Oy 的 Oy' 轴的转动惯量。

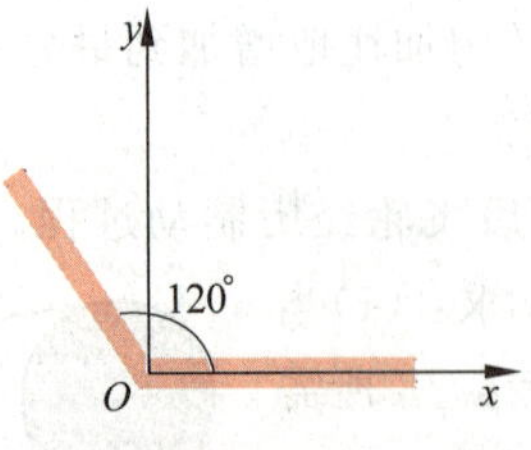

习题 3-9 图

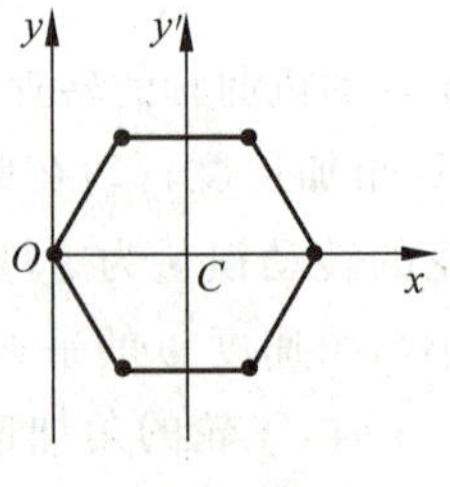

习题 3-10 图

3-11 匀质圆盘质量为 m、半径为 R，放在粗糙的水平桌面上，绕通过盘心的竖直轴转动，初始角速度为 ω_0，已知圆盘与桌面的摩擦系数为 μ，问经过多长时间后圆盘静止？

3-12 如图所示，斜面倾角为 θ，位于斜面顶端的卷扬机鼓轮半径为 r、转动惯量为 J、受到的驱动力矩 M，通过绳索牵引斜面上质量为 m 的物体，物体与斜面间摩擦系数为 μ，求重物上滑的加速度。绳与斜面平行，不计绳质量。

3-13 如图所示，两物体质量分别为 m_1 和 m_2，定滑轮的质量为 m、半径为 r，可视作均匀圆盘。已知 m_2 与桌面间的滑动摩擦系数为 μ_k，求 m_1 下落的加速度和两段绳子中的张力各是多少？设绳子和滑轮间无相对滑动，滑轮轴受的摩擦力忽略不计。

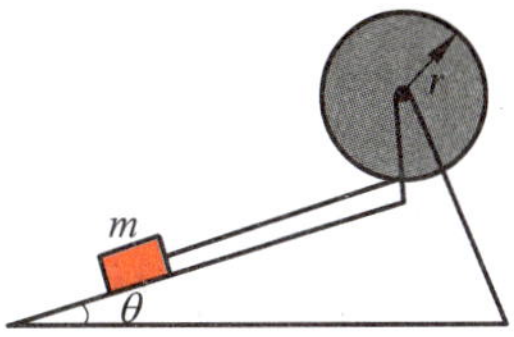

习题 3-12 图

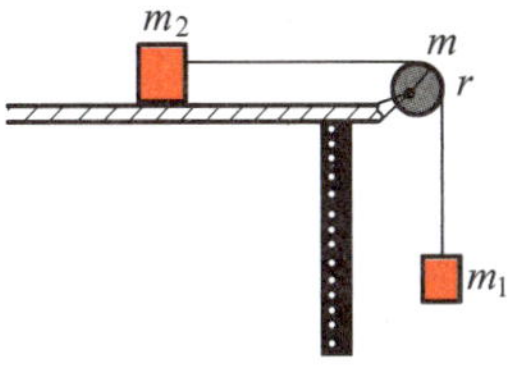

习题 3-13 图

3-14 如图所示的飞轮制动装置，飞轮质量 $m=60.0$ kg，半径 $R=0.25$ m，绕其水平中心轴 O 转动，转速为 900 r/min。闸杆尺寸如图示，闸瓦与飞轮间的摩擦系数 $\mu=0.40$，飞轮的转动惯量可按匀质圆盘计算，现在闸杆的一端加一竖直方向的制动力 $F=100$ N，问飞轮将在多长时间内停止转动？在这段时间内飞轮转了几转？

3-15 如图所示，长为 l、质量为 M 的匀质细棒可绕过其端点的水平轴在竖直面内自由转动，现将棒提到水平位置并由静止释放，当棒摆到竖直位置时与放在地面上质量为 m 的物体相碰。设碰撞后棒不动，物体与地面的摩擦系数为 μ，求碰撞后物体经过多长时间停止运动？

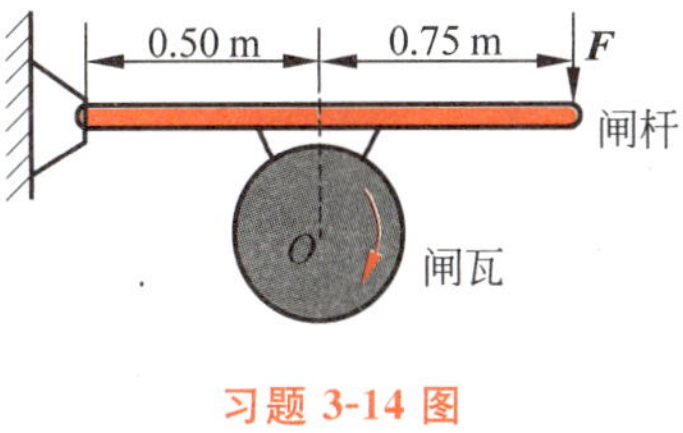

习题 3-14 图

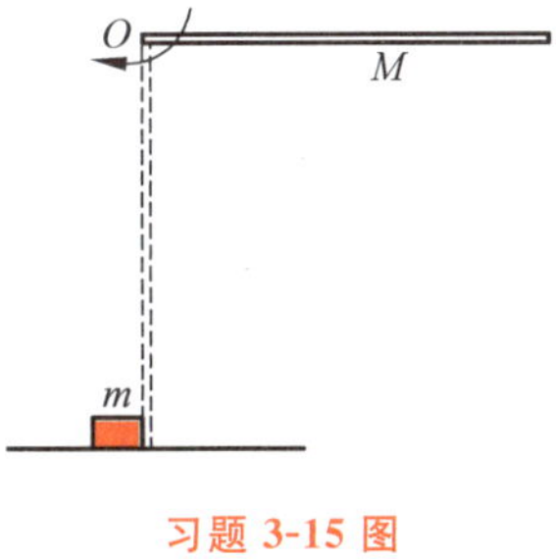

习题 3-15 图

3-16 质量为 M、半径为 R 的水平转台，可绕过中心的竖直轴无摩擦地转动。质量为 m 的人站在转台的边缘，人和转台原来都静止。当人沿转台边缘走一周时，求人和转台相对地面转过的角度。

3-17 质量为 M、半径为 R 的水平转台，可绕过中心的竖直轴无摩擦地转动。一质量为 m 的人站在转台中心，设转台的角速度为 ω_0。当人以相对转台的恒定速率 v 沿半径从转台中心向边缘走去，求转台转过的角度随时间 t 的变化函数。

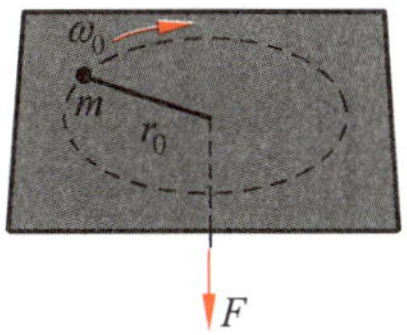

习题 3-18 图

3-18 如图所示，一质量为 m 的小球由一绳索系着，以角速度 ω_0 在无摩擦的水平面上，作半径为 r_0 的圆周运动。在绳的另一端作用一竖直向下的拉力后，小球作半径为 $r_0/2$ 的圆周运动。试求：(1)小球新的角速度；(2)拉力所做的功。

3-19 如图所示，A 与 B 两飞轮的轴杆可由摩擦啮合器使之连接，A 轮的转动惯量 $J_1=10.0\ \text{kg}\cdot\text{m}^2$，开始时 B 轮静止，A 轮以 $n_1=600\ \text{r/min}$ 的转速转动，然后使 A 与 B 连接，因而 B 轮得到加速而 A 轮减速，直到两轮的转速都等于 $n=200\ \text{r/min}$ 为止。求：(1)B 轮的转动惯量；(2)在啮合过程中损失的机械能。

3-20 长 $L=0.40\ \text{m}$ 的匀质木棒，质量 $M=1.0\ \text{kg}$，可绕水平轴 O 在竖直面内转动，开始时棒自然下垂，现有质量 $m=8.0\ \text{g}$ 的子弹以 $v=200\ \text{m/s}$ 的速率从 A 点射入棒中，设 A 点与 O 点距离为 $\frac{3}{4}L$，求：(1)棒开始运动时的角速度；(2)棒的最大偏角。

3-21 如图所示，一扇长方形的匀质门，质量为 m、长为 a、宽为 b，转轴在长方形的一条边上。若有一质量为 m_0 的小球以速度 v_0 垂直入射于门面的边缘上，设碰撞是完全弹性的。求：(1)门对轴的转动惯量；(2)碰撞后球的速度和门的角速度；(3)讨论小球碰撞后的运动方向。

3-22 如图所示，空心圆环可绕竖直轴 OO' 自由转动，转动惯量为 J，环的半径为 R，初始角速度为 ω_0。质量为 m 的小球静止于环的最高点 A，由于微扰，小球向下滑动。求：(1)当小球滑到 B 点时，环的角速度、小球相对于环的速度各为多少？(2)小球滑到最低点 C 点时，环的角速度、小环相对于环的速度各为多少？

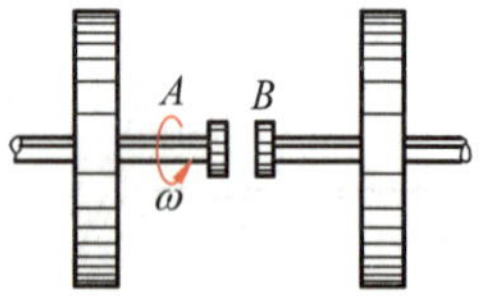

习题 3-19 图

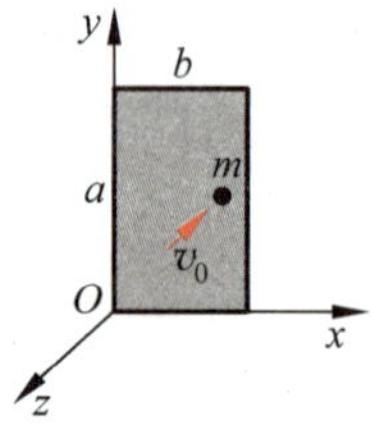

习题 3-21 图

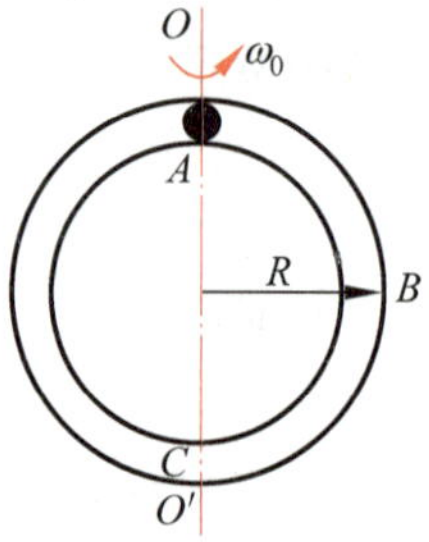

习题 3-22 图

第4章　狭义相对论基础

19世纪末，随着麦克斯韦电磁场理论的建立，物理学的经典理论已经基本完善了。因此，许多物理学家都认为：物理大厦已经基本建成，今后的工作只是对其内部进行装修或是修修补补，似乎物理学已经基本到顶了。然而，当时的物理学家不得不承认：尽管大厦初成，但大厦的上空却飘浮着两朵乌云——迈克耳孙-莫雷实验的"零结果"和黑体辐射实验结果的解释(关于迈克耳孙-莫雷实验和黑体辐射实验我们将在本教程的后续相关章节中予以介绍)。几年之后，两朵乌云带来了物理学的一场大革命，迎来了近代物理的新时期，诞生了相对论和量子力学。

相对论包括两部分内容：一是"狭义相对论"(1905年建立)；二是"广义相对论"(1916年建立)。狭义相对论揭示了作为物质存在形式的空间和时间在本质上的统一性。至于广义相对论，则讨论了任意运动着的非惯性系中的观测者对物理现象的观测结果。广义相对论进一步揭示了时间空间与物质的统一性，指出时间与空间不可能离开物质而独立地存在，空间的结构和性质取决于物质的分布。

相对论是20世纪物理学取得的最伟大的成就之一。它的建立和物理学中的其他理论一样，也是人类对自然界长期探索的结果。尽管相对论的一些概念和结论与人们的日常经验大相径庭，但它已被大量实验证明是正确的。从相对论建立至今的一百多年间，在光学、电磁学、原子物理、原子核物理、天体物理和基本粒子物理等领域的大量实验都在不断地检验着相对论，至今尚未发现哪一个实验明显地与相对论相悖。现在，相对论已成为近代物理学和现代工程技术不可缺少的理论基础。它与量子力学一起，成为近代物理学的两大理论支柱。

本章先对经典力学时空观和力学相对性原理进行说明，然后介绍狭义相对论的相关内容。

4.1　经典力学时空观

4.1.1　经典力学时空观

在狭义相对论出现以前，人们都习以为常地认为，虽然物体的运动是在时间和空间中进行，但是，时间和空间都是绝对的，它们与物体的运动状态无关，与参考系无关。用牛顿的话说"绝对的、真实的纯数学的时间自身在流逝着，而且由于其本性而均匀地、与任何其他外界事物无关地流逝着"。"绝对的空间，就其本性而言，是与外界任何事物无关而永远是相同的和不动的。"并且认为时间与空间是彼此孤立的，没有任何联系。这就是经典力学时空观，又称为绝对时空观。按照绝对时空观，同时是绝对的，时间和空间的间隔也是绝对的。即，如果在一个参考系中同时发生了两个事件，那么在任何其他参考系中的观测者看来，这两个事件也必定是同时的；而任一事件所经历的时间间隔的长短与参考系的选择无关；空间两点之间的距离是一个绝对的量值，不论在哪个参考系中进行量度，所得结果均应相等。

事实上，上面这些观念都是对低速运动的规律进行总结并加以绝对化的结果。由于它们符合人们日常的生活经验，所以在狭义相对论出现以前，绝对时空观占据着统治地位，并且在相当长的一段时间里被认为是勿可置疑的真理。

绝对的时空观，一方面，帮助我们认识了时间和空间的本性以及它们的量度，是人类认识时空进程中的一大进步。另一方面，绝对时空观也存在着严重的缺陷与困难。牛顿虽然承认时间和空间的客观实在性，但他把时间和空间当作脱离物质的独立实体，因此走向了唯心主义。

4.1.2 伽利略变换

1. 力学相对性原理

前面 3 章内容都属于牛顿力学(经典力学)范畴，牛顿力学告诉我们：绝对运动是不可观测的。一般来说，对所有物理现象的观测和对所有物理规律的描述都是相对于某一参考系而言的。在牛顿力学中我们知道，凡是适用牛顿定律的参考系称为惯性参考系，并且惯性参考系不是唯一的。一个参考系是不是惯性参考系，只能通过实验观测来确定。1632 年，伽利略曾生动地描述了他对稳定航行的密闭船舱中的各种运动的观测结果，揭示了一条极为重要的真理，即从稳定航行的密闭船舱中的任何一种现象，都无法判断船究竟是运动着还是停止不动。后人把它总结为：对于所有惯性参考系，力学现象都遵从相同的规律，力学定律都各自有相同的形式；或者说在研究力学现象时，一切惯性参考系都是等价的，这就是力学相对性原理(也叫做伽利略相对性原理)。

2. 伽利略变换

从数学观点来看，力学相对性原理要求：牛顿运动定律以及力学的其他基本定律从一个惯性参考系变换到另一个惯性参考系时，数学形式应保持不变。反映力学相对性原理以及与之直接联系的绝对时空观的变换关系是伽利略变换。

设想两个相对作匀速直线运动的惯性系 S 和 S'，分别以直角坐标系 $Oxyz$ 和 $O'x'y'z'$ 表示(如图 4-1 所示)，两者的坐标轴分别相互平行，而且 x 轴和 x' 轴重合在一起，S' 系相对于 S 系以匀速率 u 沿 x 轴正向运动，假定以两坐标系原点 O 与 O' 重合时作为计时起点。如果在这两个惯性参考系中观测同一个质点的运动，那么两个参考系所测得的该质点的时间坐标和空间坐标(称时空坐标)之间的关系如何？

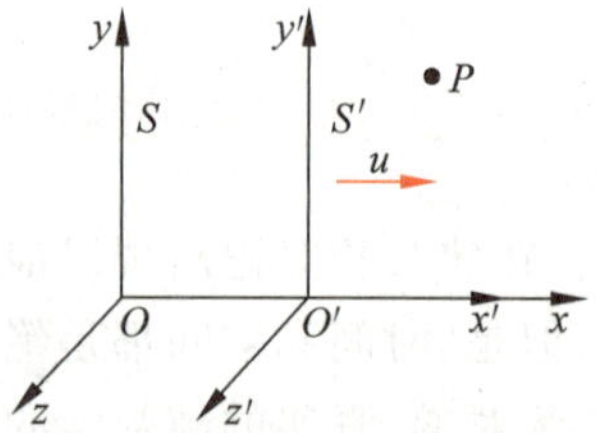

图 4-1　伽利略变换

假设某一时刻质点运动到 P 点，由于时间量度的绝对性，两个惯性系中测出的时刻数值一定相等，即 $t'=t$。

由于空间度量的绝对性，P 点到 Oxz 平面(或 $O'x'z'$ 平面)的距离,由两个惯性系中测出的数值也是一样的,即 $y'=y$。同理 $z'=z$。

至于 x 和 x' 的关系,同样由于空间度量的绝对性,P 点到 $O'y'z'$ 平面的距离为 x',P 点到 Oyz 平面的距离为 x,而 $O'y'z'$ 平面与 Oyz 平面的距离为 ut。所以 x 与 x' 之间的关系为：$x'=x-ut$。

将以上式子写到一起,就得到下面一组变换公式

$$\begin{cases} x' = x - ut \\ y' = y \\ z' = z \\ t' = t \end{cases} \tag{4-1}$$

这组变换公式称为伽利略坐标变换式,它是绝对时空观的必然结果。

将式(4-1)中的前三式对时间求导,考虑到时间的绝对性 $t'=t$,可得伽利略速度变换式

$$\begin{cases} v'_x = v_x - u \\ v'_y = v_y \\ v'_z = v_z \end{cases} \tag{4-2}$$

其矢量式为

$$\boldsymbol{v} = \boldsymbol{v}' + \boldsymbol{u} \tag{4-3}$$

将式(4-2)对时间求导,可得到伽利略加速度变换式

$$\begin{cases} a'_x = a_x \\ a'_y = a_y \\ a'_z = a_z \end{cases} \tag{4-4}$$

其矢量式为

$$\boldsymbol{a} = \boldsymbol{a}' \tag{4-5}$$

上式表明,从不同的惯性参考系来考察同一质点的运动状态,质点的加速度相同。

经典力学认为质点的质量和质点的受力都与参考系无关,即 $m=m'$,$\boldsymbol{F}=\boldsymbol{F}'$。因此如果牛顿第二定律在 S 系中成立,即 $\boldsymbol{F}=m\boldsymbol{a}$,那么它在 S' 系中也同样成立,即 $\boldsymbol{F}'=m'\boldsymbol{a}'$。同样可以证明,牛顿第一定律和牛顿第三定律在不同的惯性参考系中也都具有相同的形式。已经知道,其他力学定律都是由牛顿运动定律得到的,于是可以得出这样的结论：对于所有惯性参考系,力学定律都各自有相同的形式。这就是力学相对性原理。

以上推导说明伽利略变换与力学相对性原理是一回事,都是绝对时空观的必然结果。

最后应该指出,两个相互作匀速直线运动的参考系是完全等价的,究竟哪一个叫 S 系,哪一个叫 S' 系,完全是任意的。若观测者处在 S 系中,则他对观测对象所测得的一切物理量都是不带撇的;反之,若观测者处在 S' 系中,则他对观测对象所测得的一切物理量都是带撇的。这就是说,物理量的带撇或不带撇完全由观测者所处的参考系来决定。

4.2 狭义相对论的基本原理

4.2.1 迈克耳孙-莫雷实验

关于充满空间的以太假设,在一般哲学与自然哲学中早就被提出来了,亚里士多德、笛

卡儿、牛顿等人都从不同的角度探讨过以太问题。在牛顿和早期的物理学家看来，宇宙中一定存在一个绝对静止的参考系，从而有绝对空间、绝对时间等。这个绝对参考系被认为是建立在一种叫做以太的物质上。当时认为，以太应该是充满整个宇宙空间（包括真空和所有物质分子和原子的内部空间），应具有固体的性质且弹性系数很大但密度又要几乎为零，另外还应该是完全透明的且不与任何物质发生相互作用，等等。尽管以太所具有的性质是如此的异乎寻常，以至于使不少物理学家感到大惑不解，但由于牛顿力学的巨大成功，人们认为以太存在的客观性是毫无疑问的。

17 世纪惠更斯提出光的波动说，就需要把以太作为振动介质；19 世纪法拉第的近距作用观点与电场、磁场概念，以及后来的麦克斯韦的电磁场理论与洛伦兹的电子论，也都企图用"力学模型"来解释电磁现象，所以也都借助了以太的假说。电磁场理论与电子论的成功，电磁以太假说在其中的重要地位，必然促使人们去深入地研究以太的各个方面，诸如：以太究竟具有什么性质？以太到底是运动的还是不动的，等等。

关于以太的研究，最方便也最让人信服的途径就是通过光学实验。下面我们介绍最著名也最有影响的实验——迈克耳孙-莫雷实验。

我们知道，高速汽车穿过静止的大气，车中观测者会感到迎面有一股风。同理，运动的地球穿过不动的以太，应该可测到以太风。1881 年迈克耳孙利用他自己发明的实验仪器做过测量以太风的实验，1887 年他又与莫雷一起做了同样的实验。实验的指导思想是：以太是静止不动的，以太中的光速是不变的，是各向同性的，地球相对于静止的以太运动。因此利用地球上的光学实验可以测得以太风，从而既能发现不动的以太，又能确定地球相对于静止的以太的运动。

实验装置简图如图 4-2 所示。整个装置固定在地球上，与地球一起运动，但光学系统可以旋转。由光源 S 发出的光束，经过半透板 M_S 后分为两束光，光束Ⅰ和光束Ⅱ分别经 M_1 和 M_2 反射后在 T 处相遇。由于两束光满足相干条件，T 处会出现干涉条纹。如果 T 处相遇的两束光在光路中传播的时间差发生改变，应该可以观测到干涉条纹的移动。

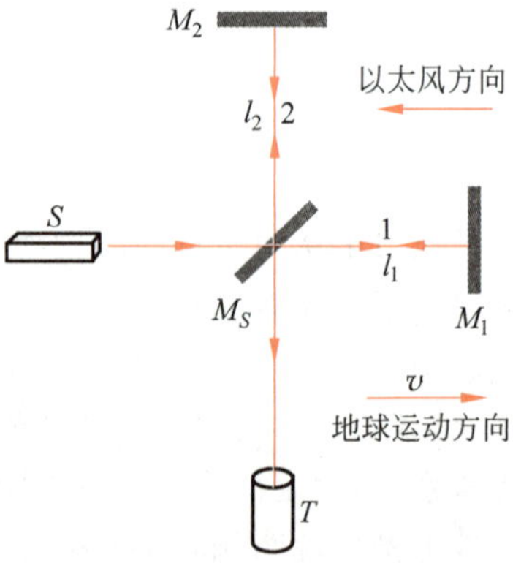

图 4-2　迈克耳孙-莫雷实验原理图

光束逆着以太风传播时，光相对装置的速度为 $c-v$（c 为光在以太中的速度，v 是地球相对于以太的速度），光束顺着以太风传播时，光相对装置的速度为 $c+v$，所以光束Ⅰ经 l_1 往返一次所需的时间为

$$t_1=\frac{l_1}{c+v}+\frac{l_1}{c-v}=\frac{2l_1}{c}\left(1-\frac{v^2}{c^2}\right)^{-1}$$

光束垂直于地球运动方向传播时，光相对装置的速度应是以太中光速 c 与地球运动速度的矢量差，大小是 $(c^2-v^2)^{1/2}$，所以光束Ⅱ经 l_2 往返一次所需的时间为

$$t_2=\frac{2l_2}{\sqrt{c^2-v^2}}=\frac{2l_2}{c}\left(1-\frac{v^2}{c^2}\right)^{-\frac{1}{2}}$$

很明显，$t_1\neq t_2$，光束Ⅰ与光束Ⅱ到达 T 处的时间差为 $\Delta t=t_2-t_1$。如果把装置旋转 90°，则两束光到达 T 处的时间差为 $\Delta t'=t_2'-t_1'$。假定 $l_1=l_2=l$，则 $\Delta t'=-\Delta t$，T 处相遇的两束光

在光路中传播的时间差发生了改变，在 T 处应该可以观测到干涉条纹的移动。按照迈克耳孙和莫雷的计算，如果实验所依据的前提是正确的，那么在望远镜中应观测到 0.4 条条纹移动。遗憾的是他们没有得到应有的实验结果，只发现了 0.01 条条纹移动。如果考虑实验的误差，则实验的结果实际上应该是：根本不存在干涉条纹的移动！

迈克耳孙-莫雷实验的"零结果"在当时的物理学家中引起了极大的震动。其后在世界不同国家的不同地点做了精确度更高的实验，结果都支持了迈克耳孙-莫雷的实验。

如何解释迈克耳孙-莫雷实验的"零结果"，这成为当时物理学家们的当务之急。洛伦兹、斐兹杰惹、彭加莱等物理学家都提出了自己的解释理论，但都没有取得圆满的成功。当时，经典物理学陷入了一种十分矛盾的局面：一方面，以太概念在说明电磁波和光波的性质方面取得了一定的成功；另一方面，迈克耳孙-莫雷实验的结果实际上否定或舍弃了以太。解决这一矛盾的出路究竟何在？这就是经典物理学的一大困惑。

4.2.2 狭义相对论的基本原理

正是在这样的历史背景下，年青的爱因斯坦迈出了决定性的一步，断然否定了绝对时空观和伽利略变换至高无上的地位。1905 年，当时年仅 26 岁的爱因斯坦撰写了关于狭义相对论的划时代论文《论动体的电动力学》，并以其敏锐的洞察力预言："我们发现不了以太的原因是以太根本就不存在。"从而标志着狭义相对论的建立。狭义相对论构建了一套全新的时空观，时间和空间不再被认为是绝对的，它们只有相对意义，并与物质运动有关。整个理论建立在两条基本假设之上，它们分别是：

(1) 狭义相对论的相对性原理：所有惯性参考系对于描述运动的物理定律来说都是等价的。

(2) 光速不变原理：在所有惯性参考系中，真空中的光速都为 c(c=299 792 458 m/s±1.2 m/s，约为 3×10^{8} m/s)，与光源或观测者的运动无关。

爱因斯坦的第一条假设将伽利略的力学相对性原理推广到了物理学的整个领域，这是基于对自然界的对称性的深刻认识，他坚信包括力学定律、电磁学定律在内的所有物理定律的形式与惯性参考系的选择无关，即对所有的物理定律而言，没有任何一个惯性参考系具有特别优越的地位。

爱因斯坦的第二条假设是实验结果的直接表达。它实际上是说，光在真空中的传播是各向同性的、不变的。这条假设指出，讨论光速问题时不能以低速情况下的伽利略变换为根据，讨论时空变换问题时应以光速不变这个客观事实作为前提和基础。

4.3 狭义相对论时空观

4.3.1 同时的相对性

在经典力学时空观中，同时是绝对的。但是从爱因斯坦的光速不变原理出发却会导致一个"违背常理"的结论："同时"与参考系的选择有关，即同时具有相对性。

为了阐明这个问题，下面分析一个理想实验。

设想有一列爱因斯坦列车相对于地面以速度 u 作匀速直线运动。选取地面为惯性参考系 S、列车为惯性参考系 S'。在 S' 系中 x' 轴上的 A'、B' 两点各放置一个接收器，在 $A'B'$ 的中点 M' 放置一脉冲光源，如图 4-3 所示。现在假设光源发出一个光脉冲，由于 $A'M'=B'M'$，而且光向各个方向传播的速率相同，S' 系中的观测者观测到光脉冲同时到达两个接收器。如果我们将“光脉冲到达接收器”称作“事件”，则 S' 系中观测者的观测结果是：光脉冲到达 A'、B'接收器这两个事件是同时发生的。

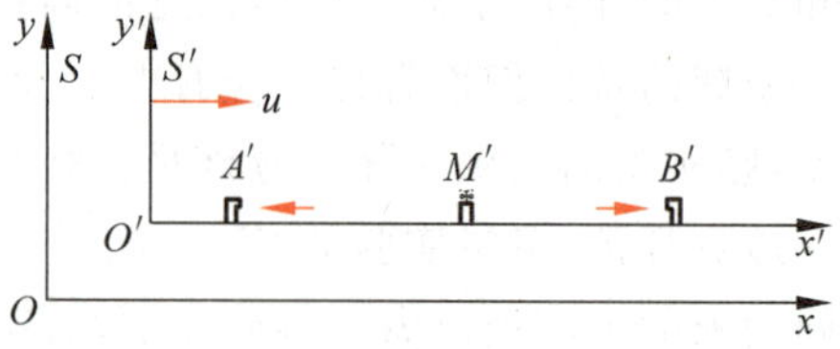

图 4-3 同时的相对性

在 S 系中观测以上两个事件，其结果又会怎样呢？由于列车在向前运动，在 S 系中的观测者看来，在光脉冲从 M' 发出到达 A' 的这段时间内，A' 接收器已经迎着光走了一段距离；而在光脉冲从 M' 发出到达 B' 的这段时间内，B' 接收器却是背离光走了一段距离。显然，在 S 系中的观测者看来，光脉冲从 M' 发出后，它到达 A' 所走的距离比它到达 B' 所走的距离短。而根据光速不变原理，光向各个方向传播的速率都是 c。于是，S 系中观测者得出这样的观测结果：光脉冲先到达 A' 接收器，后到达 B' 接收器；光脉冲到达 A'、B'接收器这两个事件不同时发生。

在 S' 系中同时发生的两个事件，在 S 系中不同时发生。这就是同时的相对性。在相对论中，“同时”不再是绝对的，而与观测者的运动状态有关，是一个相对的概念。

4.3.2 时间膨胀

在经典力学时空观中，时间和空间的度量都是绝对的。下面阐述狭义相对论中时间度量的相对性。

如图 4-4 所示，假定车厢以速度 u 相对于地面作匀速直线运动，以车厢为惯性参考系 S'，以地面为惯性参考系 S。在车厢地板上 B 处的光源垂直向上发出一个光脉冲，车厢顶部有一个距离光源为 d 的反射镜面，它将光脉冲反射回 B 处，B 处的接收器接收反射光。把光源发射光脉冲称为事件 1，把接收器接收光脉冲称为事件 2。下面分别在两个惯性参考系中测量发生这两个事件的时间间隔，以阐述狭义相对论中时间度量的相对性。

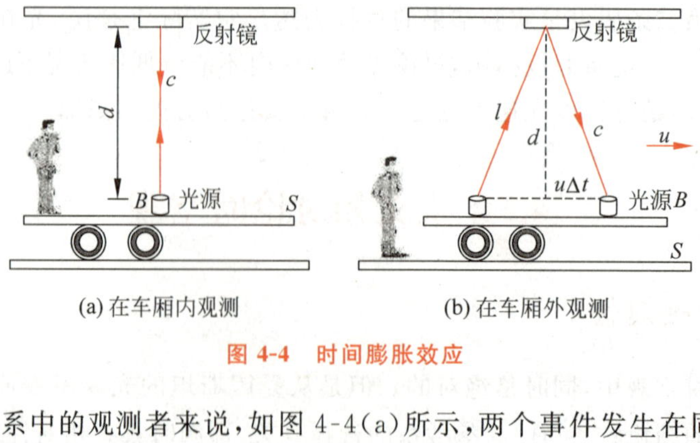

图 4-4 时间膨胀效应

对于车厢 S' 系中的观测者来说，如图 4-4(a)所示，两个事件发生在同一地点，测得两个事件的时间间隔为

$$\Delta t_0 = \frac{2d}{c} \tag{4-6}$$

对于地面 S 系中的观测者来说，如图 4-4(b)所示，这两个事件不是发生在同一地点。假设在 S 系中测得这两个事件的时间间隔为 Δt，在 Δt 时间内，光源相对于 S 系移动了一段距离 $u\Delta t$，光脉冲走过了 $2l(l>d)$ 的路程。利用几何关系，可得

$$l = \sqrt{d^2 + \left(\frac{u\Delta t}{2}\right)^2}$$

由于光速不变，在 S 系中光的速率也是 c，所以有

$$\Delta t = \frac{2l}{c} = \frac{2}{c}\sqrt{d^2 + \left(\frac{u\Delta t}{2}\right)^2}$$

联立上式和式(4-6)，解出

$$\Delta t = \frac{\Delta t_0}{\sqrt{1-u^2/c^2}} = \gamma\Delta t_0 \tag{4-7}$$

式中，$\gamma = 1/\sqrt{1-u^2/c^2}$，称为相对论因子。由于 $u<c$，所以 $\gamma>1$，因此 $\Delta t>\Delta t_0$。通常将某一惯性参考系中发生在同一地点的两个事件的时间间隔称为本征时间间隔，简称为本征时间或原时；将在另一相对运动的惯性参考系中测得的这两个事件的时间间隔称为测时。显然，在以上讨论中，在 S 系中测量得到的时间间隔 Δt 为测时，在 S' 系中测量得到的时间间隔 Δt_0 为原时，测时比原时长，这称为时间膨胀效应。式(4-7)称为时间膨胀公式，它反映了时间测量的相对性。

由式(4-7)可以看出，当 $u \ll c$ 时，$\gamma \approx 1$，$\Delta t \approx \Delta t_0$。说明，在低速情况下，时间的测量与参考系无关，这正是牛顿经典力学的绝对时间观。由此可知，牛顿的绝对时间观实际上是相对论时间观在低速情况下的近似。

【例 4-1】 某人在相对地球(S 系)高速飞行的飞船(S' 系)上抽烟，抽完一根烟耗时 3 分钟，假设飞船相对地球的飞行速率是 $u=0.8c$，问地球上的观测者测得此人抽完一根烟需时多少？

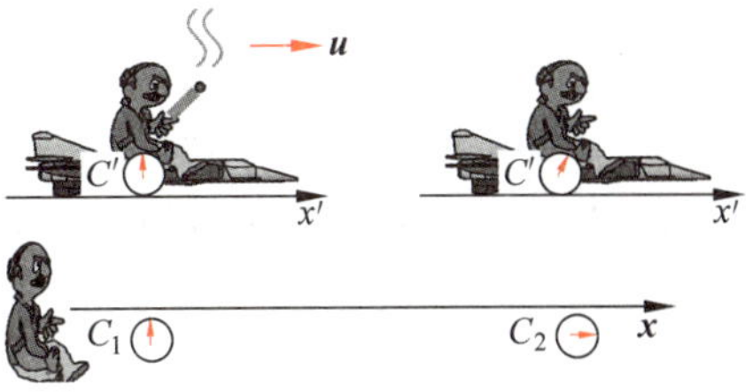

图 4-5 例 4-1 图

解 此人在飞船上"点烟"和"灭烟"这两个事件是在同一地点发生的，这两个事件的时间间隔 $\Delta t_0 = 3$ min 是原时，在地球上的观测者看来，这两个事件的时间间隔为

$$\Delta t = \frac{\Delta t_0}{\sqrt{1-u^2/c^2}} = 5(\text{min})$$

现在我们通过上例解释：时间膨胀效应也称为动钟变慢效应。如图 4-5 所示，某人要测量自己在飞船上"点烟"和"灭烟"这两个事件的时间间隔，必须在飞船上放一只钟 C'。而地面上的观测者要测量这两个事件的时间间隔，必须在地面上放一系列经过校准的同步钟。在地面上的观测者看来，相对他运动的钟变慢了，因为放在地面上与他相对静止的钟测得

“点烟”和“灭烟”这两个事件的时间间隔为 5 分钟，而与他相对运动的钟 C' 测得的时间间隔只有 3 分钟。所以，时间膨胀效应也称为动钟变慢效应。

还考虑这个例题，运动时钟变慢，从另一个角度讲，就是运动的钟的 3 分钟比静止的钟的 3 分钟长，所以，动钟变慢效应也叫做时间延缓效应。

动钟变慢效应具有相对性。设有两只同样的钟，如果一只静止在作匀速直线运动的火车上，另一只静止在地面上，那么地面上的观测者和火车上的观测者都认为对方的钟走慢了。动钟变慢纯属时空的性质，而不是钟的结构发生了变化。动钟变慢效应表明：在一个惯性参考系中观测，另一个相对运动的惯性参考系中的任何过程（包括物理、化学和生命过程）的节奏都变慢了。

1961 年，美国斯坦福大学的海尔弗利克在分析大量实验数据的基础上提出，寿命可以用细胞分裂的次数乘以分裂的周期来推算。对于人来说细胞分裂的次数大约为 50 次，而分裂的周期大约是 2.4 年，照此计算，人的寿命应为 120 岁。因此，用细胞分裂的周期可以代表生命过程的节奏。

设想有一对孪生兄弟，哥哥告别弟弟乘宇宙飞船去太空旅行。在各自的参考系中，哥哥和弟弟的细胞分裂周期都是 2.4 年。但由于时间延缓效应，在地球上的弟弟看来，飞船上的哥哥的细胞分裂周期要比 2.4 年长，他认为哥哥比自己年轻；而飞船上的哥哥认为弟弟的细胞分裂周期也变长，弟弟也比自己年轻。假如飞船返回地球兄弟相见，到底谁年轻就成了难以回答的问题。这就是通常所说的孪生子佯谬。

狭义相对论的时间延缓效应回答不了这个问题，时间延缓效应只在惯性参考系中成立，所以它要求飞船和地球同为惯性参考系。要想保持飞船和地球同为惯性参考系，哥哥和弟弟就只能永别，不可能面对面地比较谁年轻。

如果飞船返回地球，则在往返过程中就有加速度，飞船就不是惯性参考系，而是非惯性参考系了。对这类问题的严格求解要用到广义相对论，计算结果是：作加速运动的哥哥确实比弟弟年轻。这种现象，被称为孪生子效应。

1971 年，美国空军用两组 Cs（铯）原子钟做实验。实验结果发现绕地球运动一周的钟变慢了 (203 ± 10) ns，而按广义相对论预言动钟变慢的理论值为 (184 ± 23) ns，在误差范围内理论值和实验值是一致的，验证了孪生子效应。

狭义相对论的时间延缓效应已得到大量实验的证实。其中，不稳定粒子的平均寿命能最直接地揭示这种效应。

【例 4-2】 带正电的 π 介子是一种不稳定的粒子，以其自身为参考系测得的平均寿命为 2.5×10^{-8}s，此后衰变为一个 μ 子和一个中微子。今产生一束 π 介子，在实验室测得它的速度 $u=0.99c$，它在衰变前通过的平均距离为 53 m。试问：这些测量结果是否一致？

解 按经典理论计算，π 介子在衰变前通过的距离为

$$u\Delta t_0 = 0.99\times3\times10^8\times2.5\times10^{-8} = 7.4(\mathrm{m})$$

这个计算结果与实验结果相差太远，明显不符。

若考虑相对论的时间延缓效应，则在实验室中测得 π 介子的平均寿命应为

$$\Delta t = \gamma\Delta t_0 = \Delta t_0/\sqrt{1-(u/c)^2} = 1.8\times10^{-7}(\mathrm{s})$$

由此可得 π 介子衰变前通过的平均距离应为

$$u\Delta t = 0.99 \times 3 \times 10^8 \times 1.8 \times 10^{-7} = 53(\mathrm{m})$$

这和实验结果相符，从而验证了相对论的时间膨胀效应。

实际上，近代高能粒子的实验每天都在考验着相对论，而相对论每次都经受住了这种考验。

4.3.3 长度收缩

在狭义相对论中，时间的度量具有相对性。那么空间的度量是否也具有相对性呢？

众所周知，度量一根棒的长度就是通过测量它的两个端点的坐标，两个端点的坐标差即为棒的长度。但是，关于测量端点坐标，应区别下面两种情况：一是棒相对于观测者所在的参考系静止的情况；二是棒相对于观测者所在的参考系运动的情况。对于前者，在测量棒的两个端点的坐标时，对测量的时间没有任何限制。而对于后者，由于棒相对于观测者所在的参考系运动，在测量棒的两个端点的坐标时，必须同时进行，只有这样，棒的两个端点的坐标差才是棒的长度。下面讨论同一根棒相对于观测者运动时的长度与相对于观测者静止时的长度之间的关系。

如图 4-6 所示，设地面为 S 系，相对地面作匀速直线运动的车厢为 S' 系，S' 系相对于 S 系以速度 u 沿 x 轴的正方向运动。在 S' 系中放置一把米尺，米尺的一端固定一个脉冲光源和一个接收器，另一端固定一面反射镜。从光源发出一个光脉冲，光脉冲经反射镜反射后被接收器接收。我们在两个惯性参考系中分别测量发射光脉冲和接收光脉冲这两个事件的时间间隔，由两个惯性参考系中测得的时间间隔关系推导米尺在两个惯性参考系中的长度关系。

设在 S' 系中测得米尺的长度为 l_0，见图 4-6(a)。在 S' 系中，发射光脉冲和接收光脉冲这两个事件的时间间隔

$$\Delta t_0 = 2l_0/c \tag{4-8}$$

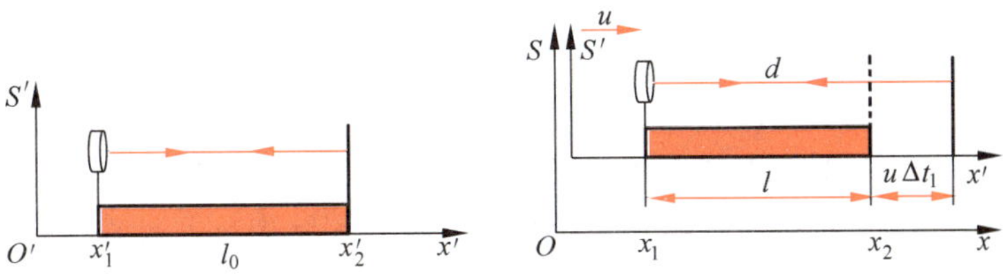

(a) 在S'系中测量物体的长度l_0　　(b) 在S系中测量物体的长度l

图 4-6　长度收缩效应

由于这两个事件在 S' 系中是同地发生的，所以 Δt_0 是原时。

假设在 S 系中测得的米尺长度为 l，光脉冲从光源传播到反射镜所用的时间是 Δt_1。在这一时间内，米尺向右移动了 $u\Delta t_1$，如图 4-6(b)所示，光脉冲走过的路程是

$$d = l + u\Delta t_1$$

由光速不变原理，有

$$d = c\Delta t_1$$

由以上两式消去 d，可得

$$\Delta t_1 = \frac{l}{c-u}$$

同理，我们可以得到光脉冲从反射镜传播到接收器所用的时间 Δt_2 为

$$\Delta t_2 = \frac{l}{c+u}$$

于是，在 S 系中测得的发射光脉冲和接收光脉冲这两个事件的时间间隔为 $\Delta t = \Delta t_1 + \Delta t_2$，即

$$\Delta t = \frac{l}{c-u} + \frac{l}{c+u} = \frac{2l}{c(1-u^2/c^2)} \tag{4-9}$$

将式(4-8)和式(4-9)代入式(4-7)，可得

$$\frac{2l}{c(1-u^2/c^2)} = \frac{2l_0/c}{\sqrt{1-u^2/c^2}}$$

化简后解得

$$l = l_0\sqrt{1-u^2/c^2} = l_0/\gamma \tag{4-10}$$

由于 $u<c$，所以 $\gamma>1$，因此 $l<l_0$。通常将在相对于棒静止的惯性参考系测得的棒的长度称为棒的静长或固有长度，将在相对于棒运动的惯性参考系测得的棒的长度称为测长。显然，式(4-10)中的 l_0 为固有长度，l 为测长。测长比固有长度短，测长为固有长度的 $1/\gamma$，这一效应称为长度收缩效应。式(4-10)称为长度收缩公式，它反映了长度测量的相对性。

当 $u \ll c$ 时，$l \approx l_0$，这正是牛顿的绝对空间观，即空间的量度与参考系无关。这说明，牛顿的绝对空间观是相对论空间观在相对速度很小时的近似。

需要注意的是，长度收缩效应只发生在物体相对运动的方向上，与运动方向垂直的方向上长度不收缩。此外，长度收缩效应具有相对性，同样长度的两个物体，如果一个静止在作匀速直线运动的火车上，另一个静止在地面上，那么地面上的观测者和火车上的观测者都认为相对其运动的那个物体缩短了。还应指出，长度收缩属于时空性质，与热胀冷缩现象中的物质收缩和膨胀是完全不同的。

【例 4-3】 假设飞船以 $u=0.60c$ 的速率相对于地面匀速飞行，飞船上的机组人员测得飞船的长度为 60 m。问地面上的观测者测得的飞船的长度是多少？

解 根据题意，飞船的固有长度为 60 m，地面上的观测者测得飞船的长度为测长，由式(4-10)可得

$$l = l_0/\gamma = l_0\sqrt{1-u^2/c^2} = 60 \times \sqrt{1-(0.60c)^2/c^2} = 48(\text{m})$$

【例 4-4】 A、B 两飞船的固有长度均为 100 m，同向匀速飞行。B 的驾驶员测得 A 的头部和尾部经过 B 头部的时间为 $(5/3)\times 10^{-7}$ s。求 A 中的观测者测得的上述过程的时间。

解 可以用两种方法求解本题。

方法 1：

设飞船 A 的头部经过飞船 B 的头部为事件 1，飞船 A 的尾部经过飞船 B 的头部

为事件2。由于 B 的驾驶员是在同一地点观测这两个事件，所以 B 的驾驶员测得的这两个事件的时间间隔为原时 Δt_0，A 中的观测者测得的这两个事件的时间间隔为测时 Δt。

根据时间延缓效应，有

$$\Delta t = \frac{1}{\sqrt{1-u^2/c^2}}\Delta t_0$$

设飞船的固有长度为 l_0，两个飞船相对飞行速度为 u，Δt 又可表示为

$$\Delta t = l_0/u$$

联立以上二式，把 $\Delta t_0=(5/3)\times10^{-7}$ s 和 $l_0=100$ m 代入，得

$$\Delta t = 3.75\times10^{-7}(\mathrm{s})$$

方法2：

在飞船 B 中测量飞船 A 的长度为测长 l，根据长度收缩效应，有

$$l = l_0\sqrt{1-u^2/c^2}$$

l 又可表示为

$$l = u\Delta t_0$$

联立以上二式，代入已知条件，解得 $u=2.68\times10^8$ (m/s)

由测时与原时的关系，可得

$$\Delta t = \Delta t_0/\sqrt{1-u^2/c^2} = 3.75\times10^{-7}(\mathrm{s})$$

即 A 中的观测者测得的 A 的头部和尾部经过 B 头部的时间为 3.75×10^{-7} s。

4.4 洛伦兹变换

在4.1节，我们根据经典力学的绝对时空观，导出了一组体现绝对时空观的坐标变换式——伽利略坐标变换。在4.3节，我们介绍了狭义相对论的三个相对性：同时的相对性、时间测量的相对性和长度测量的相对性，这就是爱因斯坦的狭义相对论时空观。下面我们将从狭义相对论时空观出发，推导出一组体现狭义相对论时空观的坐标变换式——洛伦兹坐标变换。

4.4.1 洛伦兹坐标变换

设有两个惯性参考系 S 系和 S' 系(图4-7)，S' 系相对于 S 系沿 x 轴正方向以恒定速度 u 运动，设 $t=t'=0$ 时，两惯性参考系的坐标原点 O 与 O' 重合。我们在这两个惯性参考系中观测同一事件 P。假设在 S 系和 S' 系中观测事件 P 的时空坐标分别为 (x,y,z,t) 和 (x',y',z',t')。下面分析事件 P 在 S 系和 S' 系中的时空坐标的关系。

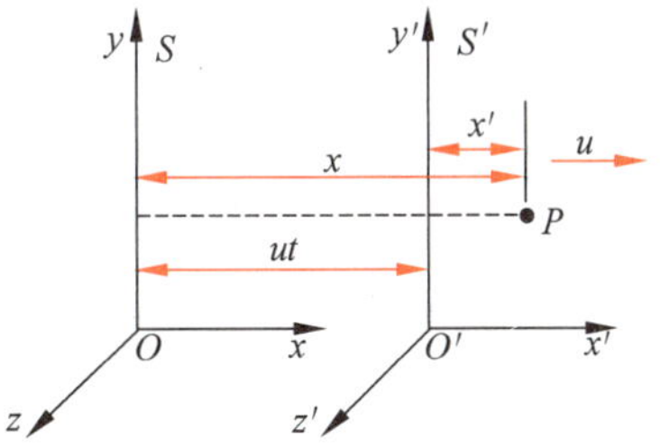

图4-7 洛伦兹变换

在 S 系中观测，t 时刻 Oyz 平面与 $Oy'z'$ 平面的距离为 ut，事件 P 发生地到 Oyz 平面的距离为 x。在 S'

系中观测，t'时刻事件 P 发生地到 $Oy'z'$平面的距离为 x'。由于长度收缩效应，在 S 系中观测，事件 P 发生地到 $O'y'z'$平面的距离为 $x'\sqrt{1-u^2/c^2}$，于是，可以在 S 系中写出下式

$$x = ut + x'\sqrt{1-u^2/c^2}$$

在 S' 系中观察，S 系相对于 S' 系以速度 u 沿 x 轴的反方向运动。同理，可以在 S'系中写出下式

$$x' = x\sqrt{1-u^2/c^2} - ut'$$

联立以上二式，可得

$$x' = \frac{x-ut}{\sqrt{1-u^2/c^2}}$$

$$t' = \frac{t-ux/c^2}{\sqrt{1-u^2/c^2}}$$

前面已经指出，垂直于相对运动方向的长度没有收缩效应，即 $y'=y$，$z'=z$，将以上四式列到一起，有

$$\begin{cases} x' = \dfrac{x-ut}{\sqrt{1-u^2/c^2}} = \gamma(x-ut) \\ y' = y \\ z' = z \\ t' = \dfrac{t-ux/c^2}{\sqrt{1-u^2/c^2}} = \gamma(t-ux/c^2) \end{cases} \tag{4-11}$$

式(4-11)是以 x 和 t 来表示 x'和 t'的时空坐标变换式，称为洛伦兹时空坐标正变换式。

从 S' 系看，S 系相对于它以速度 u 沿 x 轴的反方向运动，把式(4-11)中 u 改为 $-u$，可以得到以 x'和 t'来表示 x 和 t 的洛伦兹时空坐标逆变换式

$$\begin{cases} x = \dfrac{x'+ut'}{\sqrt{1-u^2/c^2}} = \gamma(x'+ut') \\ y = y' \\ z = z' \\ t = \dfrac{t'+ux'/c^2}{\sqrt{1-u^2/c^2}} = \gamma(t'+ux'/c^2) \end{cases} \tag{4-12}$$

在洛伦兹变换下，任何惯性参考系中的一切物理规律的形式均保持不变，洛伦兹变换中的时间坐标和空间坐标互相联系，与运动有关。

当 $u \ll c$ 时，$u^2/c^2 \to 0$，此时 $x'=x-ut'$，$y'=y$，$z'=z$，$t'=t$。这说明在低速情况下，洛伦兹坐标变换式转变为伽利略坐标变换式，说明牛顿力学是相对论力学在低速情况下的一个特例。在宏观领域中，宇宙速度已经是一个相当大的量值，其数量级为 10^4 m/s。但是，与光速相比，$u^2/c^2=10^{-8} \to 0$。可见，在宏观领域中用牛顿力学定律处理问题已经足够精确，这就是几百年来人们对牛顿的绝对时空观没有产生过怀疑的原因。

【例 4-5】 设惯性系 S' 以速度 $u=0.6c$ 相对于另一惯性系 S 沿 x 轴正向运动。在 S 系中测得事件 1 的时空坐标为：$t_1=2\times10^{-7}$ s，$x_1=10$ m，$y_1=z_1=0$；事件 2 的时空坐标为：$t_2=3\times10^{-7}$ s，$x_2=50$ m，$y_2=z_2=0$。求在 S' 系中测得的这两个事件

的空间间隔和时间间隔各是多少？

解 (1) 根据洛伦兹坐标变换式，有

$$x'_1=\frac{(x_1-ut_1)}{\sqrt{1-u^2/c^2}},\quad x'_2=\frac{(x_2-ut_2)}{\sqrt{1-u^2/c^2}}$$

得

$$\Delta x'=x'_2-x'_1=\frac{(x_2-x_1)-u(t_2-t_1)}{\sqrt{1-u^2/c^2}}=27.5(\mathrm{m})$$

(2) 根据洛伦兹坐标变换式，有

$$t'_1=\frac{(t_1-ux_1/c^2)}{\sqrt{1-u^2/c^2}},\quad t'_2=\frac{(t_2-ux_2/c^2)}{\sqrt{1-u^2/c^2}}$$

得

$$\Delta t'=t'_2-t'_1=\frac{(t_2-t_1)-u(x_2-x_1)/c^2}{\sqrt{1-u^2/c^2}}=2.5\times10^{-7}(\mathrm{s})$$

【例 4-6】 用洛伦兹坐标变换说明同时的相对性。

解 从根本上说，洛伦兹坐标变换来源于爱因斯坦的狭义相对论时空观。反过来，洛伦兹坐标变换能把狭义相对论时空观表现出来。这里，我们用洛伦兹坐标变换说明同时的相对性。假设有两个事件，它们在 S 系中的时空坐标分别为$(x_1,0,0,t_1)$和$(x_2,0,0,t_2)$，在 S' 系中的时空坐标为$(x'_1,0,0,t'_1)$和$(x'_2,0,0,t'_2)$。由洛伦兹坐标变换式，得

$$t'_1=\frac{t_1-ux_1/c^2}{\sqrt{1-u^2/c^2}},\quad t'_2=\frac{t_2-ux_2/c^2}{\sqrt{1-u^2/c^2}}$$

因此

$$t'_2-t'_1=\frac{(t_2-t_1)-u(x_2-x_1)/c^2}{\sqrt{1-u^2/c^2}}\tag{4-13}$$

如果这两个事件在 S 系中是异地(即 $x_1\neq x_2$)同时(即 $t_1=t_2$)发生的，则由式(4-13)可得：$t'_1\neq t'_2$，可见，在 S' 系中这两个事件是不同时发生的。这就说明了同时的相对性。

只有当这两个事件在 S 系中同地(即 $x_1=x_2$)同时(即 $t_1=t_2$)发生时，在 S' 系中这两个事件也是同时(即 $t'_1=t'_2$)发生的。

进一步的分析还可以发现：在 S 系中同时发生的两个事件(即 $t_1=t_2$)，如果 $x_2-x_1>0$，则 $t'_2-t'_1<0$。由此说明，沿两个惯性参考系(S 系和 S' 系)相对运动方向发生的两个事件，如果在一个惯性参考系 S 系中同时发生，那么在另一个惯性参考系 S' 系中观测时，总是在前一惯性参考系 S 系中位于运动后方的那一事件先发生。

由式(4-13)还可以看出，如果在 S 系中先后发生了两个事件：事件 1 和事件 2(即 $t_1<t_2$)，那么，在 S'系看来，可能这两个事件同时发生(即 $t'_1=t'_2$)；也可能事件 1 比事件 2 先发生(即 $t'_1<t'_2$)，这两个事件的时序没有颠倒；还可能事件 1 比事件 2 后发生(即 $t'_1>t'_2$)，这两个事件的时序发生颠倒。下面我们要说明：有因果关系的两个事件在不同惯性参考系中时序不会发生颠倒。所谓有因果关系的两个事件，就是说一个事件是由另一个事件引起的。例如某处的枪口发出子弹作为事件 1，另一处的小鸟被该子弹击中作为事件 2，那么事件 2 是

由事件 1 引起的，这两个事件有因果关系。一般地说，如果事件 1 引起事件 2 发生，必然是事件 1 向事件 2 传递了一种“信号”，这种“信号”在 t_1 到 t_2 这段时间内从 x_1 处传到 x_2 处，“信号”传递的平均速度为

$$v_s = \frac{x_2 - x_1}{t_2 - t_1}$$

“信号”传递实际上就是物质或能量的传递，因而“信号”传递速度不可能大于光速。对有因果关系的两个事件，式(4-13)可以写成

$$t_2' - t_1' = \frac{(t_2 - t_1)}{\sqrt{1-u^2/c^2}}\left[1 - \frac{u}{c^2}\frac{(x_2 - x_1)}{(t_2 - t_1)}\right] = \frac{(t_2 - t_1)}{\sqrt{1-u^2/c^2}}\left(1 - \frac{u}{c^2}v_s\right)$$

由于 $u<c, v_s \leqslant c$，所以 $\frac{u}{c^2}v_s < 1$。这样 $(t_2'-t_1')$ 与 (t_2-t_1) 总是同号，所以，若 $t_2>t_1$，则 $t_2'>t_1'$，有因果关系的两个事件在不同惯性参考系中时序不会发生颠倒。这说明狭义相对论符合因果关系的要求。

【例 4-7】 设北京到上海的直线距离为 1000 km，从这两地同时（对地球而言）各开出一列火车。现有一飞船，相对于地球以速度 0.60c 沿北京到上海方向直线飞行，则飞船中的观测者测得这两列火车开出时刻的间隔是多少？哪一列先开？飞船中的观测者测得北京到上海的距离是多少？

解 选取地球为 S 系、飞船为 S' 系。把从北京开出列车作为事件 1，从上海开出列车作为事件 2。依题意，在 S 系中

$$\Delta x = x_2 - x_1 = 1000\ \text{km} \quad \Delta t = t_2 - t_1 = 0$$

在 S' 系中，可求得

$$\Delta t' = t_2' - t_1' = \frac{(t_2 - t_1) - u(x_2 - x_1)/c^2}{\sqrt{1-u^2/c^2}} = -2.5\times 10^{-3}(\text{s}) < 0$$

从飞船上看，上海的列车比北京的列车更早出发。从飞船上看，上海与北京的距离为

$$l = \Delta x\sqrt{1-u^2/c^2} = 800(\text{km})。$$

4.4.2 洛伦兹速度变换

速度的定义在狭义相对论中没有改变，仍然是运动方程对时间的导数，速度分量仍然是坐标对时间的导数。所以，由洛伦兹坐标变换式可以推导出洛伦兹速度变换式。但是必须注意，把坐标对时间求导时，坐标和时间必须是同一参考系中的坐标和时间。我们可以写出 S' 系中的速度分量

$$v_x' = \frac{dx'}{dt'} = \frac{dx'}{dt}\Big/\frac{dt'}{dt}, \quad v_y' = \frac{dy'}{dt'} = \frac{dy'}{dt}\Big/\frac{dt'}{dt}, \quad v_z' = \frac{dz'}{dt'} = \frac{dz'}{dt}\Big/\frac{dt'}{dt}$$

将式(4-11)对时间 t' 求导，考虑到惯性参考系之间的相对速度 u 是常数，有

$$\begin{cases} v'_x = \dfrac{v_x - u}{1 - v_x u/c^2} \\ v'_y = \dfrac{v_y \sqrt{1-u^2/c^2}}{1 - v_x u/c^2} = \dfrac{1}{\gamma}\dfrac{v_y}{1 - v_x u/c^2} \\ v'_z = \dfrac{v_z \sqrt{1-u^2/c^2}}{1 - v_x u/c^2} = \dfrac{1}{\gamma}\dfrac{v_z}{1 - v_x u/c^2} \end{cases} \tag{4-14}$$

上式为洛伦兹速度变换的正变换式。

考虑到运动的相对性，可以得到洛伦兹速度变换的逆变换式

$$\begin{cases} v_x = \dfrac{v'_x + u}{1 + v'_x u/c^2} \\ v_y = \dfrac{v'_y \sqrt{1-u^2/c^2}}{1 + v'_x u/c^2} = \dfrac{1}{\gamma}\dfrac{v'_y}{1 + v'_x u/c^2} \\ v_z = \dfrac{v'_z \sqrt{1-u^2/c^2}}{1 + v'_x u/c^2} = \dfrac{1}{\gamma}\dfrac{v'_z}{1 + v'_x u/c^2} \end{cases} \tag{4-15}$$

假设在 S 系中有一束光沿 x 轴以速度 c 传播，由式(4-14)中的第一式，可求得这束光在 S' 系中的速度分量为

$$v'_x = \frac{c-u}{1-cu/c^2} = c, \quad v'_y = 0, \quad v'_z = 0$$

得到光在 S' 系中的速率为 c。这说明光在任何惯性参考系中的速率都是 c。这正是狭义相对论的一个出发点。

下面给出洛伦兹变换的意义。

(1) 洛伦兹变换是不同惯性参考系中时空变换的普遍关系。

当两惯性参考系间相对运动速度 $u \ll c$ 时，u/c 趋近于零。于是洛伦兹坐标变换式(4-11)就回到伽利略坐标变换式(4-1)，洛伦兹速度变换式(4-14)就回到伽利略速度变换式(4-2)。这就是说，伽利略变换是洛伦兹变换在低速情况下的近似。

(2) 洛伦兹变换揭示了时间、空间与物质运动不可分割的联系。

以式(4-11)为例，t' 与 t 的变换中包含了 x 与 u，这说明时间和空间是一个相互关联的整体；$u \neq 0$ 时，$t' \neq t$，这说明时间不是绝对的；时空坐标与参考系间的相对速度 u 有关联，这说明时空与物质的运动密不可分，而且在不同参考系中的观测者有各自不同的时空。因而时空是相对的而不是绝对的。

(3) 洛伦兹变换揭示了光速是一切物体运动速率的极限。

由相对论因子 $\gamma = 1/\sqrt{1-u^2/c^2}$ 可得：当 $u > c$ 时，$\sqrt{1-u^2/c^2}$ 成虚数，洛伦兹变换失去意义。这就是说，自然界中任何物体的运动速率都不能大于光速 c，光速 c 是自然界中物体运动的极限速率。这种情况与牛顿力学完全不同。在牛顿力学中，或者说在伽利略变换中，没有考虑到极限速率而认为存在无限速率的运动客体。迄今为止的实验都支持了相对论的观点，人们从未发现过超光速的运动客体。

【例 4-8】 一太空飞船以 $0.90c$ 的速率飞离地球，如果相对于飞船以 $0.70c$ 的速率沿飞船运动方向发射一太空探测器。求探测器相对于地球的速率。

解 以地球作为 S 系，飞船作为 S' 系，如图 4-8 所示建立坐标系，则有

$$u = 0.90c, \quad v'_x = 0.70c$$

由洛伦兹速度变换式，可得探测器相对于地球的速度分量为

$$v_x = \frac{v'_x + u}{1 + v'_x u/c^2} = \frac{0.70c + 0.90c}{1 + (0.70c)(0.90c)/c^2} = 0.98c$$

$$v_y = 0$$

$$v_z = 0$$

那么，探测器相对于地球的速率为 $0.98c$。

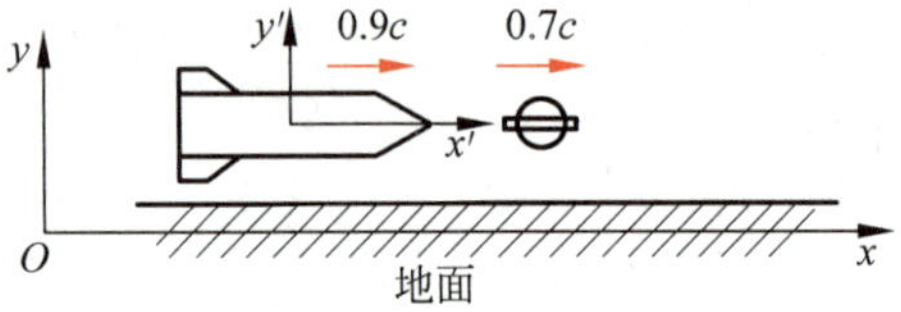

图 4-8　例 4-8 图

【例 4-9】 在地面上测得甲乙两个飞船分别以 $+0.90c$ 和 $-0.90c$ 的速度向相反的方向飞行，求甲飞船相对于乙飞船的飞行速度。

解 如图 4-9 所示，设以 $-0.90c$ 速度飞行的乙飞船为 S 系，地球为 S' 系。则 S' 系相对于 S 系以 $0.90c$ 的速度运动，甲飞船相对于 S' 系的速度为 $v'_x = 0.90c$。由洛伦兹速度变换式，可求得甲飞船相对于乙飞船的速度为

$$v_x = \frac{v'_x + u}{1 + v'_x u/c^2} = \frac{0.90c + 0.90c}{1 + (0.90c)(0.90c)/c^2} = 0.994c$$

这与用伽利略速度变换求得的结果($v_x = v'_x + u = 1.8c$)是不同的。

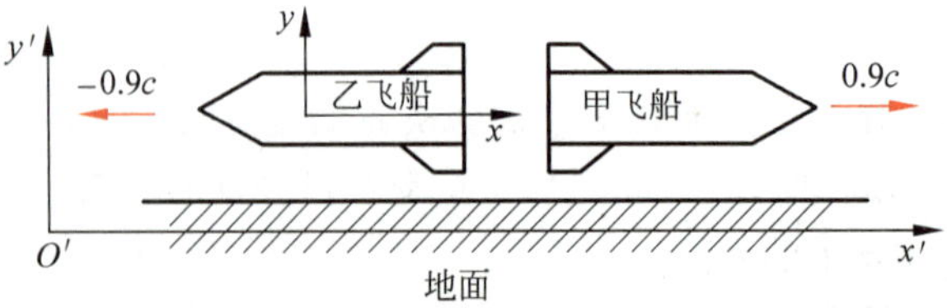

图 4-9　例 4-9 图

值得指出的是，地面上的观测者测得两飞船之间的距离是按 $1.8c$ 的速率增加的。也就是对地面上的观测者来说，上述甲乙两飞船的“相对速度”的确是 $1.8c$。但是，就一个物体来讲，它相对于任何其他物体或参考系的速率是不可能大于 c 的。

4.5 狭义相对论动力学基础

前面我们探讨了空间和时间的相对性问题，对狭义相对论的运动学有所认识。本节将进一步讨论狭义相对论的动力学问题。

4.5.1 相对论质量和动量

按照牛顿力学理论，如果质量为 m 的物体在不变的外力 F 作用下从静止开始作匀加速直线运动，经过时间 t 后物体的速率将变为 $v=at=Ft/m$。可以设想，如果外力 F 持续作用的时间足够长，物体的运动速率完全有可能超过光速。这显然有悖于狭义相对论的结论。事实上，至今我们还没有发现超光速的客体。看来牛顿力学存在问题。

按照牛顿力学理论，质量是常量，与物体的运动无关。然而，从狭义相对论出发，可以证明：物体的质量与物体的运动速率有关，它们的关系为

$$m=\frac{m_0}{\sqrt{1-v^2/c^2}} \tag{4-16}$$

上式称为相对论质速关系式。式中 m_0 是物体相对于惯性参考系静止时的质量，称为静质量；m 是物体以速率 v 运动时的质量，称为动质量。物体运动速率越大，动质量就越大。相对论质速关系式揭示了物质与运动的不可分割性。

当 $v\ll c$ 时，$v^2/c^2\to 0$，则 $m\approx m_0$，这时可以认为物体的质量与速率无关，动质量等于静质量。这就是牛顿力学讨论的情况。也就是说，牛顿力学的结论是狭义相对论力学在低速情况下的近似。

至于动量，我们仍可沿用牛顿关于质点动量的定义 $\boldsymbol{p}=m\boldsymbol{v}$，只是其中的质量 m 是一个与运动有关的量。相对论的动量为

$$\boldsymbol{p}=\frac{m_0\boldsymbol{v}}{\sqrt{1-v^2/c^2}} \tag{4-17}$$

上式称为狭义相对论动量表达式。上式表明，动量与速度不再成正比关系。

4.5.2 相对论动力学的基本方程

在狭义相对论力学中仍然用动量随时间的变化率来定义质点所受的力，即

$$\boldsymbol{F}=\frac{\mathrm{d}\boldsymbol{p}}{\mathrm{d}t}=\frac{\mathrm{d}}{\mathrm{d}t}(m\boldsymbol{v})=\frac{\mathrm{d}}{\mathrm{d}t}\left(\frac{m_0\boldsymbol{v}}{\sqrt{1-v^2/c^2}}\right) \tag{4-18}$$

上式称为狭义相对论力学的基本方程。可以证明，上式在洛伦兹变换下其形式保持不变。当 $v\ll c$ 时，由上式可得 $\boldsymbol{F}=m_0\mathrm{d}\boldsymbol{v}/\mathrm{d}t$，这正是经典力学中的牛顿第二定律。

如前所述，动量与速度不成正比，因此动量的变化率与加速度也不成正比，由此必然导致物体在恒力的作用下作变加速运动。比如，假设物体以速度 $\boldsymbol{v}$ 沿 x 轴正方向运动，并受到沿 x 轴正方向的恒力 $\boldsymbol{F}$ 作用，则由式(4-18)可得

$$\boldsymbol{F}=\frac{m_0}{(1-v^2/c^2)^{3/2}}\frac{\mathrm{d}\boldsymbol{v}}{\mathrm{d}t}$$

解得加速度的大小为

$$\frac{\mathrm{d}v}{\mathrm{d}t}=\frac{F}{m_0}(1-v^2/c^2)^{3/2}$$

可见，在恒力 $\boldsymbol{F}$ 作用下，随着物体速率 v 的增加，$\mathrm{d}v/\mathrm{d}t$ 将减小。当 $v\to c$ 时，$\mathrm{d}v/\mathrm{d}t\to 0$，这时无论作用力有多大，都不能使物体的速率超过光速 c，这就从狭义相对论的动力学方面再次证明：超光速运动的客体是不可能存在的。

4.5.3 相对论能量

在狭义相对论动力学中,动能定理仍然适用。假设外力 $\boldsymbol{F}$ 对质点做功,使质点的速率由 0 增大到 v,这个过程外力所做的功就是质点在速率为 v 时的动能

$$E_k = \int_0^v \boldsymbol{F} \cdot d\boldsymbol{r} = \int_0^v \frac{d(m\boldsymbol{v})}{dt} \cdot d\boldsymbol{r} = \int_0^v \boldsymbol{v} \cdot d(m\boldsymbol{v}) \tag{4-19}$$

其中

$$\begin{aligned}\boldsymbol{v} \cdot d(m\boldsymbol{v}) &= \boldsymbol{v} \cdot (m d\boldsymbol{v} + \boldsymbol{v} dm) = m\boldsymbol{v} \cdot d\boldsymbol{v} + \boldsymbol{v} \cdot \boldsymbol{v} dm \\ &= mv dv + v^2 dm\end{aligned}$$

将质速关系式两边平方,然后求微分,最后整理得到

$$c^2 dm = mv dv + v^2 dm$$

比较以上二式,得到

$$\boldsymbol{v} \cdot d(m\boldsymbol{v}) = c^2 dm$$

将上式代入式(4-19),得到狭义相对论动能表达式

$$E_k = mc^2 - m_0 c^2 = \left(\frac{1}{\sqrt{1 - v^2/c^2}} - 1\right) m_0 c^2 \tag{4-20}$$

当 $v \ll c$ 时,利用数学中的级数展开式,有

$$\frac{1}{\sqrt{1 - v^2/c^2}} = 1 + \frac{1}{2}\frac{v^2}{c^2} + \frac{3}{8}\frac{v^4}{c^4} + \cdots \approx 1 + \frac{1}{2}\frac{v^2}{c^2}$$

式(4-20)可写为

$$E_k = \frac{1}{2} m_0 v^2$$

这正是经典力学中的动能表达式。由此可见,狭义相对论力学的动能表达式更具有普遍意义,经典力学的动能表达式是其在低速情况下的近似。

爱因斯坦把 $m_0 c^2$ 称为静能(物体静止时的能量),用 E_0 表示。它包含物体内部的总内能,包括分子运动的动能、分子间的相互作用势能、使原子与原子结合在一起的化学能、原子内使原子核与电子结合在一起的电磁能、原子核内质子和中子之间的结合能、核子内更基本的粒子间结合能等。

$$E_0 = m_0 c^2 \tag{4-21}$$

mc^2 称为物体总能量,用 E 表示

$$E = mc^2 \tag{4-22}$$

我们可将式(4-20)改写为

$$E = E_0 + E_k$$

说明物体的总能量等于其静能与动能之和。

式(4-22)称为狭义相对论的质能关系式。它是一个非常重要的关系式。它表明一定的质量相应于一定的能量,能量与质量的转换因子是 c^2;它揭示了质量和能量的不可分割性。原子能时代可以说是随同式(4-22)的发现而到来的。

按照相对论的概念,当几个质点相互作用(如碰撞)的时候,能量守恒应表示为

$$\sum_i E_i = \sum_i m_i c^2 = 常量$$

E_i 和 m_i 分别是第 i 个质点的总能量和动质量。由上式看出，由于光速 c 是个常数，能量守恒实际上就是质量守恒。从历史的发展来看，质量守恒和能量守恒并无关联，而狭义相对论则把两者结合起来，统一成更普遍的质能守恒定律。

如果一个物体的质量发生 Δm 的变化，那么它的能量 E 也一定有相应的变化。反之，如果物体的能量发生变化，那么它的质量也一定会有相应的变化，即

$$\Delta E = (\Delta m)c^2 \tag{4-23}$$

实验表明，核子（中子和质子）会结合成为原子核，结合前的核子质量之和大于结合后的原子核质量，那么在核子结合成原子核的过程中会有能量释放出来。

【例 4-10】 在热核反应 ${}_1^2\mathrm{H}+{}_1^3\mathrm{H}\rightarrow{}_2^4\mathrm{He}+{}_0^1\mathrm{n}$ 中，各粒子的静止质量分别为：氘核（${}_1^2\mathrm{H}$），$m_\mathrm{D}=3.3437\times10^{-27}$ kg；氚核（${}_1^3\mathrm{H}$），$m_\mathrm{T}=5.0049\times10^{-27}$ kg；氦核（${}_2^4\mathrm{He}$），$m_\mathrm{He}=6.6425\times10^{-27}$ kg；中子（${}_0^1\mathrm{n}$），$m_\mathrm{n}=1.6749\times10^{-27}$ kg。求：(1)这一热核反应所释放的能量是多少？(2)质量为 1 kg 的这种燃料所释放的能量是多少？

解 在这反应过程中，反应前、后质量变化为

$$\Delta m = (m_\mathrm{D}+m_\mathrm{T})-(m_\mathrm{He}+m_\mathrm{n}) = 3.11\times10^{-29}\,(\mathrm{kg})$$

相应释放的能量为

$$\Delta E = \Delta mc^2 = 2.799\times10^{-12}\,(\mathrm{J})$$

1 kg 的这种核燃料所释放的能量为

$$\frac{\Delta E}{m_\mathrm{D}+m_\mathrm{T}} = \frac{2.799\times10^{-12}}{(2.3437+5.0049)\times10^{-27}} = 3.35\times10^{14}\,(\mathrm{J/kg})$$

这个能量相当于 1 kg 的优质煤燃烧所释放热量（约 2.93×10^7 J/kg）的 1.15×10^7 倍，即 1 千多万倍！但即使这样，这一反应的“释放效率”（即所释放的能量占燃料的相对静能之比）也不过是

$$\frac{\Delta E}{(m_\mathrm{D}+m_\mathrm{T})c^2} = 0.37\%$$

【例 4-11】 粒子的运动速率多大时，它的动能等于静能？

解 设粒子的静止质量为 m_0，运动速率为 v，粒子的动能表示为

$$E_\mathrm{k} = \left(\frac{1}{\sqrt{1-v^2/c^2}}-1\right)m_0c^2$$

令动能等于静能，即

$$m_0c^2 = \left(\frac{1}{\sqrt{1-v^2/c^2}}-1\right)m_0c^2$$

解得

$$v = \frac{\sqrt{3}}{2}c = 0.866c$$

因此，粒子的运动速率达到 $0.866c$ 时，它的动能等于静能。

4.5.4 相对论能量和动量的关系

本节我们要导出相对论能量与动量之间的关系。已知静质量为 m_0、速度为 $\boldsymbol{v}$ 的物体的总能量为

$$E = mc^2 = \frac{m_0 c^2}{\sqrt{1 - v^2/c^2}}$$

其动量大小为

$$p = mv = \frac{m_0 v}{\sqrt{1 - v^2/c^2}}$$

联立以上二式，消去 v，可得

$$E^2 = E_0^2 + (pc)^2 \tag{4-24}$$

上式称为相对论动量能量关系式。如果以 E、E_0 和 pc 分别表示一个三角形三边的长度，则它们正好构成一个直角三角形。

对动能为 E_k 的粒子，将 $E=m_0c^2+E_k$ 代入式(4-24)可得

$$E_k^2 + 2E_k m_0 c^2 = p^2 c^2$$

由式(4-20)可知，当 $v \ll c$ 时，粒子的动能 E_k 要比静能 m_0c^2 小很多，忽略上式中的 E_k^2，得到

$$E_k = \frac{p^2}{2m_0}$$

这就是牛顿经典力学的动能表示式。

从式(4-24)可以知道，对于静质量 $m_0=0$ 的粒子，其动量与能量的关系为 $E=pc$。它的能量 $E=mc^2$，动量 $p=E/c=mc$，运动速率 $v=c$。因此，静质量为零的粒子能以光速 c 运动。

【例 4-12】 在高能粒子实验室内，用一个静止质量为 m_0、动能为 $E_k(E_k \gg m_0c^2)$ 的高能粒子撞击一个静止质量也为 m_0 的静止的靶粒子后，二者形成复合粒子，求复合粒子的静止质量 M_0。

解 碰撞前，体系的总能量为

$$E = (m_0c^2 + E_k) + m_0c^2 = 2m_0c^2 + E_k$$

碰撞前体系的总动量就是高能粒子的动量 p

$$pc = \sqrt{E_k^2 + 2E_k m_0 c^2}$$

假设碰撞后的复合粒子的动量为 p'，则碰撞后体系的总能量为

$$E' = \sqrt{(M_0c^2)^2 + (p'c)^2}$$

碰撞前后能量守恒 $E=E'$，动量守恒 $p=p'$，则有

$$2m_0c^2 + E_k = \sqrt{(M_0c^2)^2 + (p'c)^2}$$

$$p'c = \sqrt{E_k^2 + 2E_k m_0 c^2}$$

由以上二式消去 p'，求得复合粒子的静止质量

$$M_0 = \sqrt{4m_0^2 + \frac{2m_0 E_k}{c^2}} = 2m_0\sqrt{1 + \frac{E_k}{2m_0c^2}}$$

上式表明,复合粒子的静止质量大于参加反应的粒子的静止质量 $2m_0$,增加的静止质量称为质量过剩,它是由高能粒子的动能转化来的。可以看出,在这一碰撞过程中高能粒子的动能只有一部分转化成复合粒子的静能,另一部分能量变成复合粒子的动能被“浪费”了。

【例 4-13】 在对撞机上可以实现两个粒子的对撞。设有两个静止质量均为 m_0 的粒子 A、B 分别以相同的动能 E_k 相向而行,对撞后形成复合粒子。求复合粒子的静止质量 M_0。

解 碰撞前,体系的总能量为 $2(m_0c^2+E_k)$;由动量守恒可知,对撞形成的复合粒子是静止的,因此碰撞后体系的总能量为 M_0c^2。碰撞前后能量守恒,则有

$$2(m_0c^2+E_k)=M_0c^2$$

因此复合粒子的静止质量为

$$M_0=2m_0+\frac{2E_k}{c^2}$$

上式表明,对撞可以使参加反应的粒子的动能全部转化成复合粒子的静能。与例 4-12 中靶粒子静止的碰撞相比,对撞明显提高了动能转化为静能的效率。

【例 4-14】 两质子(质子静止质量 $m_p=1.67\times10^{-27}$ kg)以相同的速率对心碰撞,放出一个中性的 π 介子(π 介子静止质量 $m_\pi=2.40\times10^{-28}$ kg)。如果碰撞后的质子和 π 介子都处于静止状态,求碰撞前质子的速率。

解 设碰撞前质子的速率为 v,碰撞前后满足能量守恒定律,则有

$$\frac{2}{\sqrt{1-v^2/c^2}}m_pc^2=2m_pc^2+m_\pi c^2$$

解得

$$v=0.36c$$

碰撞前两个质子的速率都为 $0.36c$,两个质子的初始动能经完全非弹性碰撞后转变为 π 介子的静能。

专题 A

广义相对论和现代宇宙学简介

在第 4 章中我们讨论了狭义相对论,使我们建立起了新的时空观念:时间和空间不仅与物质的运动有关,而且它们彼此之间也相互影响。可以认为,狭义相对论的时空观是经典的时空观点的一次革命性变化。但是人们,特别是爱因斯坦本人认为,狭义相对论并不完美。

首先,狭义相对性原理只反映了彼此作匀速直线运动的惯性参考系中物理定律有相同的形式,但在加速不为零的参考系,即非惯性参考系中的物理定律不再与惯性参考系中的物理定律有相同的形式,而且非惯性参考系不同,形式也不同。这样,反映物质运动基本规律的物理定律将千变万化,不再具有简单性的特点。

其次,狭义相对论提出后,许多人致力于研究各个物理定律在洛伦兹变换下,在不同惯

性参考系中应有相同的形式，其结果都很成功；唯独是牛顿的万有引力理论无法纳入相对论的框架。究其原因是万有引力定律 $F=Gm_1m_2/r_{12}^2$ 中的 r_{12}，其意义是“某一时刻”m_1 与 m_2 之间的距离，这就意味着 r_{12} 的测量包含了“同时”的意义，而狭义相对论却强调“同时”的相对性。其实，万有引力在牛顿理论上就具有“超距”作用的意义，因此，狭义相对论不能包含引力定律。

基于以上两种原因，爱因斯坦和许多人认为，宇宙中处处存在引力作用，事实上就不存在“真正”的惯性参考系。因此，对相对论的进一步考虑，必然导致物理定律对任何参考系都应有相同形式的判断。另外，物体的引力质量与惯性质量为何相等这一长久未解的谜，似乎暗示着引力问题与惯性问题之间有密切的关系。为了解决上述问题，爱因斯坦努力寻求更深刻、更本质的规律，于 1916 年提出了一种新的引力理论，称为广义相对论。

1. 广义相对论的等效原理

一切参考系，无论其运动状态如何，对物理定律等价。也就是说，不论在惯性参考系还是非惯性参考系，物理定律的数学表示形式是相同的。广义相对性原理取消了惯性参考系的特殊地位。

由于引力质量与惯性质量精确相等，所有物体在同一引力场中都有相同的加速度。这是引力不同于其他多种力的一个特别之处。在讨论等效原理之前，先看爱因斯坦的思想实验。在图 A-1 中，一密闭的升降机中有两个观察者，他们只能通过升降机内部的实验来检验升降机的运动情况。

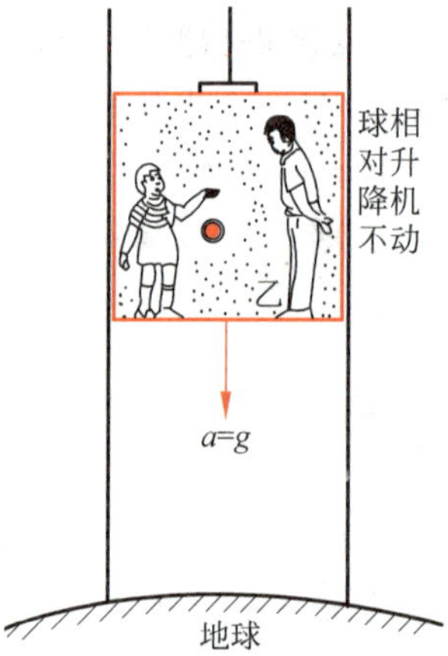

图 A-1　升降机的思想实验

实验时升降机中两个观察者都看到，球自手中释放后并不落向底板，而是悬浮在空间不动。甲观察者认为，他们所处的地方远离各个星球，也就是他们不处在任何的引力场中；但乙观察者认为，他们所处的系统正在地球引力场中自由下落，球没有自由落向底板的原因是，球既受到向下的地球引力，也受到向上的惯性力，二者平衡。处在密闭升降机中的甲和乙都无法证明对方的结论不对；也就是说，双方都有理由坚持自己是正确的。在甲、乙的不同结论中，甲认为他们所处的系统是无引力的惯性参考系，乙却认为他们所处的系统是一个有引力的加速参考系。于是就可以认为，任何引力场都可以选择一个适当的加速参考系来消除。因此，广义相对论的等效原理是：对于一切物理过程，引力场和匀加速运动的参考系等效。

2. 广义相对论的引力概念和时空弯曲

平面是一个“平直”的二维空间，而球面是一个“弯曲”的二维空间。在平面上，圆周周长是半径的 2π 倍，三角形的内角和等于 180°。而如图 A-2(a)所示，在球面上的一圆的周长 C 小于圆周半径 R（圆周上沿球面到圆周最短距离）的 2π 倍；球面上三个点，沿球面用最短线连接而成的三角形，其内角和大于 180°。而图 A-2(b)所示双曲面上，将会看到圆周周长大于半径的 2π 倍，三角形的三个内角和小于 180°。

一维、二维空间的弯曲，我们可以通过上面的例子来形象地加以理解，但要用上面的例子来理解三维空间的弯曲便难以想象了。但上面的形象例子起码说明这样一个问题，在“弯曲”的二维空间，我们熟悉的欧几里得平面几何不再成立了。此外，我们已经知道，在讨论相对论时，我们已经使用了四维的时空坐标，我们更无法想象“弯曲时空”将是怎样的。要严格讨论这样的时空弯曲，必须借助高深的数学——微分几何，这显然不是我们讨论的范围。我们在这里只能用尽可能浅显的道理，将广义相对论的基本思想和重要结论做简单的介绍。

在惯性参考系（地面）上有一半径为 R 的圆盘（图 A-3），圆盘不转时，圆周长 $C=2\pi R$，圆盘转动时，在圆周上每一小段圆弧 $\mathrm{d}s$ 的长度方向即速度方向产生洛伦兹收缩，因为半径 R 与速度的方向垂直，所以半径 R 不发生洛伦兹收缩，这在惯性参考系中看来，转动圆盘是非惯性参考系，圆周长 $C'<2\pi R$。虽然这例子不是匀加速直线运动的参考系，但我们理解了加速度参考系中的空间弯曲。

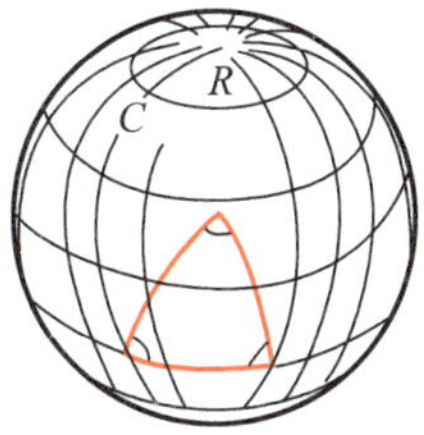

(a) 球面是弯曲的二维空间

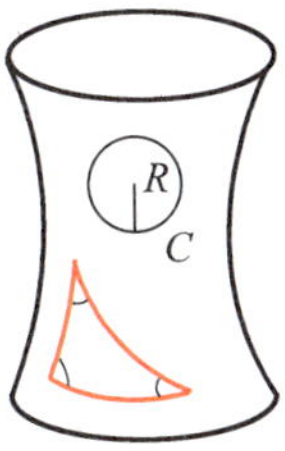

(b) 双曲面也是弯曲的二维空间

图 A-2

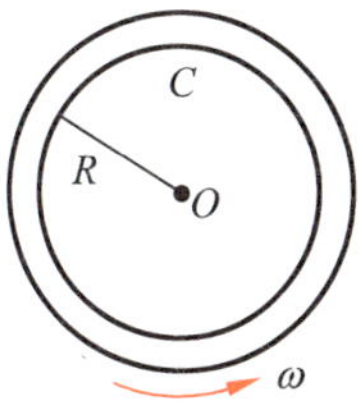

图 A-3 非惯性参考系中的空间弯曲

若在图 A-3 中的圆盘中心放一个钟，圆周上放另一相同的钟，放在中心的钟便和放在地面的钟同步，而由于旋转，圆周上的钟就比中心的钟慢了。

这两个实验中：地面（惯性参考系）上的观察者认为，圆周长变短、时钟变慢是由于加速度引起的。根据等效原理，引力场与加速度参考系等效，因此，上面例子就可以认为是引力场引起的“空间弯曲”与“引力时间膨胀”，可以将其称为“时空弯曲”。

3. 广义相对论的可观测性效应

广义相对论的基本论点是：引力来源于弯曲。将引力看作物质周围时空弯曲的一种物理表现。这种弯曲影响光和行星等一切物体的运动，使它们按照现在实际的方式运动，即沿弯曲时空中的可能的“最短”的路线运动。因此，爱因斯坦的广义相对论是一种关于引力的几何理论。作为广义相对论的基础就是爱因斯坦的引力场方程。这里要介绍的几种可观测效应是根据引力场方程预言的，或可用广义相对论加以解释的。

我们从地球上观察某一发光星体，当太阳靠近从星体射向地球的光线时，经过太阳表面的光线将发生弯曲（图 A-4）。广义相对论的理论预言，光线将偏离 1.75 s・rad。这种现象只能在发生日全食时才可能被观测。直到 1919 年，天文学家的确观察到了这种偏离，之后在不同地点多次观测了这一现象，且测量得到的偏离角度都在

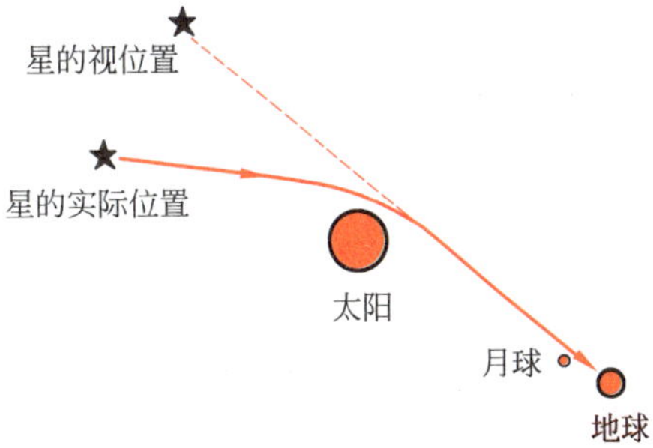

图 A-4 日全食时对星的观察

1.5～2.0 s·rad之间。可见,理论预言与实际观测符合得相当好。

近年来,关于太阳引力的作用使光线偏折的更可靠验证是利用了类星体发射的无线电波,这种观察要等到太阳、类星体和地球差不多在一条直线上时进行。人们发现的星体3C279每年的10月8日就恰好是处在这样的位置上,利用这样的时机测得无线电波经过太阳表面附近时发生的偏离角度为(1.761±0.016)s·rad,与理论预言的1.75 s·rad更加接近。

反映空间弯曲的另一个现象是雷达回波延迟。1964—1968年,美国科学家向金星发射波长约几厘米的雷达波,并接收其反射波。测量表明,当太阳将跨过金星和地球之间时,雷达波在往返路上都得经过太阳附近,测量的往返时间比雷达不经过太阳附近所需的时间要长些,这一差别与理论计算的延迟时间$\Delta t=2.05\times10^{-4}$ s只有20%的偏差。后来考虑到金星表面山峦起伏引起的误差也将是这个数量级,便利用环绕太阳的人造星体进行测量,所得结果更加接近理论值。这一现象说明,在太阳附近由于引力的作用,空间弯曲使距离变长了。

上面提到的引力时间膨胀效应是非常小的。1972年有人曾做过这样的实验:用两组原子钟,一组留在地面上,另一组随喷气客机作高空(约10 000 m)环绕地球飞行。当飞行一周返回原地时,扣除由于运动引起的狭义相对论效应外,得到高空的钟快了1.50×10^{-7}s,这和广义相对论引力时间膨胀计算结果相符合。

引力时间膨胀效应也可以用引力红移现象来证明。原子发出的光频率可以看作是一种钟的计时信号,振动一次比作秒针走过一格,算做一秒。由于引力效应,在太阳表面的钟慢,即在太阳表面上原子发出的光频率要低。因此,在地球上接收到的太阳上钾原子发出的光比地面上钾原子发出的光频率要低。由于在可见光范围内,从紫光到红光频率越来越低,所以称这种由引力产生的光的频率减小的现象为“引力红移”。根据广义相对论,太阳引起的引力红移将使频率减少2×10^{-6},对太阳光谱的分析证实了这个预言。

在地球上的引力红移效应虽然很小,但在地面上的实验也验证到了。1960年在哈佛大学曾利用20 m高的楼房做这一实验。在楼底安置一个γ射线源,楼顶安装接收器,广义相对论预言这一高度引起的引力红移只有2×10^{-15},但实验还是获得了成功,准确度达到了1%。

根据开普勒的行星运动定律,太阳系行星轨道是以太阳为焦点的椭圆。按牛顿力学推算,严格的平方反比律导致严格的椭圆,这是一个闭合的曲线,行星沿这一闭合曲线作严格的周期运动。实际的天文观测告诉我们,离太阳最近的水星绕太阳运动的轨道并不是严格的椭圆,而且轨道的长轴方向在空间不是固定的,在一个世纪内会转过5600.73 s·rad,这就是“水星近日点的进动”(图A-5)。根据牛顿力学计算,考虑到其他行星对水星的进动效应以后,这一转动的角度也只有5557.62″,比实际观测量少了43.11″。这一结果一直得不到满意的解释。直到爱因斯坦创立了广义相对论后,这理论预言了水星近日点的进动还应有每世纪43.03″的附加值,这是时空弯曲对平方反比律的修正。图A-6说明了空间弯曲导致水星近日点的进动。图A-6(a)画的是一平展空间中的椭圆。要使这平面变成一个圆锥从而近似碗状的弯曲空间,必须从切面上

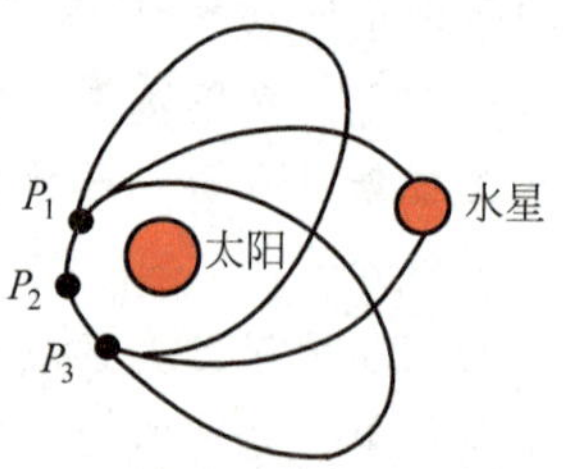

图A-5 水星近日点的进动

切去一块，如图 A-6(b)，再将切口接合起来。这样一来，在轨道接合处就会出现一个交叉点，当行星运动到这一交叉点时，就不再进入原轨道，而是越过原来的轨道向前了，如图 A-6(c)。通过这一形象的模拟，可以较好地理解广义相对论对水星近日点的进动的解释。

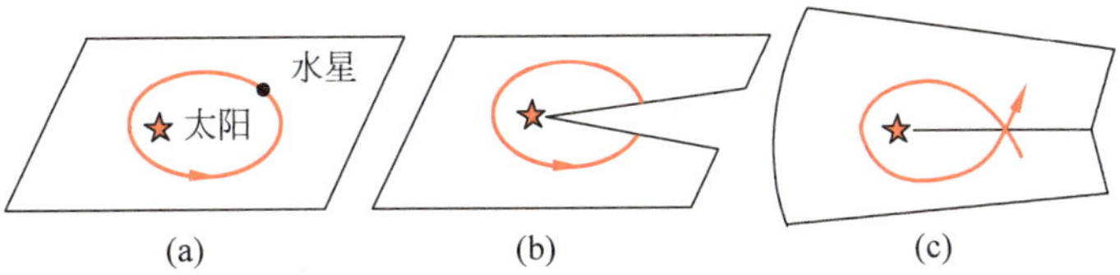

图 A-6

4. 黑洞

从上面的讨论可以看出：在太阳系内，爱因斯坦的广义相对论的效应是非常小的，牛顿的经典力学理论与爱因斯坦的广义相对论的差别必须有非常精密的仪器才能测量出来。因此，用广义相对论去修正牛顿的经典理论也仅仅是数量级极小的修正，以致广义相对论在相当一段时间并没有受到应有的重视。但当我们的视线从太阳系移到更远的宇宙空间时，广义相对论与经典力学理论的差别就被极大地放大了。这里我们对"黑洞"进行介绍。

现代宇宙学指出，引力特别强的地方是黑洞。从理论上讲，黑洞是星体演化的"最后"阶段。这时星体由于其本身的质量的相互吸引而塌缩成体积"无限小"而密度"无限大"的奇态。在这种状态下，星体只表现为非常强的引力场。任何物质，不管是太空船还是电子、质子、原子等，一旦进入黑洞就永远不可能再逃出来了，甚至连光子也没有逃出黑洞的希望，因此，在外界是看不见黑洞的。"黑洞"一词也就出于这个意义。

我们在经典力学中就知道，对于一个半径为 R、质量为 M 的均匀球状星体，任何物体脱离该星体不再受其引力约束，必须具备的逃逸速度是

$$v=\sqrt{\frac{2GM}{R}}$$

式中，G 为万有引力常数。如果此星体的质量非常大，以至于由这一公式给出的速度比光速还大，光就不可能从该星体发出了，这星体就变成了黑洞。用光速 c 代替上式中的 v，可以得到

$$R=\frac{2GM}{c^2}$$

这就是质量为 M 的物体成为黑洞时所应该具有的半径，称为史瓦西特半径。很凑巧，广义相对论也给出了同样的公式。

现在天文学家认为有些星体就是黑洞。其中最有名的是天鹅座 X-1，它是天鹅座内一个强 X 射线源。天文学家经过分析认为，天鹅 X-1 是一对双星。它由两个星组成，一个是通常的发光星体，它的质量是太阳质量的 30 倍。另一个则是猜想的黑洞，质量约为太阳质量的 10 倍，而半径小于 300 km。这两个星体相距很近，都绕着共同的质心运动，周期大约 5.6 天。黑洞不断从亮星拉出物质，这些物质先是绕着黑洞旋转，在进入黑洞前被黑洞的强大引力加速，并且被压缩而发热，温度可达到 1 亿度。在这样高温下的物质中粒子发生碰撞时向外发射 X 射线。这就是地面上看到的 X 射线。这些物质一旦进入黑洞，就再也不向外

发射 X 射线了。

有些天文学家认为,我们的银河系以及河外星系中也可能存在着许多黑洞。但在地球上能用我们的仪器看到的黑洞,只有像上面所述的双星系统;孤立的黑洞都隐藏在宇宙空间。

若地球变成黑洞时,它的大小和一个手指头差不多!

5. 宇宙及其起源与演化

迄今为止,除陨石、月岩标本及宇宙射线外,人类对于地球以外的世界的认识主要依靠从各种天体传来的电磁波。根据对各个波段电磁波带来的信息的分析,人们可以了解星体的运动状况、亮度、质量、大小、密度、温度、距离和成分。对宇宙射线和星体光谱的研究使我们确信,构成整个宇宙的物质砖块,与我们在自己周围所看到的并无区别,宇宙在物质上是统一的。

在人类观测能力所及的范围内,宇宙中的物质并非分散的和无结构的分布,而是趋向于按一定的结构聚集成团,并形成多个层次的天体系统,依次为:星球—星系—星系群—超星系团—总星系。

宇宙结构中的基元单位是各种恒星和行星。对我们来说最重要的恒星就是离我们约 1.5 亿 km 远的太阳。太阳的直径为 1.4×10^6 km,大约是地球的 109 倍,质量则是地球的 33 万倍!太阳周围有八大行星,其中最远的海王星到太阳的距离约为 45 亿 km,是地球到太阳距离的 30 倍,阳光从太阳照到海王星需要 4 个小时;而彗星的发源地则在比海王星远几千倍的地方,那里才是太阳系的边界。如果太阳缩小为直径 1 cm 的小球,地球将变成离它 1 m 远处的一颗 0.1 mm 大的尘埃,而海王星将变成一颗 0.4 mm 大的尘埃,其轨道远在 30 m 之外!可见太阳系实际上是多么"空"。

由几十亿到几千亿颗恒星及星际物质组成的天体系统,称为星系。太阳所在的银河系是一个中等大小的星系,有大约 1 千亿颗恒星,聚集成直径约 10 万光年,厚度约 1.2 万光年的圆盘。太阳只是一颗普通的恒星,它在银河系中心平面附近,离银河系中心约 3.3 万光年的地方,以每秒 250 km 的速度绕中心运行,绕行一周需要 2.5 亿年。银河系中恒星的分布是十分稀疏的。如果仍然将太阳缩小到 1 cm,离太阳最近的恒星(称为比邻星,距太阳 4.3 光年远)将远在 290 km 以外,而银河系的直径将比整个太阳系还要大 5 倍!

银河系以外的星系,称为河外星系(星云),其中大、小麦哲伦云离我们最近,约 20 万光年左右。在 300 万光年的范围内,还有仙女座大星云(离银河 22 万光年)等二十几个"近邻"的星云,称为本星系群。比本星系更大的,包含几百至几千个星系的集团,称为星团和超星系团,目前已观测到的有上万个。银河系所在的超星系团称为本超星系团。

我们目前观测到的最大范围,半径在 100 亿～200 亿光年左右,统称总星系。有人认为在此之外仍有无数的天体,因此,总星系只能称之为"我们的宇宙"或"宇宙岛",但我们按一般的说法,称总星系为"宇宙"。

哥白尼的日心说在人类宇宙观的空间方面引起了革命,人类再也不能被看成是宇宙的中心了。在 20 世纪 20 年代以前,人们认为宇宙在空间上是无限的,在时间上是无始无终的,宇宙图景的基本特征是平静和稳定。经过几十年的发展,人们对宇宙,特别是其时间发展方面的看法有了根本性的改变。现代宇宙图像的突出特征是变化和不稳定性。爱因斯坦首先将广义相对论用在整个宇宙上，指出由于物质的存在，宇宙空间就整体来说应是弯曲的，并据此提出了一个“静态的有限无界宇宙模型”。后来弗里德曼仔细研究了引力场方程，指出由于引力的存在，宇宙可以是膨胀的、收缩的或者脉动的，但不可能是稳定静态的。按照目前科学界公认的看法，我们现今所生存的这个宇宙，是在大约150亿年以前从炽热而稠密的物质与能量经由急速的膨胀，即“大爆炸”而形成的。随着它急骤膨胀、冷却，逐渐衍生成众多的星系、行星，直至出现生命。这就是所谓的“大爆炸宇宙学模型”，至今已得到许多有力的事实支持，主要的有下面几个方面。

(1) 河外星系谱线红移的哈勃定律

1929年哈勃总结了当时为止大量因星体远离我们而去(称为退行)所产生的多普勒效应，而且星体离我们越远，退行速度越快。这一奇怪事实最直观的解释就是整个宇宙的空间在迅速膨胀，正像一个吹胀中的气球表面一样，这种膨胀并没有中心和边缘。如果将这种膨胀往后回溯，必然导致宇宙从某个更小更密的状态“爆炸”而来的结论，这就是“大爆炸宇宙学模型”的发端。

(2) 宇宙微波背景辐射

20世纪30—40年代，在比利时的天文学家和宇宙学家勒梅特提出“大爆炸”模型时就已经认识到，如果宇宙肇始于某种既热又密的状态，那就应该留下某种从这个爆发式的开端洒落的热辐射，并曾预言由于宇宙膨胀而冷却，这一残余辐射如今具有的温度应该约为绝对温度5 K左右。1964年美国科学家彭齐亚斯和R. W. 威尔逊偶然发现了空间各方向都有约相当于3 K的微波辐射存在。经过30多年研究，已逐渐证实这些辐射确实来自于宇宙深处，并且是在极高的温度下产生的，具有极好的各向同性。宇宙微波背景辐射的发现和研究使“大爆炸”模型开始引起人们的关注，并逐渐成为目前公认的标准模型。

(3) 宇宙中轻元素的丰度

天然的92种元素在自然界具有各不相同的含量(称之为丰度)。大量测量表明宇宙各处的元素丰度都大致相同，而且绝大部分是氢和氦。按照“大爆炸”模型，这些轻元素是在宇宙的极早期形成的。如果只有三种中微子，则全部物质中最终将会有22%变成He，其余的几乎全部变为H，仅有十万分之几是^{3}He和D，还有百亿分之几变为Li。对宇宙各处的He、H、^{3}He及Li的天文观测证实了上述丰度。最近粒子物理学关于所谓“Z玻色子”衰变的实验也肯定地表明只存在三种中微子。这一关于“最大”和“最小”的科学的令人印象深刻的会合，为大爆炸宇宙学提供了又一个极为有力的证据。

上述在“大爆炸”早期形成的轻元素丰度后来一直被保持下来，并以大致相同的比例出现在不同的星系或天体之中，所有其他较重的元素则都是后来在恒星内部的核反应过程中产生的。

(4) 其他证据

天文学长期以来观察到了多种多样的星体和星系。人们已成功地将观察到的天体的多样性解释成星体和星系演化的不同阶段。这种演化很难用稳恒态宇宙模型来加以解释，但却可以很自然地与动态演变的宇宙大爆炸模型导出的图景相吻合。1962年发现了一种称为“类星体”的天体，它只有普通星系的十万甚至百万分之一大小，却能长期地发出比普通星系大几百倍的能量。它的高效产能机制至今仍是一个谜。这种类星体至今已发现了成千上万个，却大部分分布在离我们几十到一百多亿光年远的地方，极少在我们的“附近”发现。对这一事实最自然的解释是考虑到光的有限速度。远处就表示了过去，即曾经有一段时间宇宙的条件很容易产生类星体，而我们早已度过了宇宙演化中的“类星体阶段”，所以在我们的附近看不到类星体。此外，目前通过各种方法测定的各种天体的年龄，都在 50 亿～110 亿年之间，与大爆炸宇宙论对宇宙年龄的估计相符，这也不大可能是一种巧合。

大爆炸宇宙论在逐渐得到公认的同时，也提出了许多至今悬而未决的问题，寻求这些问题的答案成了近年来宇宙学发展的重要推动力。

习　题

4-1　一辆高速车以 $0.8c$ 的速率运动。地面上有一系列的同步钟，当经过地面上的一台钟时，驾驶员注意到它的指针在 $t=0$，他即刻把自己的钟拨到 $t'=0$。行驶了一段距离后，他自己的钟指到 6 μs 时，驾驶员看地面上另一台钟。问这个钟的读数是多少？

4-2　在某惯性参考系 S 中，两个事件发生在同一地点而时间间隔为 4 s，另一惯性参考系 S' 以速率 $u=0.6c$ 相对于 S 系运动，问在 S' 系中测得的这两个事件的时间间隔和空间间隔各是多少？

4-3　S 系中测得两个事件的时空坐标是 $x_1=6\times10^4$ m，$y_1=z_1=0$，$t_1=2\times10^{-4}$ s 和 $x_2=12\times10^4$ m，$y_2=z_2=0$，$t_2=1\times10^{-4}$ s。如果 S' 系测得这两个事件同时发生，则 S' 系相对于 S 系的速度 u 是多少？S' 系测得这两个事件的空间间隔是多少？

4-4　一列车和山底隧道静止时等长。列车高速穿过隧道时，山顶上一观测者看到当列车完全进入隧道时，在隧道的进口和出口处同时发生了雷击，但并未击中列车。试按相对论理论定性分析列车上的旅客应观测到什么现象？这种现象是如何发生的？

4-5　一飞船以 $0.99c$ 的速率平行于地面飞行，宇航员测得此飞船的长度为 400 m。(1)地面上的观测者测得飞船的长度是多少？(2)为了测得飞船的长度，地面上需要有两位观测者携带着两只同步钟同时站在飞船首尾两端处。那么这两位观测者相距多远？(3)宇航员测得两位观测者相距多远？

4-6　一艘飞船原长为 l_0，以速率 v 相对于地面作匀速直线飞行。飞船内一小球从尾部运动到头部，宇航员测得小球运动速度为 u，求地面观测者测得小球运动的时间。

4-7　在实验室中测得两个粒子均以 $0.75c$ 的速率沿同一方向飞行，它们先后击中同一静止靶子的时间间隔为 5×10^{-8} s。求击中靶子前两个粒子相互间的距离。

4-8　在参考系 S 中，一粒子沿 x 轴作直线运动，从坐标原点 O 运动到 $x=1.50\times10^8$ m 处，经历时间 $\Delta t=1$ s。试计算粒子运动所经历的原时是多少？

4-9　一个在实验室中以 $0.8c$ 的速率运动的粒子飞行了 3 m 后衰变。实验室中的观测者测量该粒子存在了多少时间？与粒子一起运动的观测者测得该粒子在衰变前存在了多少时间？

4-10　远方的一颗星体以 $0.8c$ 的速率离开我们。我们接收到它辐射出来的闪光周期是 5 昼夜，求固定在星体上的参考系测得的闪光周期。

4-11　一星体与地球之间的距离是 16(光年)。一观测者乘坐以 $0.8c$ 速率飞行的飞船从地球出发向着星体飞去。该观测者测得飞船到达星体所花的时间是多少？试解释计算结果。

4-12 一根固有长度为 1 m 的尺子静止在 S' 系中，与 $O'x'$ 轴成 30°角。如果在 S 系中测得该尺与 Ox 轴成 45°角，则 S' 系相对于 S 系的速率 u 是多少？S 系测得该尺的长度是多少？

4-13 一立方体的质量和体积分别为 m_0 和 V_0。求立方体沿其一棱的方向以速率 u 运动时的体积和密度。

4-14 直杆纵向平行于 S 系的 Ox 轴匀速运动，在 S 系中同时标出该杆两端的位置，并测得两端坐标差 $\Delta x_1=4$ m。若在固定于杆上的 S' 系中同时标出该杆两端的位置，在 S' 系中测得两端坐标差 $\Delta x_2'=9$ m。求杆本身的长度和杆相对于 S 系的运动速度。

4-15 从地球上测得地球到最近的恒星半人马座 α 星的距离是 4.3×10^{16} m，设一宇宙飞船以速率 $0.99c$ 从地球飞向该星。(1)飞船中的观测者测得地球和该星间距离是多少？(2)按照地球上的时钟计算，飞船往返一次需要多少时间？若以飞船上的时钟计算，往返一次的时间又为多少？

4-16 天津和北京相距 120 km。在北京于某日上午 9 时整有一工厂因过载而断电。同日在天津于 9 时 0 分 0.0003 秒有一自行车与卡车相撞。试求在以 $0.8c$ 速率沿北京到天津方向飞行的飞船中的观测者看来，这两个事件相距多远？这两个事件之间的时间间隔是多少？哪一事件发生得更早？

4-17 地球上的观测者发现，一艘以 $0.6c$ 的速率航行的宇宙飞船在 5 s 后同一个以 $0.8c$ 的速率与飞船相向飞行的彗星相撞。按照飞船上观测者的钟，还有多少时间允许它离开原来的航线以避免相撞？

4-18 一原子核以 $0.6c$ 的速率离开某观测者运动。原子核在它的运动方向上向后发射一光子，向前发射一电子。电子相对于核的速度为 $0.8c$。对于观测者来说，电子和光子各具有多大的速率？

4-19 (1)火箭 A 以 $0.8c$ 的速度相对于地球向正东飞行，火箭 B 以 $0.6c$ 的速度相对于地球向正西飞行，求火箭 B 测得火箭 A 的速度大小和方向。(2)如果火箭 A 向正北飞行，火箭 B 仍向正西飞行，由火箭 B 测得火箭 A 的速度大小和方向又是如何？

4-20 北京正负电子对撞机中，电子可以被加速到能量为 3.00×10^9 eV。求：(1)这个电子的质量是其静止质量的多少倍？(2)这个电子的速率为多大？和光速相比相差多少？(3)这个电子的动量有多大？

4-21 一个电子的总能量是它静能的 5 倍，求它的速率、动量、总能分别是多少？

4-22 (1)把一个静止质量为 m_0 的粒子由静止加速到 $0.1c$ 所需做的功是多少？(2)由速率 $0.89c$ 加速到 $0.99c$ 所需做的功又是多少？

4-23 一个电子由静止出发，经过电势差为 1.0×10^4 V 的均匀电场，电子被加速。已知电子静止质量为 $m_0=9.11\times10^{-31}$ kg，求：(1)电子被加速后的动能；(2)电子被加速后质量增加的百分比；(3)电子被加速后的速率。

4-24 已知质子的静止质量为 $m_p=1.672\,65\times10^{-27}$ kg，中子的静止质量为 $m_n=1.674\,95\times10^{-27}$ kg，一个质子和一个中子结合成的氘核的静止质量为 $m_D=3.343\,65\times10^{-27}$ kg。求结合过程中放出的能量是多少 MeV？这个能量称为氘核的结合能，它是氘核静能的多少倍？

4-25 太阳发出的能量是由质子参与一系列反应产生的，其总结果相当于热核反应：${}_1^1\mathrm{H}+{}_1^1\mathrm{H}+{}_1^1\mathrm{H}+{}_1^1\mathrm{H}\rightarrow{}_2^4\mathrm{He}+2\mathrm{e}^+$。已知：${}_1^1\mathrm{H}$（质子）的静止质量是 $m_\mathrm{p}=1.67265\times10^{-27}$ kg，${}_2^4\mathrm{He}$（氦核）的静止质量是 $m_\mathrm{He}=6.64250\times10^{-27}$ kg，e^+（正电子）的静止质量是 $m_\mathrm{e}=9.11\times10^{-31}$ kg。求：这一反应所释放的能量是多少？(2)消耗1 kg 的质子可以释放的能量是多少？(3)目前太阳辐射的总功率为 $P=3.9\times10^{26}$ W，它一秒钟消耗多少千克质子？

4-26 两个静止质量都是 m_0 的小球，其中一个静止，另一个以 $v=0.8c$ 的速率运动。它们对心碰撞后粘在一起，求碰后合成小球的质量。

4-27 在什么速率下粒子的动量等于非相对论动量的 2 倍？又在什么速率下粒子的动能等于非相对论动能的 2 倍？

第 5 章　振动和波动

无论在宏观世界还是微观世界，无论在高速领域还是低速领域，振动与波动都是普遍存在的运动形式。

广义地说，任何一个物理量（如位移、角位移、电流、电压、电场强度、磁场强度等）随时间在某一定值附近反复变化的现象都可以称为振动。它主要包括机械振动和电磁振动两大类。这两类振动虽然机理不同，但从运动形式而言，它们都具有振动的共性，所遵从的规律也可以用统一的数学形式来描述。

振动在空间的传播称为波动。在弹性介质中传播的机械振动称为机械波，如绳波、声波、水波、地震波等。在空间传播的变化电场和变化磁场称为电磁波，如无线电波和光波。近代物理研究进一步发现，微观粒子也具有波动性，通常把这种波称为物质波，它是量子力学的基础。各种波的物理本质虽然不相同，但是都具有波动的共同特征。例如，它们都具有一定的传播速度，都能发生反射、折射、衍射和干涉等现象，并且都伴随着能量的传播。

振动与波动的基本理论在物理学的声学、光学、原子物理、凝聚态物理等各个分支领域中，在交通、机械、建筑、地震学、无线电技术等各个工程技术领域中都有着广泛的应用。随着科学技术的发展，还不断涌现出新的课题，如非线性力学中的混沌现象、孤波，现代光学中的傅里叶光学、强光光学等。这些课题都与本章的内容有着密切的关系。

在各种振动现象中，最简单而又最基本的振动是简谐振动。一切复杂的振动都可以认为是由许多简谐振动合成的。本章以机械振动和机械波为主要内容，从讨论简谐振动的基本规律着手，进而讨论振动的合成、波的传播规律及其运动特性。

5.1　简谐振动

质点运动时，如果离开平衡位置的位移 x（或角位移 θ）按余弦（或正弦）规律随时间变化，这种运动称为简谐振动。因此，简谐振动常用以下数学公式作为其运动学定义

$$x = A\cos(\omega t + \varphi)$$

因为任何一个复杂振动都可以认为是由若干个简谐振动合成的，所以简谐振动是最简单的振动，也是最基本的振动。

5.1.1　简谐振动的描述

1. 简谐振动的运动学判据

研究简谐振动的理想模型是弹簧振子。弹簧振子系统由劲度系数为 k 的轻弹簧和系于

弹簧一端的质量为 m 的质点组成。该系统是一种理想模型,它的质量集中于质点 m 上,而它的弹性集中于轻弹簧上。将这一系统置于光滑的水平面上,将弹簧的另一端固定,如图 5-1 所示。设弹簧处于自然长度时,m 位于 O 点,这时作用于质点的合力为零,因此 O 点为系统的平衡位置。如果将 m 从平衡位置向左或向右稍微移动一段距离然后放开,则 m 将在 O 点位置两侧作往复运动。以弹簧振子的平衡位置 O 为坐标原点,水平方向为 x 轴,取向右为正方向,如图 5-1 建立坐标系。坐标 x 表示质点 m 偏离平衡位置的位移,即弹簧的形变。由胡克定律,m 所受的弹性力 F 与位移 x 的关系为

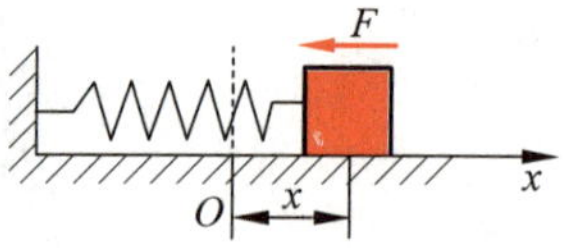

图 5-1　弹簧振子的简谐运动

$$F = -kx \tag{5-1}$$

式中负号表示力的方向与位移的方向相反。由此可见,不管弹簧处于拉抻或压缩状态,弹性力始终指向平衡位置,这样的力称为回复力。根据牛顿第二定律,有

$$m\frac{\mathrm{d}^2x}{\mathrm{d}t^2} = -kx$$

令

$$\omega^2 = \frac{k}{m} \tag{5-2}$$

整理后可得

$$\frac{\mathrm{d}^2x}{\mathrm{d}t^2} + \omega^2 x = 0 \tag{5-3}$$

求解这个二阶线性齐次微分方程,可得

$$x = A\cos(\omega t + \varphi) \tag{5-4}$$

由此可知,质点的运动方程满足简谐振动的运动学定义,这说明弹簧振子作简谐振动。式(5-4)称为简谐振动的运动方程(也称振动方程)。我们将在后面讨论 ω、A 和 φ 的物理意义和确定方法。

从上述分析可知,物体只要受到一个形如 $F=-kx$ 的弹性回复力的作用,它的位移 x 一定满足微分方程式(5-3),其解必定是时间 t 的余弦(或正弦)函数。因此受力方程式(5-1)、运动微分方程式(5-3)以及运动方程式(5-4),乃是简谐振动的三项基本特征,其中的任何一项都可以作为判断物体是否作简谐振动的判据之一。

由式(5-4)可得简谐振动的速度和加速度分别为

$$v = \frac{\mathrm{d}x}{\mathrm{d}t} = -\omega A\sin(\omega t + \varphi) \tag{5-5}$$

$$a = \frac{\mathrm{d}^2x}{\mathrm{d}t^2} = -\omega^2 A\cos(\omega t + \varphi) = -\omega^2 x \tag{5-6}$$

图 5-2 表示出作简谐振动的物体的位移、速度、加速度均随时间呈周期性地变化。其中

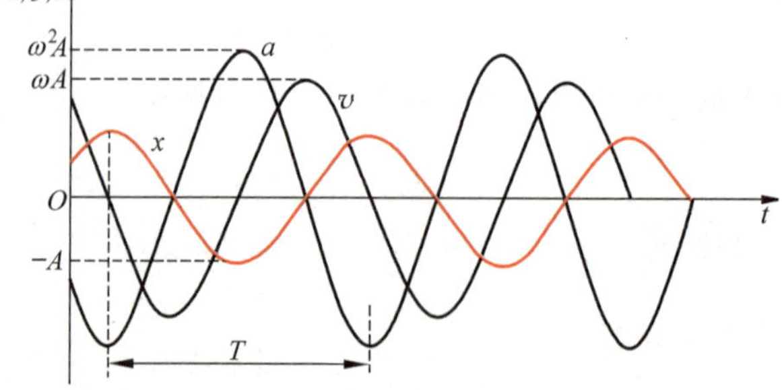

图 5-2　简谐振动的 x,v,a 随时间变化的关系曲线

$x-t$ 表示振动质点离平衡位置的位移随时间变化的规律，称为简谐振动的振动曲线。

【例 5-1】 边长为 L 的立方体木块，浮在水面，平衡时浸入水中的高度为 h。现用手把木块向下按，然后松手任其自由运动。不计水的阻力，试证明木块的运动为简谐振动。

解 以水面为坐标原点，向下为正，建立如图 5-3 所示的坐标系。木块在平衡位置时所受合力为零。即

$$mg = F_{浮} = \rho g L^2 h$$

在任一位置时，木块所受合力

$$F_{合} = mg - \rho g(h+x)L^2 = -\rho g L^2 x$$

令 $k=\rho g L^2$，得

$$F_{合} = -kx$$

可以看出，木块所受回复力与其离开平衡位置的位移成正比且反向，由此可知木块的运动是简谐振动。从这个例题可以看到，振动质点所受的回复力 F 不一定是弹簧的弹力，它可以是几个力的合力（或某个力的分力），我们称之为准弹性力；k 是由振动系统本身决定的某个常数，而不一定是弹簧的劲度系数；x 是振动质点离开平衡位置的位移，而不一定是弹簧的形变。

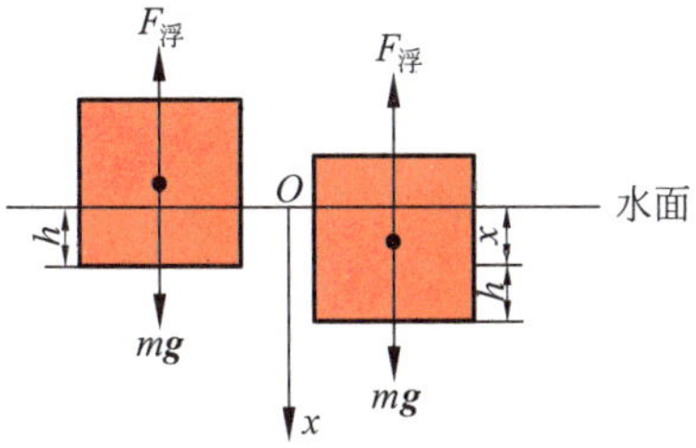

图 5-3 例 5-1 图

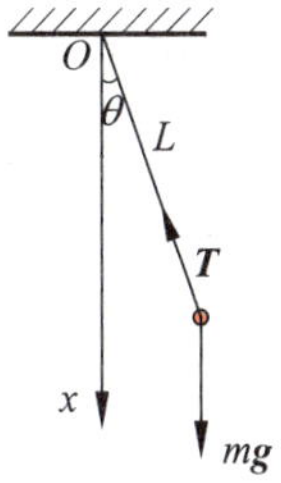

图 5-4 例 5-2 图

【例 5-2】 单摆的运动分析。长为 L 的不可伸缩轻绳，一端固定，另一端悬挂一质量为 m 的小球，小球受扰动后在铅直平面内的平衡位置附近来回摆动，这样的系统称为单摆，如图 5-4 所示。证明：当单摆摆动角度很小（$<5°$）时，单摆的运动是简谐振动。

解 以摆为研究对象。摆球受重力 P 及绳子拉力 T 的作用，如图 5-4 所示建立坐标系。θ 角从 Ox 铅直轴算起，沿逆时针方向为 θ 的正方向。根据定轴刚体转动定律

$$-mgL\sin\theta = mL^2\frac{\mathrm{d}^2\theta}{\mathrm{d}t^2}$$

得到

$$\frac{\mathrm{d}^2\theta}{\mathrm{d}t^2} + \frac{g}{L}\sin\theta = 0$$

上式是单摆的运动微分方程。这是一个非线性微分方程，准确地解此微分方程，在数学上是比较困难的。

若单摆运动时,θ 的变化范围小于 5°,则有 $\sin\theta\approx\theta$。这时上式可写为

$$\frac{\mathrm{d}^2\theta}{\mathrm{d}t^2}+\frac{g}{L}\theta=0$$

令

$$\omega^2=\frac{g}{L}$$

则有

$$\frac{\mathrm{d}^2\theta}{\mathrm{d}t^2}+\omega^2\theta=0$$

上式为二阶线性齐次微分方程,由此可知,在摆角很小时,单摆的运动也是简谐振动。

2. 简谐振动的特征量

由 $x=A\cos(\omega t+\varphi)$ 可知,只要 A、ω、φ 已知,就可以完整地写出简谐振动的运动方程,从而掌握该简谐振动的全部信息。A、ω、φ 叫做简谐振动的三要素,是描述简谐振动的特征量。

(1) 振幅 A

由式(5-4)可知,作简谐振动的质点离开平衡位置的最大距离为 $|x_{\max}|=A$。A 称为简谐振动的振幅,它给出振动质点的运动范围,反映质点振动的强弱。

A 是求解简谐振动微分方程时出现的积分常数,由振动的初始条件决定。设 $t=0$ 时刻,质点的初始位移为 x_0,初始速度为 v_0,由式(5-4)和式(5-5)可得

$$x_0=A\cos\varphi,\quad v_0=-\omega A\sin\varphi$$

联立解得

$$A=\sqrt{x_0^2+\frac{v_0^2}{\omega^2}}\tag{5-7}$$

(2) 角频率 ω

ω 称为振动系统的角频率,上述分析告诉我们,弹簧振子系统的角频率为

$$\omega=\sqrt{\frac{k}{m}}\tag{5-8}$$

单摆系统的角频率为

$$\omega=\sqrt{\frac{g}{L}}\tag{5-9}$$

由此可知,角频率由振动系统本身的性质决定,与初始条件无关。

设振动系统回复到原来状态所需的最短时间(即完成一次全振动所经历的时间)为 T,T 称为振动周期。由

$$x(t+T)=x(t)$$
$$A\cos[\omega(t+T)+\varphi]=A\cos(\omega t+\varphi)$$
$$\omega(t+T)+\varphi=\omega t+\varphi+2\pi$$

得

$$T=\frac{2\pi}{\omega}\tag{5-10}$$

系统在单位时间内完成全振动的次数叫做振动频率，用 ν 表示

$$\nu = \frac{1}{T} = \frac{\omega}{2\pi} \tag{5-11}$$

弹簧振子的周期和频率为

$$T = 2\pi\sqrt{\frac{m}{k}}, \quad \nu = \frac{1}{T} = \frac{1}{2\pi}\sqrt{\frac{k}{m}}$$

单摆的周期和频率为

$$T = 2\pi\sqrt{\frac{L}{g}}, \quad \nu = \frac{1}{T} = \frac{1}{2\pi}\sqrt{\frac{g}{L}}$$

由此可知，角频率 ω 与简谐振动的周期相联系，ω 越大，则振动周期越短，振动频率越大，所以角频率 ω 是描述振动快慢的特征量。由于 ω 是由振动系统本身的性质决定，所以振动周期和振动频率也完全由振动系统本身的性质决定。这种由振动系统本身的性质决定的周期和频率称为系统的固有周期和固有频率。某些振动的固有周期的数值如表 5-1 所示。

表 5-1　某些振动的固有周期

振动系统	周期/s	振动系统	周期/s
中子星的脉冲辐射	0.03～4.3	超声振动	10^{-4}
人的心脏跳动	≈1	原子振动	10^{-15}
交流电	2×10^{-2}	核振动	10^{-21}

(3) 初相位 φ

式(5-4)中的 $(\omega t+\varphi)$ 叫做 t 时刻的振动相位，$t=0$ 时刻的相位叫做初相位，简称初相。初相的数值由初始条件 x_0 和 v_0 决定。由

$$x_0 = A\cos\varphi, \quad v_0 = -\omega A\sin\varphi$$

可得

$$\varphi = \arctan\left(-\frac{v_0}{\omega x_0}\right) \tag{5-12}$$

上式中初相 φ 有多个解。在实际计算中，往往由 $\cos\varphi$ 和 $\sin\varphi$ 的正、负来确定一个 φ 值。学习了简谐振动的旋转矢量表示法以后，可以用旋转矢量法方便地确定 φ。

由 $x=A\cos(\omega t+\varphi)$ 和 $v=-\omega A\sin(\omega t+\varphi)$ 可知，当振动的角频率 ω 和振幅 A 已知时，相位 $\omega t+\varphi$ 可以唯一地确定质点在某一时刻的位移和速度，从而决定质点在该时刻的运动状态。所以，相位是决定质点振动状态的物理量。

例如，当 $\omega t+\varphi=\pi/2$ 时，$x=0$，$v=-\omega A$，质点处于平衡位置并以速率 ωA 向 x 轴负方向运动；而当 $\omega t+\varphi=3\pi/2$ 时，$x=0$，$v=\omega A$，质点虽然也处于平衡位置，却以速率 ωA 向 x 轴正方向运动。这进一步说明了振动相位决定质点的振动状态。

用相位来描述质点的简谐振动状态有两个显著的优点。第一，每经过一个周期，振动相位变化 2π，三角函数回到原来的值，质点回到原来的运动状态。这样就直观、明显地体现了简谐振动具有周期性的特点。第二，可以方便地比较两个同频率谐振动的步调。

设有两个谐振动

$$x_1 = A_1\cos(\omega t + \varphi_1),\quad x_2 = A_2\cos(\omega t + \varphi_2)$$

它们的相位差为

$$\Delta\varphi = (\omega t + \varphi_2) - (\omega t + \varphi_1) = \varphi_2 - \varphi_1 \tag{5-13}$$

可见，两个同频率的简谐振动在任意时刻的相位差都等于其初相之差。

当 $\Delta\varphi=\pm 2k\pi, k=0,1,2,3,\cdots$时，两振动质点同时经过原点，并且向同方向运动。它们的振动步调相同，也可以说二者同相。

当 $\Delta\varphi=\pm(2k+1)\pi, k=0,1,2,3,\cdots$时，两振动质点同时经过原点，但是向相反方向运动。它们的振动步调相反，也可以说二者反相。

若 $\Delta\varphi>0$，则表示 x_2 振动超前 x_1 振动，超前量为 $\Delta\varphi$，或表示 x_1 振动落后 x_2 振动，落后量为 $\Delta\varphi$。若 $\Delta\varphi<0$，则表示 x_2 振动落后 x_1 振动，落后量为 $|\Delta\varphi|$，或表示 x_1 振动超前 x_2 振动，超前量为 $|\Delta\varphi|$。由于相差的周期是 2π，所以通常我们把 $|\Delta\varphi|$ 的值限制在 $0\sim\pi$ 以内。例如，当 $\Delta\varphi=3\pi/2$ 时，我们通常不说 x_2 振动超前 x_1 振动 $3\pi/2$，而是把 $\Delta\varphi$ 改写成 $\Delta\varphi=3\pi/2-2\pi=-\pi/2$，这时，我们说 x_2 振动落后于 x_1 振动 $\pi/2$，或者说 x_1 振动超前 x_2 振动 $\pi/2$。

从图 5-2 可以看出，加速度 a 与位移 x 反相，速度 v 比位移 x 超前 $\pi/2$，速度 v 比加速度 a 落后 $\pi/2$。

相位（包括初相）是一个十分重要的概念，它在振动、波动及光学、电工学、无线电技术等方面都有着广泛的应用。相位的概念不仅在传统的物理学和工程技术上有着重要的意义，在物理学近年来发现的许多新奇现象里（如 AB 效应、AC 效应、分数量子霍耳效应等），相位也扮演着有声有色的角色。

【例 5-3】 在图 5-5 中，劲度系数为 k 的轻弹簧下悬挂着质量分别为 M 和 m 的物体，在系统处于平衡状态时，轻轻取走物体 m 并开始计时，以向上为坐标正方向，求系统作简谐振动的特征量和运动方程。

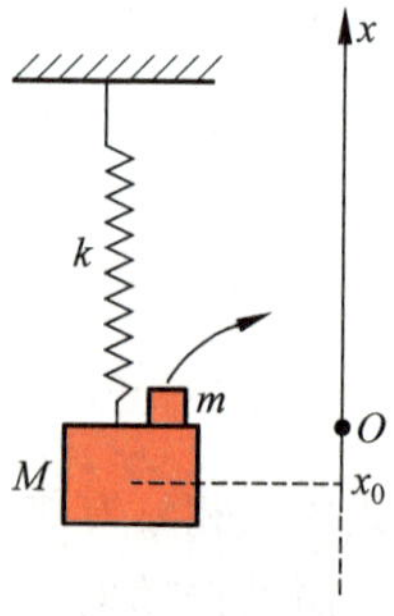

图 5-5　例 5-3 图

解　当 m 取走之后，轻弹簧和 M 组成的系统将作简谐振动，振动系统的角频率为

$$\omega = \sqrt{\frac{k}{M}}$$

如图 5-5 所示，以弹簧和 M 组成的系统的平衡位置 O 为坐标原点、向上为坐标正方向建立坐标系。$t=0$ 时

$$x_0 = -\frac{mg}{k},\quad v_0 = 0$$

于是，振幅为

$$A = \sqrt{x_0^2 + \frac{v_0^2}{\omega^2}} = \frac{mg}{k}$$

又由 $x_0=A\cos\varphi$ 可得，$\cos\varphi=\dfrac{x_0}{A}=-1$，所以初相

$$\varphi = \pi$$

振动系统的运动方程为

$$x = \frac{mg}{k}\cos\left(\sqrt{\frac{k}{M}}t + \pi\right)$$

5.1.2 简谐振动的旋转矢量表示法

假设质点 P 沿着以平衡位置 O 为中心、半径为 A 的圆周作角速率为 ω 的圆周运动，把圆周的一直径取作 x 轴，如果初始时刻质点的矢径与 x 轴的夹角为 φ，则 t 时刻质点在 x 轴上的投影位置是

$$x = A\cos(\omega t + \varphi)$$

这正是简谐振动的定义公式。可以证明，质点作圆周运动的速度和加速度在 x 轴上的投影表达式也分别是简谐振动的速度和加速度的表达式。

由于简谐振动与匀速率圆周运动的这一对应关系，我们可以通过匀速率圆周运动来研究简谐振动。如图 5-6 所示，在直角坐标系 Oxy 中，以坐标原点 O（平衡位置）为始端作一矢量 $\boldsymbol{A}$。使矢量 $\boldsymbol{A}$ 的模等于简谐振动的振幅 A，$t=0$ 时刻矢量 $\boldsymbol{A}$ 与 x 轴正方向的夹角等于简谐振动的初相 φ，并使矢量 $\boldsymbol{A}$ 以等于简谐振动角频率 ω 的角速度在平面上绕 O 点沿逆时针方向转动，我们把矢量 $\boldsymbol{A}$ 称为旋转矢量。显然旋转矢量的端点 P 在 x 轴上的投影点 M 的运动方程就是简谐振动方程，这种用旋转矢量描述简谐振动的方法称为旋转矢量法。

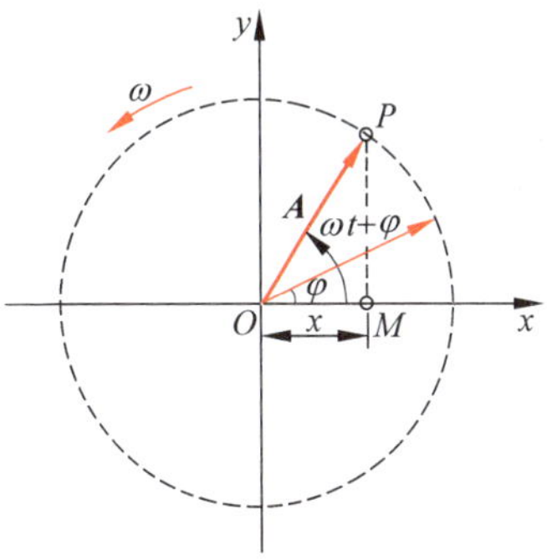

图 5-6　旋转矢量与简谐运动

旋转矢量 $\boldsymbol{A}$ 的某一特定位置对应于简谐振动系统的一个运动状态，两个简谐振动的相位差就是两个旋转矢量之间的夹角。旋转矢量是由于简谐振动具有周期性这一特点而产生的描述质点运动的特殊方法，旋转矢量法可以直观地表示出简谐振动的三个特征量，为解决简谐振动的相关问题带来极大的方便。

【例 5-4】 如图 5-7 所示，劲度系数为 k 的弹簧一端系着质量为 M 的物体，另一端固定，置于光滑平面内。质量为 m 的子弹以速度 V 水平射入 M 并嵌在 M 内，假设子弹 m 和物体 M 瞬间达到共同速度，以两者具有共同速度的时刻为计时起点，以 V 的方向为正方向，求系统的振动方程。

解 振动系统的角频率为

$$\omega = \sqrt{\frac{k}{M+m}}$$

以平衡位置为坐标原点，向右为正方向，建立坐标系。$t=0$ 时，m 与 M 在原点 $x_0=0$ 处发生完全非弹性碰撞，设振动初始速度为 V_0，得

$$mV = (M+m)V_0$$

$$V_0 = \frac{mV}{M+m}$$

于是

$$A = \sqrt{x_0^2 + \frac{V_0^2}{\omega^2}} = \frac{V_0}{\omega} = \frac{mV}{\sqrt{k(M+m)}}$$

$t=0$ 时，$x_0=0$，$V_0>0$，如图 5-8 所示，通过旋转矢量法求得初相 $\varphi=\frac{3\pi}{2}$。

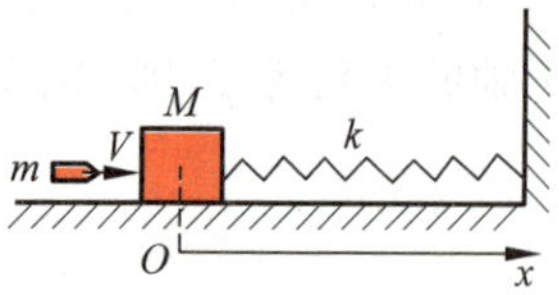

图 5-7　例 5-4 图

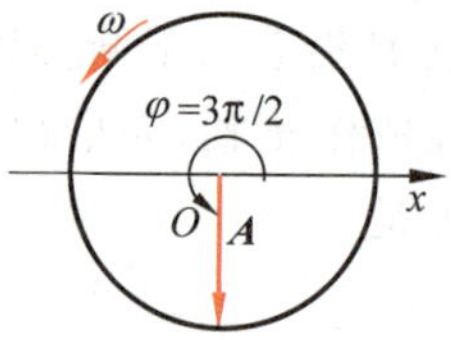

图 5-8　旋转矢量图

写出振动方程为

$$x=\frac{mV}{\sqrt{k(M+m)}}\cos\left(\sqrt{\frac{k}{M+m}}t+\frac{3\pi}{2}\right)$$

【例 5-5】 已知质点的振动方程为 $x=0.04\cos\left(2\pi t+\frac{\pi}{2}\right)$(SI)，求质点从 $t=0$ 开始到 $x=-2$ cm 且沿正 x 方向运动所需要的最短时间。

解　由振动方程可知：$t=0$ 时 $\varphi=\pi/2$，我们作出初始时刻的旋转矢量 $\boldsymbol{A}_1$。根据题意，在末时刻质点处于 $x=-2$ cm 且沿正 x 方向运动，我们可以作出末时刻的旋转矢量 $\boldsymbol{A}_2$。如图 5-9 所示。

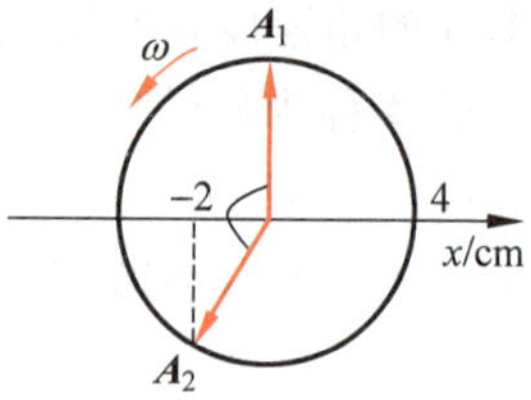

图 5-9　例 5-5 图

由图可知，在始末两时刻的时间间隔内旋转矢量转过的最小角度为

$$\Delta\varphi=\frac{5\pi}{6}$$

从振动方程知道

$$\omega=2\pi(\text{rad/s})$$

由 $\Delta\varphi=\omega\Delta t$，求出所需要的最短时间为

$$\Delta t=\frac{\Delta\varphi}{\omega}=\frac{5\pi}{6\times2\pi}=0.42(\text{s})$$

【例 5-6】 一质点沿 x 轴作简谐振动，振幅 $A=0.12$ m，周期 $T=2$ s，当 $t=0$ 时，质点对平衡位置的位移 $x_0=0.06$ m，此时刻质点向 x 轴正向运动。求(1)此简谐振动的振动方程；(2)从初始时刻开始第一次通过平衡位置的时刻。

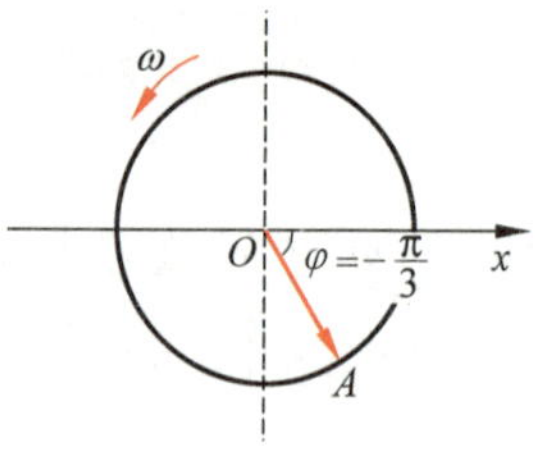

图 5-10　例 5-6 图

解　(1) 设质点振动方程为

$$x=A\cos(\omega t+\varphi)$$

其中 $A=0.12$ m，$\omega=2\pi/T=\pi$rad/s，初相位 φ 可通过旋转矢量法求得。作初始时刻旋转矢量，如图 5-10 所示，可得

$$\varphi=-\frac{\pi}{3}$$

于是，简谐振动的振动方程为

$$x=0.12\cos\left(\pi t-\frac{\pi}{3}\right)$$

(2) 由旋转矢量法可知，质点第一次通过平衡位置时，旋转矢量转过的角度为

$$\Delta\varphi=\frac{\pi}{2}-\left(-\frac{\pi}{3}\right)=\frac{5\pi}{6}$$

所需要的时间为

$$\Delta t=\frac{\Delta\varphi}{\omega}=0.83(\mathrm{s})$$

所以，质点从初始时刻开始第一次通过平衡位置的时刻为 $t=0.83\ \mathrm{s}$。

5.1.3 简谐振动的能量

我们以图 5-1 水平放置的弹簧振子为例来讨论简谐振动的能量。由于不计振动物体与水平面间的摩擦和空气的阻力，物体振动过程中，弹簧振子系统所受的合外力为零。这种不受外力作用，从而没有能量的损耗或补充的振动系统称为孤立简谐振动系统。设在任意时刻 t，振动物体的位移为 x，速度为 v，取弹簧的原长处为势能零点，则系统的弹性势能和动能分别为

$$\begin{cases}E_{\mathrm{p}}=\dfrac{1}{2}kx^2=\dfrac{1}{2}kA^2\cos^2(\omega t+\varphi)\\[2ex] E_{\mathrm{k}}=\dfrac{1}{2}mv^2=\dfrac{1}{2}m\omega^2A^2\sin^2(\omega t+\varphi)\end{cases}\tag{5-14}$$

由于 $\omega^2=k/m$，系统的动能又可以写为

$$E_{\mathrm{k}}=\frac{1}{2}mv^2=\frac{1}{2}kA^2\sin^2(\omega t+\varphi)\tag{5-15}$$

因此弹簧振子系统的总机械能为

$$E=E_{\mathrm{p}}+E_{\mathrm{k}}=\frac{1}{2}kA^2=\frac{1}{2}m\omega^2A^2\tag{5-16}$$

由式(5-16)可见，孤立简谐振动系统的总机械能不随时间改变，即其总机械能是守恒的。这是因为孤立简谐振动系统不受外力作用，而其内力(弹性力)是保守力。系统的总机械能与振幅的平方成正比，这一结论不仅适用于弹簧振子，也适用于其他形式的简谐振动。由此可见，振幅不仅给出了简谐振动质点的运动范围，而且还反映了振动系统总能量的大小，或者说反映了振动的强度。

简谐振动系统的动能和势能对时间的平均值为

$$\overline{E_{\mathrm{p}}}=\frac{1}{T}\int_0^T E_{\mathrm{p}}\,\mathrm{d}t=\frac{1}{T}\int_0^T\frac{1}{2}[kA^2\cos^2(\omega t+\varphi)]\mathrm{d}t=\frac{1}{4}kA^2$$

$$\overline{E_{\mathrm{k}}}=\frac{1}{T}\int_0^T E_{\mathrm{k}}\,\mathrm{d}t=\frac{1}{T}\int_0^T\frac{1}{2}[kA^2\sin^2(\omega t+\varphi)]\mathrm{d}t=\frac{1}{4}kA^2$$

于是

$$\overline{E_{\mathrm{p}}}=\overline{E_{\mathrm{k}}}=\frac{E}{2}$$

即弹簧振子动能与势能的平均值相等而且都等于总机械能的一半。

【例 5-7】 竖直悬挂的弹簧振子如图 5-11 所示，劲度系数为 k 的弹簧悬挂着一个质量为 m 的物体。设平衡时弹簧伸长量为 x_0，振动振幅为 A，分别在以下两种情况下计算弹簧振子的总机械能。(1) 以系统平衡位置 O 为坐标原点，以弹簧原长处 O' 为重力势能和弹性势能零点；(2) 以系统平衡位置 O 为坐标原点和重力势能及弹性势能的零点。

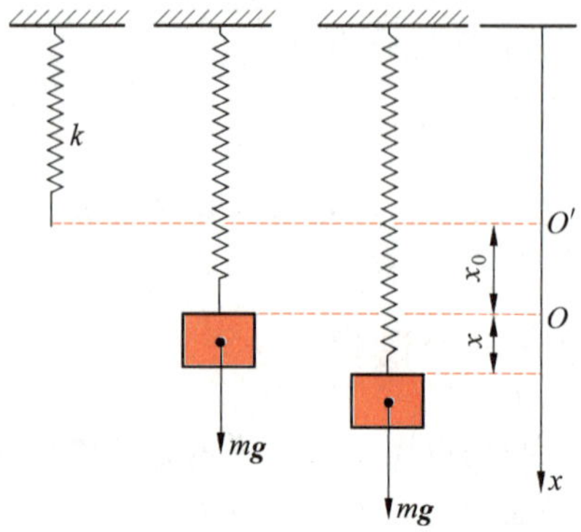

图 5-11　例 5-7 图

解　(1) 以平衡位置 O 为坐标原点，取向下为坐标正方向，以弹簧原长处 O' 为势能零点。设振动质点的位移为 x 时，其速率为 v，则

$$E_k = \frac{1}{2}mv^2$$

$$E_p = E_弹 + E_重 = \frac{k(x+x_0)^2}{2} - mg(x+x_0)$$

利用平衡条件 $mg=kx_0$，弹簧振子总机械能为

$$\begin{aligned} E &= E_p + E_k = \frac{k(x+x_0)^2}{2} - mg(x+x_0) + \frac{1}{2}mv^2 \\ &= \frac{1}{2}mv^2 + \frac{kx^2}{2} - \frac{kx_0^2}{2} \\ &= \frac{kA^2}{2} - \frac{kx_0^2}{2} \end{aligned}$$

(2) 以坐标原点 O（平衡位置）为势能零点时，质点位移为 x 时弹性势能为

$$E_弹 = \int_x^0 -k(x+x_0)\mathrm{d}x = \frac{k(x+x_0)^2}{2} - \frac{kx_0^2}{2}$$

利用平衡条件 $mg=kx_0$，可求得

$$E_p = E_弹 + E_重 = \frac{kx^2}{2}$$

此时弹簧振子总机械能为

$$E = E_p + E_k = \frac{kx^2}{2} + \frac{1}{2}mv^2 = \frac{kA^2}{2}$$

可见，无论如何选择势能零点，振动系统的机械能均守恒。但是，由于势能是与势能零点有关的相对量，所以，振动系统的总机械能也跟势能零点有关。

注意：当坐标原点和势能零点都选在平衡位置时，$E_p=kx^2/2$ 是包括弹性势能和重力势能的总势能，我们称之为准弹性势能；这里的 x 不是弹簧伸长量，它是振动质点偏离平衡位置的位移。这是由于在这种情况下，回复力是重力和弹性力的合力，为准弹性力 $\sum F = -kx$。于是，与准弹性力对应的准弹性势能包含重力势能和弹性势能。

【例 5-8】 用能量法求简谐振动的振幅。如图 5-12 所示，一轻弹簧的劲度系数为 k，其下悬有质量为 m 的盘子，现有一个质量为 M 的物体从离盘高 h 处自由下落到盘中并和盘粘在一起，于是盘开始振动，求振动振幅。

解 以轻弹簧和$(m+M)$系统的平衡位置O为坐标原点，并取该点为势能零点，取向下为坐标正方向，振动初始位置

$$x_0 = -\frac{Mg}{k}$$

由动量守恒定律求振动初始速度

$$M\sqrt{2gh} = (m+M)v_0$$

$$v_0 = \frac{M\sqrt{2gh}}{m+M}$$

由于振动系统总能量守恒，则有

$$\frac{(m+M)v_0^2}{2} + \frac{kx_0^2}{2} = \frac{kA^2}{2}$$

解得

$$A = \frac{Mg}{k}\sqrt{1+\frac{2kh}{gM+gm}}$$

读者可以进一步计算此振动系统的角频率和初相，写出其振动方程。

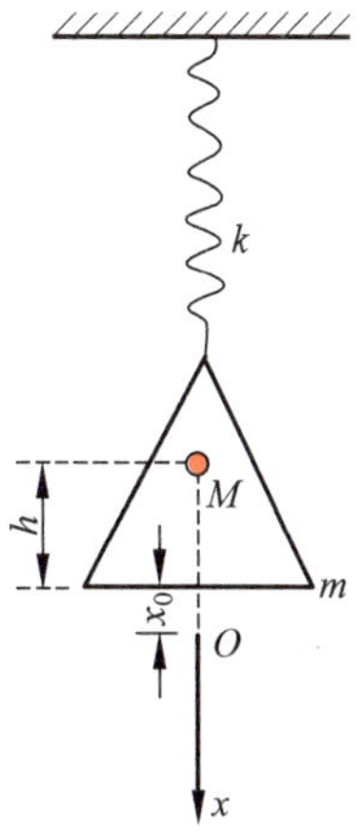

图 5-12 例 5-8 图

5.2 振动的合成

在实际问题中，一个质点往往会同时参与两个或更多的振动。例如：悬挂在颠簸的船舱中的钟摆，LC 电路在固有振荡的同时又通过互感接受了邻近电路的电磁振荡，两列声波同时传到人耳的鼓膜，多束光一齐射到人眼的视网膜等。这时，质点的运动就是两个或更多的振动的合运动。本节将从叠加原理出发讨论振动的合成。

5.2.1 同方向的简谐振动的合成

1. 同方向、同频率简谐振动的合成

假设一个质点同时参与两个在同一直线上、同频率的简谐振动，这两个简谐振动分别表示为

$$x_1 = A_1\cos(\omega t+\varphi_1)$$
$$x_2 = A_2\cos(\omega t+\varphi_2)$$

式中，A_1、A_2 和 φ_1、φ_2 分别为两个简谐振动的振幅和初相，x_1、x_2 表示在同一直线上、相对同一平衡位置的位移。在任意时刻合振动的位移为

$$x = x_1 + x_2$$

下面用旋转矢量法来求这两个简谐振动的合振动。如图 5-13 所示，矢量 $\boldsymbol{A}_1$ 和 $\boldsymbol{A}_2$ 分别表示上述两个简谐振动所对应的旋转矢量，由平行四边形法则可以作出其合矢量 $\boldsymbol{A}$。由于 $\boldsymbol{A}_1$ 和 $\boldsymbol{A}_2$ 的模不变，而且它们以相同角速率 ω 匀速旋转，所以在旋转过程中平行四边形的形状不变。这样，合矢量 $\boldsymbol{A}$ 的模也不变，合矢量 $\boldsymbol{A}$ 也以相同的角速度 ω 匀速旋转。由此可知，

同方向同频率的两个简谐振动的合振动依然是与分振动同方向同频率的简谐振动。

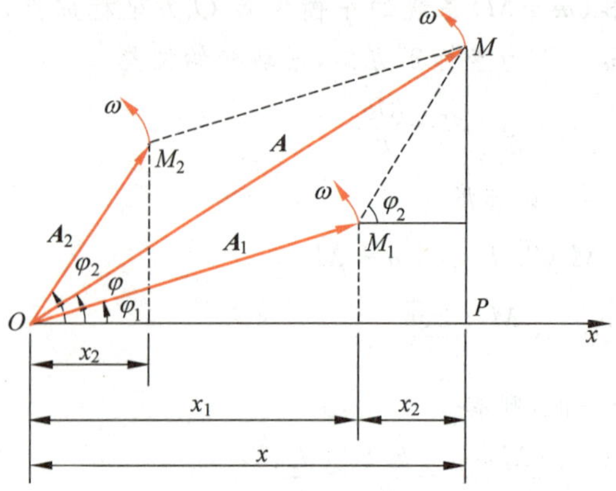

图 5-13　两个同方向、同频率简谐振动的合成

由余弦定理可求得合振动的振幅

$$A = \sqrt{A_1^2 + A_2^2 + 2A_1A_2\cos(\varphi_2 - \varphi_1)} \tag{5-17}$$

利用直角三角形 OMP 可求得合振动的初相

$$\varphi = \arctan\frac{A_1\sin\varphi_1 + A_2\sin\varphi_2}{A_1\cos\varphi_1 + A_2\cos\varphi_2}$$

式(5-17)说明，当 A_1 和 A_2 一定时，合振动的振幅取决于两分振动的相位差 $\Delta\varphi=\varphi_2-\varphi_1$。下面两种特殊情况具有十分重要的意义

(1) 当 $\Delta\varphi=\pm 2k\pi, k=0,1,2,3,\cdots$ 时

$$A = \sqrt{A_1^2 + A_2^2 + 2A_1A_2} = A_1 + A_2$$

即两分振动同相时，合振动振幅最大。

(2) 当 $\Delta\varphi=\pm(2k+1)\pi, k=0,1,2,3,\cdots$ 时

$$A = \sqrt{A_1^2 + A_2^2 - 2A_1A_2} = |A_1 - A_2|$$

即两分振动反相时，合振动的振幅最小。当 $A_1=A_2$ 时，$A=0$，说明两个同幅反相的分振动的合成结果将使质点处于静止状态。

当相位差 $\varphi_2-\varphi_1$ 为其他值时，合振动的振幅在 A_1+A_2 与 $|A_1-A_2|$ 之间。

在求由两个以上的同方向同频率的简谐振动的合成时，可以使用多边形法则，下面讨论一个特例。

【例 5-9】 一个质点同时参与 n 个同方向、同频率的简谐振动，这 n 个简谐振动的振幅相同、初相依次增加 ϕ，求合振动的振动方程。

解 设题中 n 个简谐振动的振动方程为

$$x_1 = a\cos\omega t$$
$$x_2 = a\cos(\omega t + \phi)$$
$$x_3 = a\cos(\omega t + 2\phi)$$
$$\vdots$$
$$x_n = a\cos[\omega t + (n-1)\phi]$$

由多边形法则可作出合振动的旋转矢量 $\boldsymbol{A}$，如图 5-14 所示。由于各分振动的旋转矢量的模相等，而且它们依次转过相同的角度 ϕ，所以它们将构成正多边形的一部分。设正多边形的外接圆心为 C，半径为 R，可以证明，每个分振动的旋转矢量所对应的圆心角等于 ϕ，而合振动的旋转矢量对应的圆心角为 $n\phi$。这样合振动与各分振动的振幅分别为

$$A = 2R\sin(n\phi/2)$$

$$a = 2R\sin(\phi/2)$$

两式相除，求得合振动的振幅

$$A = a\frac{\sin(n\phi/2)}{\sin(\phi/2)}$$

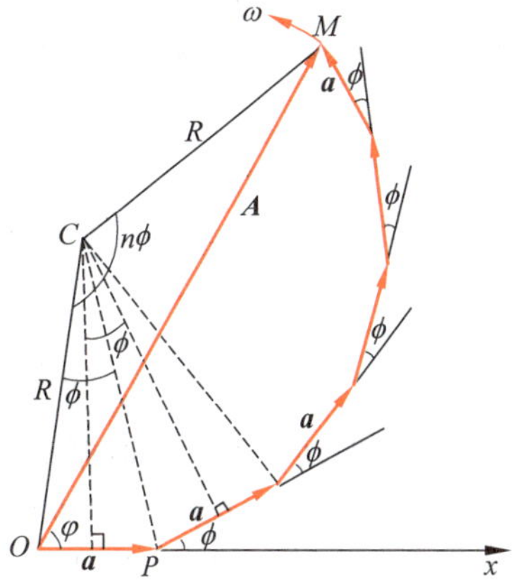

图 5-14　n 个同方向、同频率简谐振动的合成

由图 5-14 可求出合振动的初相 φ

$$\varphi = \angle COP - \angle COM = \frac{(\pi-\phi)}{2} - \frac{(\pi-n\phi)}{2} = \frac{(n-1)\phi}{2}$$

于是，合振动的振动方程为

$$x = A\cos(\omega t+\varphi) = a\frac{\sin(n\phi/2)}{\sin(\phi/2)}\cos\left(\omega t + \frac{n-1}{2}\phi\right)$$

当各分振动同相，即 $\phi=\pm 2k\pi, k=0,1,2,3,\cdots$ 时，各分振动的旋转矢量在同一直线上、方向相同，合振动振幅最大，$A=na$。

当各分振动的初相差 $\phi=\dfrac{2k'\pi}{n}$（k' 为不等于 n 的整数）时，各分振动的旋转矢量将构成一个闭合的正多边形，合振动振幅 $A=0$。

以上结论在分析波动光学的干涉和衍射现象时要用到。

2. 同方向、不同频率简谐振动的合成

设有两个同方向、不同频率的简谐振动

$$x_1 = A_1\cos(\omega_1 t+\varphi_1)$$

$$x_2 = A_2\cos(\omega_2 t+\varphi_2)$$

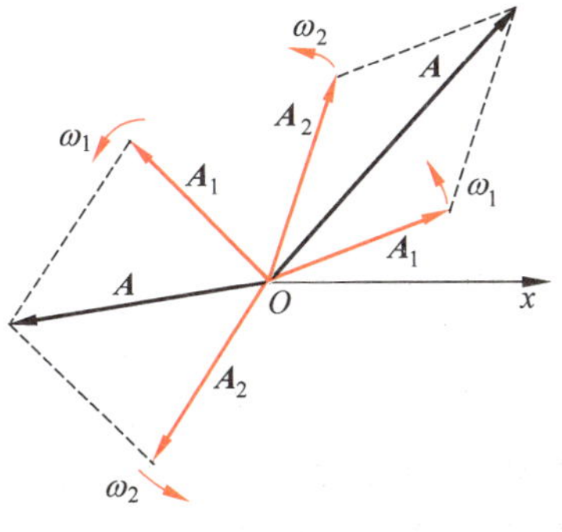

图 5-15　同方向、不同频率的简谐振动的合成

在图 5-15 中，以旋转矢量 $\boldsymbol{A}_1$ 和 $\boldsymbol{A}_2$ 表示这两个简谐振动，其合振动的旋转矢量为 $\boldsymbol{A}$。显然，由于 $\boldsymbol{A}_1$ 和 $\boldsymbol{A}_2$ 旋转的角速度 $\omega_1\neq\omega_2$，在旋转过程中，$\boldsymbol{A}_1$ 和 $\boldsymbol{A}_2$ 间的夹角随时间变化，使得合矢量 $\boldsymbol{A}$ 的模（即合振动的振幅）也随时间变化。于是，$\boldsymbol{A}$ 的端点在 x 轴上的投影 x 与时间 t 的函数关系不再是简单的正弦或余弦关系。也就是说，合振动不再是简谐振动。

为简单起见，设两个分振动的振幅相同：$A_1=A_2=A$。由于 $\omega_1\neq\omega_2$，两个分振动的旋转矢量总有

机会在旋转矢量图中重合，把两个旋转矢量重合的时刻作为计时起点，那么两个分振动的初相相等：$\varphi_1=\varphi_2=\varphi$。这样，两个分振动的表达式可以写为

$$x_1 = A\cos(\omega_1 t+\varphi)$$

$$x_2 = A\cos(\omega_2 t+\varphi)$$

可以用解析法求出合振动的振动方程为

$$\begin{aligned} x &= x_1 + x_2 = A\cos(\omega_1 t+\varphi) + A\cos(\omega_2 t+\varphi) \\ &= 2A\cos\left[\frac{(\omega_2-\omega_1)t}{2}\right]\cos\left[\frac{(\omega_2+\omega_1)t}{2}+\varphi\right] \end{aligned} \tag{5-18}$$

显然合振动不再是简谐振动。式(5-18)中出现了两个呈周期性变化的因子，由于$\omega_2-\omega_1<\omega_2+\omega_1$，一般两个因子的频率相差较大，尤其是在$\omega_2$和$\omega_1$的值都很大，而且差值很小时，$\omega_2-\omega_1\ll\omega_2+\omega_1$，第一个因子的数值变化比第二个因子慢得多，以至于在某一个较短的时间内，第二个因子已经重复变化了很多次而第一个因子变化不大。这样，由式(5-18)决定的运动可以看成是振幅为$|2A\cos[(\omega_2-\omega_1)t/2]|$(因为振幅总为正，所以取绝对值)、角频率为$(\omega_2+\omega_1)/2$的近似简谐振动。之所以称为近似简谐振动，是因为其振幅随时间呈周期性变化，振幅的这种周期性变化使得振动出现时强时弱的现象，这种现象称为拍。

单位时间内合振动加强或减弱的次数叫拍频，记作ν。拍频的值可以由振幅公式$|2A\cos[(\omega_2-\omega_1)t/2]|$求出。因为余弦函数的绝对值在余弦函数的一个周期内两次达到最大值，所以振幅$|2A\cos[(\omega_2-\omega_1)t/2]|$的频率应该是振动$\cos[(\omega_2-\omega_1)t/2]$的频率的两倍。即拍频$\nu$为

$$\nu = 2\times\frac{1}{2\pi}\left(\frac{\omega_2-\omega_1}{2}\right)=\frac{\omega_2}{2\pi}-\frac{\omega_1}{2\pi}=\nu_2-\nu_1 \tag{5-19}$$

上式表明，拍频等于两个分振动的频率之差。只有当两个分振动的频率接近、拍频较小(即单位时间内振动加强或减弱的次数较少)时，拍现象才能够清晰地表现出来。

图5-16给出了角频率分别为ω_1和ω_2的两个分振动同时输入双踪示波器时出现的拍现象。

从图中可以看到，合振动仿佛是两个紧密附着在一起的振动：高频振动的曲线被低频振动的曲线包络。

拍现象还可以通过其他实验来显示。取两个完全相同的音叉，在其中的一个音叉上固接一个小物体，这样，两音叉的固有频率就稍有差异。如果用小锤敲击这两个音叉，两个音叉产生的振动在空间叠加，我们就能听到时高时低的嗡嗡声，这种声音叫做“拍音”。

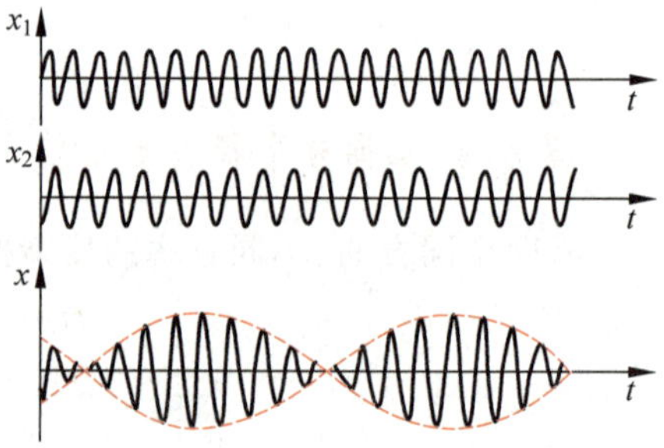

图 5-16　拍的现象

拍现象在声学、电子学、通讯技术等方面有着广泛的应用，外差式、超外差式收音机，差频振荡器等都是利用了拍的原理。例如利用标准音叉校准钢琴，当钢琴产生的振动的频率与音叉产生的振动的标准频率有微小差别时，两个振动叠加后就会产生拍音。调整钢琴直到拍音消失，就校准了钢琴的一个琴音。又如，由于多普勒效应(后面将会学到)，从运动物体反射回来的电磁波的频率，相对入射电磁波的频率有微小的变化，通过测量反射波与入射

波引起的振动叠加后形成的拍的拍频，就可以推算出运动物体的速度，用这种方法测得的结果精确度非常高。

综上所述，可以得出结论：同方向、振幅相同而频率不同的两个振动的合振动是一个振幅被调制的振动，其角频率为两个分振动的平均角频率$(\omega_2+\omega_1)/2$，振幅为$|2A\cos[(\omega_2-\omega_1)t/2]|$。这个结论适合于任意的$\omega_1$和$\omega_2$值。特殊情况下，当$\omega_1/\omega_2$可以化为整数比时，合振动有严格的周期性。一般情况下，合振动可能是非周期性的。这就是说，一个非周期性的振动可视为是由简谐振动叠加而成的，这就为研究非周期性的振动提供了一条途径。

*5.2.2 互相垂直的简谐振动的合成

1. 两个同频率互相垂直的简谐振动的合成

设两个分振动的频率相同、振动方向互相垂直

$$x=A_1\cos(\omega t+\varphi_1)$$
$$y=A_2\cos(\omega t+\varphi_2)$$

由以上两式消去t，可以得到合振动的轨道方程

$$\frac{x^2}{A_1^2}+\frac{y^2}{A_2^2}-\frac{2xy}{A_1A_2}\cos(\varphi_2-\varphi_1)=\sin^2(\varphi_2-\varphi_1) \tag{5-20}$$

一般说来，这是一个椭圆方程。下面我们分几种情况讨论。

(1) $\Delta\varphi=\varphi_2-\varphi_1=\pm2k\pi, k=0,1,2,3,\cdots$，两个分振动同相。这时合振动的轨道为

$$\frac{x}{A_1}-\frac{y}{A_2}=0$$

这说明振动质点的运动轨道是一条通过坐标原点斜率为A_2/A_1的直线，如图5-17所示。合振动也是简谐振动，频率与分振动相同，振幅为$\sqrt{A_1^2+A_2^2}$。

(2) $\Delta\varphi=\varphi_2-\varphi_1=\pm(2k+1)\pi, k=0,1,2,3,\cdots$，两个分振动反相。这时合振动的轨道方程为

$$\frac{x}{A_1}+\frac{y}{A_2}=0$$

说明质点的运动轨道是一条通过坐标原点，斜率为$-A_2/A_1$的直线，如图5-18所示。合振动也是简谐振动，频率与分振动相同，振幅为$\sqrt{A_1^2+A_2^2}$。

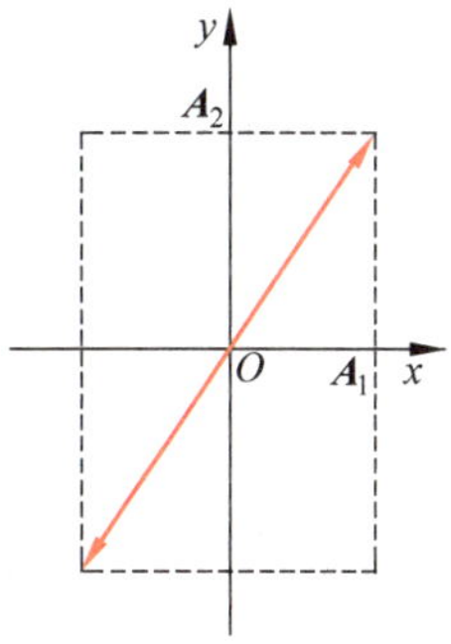

图5-17 相位差为$\Delta\varphi=\pm2k\pi$的两个同频率互相垂直的简谐振动的合成

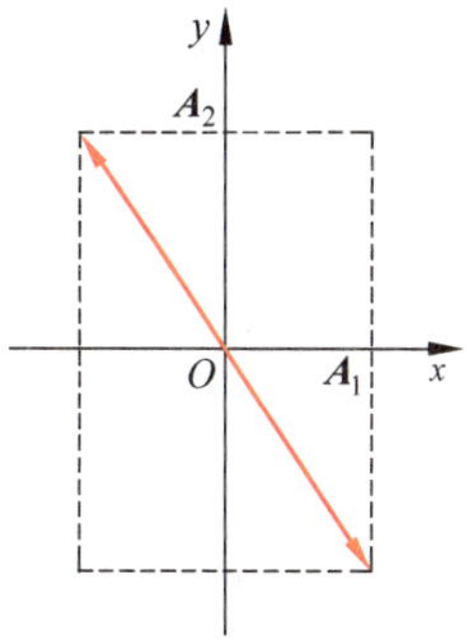

图5-18 相位差为$\Delta\varphi=\pm(2k+1)\pi$的两个同频率互相垂直的简谐振动的合成

(3) $\Delta\varphi=\varphi_2-\varphi_1=\pm 2k\pi+\frac{\pi}{2}$, $k=0,1,2,3,\cdots$, y 方向的振动超前 x 方向的振动 $\pi/2$。这时合振动的轨道方程为

$$\frac{x^2}{A_1^2}+\frac{y^2}{A_2^2}=1$$

质点的运动轨道是一个以坐标轴为主轴的椭圆。运用旋转矢量法作图，可知该椭圆运动是沿顺时针方向（右旋）进行的，如图 5-19 所示。

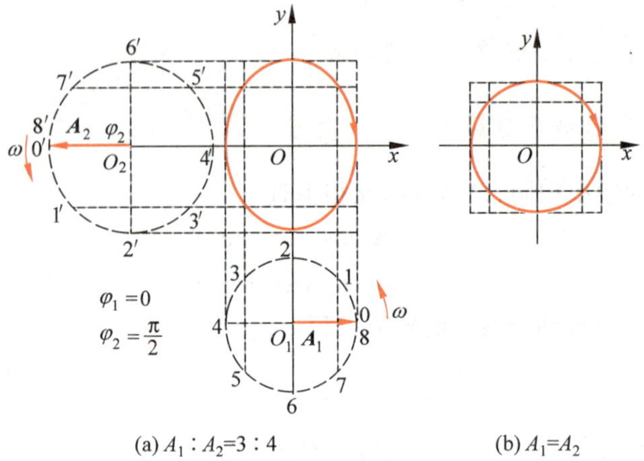

图 5-19 相位差为 $\Delta\varphi=\frac{\pi}{2}$ 的两个同频率互相垂直的简谐振动的合成

(4) $\Delta\varphi=\varphi_2-\varphi_1=\pm 2k\pi-\frac{\pi}{2}$, $k=0,1,2,3,\cdots$, y 方向的振动落后 x 方向的振动 $\pi/2$。这时合振动的轨道方程为

$$\frac{x^2}{A_1^2}+\frac{y^2}{A_2^2}=1$$

质点的运动轨道与(3)中相同，由旋转矢量法作图，可知质点沿椭圆轨道的运动方向是逆时针（左旋）的。

在(3)和(4)两种情形中，若两个分振动振幅相等，即 $A_1=A_2$，则椭圆运动成为圆周运动。

(5) $\Delta\varphi=\varphi_2-\varphi_1$ 为其他值，质点的合振动轨道一般为椭圆，其长短轴的大小和方向、质点沿轨道旋转的方向取决于两个分振动振幅的大小和相位差。图 5-20 是用旋转矢量法作出 $\Delta\varphi=\pi/4$ 时的情况。图 5-21 中画出了 $\Delta\varphi$ 逐渐增大时的合振动轨道。

2. 两个不同频率互相垂直的简谐振动的合成

下面再看两个振动频率不同的情况。在这种情况下，合振动的情况十分复杂。但是，如果两个振动的频率成简单整数比，合振动具有严格的周期性，有稳定、封闭的轨道，我们称这样的轨道为李萨如图形。将两个垂直振动输入示波器，可以观察到各种频率比的李萨如图形，如图 5-22 所示。分析这些图形，可以得到一种简单关系

$$\frac{\omega_x}{\omega_y}=\frac{\nu_x}{\nu_y}=\frac{n_y}{n_x} \tag{5-21}$$

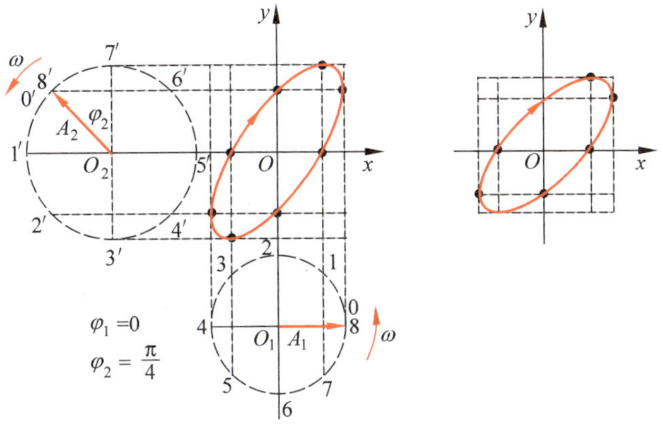

(a) $A_1:A_2=3:4$　　(b) $A_1=A_2$

图 5-20　相位差为 $\Delta\varphi=\pi/4$ 的两个同频率互相垂直的简谐振动的合成

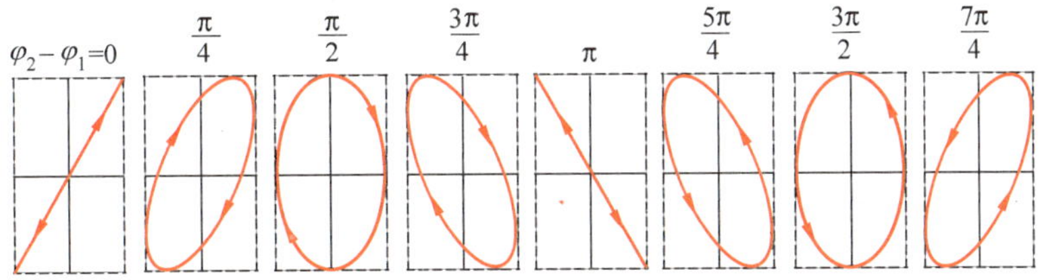

图 5-21　不同相差的两个同频率互相垂直的简谐振动的合成

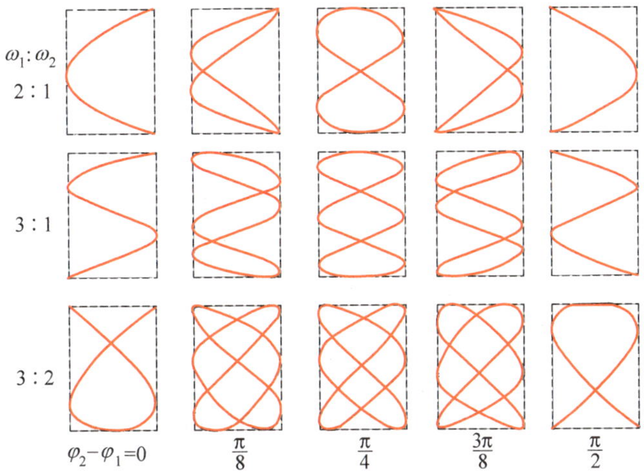

图 5-22　具有简单频率比不同相差的李萨如图

李萨如图形被约束在边长分别为 $2A_1$ 和 $2A_2$ 的矩形框内，式(5-21)中的 n_x、n_y 分别表示图形沿 x、y 方向与约束矩形框的一个框边接触的次数。于是，当一个分振动的频率已知时，利用 n_y/n_x，便可方便地求出另一个分振动的频率，这是一种常用的测定频率的方法。

*5.3 阻尼振动 受迫振动 共振

5.3.1 阻尼振动

前面讨论的简谐振动都是在不计能量损耗条件下的理想情况。实际上,弹簧振子、单摆、复摆这类机械振动系统在振动过程中不可避免地要受空气阻力等摩擦阻力作用。而在LC电路这类电磁振荡系统中,线圈和导线不可能完全没有电阻。所以,在振动过程中,机械能或电磁能总要逐渐转化为热能耗散掉。这样的能量损耗作用称为摩擦阻尼或电磁阻尼。另外,一个质点的机械振动要带动起邻近质点振动,电磁振荡要在周围空间产生变化的电场和磁场。所以,振动能量还要向周围辐射出去,这样的能量损耗作用称为辐射阻尼。由于这些阻尼,如果没有外来的能量补充(即自由振动),那么系统振动的振幅总要随时间逐渐减小,最后停止下来。这样的振动称为阻尼自由振动,也叫做减幅振动。

可以用等效阻力 f 来综合反映机械振动系统的各种阻尼。在振动速度不太大时,可以认为阻力 f 与速率 v 成正比。即

$$f=-\gamma v=-\gamma\frac{\mathrm{d}x}{\mathrm{d}t} \tag{5-22}$$

式中,γ 为阻力系数,由振动系统和介质的性质决定。于是,振动方程为

$$m\frac{\mathrm{d}^2x}{\mathrm{d}t^2}=-kx-\gamma\frac{\mathrm{d}x}{\mathrm{d}t}$$

令 $\omega_0^2=\frac{k}{m}$,$2\beta=\frac{\gamma}{m}$,代入上式,整理后可得

$$\frac{\mathrm{d}^2x}{\mathrm{d}t^2}+2\beta\frac{\mathrm{d}x}{\mathrm{d}t}+\omega_0^2x=0 \tag{5-23}$$

式中,ω_0 是无阻尼情况下振动系统的固有频率,它由振动系统的性质决定;β 称为阻尼系数。

对于确定的振动系统,根据阻尼大小的不同,由式(5-23)可解出三种可能的运动情况。

(1) 若 $\beta<\omega_0$,则

$$x=A_0\mathrm{e}^{-\beta t}\cos(\omega t+\varphi_0) \tag{5-24}$$

式中 A_0 和 φ_0 是由初始条件决定的积分常数,$A_0\mathrm{e}^{-\beta t}$ 反映出阻尼对振幅的影响,说明振幅随时间按指数规律衰减。而

$$\omega=\sqrt{\omega_0^2-\beta^2} \tag{5-25}$$

严格地说,这时的振动已不是周期运动,通常称为准周期运动,而将相邻的两个振动位移极大值的时间间隔称为周期,其大小为

$$T=\frac{2\pi}{\omega}=\frac{2\pi}{\sqrt{\omega_0^2-\beta^2}}$$

同无阻尼振子的固有周期 $\frac{2\pi}{\omega_0}$ 相比,可知阻尼使振子的周期变长,振动变慢。我们把这种阻尼较小的振动称为欠阻尼运动,其位移-时间曲线如图5-23所示。

(2) 若 $\beta>\omega_0$,则方程(5-23)的解是双曲正弦函数或双曲余弦函数。这种情况下的运动是非振动性的,系统从最大位移处缓慢地移向平衡位置,但尚未到达平衡位置时,其能量就

已经耗散完毕，所以只有当 $t\to\infty$ 时，系统才能回到平衡位置，这种运动称为过阻尼运动。

(3) $\beta=\omega_0$，这种情况介于上述两种情况之间，质点向平衡位置运动的速度较慢，能量消耗完毕时，质点恰好回到平衡位置，即质点回到平衡位置时的速度为零。这种运动称为临界阻尼运动。图 5-24 对三种阻尼的情况进行了比较。

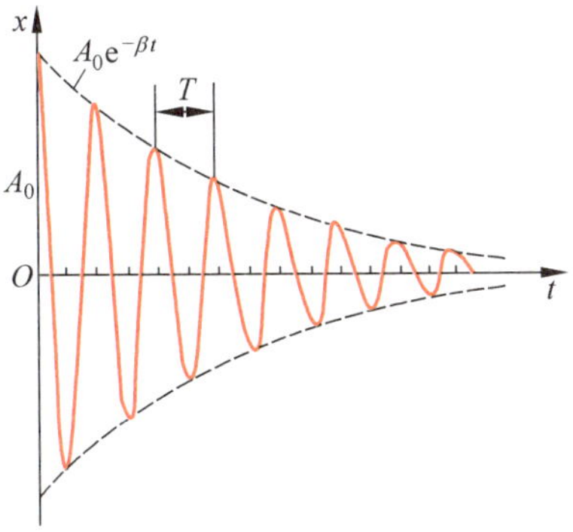

图 5-23 欠阻尼振动

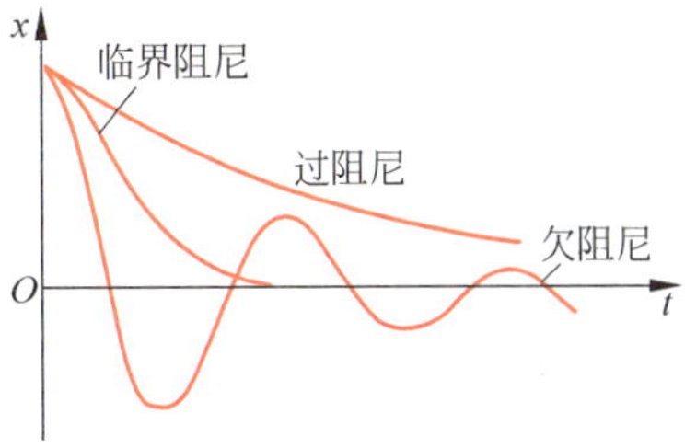

图 5-24 三种阻尼的比较

在实际过程中，可以根据需要，采用不同的方法来调整阻尼的大小。例如，用润滑剂减小某些振动部件的摩擦阻尼；用天线来加大无线电台的辐射阻尼，使之发射更多的能量；在使用灵敏电流计等仪表时，为了很快取得稳定读数，就要使指针的偏转系统尽量处于临界阻尼状态。

5.3.2 受迫振动 共振

由于实际过程中不可避免地存在阻尼，一切阻尼振动最后都要停止下来，要使振动能持续下去，必须对系统施加持续的周期性外力，使其因阻尼而损失的能量得到不断的补充。系统在周期性外力作用下发生的振动叫受迫振动，而周期性的外力又称为驱动力。实际发生的许多振动都属于受迫振动，如扬声器纸盆在音圈带动下的振动，电磁波的周期性电磁场力使天线上电荷产生的振动等。

最简单的情况是外力 F 随时间按简谐振动规律变化

$$F=F_0\cos\omega t \tag{5-26}$$

式中，F_0 为驱动力的幅值；ω 为驱动力的角频率。假设系统在弹性力、阻力以及驱动力的作用下振动，其动力学方程为

$$m\frac{\mathrm{d}^2x}{\mathrm{d}t^2}=-kx-\gamma\frac{\mathrm{d}x}{\mathrm{d}t}+F_0\cos\omega t$$

令 $\omega_0^2=\dfrac{k}{m}$，$2\beta=\dfrac{\gamma}{m}$，$h=\dfrac{F_0}{m}$，上式成为

$$\frac{\mathrm{d}^2x}{\mathrm{d}t^2}+2\beta\frac{\mathrm{d}x}{\mathrm{d}t}+\omega_0^2x=h\cos\omega t \tag{5-27}$$

在阻尼较小的情况下，上述微分方程的解

$$x=A_0\mathrm{e}^{-\beta t}\cos\left(\sqrt{\omega_0^2-\beta^2}\,t+\varphi_0\right)+A\cos(\omega t+\varphi) \tag{5-28}$$

式(5-28)说明受迫振动由两个分振动组成。式中第一项表示欠阻尼自由振动，是一个

减幅振动。第二项表示一个与周期性外力频率相同的稳定的等幅振动。经过不太长的时间，第一个分振动衰减到可以忽略不计，只剩下由第二项表示的按外力频率进行的稳定等幅振动。

在稳定状态下，受迫振动可以表示为

$$x = A\cos(\omega t + \varphi) \tag{5-29}$$

将上式代入式(5-27)，可以得到

$$A = \frac{h}{\sqrt{(\omega_0^2 - \omega^2)^2 + 4\beta^2\omega^2}} \tag{5-30}$$

$$\varphi = \arctan\left(\frac{-2\beta\omega}{\omega_0^2 - \omega^2}\right) \tag{5-31}$$

这个结果说明受迫振动的振幅与驱动力的力幅、频率、系统的固有频率及阻尼情况均有关。

将式(5-30)对 ω 求导并令 $\frac{dA}{d\omega}=0$，可以解得振幅 A 为极大值时所对应的角频率

$$\omega_r = \sqrt{\omega_0^2 - 2\beta^2} \tag{5-32}$$

相应的最大振幅为

$$A_r = \frac{h}{2\beta\sqrt{\omega_0^2 - \beta^2}} \tag{5-33}$$

当驱动力的角频率 $\omega=\omega_r$ 时，稳定受迫振动的振幅 A 最大的现象叫做位移共振。共振频率 ω_r 一般不等于系统的固有频率 ω_0，只有当阻尼很小时，共振频率才接近固有频率，这时的振幅将趋于无穷大，系统发生强烈的共振。

将式(5-29)对时间求导，可以得到稳定受迫振动的振动速度为

$$\begin{aligned} v &= \frac{dx}{dt} = -A\omega\sin(\omega t + \varphi) = A\omega\cos\left(\omega t + \varphi + \frac{\pi}{2}\right) \\ &= v'\cos(\omega t + \varphi') \end{aligned}$$

式中

$$v' = A\omega = \frac{h\omega}{\sqrt{(\omega_0^2 - \omega^2)^2 + 4\beta^2\omega^2}} \tag{5-34}$$

$$\varphi' = \varphi + \frac{\pi}{2} = \arctan\left(\frac{\omega_0^2 - \omega^2}{2\beta\omega}\right) \tag{5-35}$$

将式(5-34)对 ω 求导，并令 $\frac{dv'}{d\omega}=0$，可以解得速度振幅 v 为极大值时所对应的角频率

$$\omega_v = \omega_0$$

相应的最大速度振幅为

$$v_{\max} = \frac{h}{2\beta}$$

当驱动力的角频率 $\omega=\omega_v=\omega_0$ 时，稳定受迫振动的速度振幅达到最大的现象叫做速度共振。

从上面的讨论可知，当驱动的角频率 $\omega=\omega_r$ 时发生位移共振，而当 $\omega=\omega_v$ 时发生速度共振。在弱阻尼情况下 $\beta \ll \omega_0$，于是 $\omega_r=\omega_v=\omega_0$，我们不必再区分两种共振(图 5-25)。这时，由式(5-31)和式(5-35)可知 $\varphi=-\frac{\pi}{2}$，$\varphi'=0$。即振动速度与驱动力同相，因而驱动力总是

对系统做正功，系统能最大限度地从外界得到能量，这就是共振时振幅最大的原因。

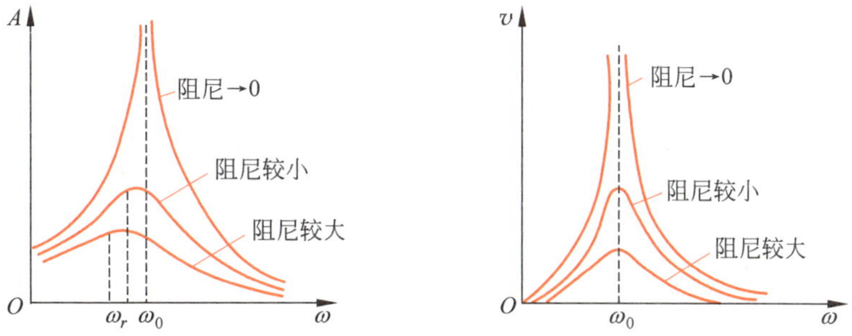

(a) 位移共振　　(b) 速度共振

图 5-25　位移共振和速度共振

在近代物理学中，共振的概念已被推广，凡是有能量交换的系统，在某状态下能使能量交换达到最大，就称为共振。

共振现象的应用极为普遍。收音机利用电磁共振来选台，乐器利用共鸣来提高音响效果。核磁共振用于物质结构研究及医疗诊断。而在桥梁、建筑、机械的设计和机器的安装中则应使系统的固有频率远离可能发生的周期性外力的频率，以避免共振产生的破坏。1940 年 7 月 1 日，美国的塔克玛斜拉大桥就是在大风下因共振而断塌，如图 5-26 所示。

图 5-26　大桥断塌

5.4 平面简谐波

波动是物质运动的普遍形式之一。我们听到的声音来自声源所发射而在大气中传播的声波；我们看到的阳光来自太阳所发射而在太空中传播的电磁波。其他存在于人们周围的波动还有水波、弦波、地震波等。可以说，人类是生活在波动的世界里。

下面以机械波为例，讨论波动的现象和规律。

5.4.1 机械波的产生与描述

1. 产生机械波的条件

当某个物体作机械振动时，如果它是孤立的，周围没有任何介质，那么，它的振动是传不出去的。如果该物体在介质中振动，情况就完全不同了。在弹性介质中，各个质元间是以弹性力相互联系着的。当介质中某个质元因受外界扰动而离开其平衡位置时，在它周围的质元就将对它产生弹性力，使之回到平衡位置，并在平衡位置附近作振动。与此同时，该质元周围的其他质元也受到该质元的作用力，从而离开各自的平衡位置振动起来。因此，介质中一个质元的振动会引起邻近质元的振动,邻近质元的振动又会引起较远质元的振动。这样,振动就以一定的速度由近及远地向各个方向传播出去,形成机械波,图 5-27 表示了弹性棒中机械波的形成过程。由此可见,机械波的产生,首先要有作机械振动的物体,这就是“波源”;其次要有能够传播这种振动的弹性介质。

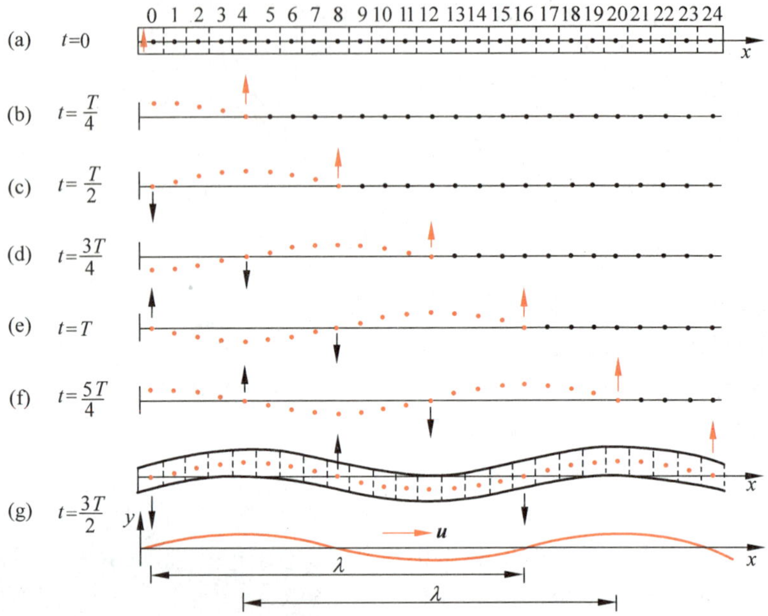

图 5-27 弹性棒中机械波的形成过程

2. 横波和纵波

在波动的研究中,我们看到,介质中各质元并不随波前进,各个质元只是在各自的平衡位置附近作振动。如图 5-27 所示,由于各质元开始振动的时刻不同,因此各质元的振动并不同步。我们把振动在介质中的传播速度叫做波速。波速和质元的振动速度含义不同,不要把两者混淆起来。通常,按质元振动方向和波传播方向上的关系,可以把机械波分为横波和纵波两类。如果质元的振动方向和波的传播方向相互垂直,这种波叫横波。例如拉紧一根绳子,使其一端作垂直于绳子的振动,这种振动沿着绳子向另一端传播,在绳子上出现高低起伏的波形,这就是横波,如图 5-28 所示。如果质元的振动方向和波的传播方向相互平行,这种波叫做纵波。例如,波动在弹簧中传播时,弹簧上各部分质元的振动位移方向与波的传播方向就是平行的,致使弹簧上出现疏密相间的波形,这就是纵波,如图 5-29 所示。在空气中传播的声波也是纵波。

横波和纵波是两种最简单的波。各种复杂的波都可由纵波和横波叠加而成。例如,水面波就是因重力和表面张力的作用而形成的纵波和横波的叠加波。当一列波沿水面传播时,水质元一方面沿波的传播方向发生位移,同时又受重力和表面张力的作用,在竖直方向也有位移。结果使得每个水质元都在包含波的传播方向的竖直平面内作圆周运动,如图 5-30 所示。这样,水面就出现高低起伏,而水质元之间也出现疏密相间。实际上水面下每个水质元的水平振动和垂直振动的振幅都是随水的深度而改变的，因此水面波有浅水波与深水波之分。

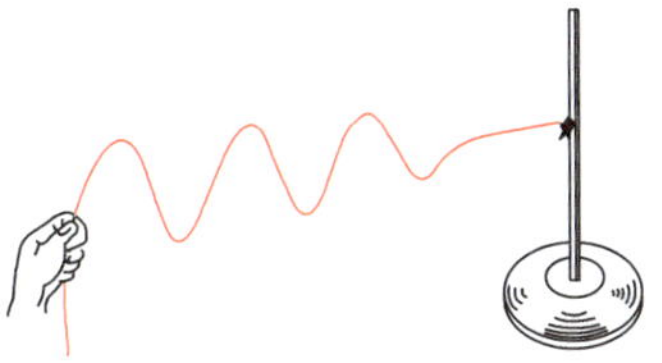

图 5-28　绳索上的横波

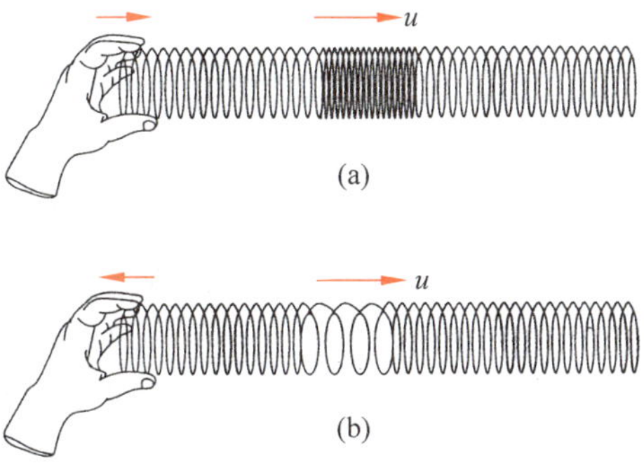

图 5-29　长弹簧上的纵波

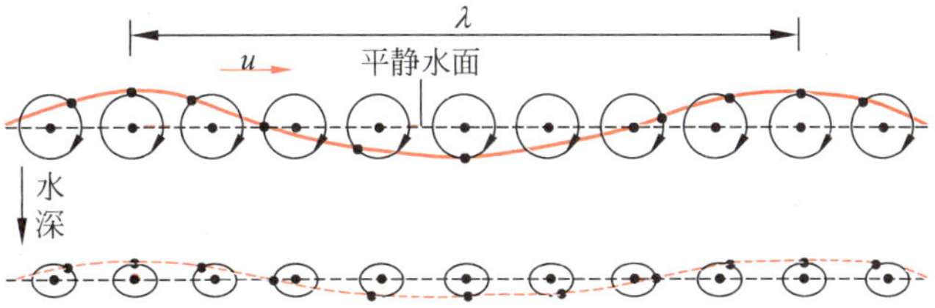

图 5-30　水波中水质元的运动

3. 波动的几何描述

波从波源出发，在介质中向各个方向传播，波的传播方向叫做波线或波射线。在某一时刻，由波动到达的各点所组成的曲面叫做波面。离波源最远亦即在“最前面”的那个波面叫做波前。根据波面的定义，所谓波动到达的各点，具体地说，就是某个振动状态所到达的各点，既然振动状态是用相位描述的，那么，波面上各点的相位必然是相同的，亦即波面是个同相面。波面的形状决定波的类型，波面为平面时叫做平面波(见图 5-31)，波面为球面时叫做球面波(见图 5-32)。在各向同性介质中，波线总是垂直于波面的，平面波的波线是垂直波面的平行直线，球面波的波线是以波源为中心的径向直线。

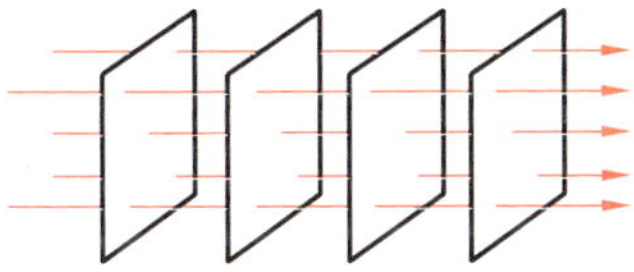

图 5-31　平面波波面

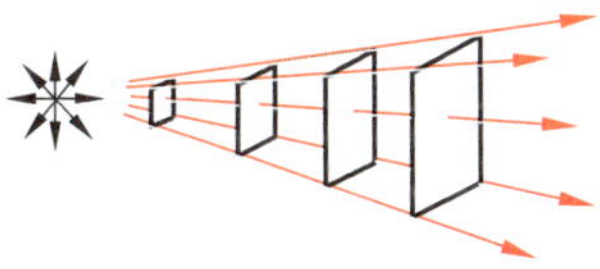

图 5-32　球面波波面

4. 描述波特性的几个物理量

(1) 波速

波在介质中的传播速度叫波速，用 u 表示。由于波是振动状态的传播过程，振动的产生离不开弹性和惯性这两个条件，只有弹性介质才能传播波动，所以机械波的波速决定于介质的惯性和弹性，具体地说，波速决定于介质的密度和弹性模量。在各向同性的均匀固体介质中，横波和纵波的波速分别为

$$u=\sqrt{\frac{G}{\rho}}\text{（横波）},\quad u=\sqrt{\frac{E}{\rho}}\text{（纵波）}\tag{5-36}$$

式中 G 和 E 分别为介质的切变模量和弹性模量，ρ 为介质的体密度。如，声波在空气（标准状态下）中的波速为 331 m/s，在水中的波速为 143 m/s，在玻璃中的波速为 349 m/s。

波动过程实际上是波线上各个质元重复波源振动的过程，当波源振动一个周期 T，则距离为 uT 的质元就开始重复 T 秒前波源的振动。一般来说，t 时刻在 x_1 处质元的振动状态和 $t+\Delta t$ 时刻在 $x_2=x_1+u\Delta t$ 处质元的振动状态相同。或者说，x_2 处质元在 $t+\Delta t$ 时刻与 x_1 处质元在 t 时刻的相位相同。所以，波速表示波源的振动状态或振动相位在空间传播的快慢，因而通常也称波速为相速。

(2) 波长和频率

波动传播时，同一波线上两个相邻的同相质元之间的距离，即一个“完整波”的长度，叫做波长，用 λ 表示。波传过一个波长距离所需的时间，或一个完整的波形通过波线上同一点所需的时间，叫做周期 T，它与质元的振动周期相等。周期的倒数 $\nu=1/T$ 叫做频率，其单位为 Hz（赫[兹]）。频率是单位时间内通过波线上同一点的“完整波”的数目，或单位时间内质元完成全振动的次数。波速 u、波长 λ 及周期 T 之间的关系为

$$u=\frac{\lambda}{T}\tag{5-37}$$

而波速、波长及频率之间的关系为

$$u=\lambda\nu\tag{5-38}$$

应该注意，在讨论弹性波的传播时，要假设介质是连续的。因为当波长远大于介质分子之间的距离时，介质中一个波长的距离内，有无数个分子在陆续振动，宏观上看介质是连续的。如果波长等于或小于分子间距离的数量级时，相距为一个波长的两个分子之间，不再存在其他分子，就不能认为介质是连续的，这时介质也就不能传播弹性波了。高度真空中分子间的距离极大，不能传播声波，就是由于这样的原因。

【例 5-10】 频率为 3000 Hz 的声波，以 1560 m/s 的传播速度沿一波线传播，经过波线上的 A 点后再经 13 cm 传到 B 点。求 B 点的振动比 A 点落后的时间，落后多少个波长和周期？声波在 A、B 两点振动时的相位差是多少？又设质点振动的振幅为 1 mm，求振动速度是否与传播速度相等？

解

波的周期

$$T=\frac{1}{\nu}=\frac{1}{3000}(\text{s})$$

波长

$$\lambda=uT=\frac{1560}{3000}=0.52(\text{m})$$

B 点比 A 点落后的时间为 $\Delta t=\frac{\Delta x}{u}=\frac{0.13}{1560}=\frac{1}{12\,000}(\mathrm{s})$，即 $\frac{T}{4}$ 周期。

B 点比 A 点落后的波长数为 $\frac{0.13}{0.52}\lambda=\frac{\lambda}{4}$，

相位差为 $\Delta\varphi=\omega\Delta t=\frac{2\pi}{T}\Delta t=\frac{\pi}{2}$。

振动速度的幅值为 $v_m=A\omega$，当振幅 $A=1$ mm 时，有

$$v_m=2\pi\times3000\times0.001=18.8(\mathrm{m/s})$$

振动速度是交变的，其幅值为 18.8 m/s，远小于波动的传播速度。

5.4.2 平面简谐波的波函数

波动是振动在介质中的传播。沿波的同一射线，不同位置的质元在不同的时刻有不同的振动位移。因此，各质元的位移应是该质元的平衡位置 x 和时间 t 的函数 $f(x,t)$，该函数的数学表达式叫做波函数（又称波动表达式）。

一般来说，介质中各个质元的振动情况是很复杂的，由此产生的波动也是很复杂的。当波源作简谐振动时，介质中各个质元也作简谐振动，其频率和波源的频率相同，振幅也与波源有关，这时的波叫做简谐波（余弦或正弦波）。简谐波是一种最简单最基本的波，任何复杂的波都可以看成是由若干个简谐波叠加而成的。本节讨论平面简谐波的波函数。平面简谐波在无吸收的均匀介质中传播时，振幅不随时间也不因距离波源的远近而改变。

1. 平面简谐波的波函数

平面简谐波在传播时，同相面（即波面）是一系列垂直于波线的平面，在每一个同相面上各点的振动状态完全一样。因此，在任取的一条波线上的各质元的振动状态就代表了整个波动的情况。

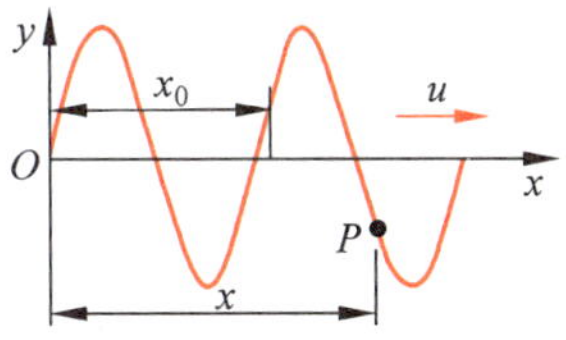

图 5-33

设平面简谐波沿 x 轴正方向传播，波速为 u。取任意一条波线为 x 轴，以纵坐标 y 表示 x 轴上各质元相对于平衡位置的振动位移，如图 5-33 所示。假设已知波线上某一点 x_0 的振动方程为

$$y(x_0,t)=A\cos(\omega t+\varphi)$$

对于 x 轴上任意一点 P 来说，振动从 x_0 传到 P 点需要时间 $\frac{x-x_0}{u}$，所以 P 点的振动比 x_0 点的振动落后一段时间 $\frac{x-x_0}{u}$，P 处质元在时刻 t 的位移等于 x_0 处质元在 $\left(t-\frac{x-x_0}{u}\right)$ 时刻的位移。因此，P 点振动方程为

$$y(x,t)=A\cos\left[\omega\left(t-\frac{x-x_0}{u}\right)+\varphi\right] \tag{5-39}$$

上式反映了在任意时刻 t、波线上任意位置 x 处的质元的位移，这就是沿 x 轴方向传播的平面简谐波的波函数。

如果平面简谐波沿 x 轴负方向传播。那么 P 处质元（图 5-33）振动比 x_0 点处质元早开

始一段时间，即 P 点处质元在时刻 t 的位移等于 x_0 点处质元在 $\left(t+\frac{x-x_0}{u}\right)$ 时刻的位移，所以 P 点处质元的振动方程，亦即沿 x 轴负向传播的平面简谐波的波函数为

$$y(x,t)=A\cos\left[\omega\left(t+\frac{x-x_0}{u}\right)+\varphi\right] \tag{5-40}$$

若 x_0 处为坐标原点，即 $x_0=0$，同时考虑到 $\omega=2\pi/T$，$uT=\lambda$，平面简谐波的波函数可以表示为

$$y(x,t)=A\cos\left[\omega\left(t\mp\frac{x}{u}\right)+\varphi\right] \tag{5-41}$$

或

$$y(x,t)=A\cos\left[\omega t\mp\frac{2\pi x}{\lambda}+\varphi\right] \tag{5-42}$$

或

$$y(x,t)=A\cos\left[2\pi\left(\frac{t}{T}\mp\frac{x}{\lambda}\right)+\varphi\right] \tag{5-43}$$

当波沿 x 轴正方向传播时，式中取减号；沿 x 轴负方向传播时，取加号。

可以证明，式(5-39)或式(5-40)都是微分方程 $\frac{\partial^2 y}{\partial x^2}=\frac{1}{u^2}\frac{\partial^2 y}{\partial t^2}$ 的解，这个微分方程称为平面波的波动方程。可以从数学上证明它是各种平面波(即不限于平面简谐波)所必须满足的微分方程式，它是物理学中最重要的方程之一。

2. 波函数的物理意义

下面我们进一步分析波函数的物理意义。

可以看出，在波函数中含有 x 和 t 两个变量。如果 x 给定，那么位移 y 只是 t 函数。这时函数 $y(t)$ 表示平衡位置在 x 处的质元在不同时刻 t 的位移，$y(t)$ 是该质元的振动方程。如果 t 给定，那么位移 y 只是 x 的函数。这时，函数 $y(x)$ 表示在给定时刻、波线上各个不同振动质元相对它们平衡位置的位移，它表示给定时刻的波形(指波峰和波谷或波密和波疏的分布情况)。

最后，如果 x 和 t 都在变化，那么波函数 $y(x,t)$ 表示波线上各个不同质元在不同时刻相对它们平衡位置的位移，更形象地说，波函数反映了波形的传播。如图 5-34 所示。图中实线表示 t_1 时刻的波形，虚线表示 $t_1+\Delta t$ 时刻的波形。在 t_1 时刻的波形上任取一点 A，在 $t_1+\Delta t$ 时刻的波形上取一点 B，使 A 和 B 两质元具有相同的位移和速度。若 A、B 两点的位置坐标分别为 x 和 $x+\Delta x$，则 A 点的相位为 $\left[\omega\left(t_1-\frac{x}{u}\right)+\varphi_0\right]$，

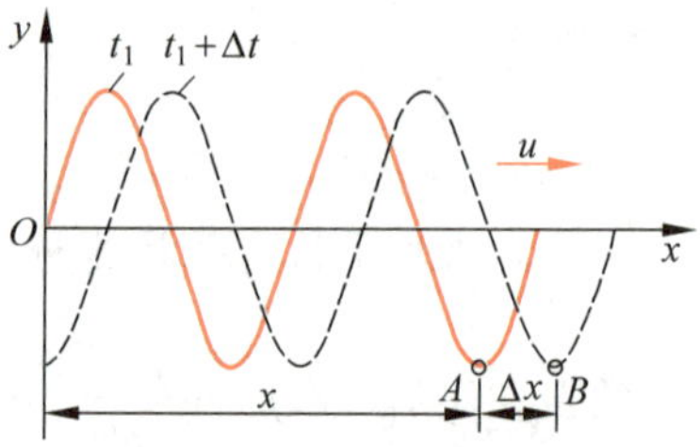

图 5-34　波的传播

B 点的相位为 $\left[\omega\left(t_1+\Delta t-\frac{x+\Delta x}{u}\right)+\varphi_0\right]$。由于 A、B 两点的位移和速度相同，所以它们的相位相同，即

$$\omega\left(t_1 - \frac{x}{u}\right) + \varphi_0 = \omega\left(t_1 + \Delta t - \frac{x + \Delta x}{u}\right) + \varphi_0$$

由此可得

$$\Delta x = u\Delta t$$

这就是说，在 Δt 时间内整个波形向前移动了 $u\Delta t$ 的距离，波速 u 是整个波形向前传播的速度。这种在空间行进的波称为行波。

【例 5-11】 一平面简谐波的波函数为：$y(x,t)=0.1\cos[2\pi(25t+x/20)+\pi/4]$(SI)。(1)求 u、λ、ν；(2)画出 $t=0$ 和 $t=T/8$ 时刻的波形图；(3)距原点 O 为 10 m 处质元的振动方程与振动速度表达式。

解 (1) 由波函数可知，波沿着 x 轴负方向传播，对比波动方程的标准形式

$$y(x,t) = A\cos\left[2\pi\left(\nu t + \frac{x}{\lambda}\right) + \varphi_0\right]$$

可得

$$\nu = 25(\text{Hz}), \quad \lambda = 20(\text{m})$$
$$u = \lambda\nu = 500(\text{m/s})$$

(2) 当 $t=0$ 时，波线上各个质元离开平衡位置的位移为

$$y(x) = 0.1\cos\left(\frac{\pi x}{10} + \frac{\pi}{4}\right)(\text{SI})$$

于是，便可画出此时的波形图，如图 5-35 中的实线所示。当 $t=T/8$，波形向左传播 $\lambda/8=2.5$ m 的距离，可以画出 $t=T/8$ 时波形图，如图 5-35 中的虚线所示。

(3) 距原点 O 为 10 m 处质元的振动方程

$$y(10,t) = 0.1\cos(50\pi t + 5\pi/4)(\text{SI})$$

振动速度表达式为

$$v(10,t) = \frac{\mathrm{d}y(10,t)}{\mathrm{d}t} = -5\pi\sin(50\pi t + 5\pi/4)\ (\text{SI})$$

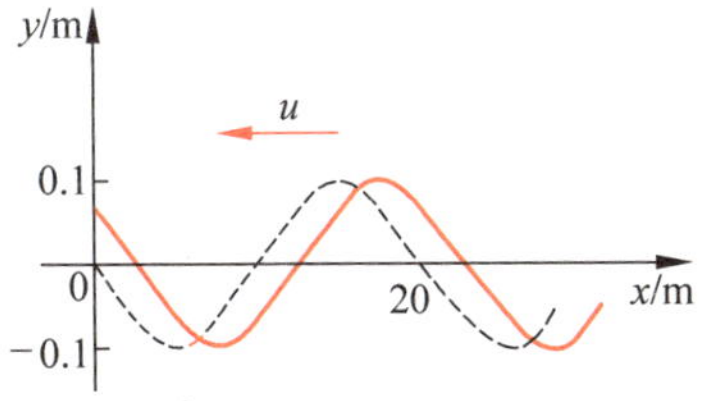

图 5-35 例 5-11 图

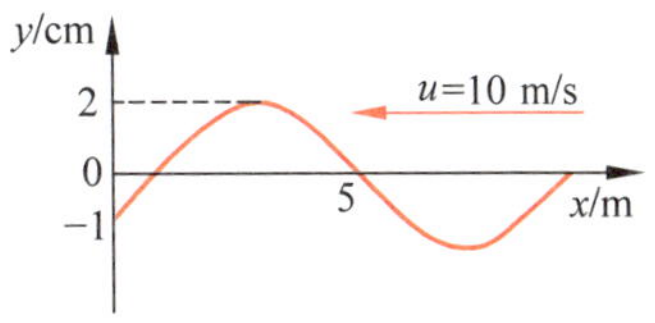

图 5-36 例 5-12 图

【例 5-12】 图 5-36 表示一平面简谐波在 $t=2$ s 时的波形图，由图中所给的数据求：(1)该波的周期；(2)传播介质中 O 点处的振动方程；(3)该波的波函数。

解 (1)利用旋转矢量法，可求出 $t=2$ s 时 O 点处质元和 $x=5$ m 处质元的相位分别为 $\varphi=-\frac{2}{3}\pi$ 和 $\varphi=\frac{\pi}{2}$，$x=5$ m 处质元振动超前，由以下关系

$$\frac{\pi/2 - (-2\pi/3)}{2\pi} = \frac{5}{\lambda}$$

求得

$$\lambda = \frac{60}{7}(\text{m}), \quad T = \frac{\lambda}{u} = \frac{6}{7}(\text{s})$$

(2) O 点的振动方程为

$$y = 0.02\cos\left[\frac{7\pi}{3}(t-2) - \frac{2}{3}\pi\right](\text{SI})$$

(3) 波函数为

$$y = 0.02\cos\left[\frac{7\pi}{3}\left(t-2+\frac{x}{10}\right) - \frac{2}{3}\pi\right](\text{SI})$$

【例 5-13】 一平面波沿 x 轴负方向传播，$u=3\ \text{m/s}$，若 $x=-1\ \text{m}$ 处的 P 点振动曲线如图 5-37 所示。求：O 点处质元的振动方程和波函数。

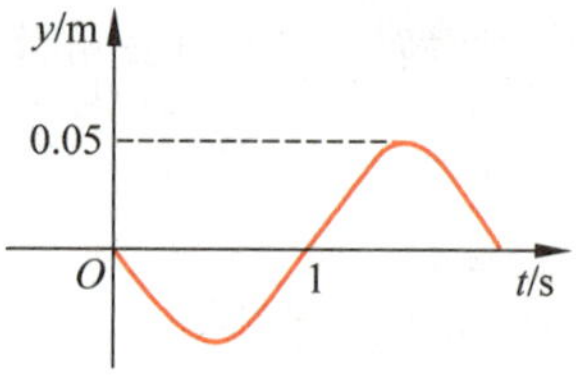

图 5-37 例 5-13 图

解 由题意得

$$A = 0.05\ \text{m}, T = 2\ \text{s}$$
$$\omega = 2\pi/T = \pi\ \text{rad/s}$$
$$\lambda = uT = 6\ \text{m}$$

由旋转矢量法，可知 P 点的振动初相位为 $\varphi=\frac{\pi}{2}$

所以，P 点的振动方程

$$y(-1,t) = 0.05\cos\left(\pi t + \frac{\pi}{2}\right)(\text{SI})$$

该平面波向 x 轴负方向传播，O 点的振动相位比 P 点超前

$$\Delta\varphi = \frac{2\pi}{\lambda}\Delta x = \frac{\pi}{3}$$

所以，O 点的振动方程为

$$y(0,t) = A\cos\left(\pi t + \frac{\pi}{2} + \frac{\pi}{3}\right) = 0.05\left(\pi t + \frac{5\pi}{6}\right)(\text{SI})$$

波函数为

$$y(x,t) = 0.05\cos\left[\pi\left(t+\frac{x}{3}\right) + \frac{5\pi}{6}\right](\text{SI})$$

5.4.3 波的能量

1. 波动能量的传播

波从波源传播到介质中某处时，该处原来不动的质元开始振动，因而具有动能，同时该处的质元也将产生形变，因而也具有势能。这种动能和势能是由波源提供的，并且，在波动的传播中，由近及远地通过介质中质元的振动，把能量传播出去。这是波动的一个重要特征。

这里，我们将以在均匀棒中传播的弹性纵波为例，对波动能量作一简单说明。在棒中任取一体积为 $\mathrm{d}V$、质量为 $\mathrm{d}m(=\rho\mathrm{d}V)$ 的体积元（式中 ρ 为棒的体密度）。设平面纵波的波函数

为 $y=A\cos[\omega(t-x/u)]$，当振动状态传播到这个体积元时，这体积元开始振动，其振动速度为

$$v=\frac{\partial y}{\partial t}=-A\omega\sin\left[\omega\left(t-\frac{x}{u}\right)\right]$$

这时体积元将具有动能 dE_k 和弹性势能 dE_p。可以证明

$$dE_p=dE_k=\frac{1}{2}dmv^2=\frac{1}{2}(\rho dV)A^2\omega^2\sin^2\omega\left(t-\frac{x}{u}\right) \tag{5-44}$$

而体积元的总机械能 dE 为

$$dE=dE_p+dE_k=(\rho dV)A^2\omega^2\sin^2\omega\left(t-\frac{x}{u}\right) \tag{5-45}$$

由此可见，在弹性波的传播过程中，体积元的动能和势能相等，它们都随时间作周期性变化，变化周期是波动周期之一半。动能达最大值时势能也达到最大值，动能为零时势能也为零。这一点与孤立简谐振子的情形完全不同。后者，动能最大时势能最小，势能最大时动能最小，总机械能守恒。产生这个不同的原因是：在波动中与势能相连的是质元间的相对位移(体积元的形变 $\Delta y/\Delta x$)。借助于波形图(图 5-38)不难看出：在 B 点，速度为零，动能最小，同时 $\Delta y/\Delta x$ 有最小值，弹性势能也是最小。在 B' 点处，速度最大，动能最大，同时波形曲线最陡，$\Delta y/\Delta x$ 有最大值，所以弹性势能也最大。

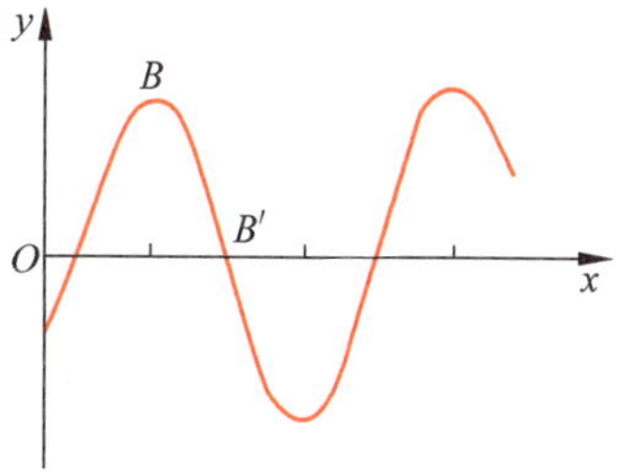

图 5-38 波形图

总之，体积元的总机械能是随时间而变化的，它在零和最大值之间周期地变化着，这说明任一体积元都在不断地接受和放出能量，所以，波动会传播能量。但是，孤立的振动系统不能传播能量。

介质中单位体积的波动能量，叫做波的能量密度 w，即

$$w=\frac{dE}{dV}=\rho A^2\omega^2\sin^2\omega\left(t-\frac{x}{u}\right) \tag{5-46}$$

波的能量密度是随时间而变化的，通常取它在一个周期内的平均值，称为平均能量密度。因为正弦的平方在一个周期内的平均值为 1/2，所以平均能量密度为

$$\bar{w}=\frac{1}{T}\int_0^T\rho A^2\omega^2\sin^2\left[\omega\left(t-\frac{x}{u}\right)\right]dt=\frac{1}{2}\rho A^2\omega^2 \tag{5-47}$$

这一公式虽然是从平面弹性纵波的特殊情况导出的，但是对于所有弹性波都是适用的。由上式可知，机械波的能量与振幅的平方、频率的平方以及介质的密度都成正比。

2. 波的强度

根据以上分析可知：能量随着波动的进行在介质中传播，所以我们可以引入能流的概念，用以描述波动能量的传播。

单位时间内通过介质中某面积的能量叫做通过该面积的能流。设在介质中垂直于波速 u 取面积 S，可知在单位时间内通过 S 面的能量等于体积 uS 中的能量，如图 5-39 所示。这能量是周期性变化的，通常取其平均值，即得平均能流为

$$\bar{P}=\bar{w}uS \tag{5-48}$$

通过垂直于波动传播方向的单位面积的平均能流，叫做能流密度，或称波的强度，用 I 表示，即

$$I = \bar{w}u = \frac{1}{2}\rho u A^2 \omega^2 \tag{5-49}$$

声学中的声波强度（简称声强），就是上述定义的一个实例。

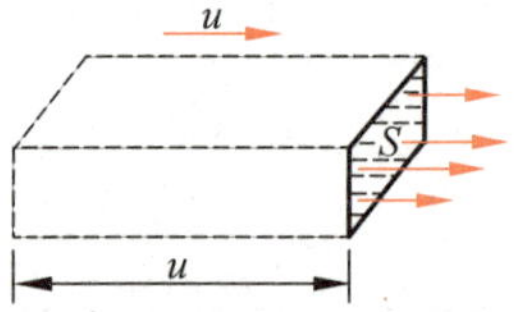

图 5-39　体积 uS 内的能量在 1 s 内通过 S 面

3. 波的吸收

在导出平面简谐波的波函数时，我们曾假定在波动传播中各质元的振幅 A 不变。现在我们从能量观点来研究振幅不变的意义。设有一平面简谐波以波速 u 在均匀介质中传播着，在垂直于传播方向取两个平面，面积都等于 S，并且通过第一平面的波也将通过第二平面。又设 A_1 和 A_2 分别表示平面波在这两平面处的振幅，由式(5-48)可知，通过这两个平面的平均能流分别为

$$\bar{P}_1 = \bar{w}_1 uS = \frac{1}{2}S\rho u A_1^2 \omega^2$$

$$\bar{P}_2 = \bar{w}_2 uS = \frac{1}{2}S\rho u A_2^2 \omega^2$$

从以上两式可看出，如果 $\bar{P}_1 = \bar{P}_2$ 那么 $A_1 = A_2$，即通过这两个平面的平面波的平均能流相等时，振幅不变。显然，要实现这一情况的条件是波动在介质中传播时介质不吸收波的能量。这就是平面简谐波在理想的无吸收介质中传播时振幅能保持不变的意义。

实际上，平面行波在均匀介质中传播时，介质总是要吸收波的一部分能量，因此波的强度和振幅都将逐渐减小。所吸收的波动能量将转换成其他形式的能量（例如介质的内能）。这种现象叫做波的吸收。介质有吸收时，平面波振幅的衰减规律可用以下方法求出。波通过厚度为 $\mathrm{d}x$ 的一层介质后，振幅的减弱（$-\mathrm{d}A$）既正比于此处的振幅 A，也正比于这厚度 $\mathrm{d}x$，即

$$-\mathrm{d}A = \alpha A\,\mathrm{d}x$$

经过积分，便得

$$A = A_0 \mathrm{e}^{-\alpha x} \tag{5-50}$$

式中 A_0 和 A 分别为 $x=0$ 和 x 处的振幅，α 为一常量，称为介质的吸收系数。

由于波的强度与振幅的平方成正比，所以平面波强度衰减的规律是

$$I = I_0 \mathrm{e}^{-2\alpha x} \tag{5-51}$$

式中的 I_0 和 I 分别为 $x=0$ 和 x 处的波的强度。这个能量衰减规律不仅适用于机械波，也适用于介质对电磁波的吸收（例如用 X 射线或 γ 射线探伤）和介质对 α 粒子的吸收。

4. 波的散射

如果介质中存在许多悬浮粒子（如气体中的尘埃、烟雾、液体和固体中的杂质、气泡等），当波动传到这些粒子后，这些粒子将成为新的波源向四周发射次级波，这一现象叫做波的散射。如果粒子的线度远小于波长，散射不太显著。粒子愈大，散射愈甚，将使沿原来方向进行的波的振幅和强度有所减弱。可以证明，因散射现象引起的、波的振幅和强度随距离衰减的规律也遵从式(5-50)和式(5-51)，但式中的 α 不再是吸收系数，而叫做散射衰减系数。当吸收现象和散射现象同时存在时，式(5-50)和式(5-51)依旧适用，但式中的 α 将称为衰减系数，等于吸收系数和散射衰减系数之和。

*5.5 声波　超声波　次声波

5.5.1 声波

在弹性介质中传播的机械纵波，如果其频率在20～20 000 Hz范围内，传到人耳时能使正常人产生听觉，这样的机械波称为声波。声波具有机械波的一般特性，这里不再重述，只介绍有关声波的几个重要概念。

1. 声速

由于纵波在介质中传播时使介质中各处呈现不同的疏密状态，必然引起介质中压强和密度的变化，所以通常用压强和密度的变化来描述声波传播的速度，称为声速。

设介质密度为ρ，体积为V的介质的质量为m，则

$$m=\rho V$$

将上式微分得

$$0=\rho\mathrm{d}V+V\mathrm{d}\rho$$

即

$$\frac{\mathrm{d}V}{V}=-\frac{\mathrm{d}\rho}{\rho}$$

于是，介质的体变弹性模量为

$$B=-\frac{\mathrm{d}p}{\mathrm{d}V/V}=\rho\frac{\mathrm{d}p}{\mathrm{d}\rho}$$

式中$\mathrm{d}p$为与体积增量$\mathrm{d}V$相应的压强增量。将B代入纵波速度公式，得

$$u=\sqrt{\frac{B}{\rho}}=\sqrt{\frac{\mathrm{d}p}{\mathrm{d}\rho}} \tag{5-52}$$

$\frac{\mathrm{d}p}{\mathrm{d}\rho}$越大，说明使介质产生同样密度增量所需的附加压强越大，即介质越不容易被压缩。由式(5-52)可知，越难被压缩的介质中声速越大。所以，固体中的声速最大，而气体中的声速最小。如果把气体当作理想气体，把声波传播过程当作绝热过程(认为气体质元振动过程中来不及和外界发生热交换)，可以推得气体中的声速公式为

$$u=\sqrt{\frac{\gamma RT}{\mu}} \tag{5-53}$$

式中，γ为气体的定压比热与定容比热之比，称为比热比，R为气体普适常数，μ为气体摩尔质量，T为热力学温度。式(5-53)说明气体中声速与热力学温度的平方根成正比，与气体的摩尔质量成反比，而与气体压强无关。在0℃时，空气中的声速为332 m/s。表5-2中给出了一些介质中的声速。

表 5-2　一些介质中的声速

固体(20℃)	花岗岩	6000 m/s
液体(25℃)	纯水	1493 m/s
气体(0℃)	空气	332 m/s

2. 声压

介质中有声波传播时的压强与无声波传播时的静压之差称为声压。声压也就是由于声波所产生的附加压强。声波是疏密波，显然，疏部的声压为负，而密部的声压为正。下面我们讨论声压随时间和空间变化的规律。

我们以介质中垂直于声波传播方向的一个面积为 S、厚为 $\mathrm{d}x$ 的薄层为研究对象。设介质中静压为 p_0，左边的声压为 p，右边的声压为 $p+\mathrm{d}p$，介质密度为 ρ。则由牛顿第二定律

$$(p+p_0)S-(p+\mathrm{d}p+p_0)S=(\rho S\mathrm{d}x)a$$

得

$$-\mathrm{d}p=(\rho\mathrm{d}x)a \tag{5-54}$$

式中 a 为介质质元振动的加速度。

以 ψ 表示质元位移，设质元振动时振幅为 A，角频率为 ω，初相为零，声速为 u，则声波的波函数为

$$\psi=A\cos\left[\omega\left(t-\frac{x}{u}\right)\right]$$

质元的振动速度

$$v=\frac{\mathrm{d}\psi}{\mathrm{d}t}=-A\omega\sin\left[\omega\left(t-\frac{x}{u}\right)\right]$$

质元的振动加速度

$$a=\frac{\mathrm{d}^2\psi}{\mathrm{d}t^2}=-A\omega^2\cos\left[\omega\left(t-\frac{x}{u}\right)\right]$$

将 a 代入式(5-54)得

$$\mathrm{d}p=\rho A\omega^2\cos\left[\omega\left(t-\frac{x}{u}\right)\right]\mathrm{d}x$$

于是

$$p=\int\rho A\omega^2\cos\left[\omega\left(t-\frac{x}{u}\right)\right]\mathrm{d}x=-\rho A\omega u\sin\left[\omega\left(t-\frac{x}{u}\right)\right]=\rho uv \tag{5-55}$$

式(5-55)说明，声压 p 与介质质元的振动速度 v 同相变化。介质密度 ρ 与声速 u 的积称为声阻或特征阻抗，用 Z 表示，得

$$Z=\rho u \tag{5-56}$$

特征阻抗是一个重要物理量，特征阻抗大的介质称为波密介质，而特征阻抗小的介质称为波疏介质，波在两种不同介质分界面上反射和折射时，反射波和折射波能量的分配就是由两种介质的特征阻抗来决定的。

3. 声强和声强级

声波的能流密度称为声强，用 I 表示

$$I=\frac{1}{2}\rho uA^2\omega^2=\frac{p_{\mathrm{M}}^2}{2\rho u} \tag{5-57}$$

式中，$p_{\mathrm{M}}=\rho uA\omega$ 即为式(5-55)中的声压振幅。能引起人们听觉的声强范围为 $10^{-12}\sim 1\ \mathrm{W/m^2}$，声强太小不能引起听觉，声强太大将引起痛觉甚至造成耳聋。

我们以 $I_0=10^{-12}\ \mathrm{W/m^2}$ 作为测定声强的标准，用 L 表示某一声强 I 的声强级。其单位为 B(贝[尔])。

$$L=\log\left(\frac{I}{I_0}\right)(\mathrm{B}) \tag{5-58}$$

通常用 dB(分贝)为单位来表示声强级即

$$L=10\log\left(\frac{I}{I_0}\right)(\mathrm{dB}) \tag{5-59}$$

常见情况下声波的声强和声强级如表 5-3 中所示。

表 5-3 各种声波的声强

声　源	声强/($\mathrm{W/m^2}$)	声强级/dB
正常呼吸	10^{-11}	10
正常谈话	10^{-6}	60
闹市区	10^{-5}	70
火车机车	10^{-2}	100
响雷	10^{-1}	110
摇滚乐	10^{-1}	115
人耳痛觉阈	1	120
导致耳聋的响声	10^{4}	160

5.5.2 超声波和次声波

1. 超声波

频率高于 20 000 Hz 的机械纵波叫做超声波。超声波产生的方法大致可以分为电声型和机械型两类。电声型超声波发生器是利用具有压电效应或磁致伸缩的晶体在周期性变化的电场或磁场作用下发生振动，将电磁能转变为超声波的能量。机械型超声波发生器是用高压流体为动力来产生超声波。

超声波的特点是频率高，波长短，声强大，从而具有良好的定向传播特性和穿透本领。超声波对物质的作用有机械作用、空化作用、热作用、化学作用、生物作用等，从而在技术上有着广泛的应用。例如：由于海水导电性好，对电磁波吸收严重，电磁雷达在海水中无法使用，可以利用超声波雷达——声呐探测水中物体，例如探测鱼群、潜艇，测量海深等。

超声探伤不损伤工件，由于超声波穿透本领强，可以用来探测万吨水压机主轴、横梁等大型工件。目前超声探伤正向着显像方向发展，如“B 超”就是利用超声波来显示人体内部的结构图像。随着激光全息技术的发展，声全息也日益发展起来，把声全息记录的信息用光显示出来，可以直接看到被测物体的图像，在地质、医学领域具有重要意义。

超声波能量大而集中，可用于切削、焊接、钻孔、清洗机件、除尘等方面。当超声波通过液体时，使液体不断受到拉伸和压缩，拉伸时液体中会因断裂面形成一些几乎是真空的小空穴，在液体压缩时，这些小空穴被绝热压缩而消失。这个过程中液体内将产生几千个大气压的压强和几千度的高温，并产生放电发光现象，这就是超声波的空化作用，可以用来粉碎非常坚硬的物体。

超声波在介质中的波速、衰减、吸收等均与介质的特征和状态密切相关，可以用来间接测量有关物理量，称为非声量声测法，测量的精密度高，速度快。

利用超声元件代替电子元件可以解决一些电子元件难以解决的问题，如利用超声波在介质中的传播速度比电磁波小得多来实现时间延迟等。

超声波还可以用来处理种子和促进化学反应等。

2. 次声波

频率低于 20 Hz 的机械纵波叫做次声波。它的特点是频率低，波长长，衰减极小，能远距离传播。次声波的产生与地球、海洋、大气的大规模运动有密切关系，所以次声成为研究火山爆发、地震、陨石落地、大气湍流、雷暴、磁暴等的有力工具。对次声的研究正受到越来越多的重视。次声学已经成为现代声学的一个新的分支。

5.6 波的叠加

5.6.1 波的叠加原理

两个波源发射的波，在同一个介质中传播，在空间某点处相遇时，如图 5-40 所示，每列波仍将保持其原来的特性(频率、波长、振动方向等)，按原来的传播方向继续向前传播，就像在各自的波线上，并没有遇到其他的波一样，这一性质叫做波动传播的独立性。例如，乐队合奏或几个人同时谈话时，人们能够辨别出各种乐器或各个人的声音。光波也具有这一性质，虽然各个发光体所发出的光波在空间相遇，但我们仍然可以清楚地看到各个发光体。虽然如此，对各列波相遇处的介质质元来说，它的振动却是各列波传播时所引起的振动的合成。这就是说，在任一时刻质元振动的位移是各列波在该质元处所引起振动的分位移的矢量和，这就是波的叠加原理。

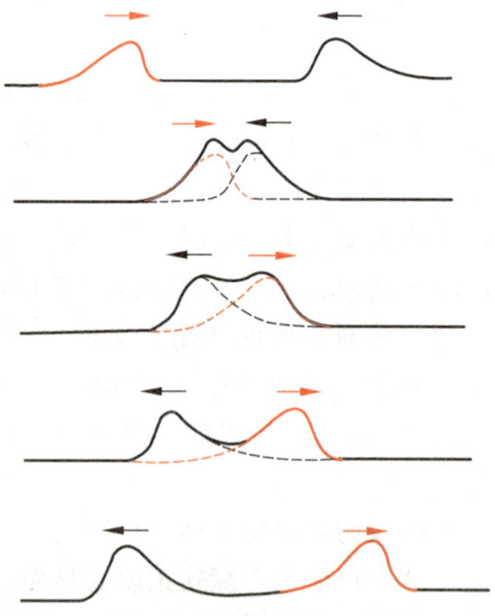

图 5-40　波的叠加

值得注意的是，波的叠加原理有其适用条件，通常在波幅不太大，且描述波动过程的微分方程为线性方程时，叠加原理才成立。对于大振幅的波来说，一般不遵守波的叠加原理。例如，强烈的爆炸声就有明显的相互影响。

5.6.2 惠更斯原理

波在各向同性的均匀介质中以直线传播，但是，当波在传播过程中遇到障碍物时会出现绕过障碍物继续传播的现象。如图 5-41 所示，当观察水面上的波时，如果这波遇到一障碍物，而且障碍物上有一个小孔，就可以看到在小孔的后面也出现了圆形的波，这圆形的波就好像是以小孔为波源产生的一样。我们把波能够绕过障碍物继续传播的现象称为衍射。

荷兰物理学家惠更斯在研究波动现象时，于 1690 年提出：介质中任一波阵面上的各点，都可以看作是发射子波的波源，在其后的任一时刻，这些子波源发出的子波波面的包络面(也称公切面)就是该时刻的新波面。这就是惠更斯原理。这里所说的"波阵面"是指波传播时最前面的那个波面，也叫"波前"。

根据惠更斯原理，只要知道某一时刻的波阵面就可以用几何作图法确定下一时刻的波阵面。因此，这一原理又叫惠更斯作图法，它在相当大程度上解决了波的传播方向问题。

下面举例说明惠更斯原理的应用。例如，如图 5-42(a)所示，设以 O 为中心的球面波以波速 u 在各向同性的介质中传播，在时刻 t 的波阵面为 S_1，根据惠更斯原理，S_1 上的各点都可以看成是发射子波的点波源。以 S_1 上各点为中心，以 $r=u\Delta t$ 为半径，画出许多球形的子波，这些子波在波行进的前方的包络面 S_2，这就是 $t+\Delta t$ 时刻的新的波阵面。显然 S_2 是以 O 为中心的球面，它仍以球面波的形式向前传播。若已知平面波在某一时刻的波阵面为 S_1，在经过时间 Δt 后其上各点发出的子波(以小的半圆表示)的包络面仍是平面(S_2)，这就是此时新的波阵面，已从原来的波阵面向前推进了 $u\Delta t$ 的距离，如图 5-42(b)所示。

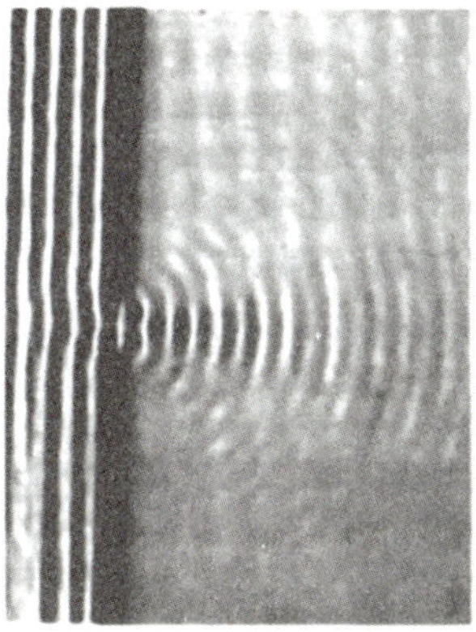

图 5-41　水波绕过障碍物继续传播

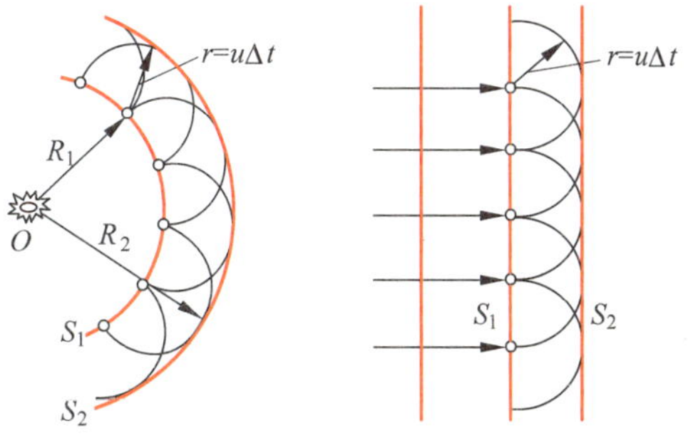

(a) 球面波　(b) 平面波

图 5-42　惠更斯原理示意图

下面我们用惠更斯原理来解释波的衍射现象。如图 5-43 所示，在水中用一块挡板把水分为两个区域，挡板上开有一个口子。当水波传播到挡板位置时，根据惠更斯原理，开口处的各点可以作为新的子波源，由这些子波源发出球面子波，继续向前方各个方向传播。这些子波的包络面即为下一个时刻新波面。显然，新波面的形状以及波的传播方向都发生了很大的变化，这就是波的衍射现象。

惠更斯原理适用于任何形式的波动，无论是机械波还是电磁波，无论波是在均匀介质还是在非均匀介质中传播，只要知道某一时刻的波前，就可以根据这一原理用几何作图法确定下一时刻的波前。

用惠更斯作图法还能说明波的反射定律(图 5-44):反射角 i' 等于入射角 i;也能说明波的折射定律(图 5-45):入射角 i 的正弦与折射角 r 的正弦之比等于波在相应的两介质中的速率 u_1 和 u_2 之比,即

$$\frac{\sin i}{\sin r}=\frac{u_1}{u_2} \tag{5-60}$$

式(5-60)还表明,如果波由波速较小的介质(波密介质)射向波速较大的介质(波疏介质),则在两介质的分界面上可能会发生全反射现象,而全反射的临界角(发生全反射的最小入射角)i_c 由下式决定

$$\sin i_c=\frac{u_1}{u_2} \tag{5-61}$$

现今被广泛使用的光导纤维即利用了特定材料制成的细丝对激光的全反射现象。

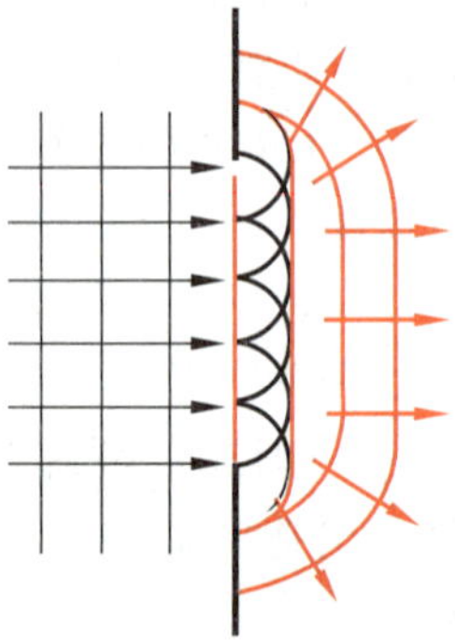

图 5-43 波的衍射

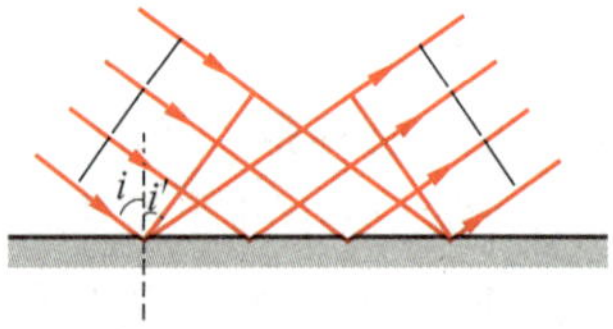

图 5-44 波的反射

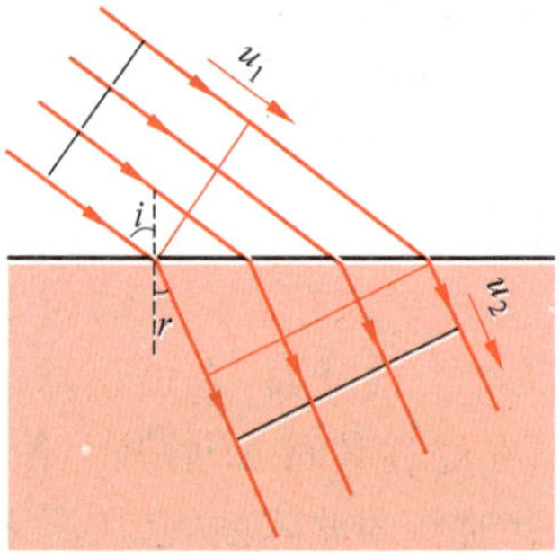

图 5-45 波的折射

5.6.3 波的干涉

一般来说,振幅、频率、周期、振动方向等都不相同的几列波在相遇处的叠加情形很复杂。我们讨论一种最简单的但又最重要的情形,就是由两个频率相同、振动方向相同、相位相同或相位差恒定的波源所产生的波的叠加。满足这些条件的两列波在空间叠加时,在某些点处振动始终加强,而在另一些点处,振动始终减弱,这种现象叫做干涉现象,产生干涉现象的波叫做相干波。

下面我们定量地分析干涉现象。

如图 5-46 所示,设有两列相干波源 S_1 和 S_2,振动方程分别为

$$y_{10}=A_{10}\cos(\omega t+\varphi_1)$$

$$y_{20}=A_{20}\cos(\omega t+\varphi_2)$$

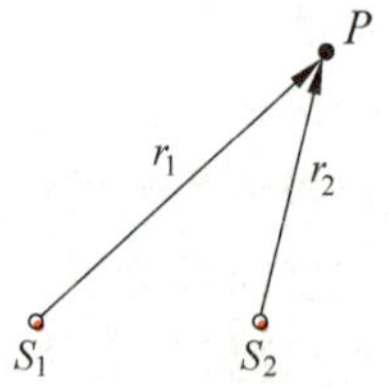

图 5-46 两列相干波在 P 点叠加

式中,ω 为圆频率;A_{10}、A_{20} 和 φ_1、φ_2 分别为波源 S_1、S_2 的振幅和初相位。这两列波源发出的波在空间任一点 P 相遇。设 P 点与 S_1 和 S_2 的距离分别为 r_1 和 r_2,这两列波到达 P 点时的振幅分别为 A_1 和 A_2,并设这两列波的波长为 λ,那么这两列波在 P 点引起的振动分别为

$$y_1 = A_1 \cos\left(\omega t + \varphi_1 - \frac{2\pi}{\lambda} r_1\right)$$

$$y_2 = A_2 \cos\left(\omega t + \varphi_2 - \frac{2\pi}{\lambda} r_2\right)$$

P 点处质元的运动是由这两个同方向、同频率的振动叠加而成的。它们的合振动仍为简谐振动，即

$$y = y_1 + y_2 = A\cos(\omega t + \varphi) \tag{5-62}$$

式中

$$A = \sqrt{A_1^2 + A_2^2 + 2A_1 A_2 \cos\Delta\varphi} \tag{5-63}$$

两列相干波在空间 P 点所引起的两个振动的相位差 $\Delta\varphi$ 为

$$\Delta\varphi = (\varphi_2 - \varphi_1) - \frac{2\pi}{\lambda}(r_2 - r_1) \tag{5-64}$$

由于简谐波的强度 I 与振幅 A 的平方成正比，因此合成波的强度可表示为

$$I = I_1 + I_2 + 2\sqrt{I_1 I_2}\cos\Delta\varphi \tag{5-65}$$

根据相干波的条件，两波源的初始相位差 $\varphi_2 - \varphi_1$ 是恒定的，而对于任一相遇点来说，$r_2 - r_1$ 也是恒定的，这样，对于该相遇点来说，$\Delta\varphi$ 是恒定的。于是，由式(5-63)可知，这一相遇点的合振幅是恒量。

由式(5-63)可知，满足下述条件

$$\Delta\varphi = (\varphi_2 - \varphi_1) - \frac{2\pi}{\lambda}(r_2 - r_1) = \pm 2k\pi, \quad k = 0,1,2,3,\cdots$$

的空间各点，合振幅最大，这时 $A_{max} = A_1 + A_2$，$I_{max} = I_1 + I_2 + 2\sqrt{I_1 I_2}$，这些点称为干涉相长点。

满足下述条件

$$\Delta\varphi = (\varphi_2 - \varphi_1) - \frac{2\pi}{\lambda}(r_2 - r_1) = \pm(2k+1)\pi, \quad k = 0,1,2,3,\cdots$$

的空间各点，合振幅最小，这时 $A_{min} = |A_1 - A_2|$，$I_{min} = I_1 + I_2 - 2\sqrt{I_1 I_2}$，这些点称为干涉相消点。

通过以上分析，我们可以得出这样的结论：当两列相干波在空间相遇时，任一相遇点的合振幅是恒定不变的，在某些点处合振幅始终最大，振动始终加强，而在另一些点处合振幅始终最小，振动始终减弱，这就是干涉现象。

如果 $\varphi_1 = \varphi_2$，即对于同相位的相干波源，上述条件可简化为

$\delta = r_1 - r_2 = \pm k\lambda$，$k = 0,1,2,3,\cdots$时，合振幅最大。

$\delta = r_1 - r_2 = \pm\frac{1}{2}(2k+1)\lambda$，$k = 0,1,2,3,\cdots$时，合振幅最小。

$\delta = r_1 - r_2$ 表示从波源 S_1 和 S_2 发出的两列相干波到达 P 点时所经历的路程之差，叫做波程差。上述两式表明，当两列相干波源同相位时，在两列波的叠加区域，波程差等于零或等于波长的整数倍的各点，振幅最大；波程差等于半波长的奇数倍的各点，振幅最小。

以上分析了相干波叠加后的情况。如果两列波，即使频率相同，而两者的相位差是随时间改变的(以后将会看到自然光源就是这样的)，那么，从式(5-63)中可以看出，在某一瞬时相位有一确定的$(\varphi_2 - \varphi_1)$的差值，振幅可以加强或减弱，但是在求一段时间内平均值时，根

号中的第三项等于零。所以

$$A = \sqrt{A_1^2 + A_2^2}$$

或

$$I = I_1 + I_2$$

亦即，两波叠加后，某点处波的强度等于两个波各自的强度之和。人们在演奏会上所听到的大合唱总强度就是各个唱歌者所发声波强度之和。波源振动的相位差随时改变的波叫做非相干波。

【例 5-14】 介质中两相干波源位于 x 轴上的 P、Q 两点，如图 5-47 所示，它们的频率均为 100 Hz，振幅相同，初相位差为 π，波速为 400 m/s，相距 10 m。试求 x 轴上因干涉而静止的各点位置。

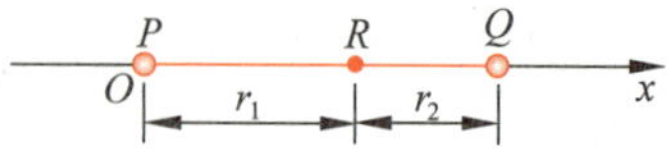

图 5-47　例 5-14 图

解 以 P 点为坐标原点，两列波在空间叠加区域内任一点 R 的相位差为

$$\Delta\varphi = (\varphi_Q - \varphi_P) - \frac{2\pi}{\lambda}(r_2 - r_1) = \pi - \frac{2\pi}{\lambda}(r_2 - r_1)$$

其中波长

$$\lambda = \frac{u}{\nu} = \frac{400}{100} = 4(\text{m})$$

(1) 设 R 在 PQ 之间，其坐标为 x，则有

$$r_2 - r_1 = (10 - x) - x = 10 - 2x$$

R 点的相位差为

$$\Delta\varphi = \pi - \frac{\pi}{2}(10 - 2x) = \pi x - 4\pi$$

干涉相消条件取决于下式，即

$$\pi x - 4\pi = \pm(2k + 1)\pi, \quad k = 0,1,2,3,\cdots$$

得

$$x = 4 \pm (2k + 1)$$

于是在 PQ 之间因干涉而静止的点的位置为 $x=1,3,5,7,9$(m)，共 5 个静止点。

(2) 设 R 在 P 点的左侧，则 $r_2 - r_1 = 10$(m)，

$$\Delta\varphi = \pi - \frac{\pi}{2} \times 10 = -4\pi$$

表明此区域内各点均为干涉相长点，无干涉静止点。

(3) 设 R 在 Q 点的右侧，则 $r_2 - r_1 = -10$(m)，

$$\Delta\varphi = \pi + \frac{\pi}{2} \times 10 = 6\pi$$

显然，在此区域也没有干涉静止点。由此可得 x 轴上因干涉而静止的点均在 P、Q 两点之间。

5.6.4 驻波

下面介绍一种特殊的干涉现象——驻波。驻波是由两列振幅相同的相干波在同一直线上沿相反方向传播时叠加形成的。

设有两列振幅相同的相干简谐波，分别沿 x 轴正方向和负方向传播，它们的波函数分别为

$$y_1 = A\cos\left(\omega t - \frac{2\pi}{\lambda}x\right)$$

$$y_2 = A\cos\left(\omega t + \frac{2\pi}{\lambda}x\right)$$

其合成波为

$$y = y_1 + y_2 = 2A\cos\frac{2\pi}{\lambda}x\cos\omega t \tag{5-66}$$

此式就是驻波的表达式。式中 $\cos\omega t$ 表示简谐振动，而 $|2A\cos(2\pi x/\lambda)|$ 就是这简谐振动的振幅。这表明形成驻波后，波线上各质元作同频率的简谐振动，但振幅各不相同。

振幅最大的各点称为波腹，对应于使 $|\cos(2\pi x/\lambda)|=1$ 的各点。波腹的位置为

$$x = k\frac{\lambda}{2},\quad k = 0, \pm 1, \pm 2, \pm 3, \cdots$$

振幅为零的各点称为波节，对应于使 $|\cos(2\pi x/\lambda)|=0$ 各点。波节的位置为

$$x = (2k+1)\frac{\lambda}{4},\quad k = 0, \pm 1, \pm 2, \pm 3, \cdots$$

由以上两式可算出相邻两波节或波腹之间的距离都是 $\lambda/2$，相邻的波节与波腹的距离为 $\frac{\lambda}{4}$，这一结论为我们提供了一种测定行波波长的方法。

式(5-66)中的振动因子为 $\cos\omega t$，但不能认为驻波中各点的振动相位都是相同的，因为系数 $2A\cos(2\pi x/\lambda)$ 随 x 的取值可正可负。把相邻两个波节之间的各点叫做一段，则由余弦函数取值的规律可以知道，$\cos(2\pi x/\lambda)$ 的值对于同一段内的各点有相同的符号，对于分别在相邻两段内的两点则符号相反。这说明同一段上各点的振动同相，而相邻两段中各点的振动反相。因此，驻波实际上就是分段振动的现象，在驻波中看不到像行波那样的波形传播现象。驻波既没有振动状态或相位的传播，也没有能量的传播，所以才称之为驻波。

图 5-48 画出了驻波形成过程，图中点线表示入射波，虚线表示反射波，粗实线表示合成波。图中各行依次画出了 $t=0, T/8, T/4, 3T/8, T/2$ 时刻各质元的分振动位移和合振动位移。从图上可以看出始终静止不动的点（波节 n）和具有最大振幅的点（波腹 a）。

我们可以通过振动绳子产生驻波。将一根绳子的一端固定于墙壁上，另一端作垂直于绳长方向的振动，绳中会产生从振动端传到固定端的入射波，入射波在固定端经墙壁反射后，又会在绳中产生由固定端传向振动端的反射波。入射波和反射波在同一直线上相向传播，于是在绳中形成驻波。仔细观察会发现，在绳子的固定端出现一个波节。这一现象说明，在反射处，反射波的振动比入射波的振动落后一相位 π，因为 π 相当于半波长，所以通常说反射波在反射处有一个因反射而产生的半波损失。如果解开绳子原来固定于墙壁的一端，任其在空中自由振动，可以发现，绳中也可形成驻波，但自由端是一个波腹。这说明入射

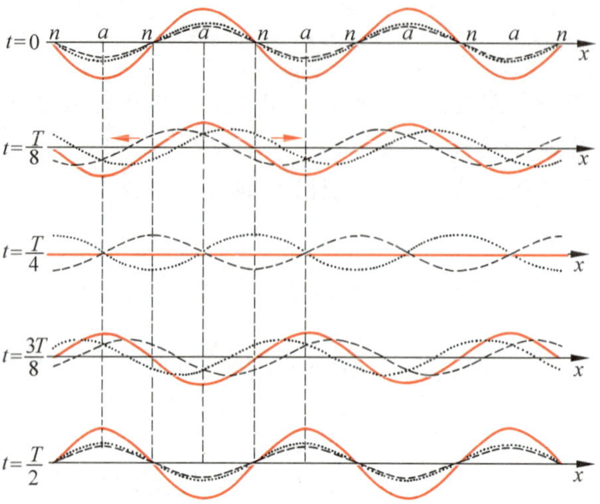

图 5-48 驻波的形成

波传播到自由端时，也会反射，在自由端处，反射波与入射波的振动是同相的，不会出现半波损失。

一般把 $u\rho$ 乘积较大(u 为介质中的波速、ρ 为介质密度)的介质，叫做波密介质，而把 $u\rho$ 乘积较小的介质叫做波疏介质，当波由波疏介质垂直入射到波密介质的界面而反射时，出现半波损失，界面处出现波节。反之，当波从波密介质垂直入射到波疏介质的界面上反射时，不出现半波损失，界面处出现波腹。如果波不是垂直入射界面，情况就要复杂得多，此处不再介绍。

下面介绍一个利用驻波测定波速的实验。如图 5-49 所示，电动音叉的末端 A 处系一根细绳，B 处有一尖劈，可以左右移动，用于调节 AB 间的距离。细绳经尖劈 B、跨过滑轮 P，绳的末端悬一重物 m，使绳承受一定的张力。音叉振动时，绳上产生向右传播的入射波，入射波在 B 点处反射，又在绳上产生向左传播的反射波。通过调节 B 的位置，使得 AB 间绳长为半波长的整数倍，就能在绳上产生驻波。如果电动音叉的频率已知，通过测量相邻波节间的距离算出波长，就能算出波在绳中传播的波速。

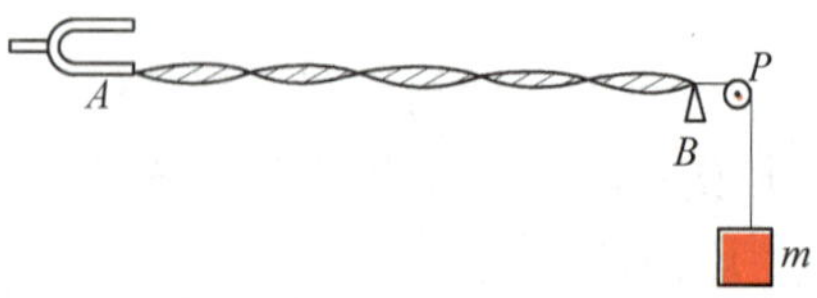

图 5-49 利用驻波测定波速的实验

【例 5-15】 一列波沿 x 轴正方向传播，其波函数为 $y_1=A\cos\left[2\pi\left(\frac{t}{T}-\frac{x}{\lambda}\right)\right]$。该波在 $x_0=5\lambda$ 处被一垂直面反射，如图 5-50 所示，反射点为一波节。求：(1)反射波的波函数；(2)驻波的表达式；(3)原点 O 到 x_0 间干涉相长的位置。

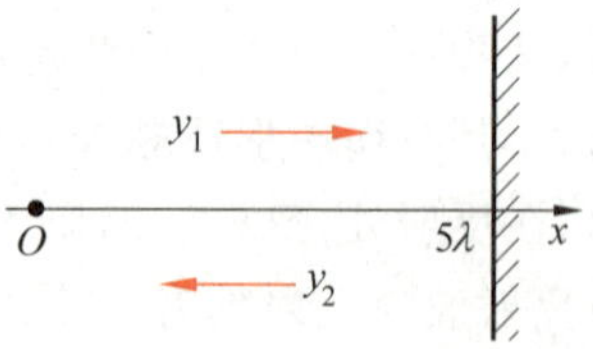

图 5-50 例 5-15 图

解 (1) 要写出反射波的波函数，首先要写出反射波在某处的振动方程。

根据入射波的波函数可得入射波在原点的振动方程

$$y_{10} = A\cos 2\pi \frac{t}{T}$$

反射波在 O 点的振动比入射波在 O 点的振动落后，落后的相位为

$$\frac{2\pi(2x_0)}{\lambda} + \pi = \frac{2\pi(2\times 5\lambda)}{\lambda} + \pi = 21\pi$$

式中加 π 是由于反射端出现了半波损失。由此可写出反射波在 O 点的振动方程

$$y_{20} = A\cos\left(2\pi\frac{t}{T} - 21\pi\right) = A\cos\left(2\pi\frac{t}{T} - \pi\right)$$

可写出反射波的波函数

$$y_2 = A\cos\left[\frac{2\pi}{T}\left(t + \frac{x}{u}\right) - \pi\right] = A\cos\left(\frac{2\pi t}{T} + \frac{2\pi x}{\lambda} - \pi\right)$$

(2) 驻波表达式为

$$y = y_1 + y_2 = A\cos\left[2\pi\left(\frac{t}{T} - \frac{x}{\lambda}\right)\right] + A\cos\left(\frac{2\pi t}{T} + \frac{2\pi x}{\lambda} - \pi\right)$$

$$= 2A\cos\left(\frac{2\pi x}{\lambda} - \frac{\pi}{2}\right)\cos\left(\frac{2\pi t}{T} - \frac{\pi}{2}\right)$$

(3) 因为原点 O 和 $x_0 = 5\lambda$ 处为波节，两相邻波节和波腹的间距为 $\frac{\lambda}{4}$，故波腹点(即干涉相长的位置)的坐标为

$$x = \frac{\lambda}{4} + k\frac{\lambda}{2}, \quad k = 0,1,2,\cdots,9$$

5.7 多普勒效应

当一个人站在路旁，行驶中的汽车拉响喇叭驶过时，他会感到：当汽车经过身旁时，喇叭的音调突然降低。这种现象用物理语言来说，就是当汽车迎面而来时，喇叭声的频率显得高些，当汽车背向而去时，喇叭声的频率显得低些。这种因波源与接收器有相对运动，而使接收器所接收到的波的频率与波源频率不同的现象，叫做波的多普勒效应。本节我们将讨论这一效应的规律，推导多普勒效应中接收器接收到的频率与波源频率的关系，即多普勒效应公式。

波源和接收器之间的相对运动情况可能比较复杂，我们讨论一种简单情况：波源和接收器的运动均发生在两者的连线上。我们用 u 表示波在介质中的传播速度，用 V_S 和 V_R 分别表示波源和接收器相对介质的运动速度，用 ν_S、ν_R 和 ν 分别表示波源频率、接收器接收到的频率和介质中波的频率。这里，我们还要特别强调以上三个频率的区别：ν_S 是波源在单位时间内振动的次数，或在单位时间内发出的“完整波”的个数；ν_R 是接收器在单位时间内接收到的振动数或“完整波”数；ν 是介质质元在单位时间内振动的次数或单位时间内通过介质中某点的“完整波”的个数，它等于波速 u 除以波长 λ。这三个频率可能互不相同。

下面，分三种情况讨论多普勒效应公式。

1. 波源静止，接收器以速度 V_R 运动(见图 5-51)

若接收器向着静止的波源运动，接收器在单位时间内接收到的完整波的数目比它静止

时接收得多。因为波源发出的波以速度 u 向着接收器传播，同时接收器以速度 V_R 向着静止的波源运动，因而单位时间内多接收了一些完整波数。

在单位时间内接收器接收到的完整波的数目(即频率 ν_R)等于分布在 $u+V_R$ 距离内波的数目，即

$$\nu_R=\frac{u+V_R}{\lambda}=\frac{u+V_R}{u/\nu}=\frac{u+V_R}{u}\nu$$

由于波源相对介质静止，所以介质中波的频率就等于波源频率，即 $\nu=\nu_S$，因此有

$$\nu_R=\frac{u+V_R}{u}\nu_S \tag{5-67}$$

由此可见，接收器向着波源运动时，接收到的频率大于波源的频率。如果接收器远离波源运动，式(5-67)V_R 取负值即可，这时接收器接收到的频率小于波源的频率。

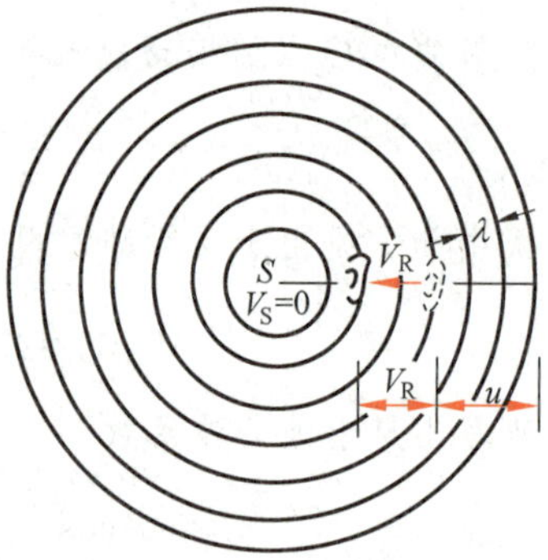

图 5-51　波源静止时的多普勒效应

2. 接收器静止，波源以速度 V_S 运动(见图 5-52(a))

波源运动时，介质中波的频率 ν 不再等于波源频率 ν_S。这是由于当波源运动时，它所发出的相邻的两个同相振动状态是在不同地点发出的，这两个地点相隔的距离为 V_ST_S，T_S 为波源的周期。如果波源是向着接收器运动的，这后一地点到前方最近的同相点之间的距离是现在介质中的波长。若波源静止时介质中的波长为 $\lambda_0(\lambda_0=uT_S)$，则现在介质中的波长为 λ，如图 5-52(b)所示

$$\lambda=\lambda_0-V_ST_S=(u-V_S)T_S=\frac{u-V_S}{\nu_S}$$

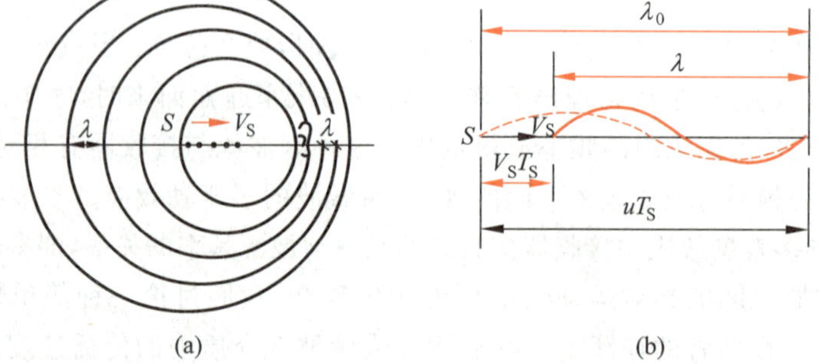

图 5-52　波源运动时的多普勒效应

这时介质中波的频率 ν 为

$$\nu=\frac{u}{\lambda}=\frac{u}{u-V_S}\nu_S$$

由于接收器静止，所以它接收到的频率 ν_R 就是介质中波的频率 ν，即

$$\nu_R=\frac{u}{u-V_S}\nu_S \tag{5-68}$$

由此可见，当波源接近接收器运动时，接收器接收到的频率大于波源的频率。如果波源远离

接收器运动，式(5-68)中 V_S 取负值即可，这时接收器接收到的频率小于波源的频率。注意，这里的讨论结果仅适用于 $V_S<u$ 的情况。

3. 波源和接收器都运动

综合以上两种分析，不难得到，当波源和接收器同时运动时，接收器接收到的频率为

$$\nu_R=\frac{u+V_R}{u}\cdot\frac{u}{u-V_S}\nu_S=\frac{u+V_R}{u-V_S}\nu_S \tag{5-69}$$

式中 V_R、V_S 取正值代表示波源和接收器相向运动；V_R、V_S 取负值表示两者相背运动。

如果波源和接收器的运动方向垂直于它们两者的连线，不难推知 $\nu_R=\nu_S$，这时，不会发生多普勒效应。如果波源和接收器的运动方向是任意的，那么只要把上述公式中 V_R 和 V_S 理解为接收器和波源分别沿两者连线方向的速度分量即可。不过随着两者的运动，在不同时刻 V_R 和 V_S 的分量也不同，这种情况下接收器接收到的频率将随时间而变化。

多普勒效应是波动过程所具有的共同特征。不仅机械波有此效应，电磁波(如光波)也有此效应。例如星体光谱的红移现象，就是因波源星体的运动引起了光波波长向长波方向偏移。但电磁波的传播不需要介质，因此在讨论电磁波的多普勒效应时，只是波源和接收器的相对运动速度 v 决定接收的频率。当相对运动速度远小于光速时，式(5-69)也可近似地适用。否则，就应考虑相对论效应了。

习　题

5-1 一个弹簧振子 $m=0.5$ kg，$k=50$ N/m，振幅 $A=0.04$ m，求

(1) 振动的角频率、最大速度和最大加速度；

(2) 振子对平衡位置的位移为 $x=0.02$ m 时的瞬时速度、加速度和回复力；

(3) 以速度具有正的最大值的时刻为计时起点，写出振动方程。

5-2 弹簧振子的运动方程为 $x=0.04\cos(0.7t-0.3)$(SI)，写出此简谐振动的振幅、角频率、频率、周期和初相。

5-3 证明：如图所示的振动系统的振动频率为

$$\nu=\frac{1}{2\pi}\sqrt{\frac{k_1+k_2}{m}}$$

式中 k_1，k_2 分别为两个弹簧的劲度系数，m 为物体的质量。

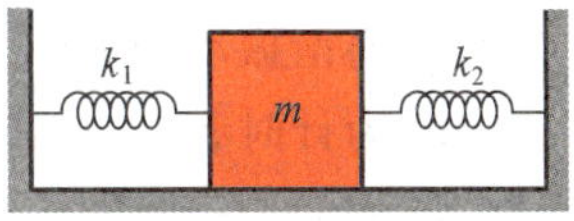

习题 5-3 图

5-4 如图所示，U 形管直径为 d，管内水银质量为 m，密度为 ρ，现使水银面作无阻尼自由振动，求振动周期。

5-5 如图所示，定滑轮半径为 R，转动惯量为 J，轻弹簧劲度系数为 k，物体质量为 m，现将物体从平衡位置拉下一微小距离后放手，不计摩擦和空气阻力。试证明该系统作简谐振动，并求其作微小振动的周期。

5-6 如图所示，轻弹簧的劲度系数为 k，定滑轮的半径为 R、转动惯量为 J，物体质量为 m，将物体托起后突然放手，整个系统将进入振动状态，用能量法求其固有周期。

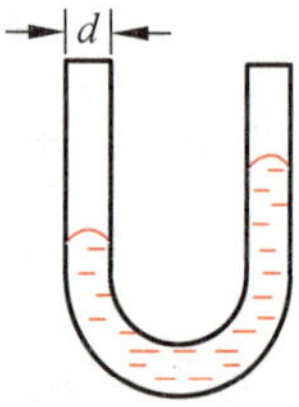

习题 5-4 图

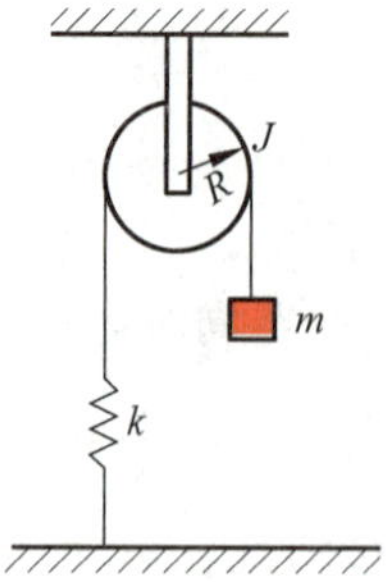

习题 5-5 图

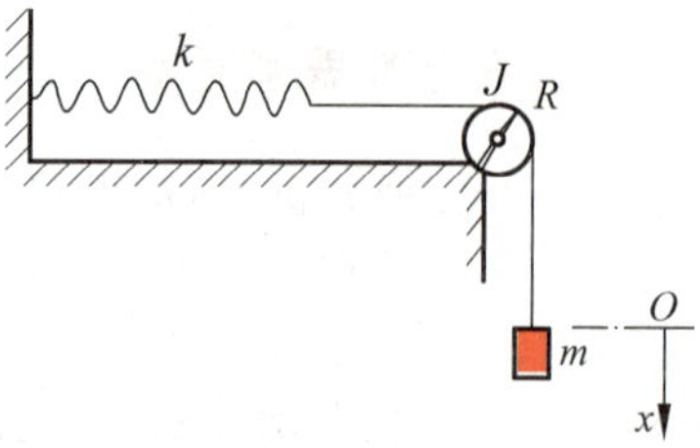

习题 5-6 图

5-7 如图所示，质量为 10 g 的子弹，以 $v_0=1000$ m/s 速度射入木块并嵌在木块中，使弹簧压缩从而作简谐运动，若木块质量为 4.99 kg，弹簧的劲度系数为 8×10^3 N/m，求振动的振幅(设子弹射入木块这一过程极短)。

5-8 如图所示，在一个倾角为 θ 的光滑斜面上，固定一个原长为 l_0、劲度系数为 k、质量可以忽略不计的弹簧，在弹簧下端挂一个质量为 m 的重物，求重物作简谐运动的平衡位置和周期。

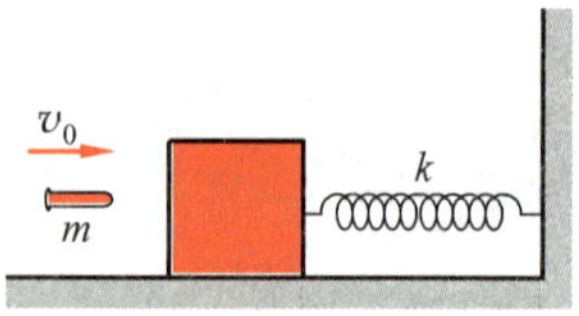

习题 5-7 图

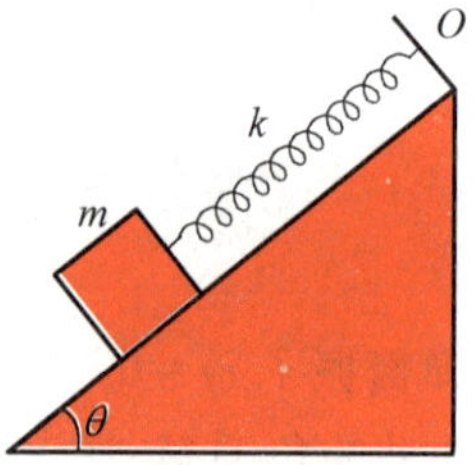

习题 5-8 图

5-9 两质点分别作简谐振动，其频率、振幅均相等，振动方向平行。在每次振动过程中，它们在经过振幅的一半的地方时相遇，而运动方向相反。求它们相差，并用旋转矢量图表示出来。

5-10 一简谐振动的振幅 $A=24$ cm、周期 $T=3$ s，以振子位移 $x=12$ cm、并向负方向运动时为计时起点，作出振动位移与时间的关系曲线，并求出振子运动到 $x=-12$ cm 处所需的最短时间。

5-11 如图所示，一轻弹簧下端挂着两个质量均为 $m=1.0$ kg 的物体 B 和 C，此时弹簧伸长 2.0 cm 并保持静止。用剪刀断开连接 B 和 C 的细线，使 C 自由下落，于是 B 就振动起来。选 B 开始运动时为计时起点，B 的平衡位置为坐标原点，在下列情况下，求 B 的振动方程：

(1) x 轴正向向上；

(2) x 轴正向向下。

5-12 劲度系数为 k 的轻弹簧，上端与质量为 m 的平板相连，下端与地面相连。如图所示，今有一质量也为 m 的物体由平板上方 h 高处自由落下，并与平板发生完全非弹性碰撞。以平板开始运动时刻为计时起点，向下为正，求振动周期、振幅和初相。

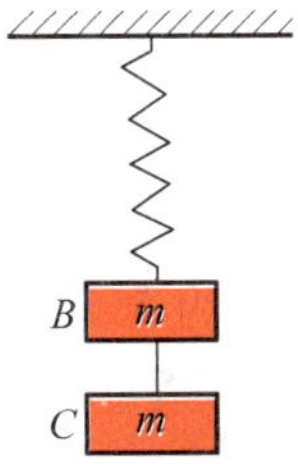

习题 5-11 图

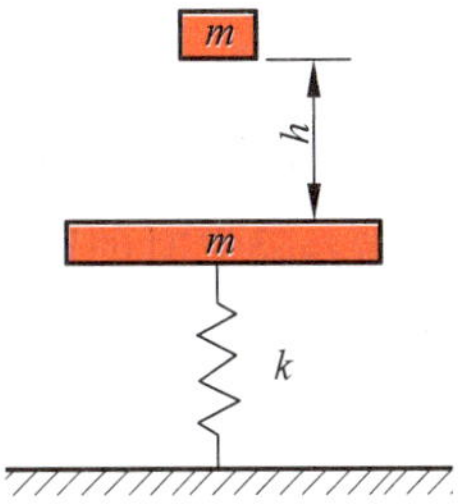

习题 5-12 图

5-13 在一平板上放一重 9.8 N 的物体，平板在竖直方向作简谐振动，周期 $T=0.50$ s，振幅 $A=0.020$ m，试求：

(1) 重物对平板的压力 F；

(2) 平板以多大振幅运动时，重物将脱离平板？

5-14 一木块在水平面上作简谐运动，振幅为 5.0 cm，频率为 ν，一块质量为 m 的较小木块叠在其上，两木块间最大静摩擦力为 $0.4mg$，求振动频率至少为多大时，上面的木块将相对于下面木块滑动？

5-15 一台摆钟的等效摆长 $L=0.995$ m，摆锤可上下移动以调节其周期。该钟每天快 1 分 27 秒。假如将此摆当作一个质量集中在摆锤中心的一个单摆来考虑，则应将摆锤向下移动多少距离，才能使钟走得准确？

5-16 一弹簧振子，弹簧的劲度系数 $k=25$ N/m，当物体以初动能 0.2 J 和初势能 0.6 J 振动时，求：

(1) 振幅；

(2) 位移是多大时，势能和动能相等？

(3) 位移是振幅的一半时，势能多大？

5-17 一质点同时参与两个在同一直线上的简谐振动，两个振动的振动方程为

$$x_1 = 0.04\cos\left(2t+\frac{\pi}{6}\right)\text{(SI)}$$

$$x_2 = 0.03\cos\left(2t-\frac{\pi}{6}\right)\text{(SI)}$$

求合振动的振幅和初相。

5-18 有两个同方向、同频率的简谐振动，它们合振动的振幅为 10 cm，合振动与第一个振动的相差为 $\pi/6$，若第一个振动的振幅 $A_1=8.0$ cm，求：

(1) 第二个振动的振幅 A_2；

(2) 第一个振动和第二个振动的相位差。

5-19 已知两个分振动的振动方程分别为

$$x = 2\cos \pi t$$

$$y = 2\cos\left(\pi t-\frac{\pi}{2}\right)$$

求合振动轨道曲线。

5-20 质量为 4536 kg 的火箭发射架在发射火箭时，因向后反冲而具有反冲能量，这能量由

发射架压缩一个弹簧而被弹簧吸收。为了不让发射架在反冲终了后作往复运动，人们使用一个阻尼减震器使发射架能以临界阻尼状态回复到点火位置去。已知发射架以 10 m/s 的初速向后反冲并移动了 3 m。试求反冲弹簧的劲度系数和阻尼减震器提供临界阻尼时的阻力系数。

5-21 已知地壳平均密度约 $2.8\times10^3\ \mathrm{kg/m^3}$，地震波的纵波波速约 $5.5\times10^3\ \mathrm{m/s}$，地震波的横波波速约 $3.5\times10^3\ \mathrm{m/s}$，计算地壳的杨氏模量与切变模量。

5-22 已知空气中的声速为 344 m/s，一声波在空气中波长是 0.671 m，当它传入水中时，波长变为 2.83 m，求声波在水中的传播速度。

5-23 有一沿 x 轴正方向传播的平面简谐横波，波速 $u=1.0\ \mathrm{m/s}$，波长 $\lambda=0.04\ \mathrm{m}$，振幅 $A=0.03\ \mathrm{m}$，若从坐标原点 O 处的质元恰在平衡位置并向 y 轴负方向运动时开始计时，试求：

(1) 此平面波的波函数；

(2) $x_1=0.05\ \mathrm{m}$ 处质元的振动方程及该质元的初相位。

5-24 有一沿 x 轴正向传播的平面简谐波，波速为 2 m/s，原点处质元的振动方程为 $y=0.6\cos \pi t$(SI)，试求：

(1) 此波的波长；

(2) 波函数；

(3) 同一质元在 1 秒末和 2 秒末这两个时刻的相位差；

(4) $x_A=1.0\ \mathrm{m}$ 和 $x_B=1.5\ \mathrm{m}$ 处两质元在同一时刻的相位差。

5-25 振动频率为 $\nu=500\ \mathrm{Hz}$ 的波源发出一列平面简谐波，波速 $u=350\ \mathrm{m/s}$，试求：

(1) 相位差为 $\pi/3$ 的两点相距多远；

(2) 在某点，时间间隔为 $\Delta t=10^{-3}\ \mathrm{s}$ 的两个状态的相位差是多少？

5-26 有一波长为 λ 的平面简谐波，它在 a 点引起的振动的振动方程为 $y=A\cos(\omega t+\varphi)$，试分别在如图所示四种坐标选择情况下，写出此简谐波的波函数。

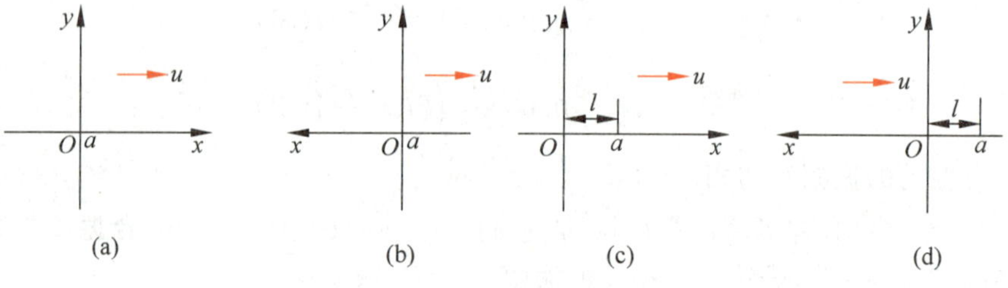

习题 5-26 图

5-27 图示为 $t=0$ 时刻的平面简谐波的波形，求：

(1) 原点的振动方程；

(2) 波函数；

(3) P 点的振动方程；

(4) a、b 两点的运动方向。

5-28 一列平面简谐波沿 x 轴正方向传播，波速为 u，波源的振动曲线如图所示。

(1) 画出 $t=T$ 时刻的波形曲线，写出波函数；

(2) 画出 $x=\lambda/4$ 处质元的振动曲线。

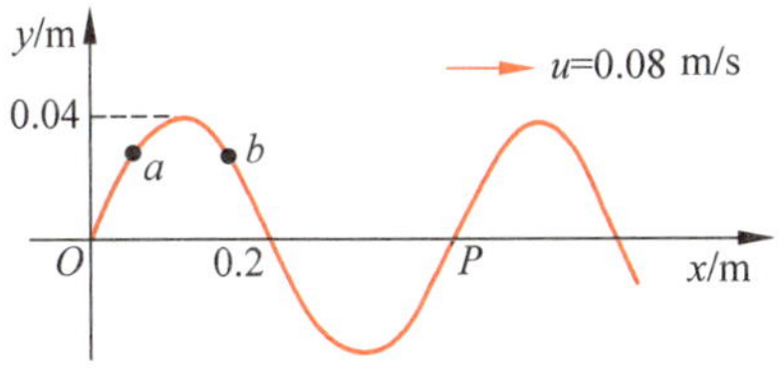

习题 5-27 图

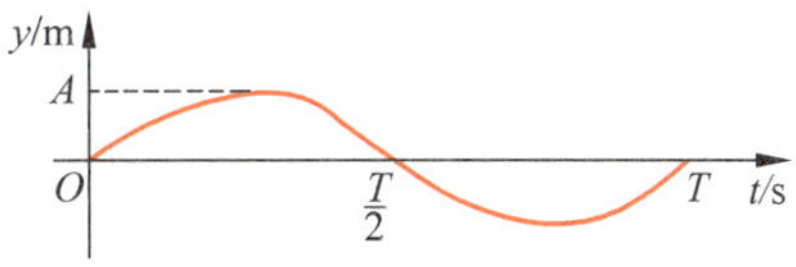

习题 5-28 图

5-29 已知一平面简谐波的波函数 $y=A\cos\pi(4t+2x)$(SI)，

(1) 写出 $t=4.2$ s 时各波峰位置的坐标表示式，计算此时离原点最近的一个波峰的位置，该波峰何时通过坐标原点？

(2) 画出 $t=4.2$ s 时的波形图。

5-30 图示为 $t=0$ 时刻沿 x 轴正方向传播的平面简谐波的波形图，其中振幅 A、波长 λ、波速 u 均为已知。

(1) 求原点处质元的初相位 φ_0；

(2) 写出 P 处质元的振动方程；

(3) 求 P、Q 两点的相位差。

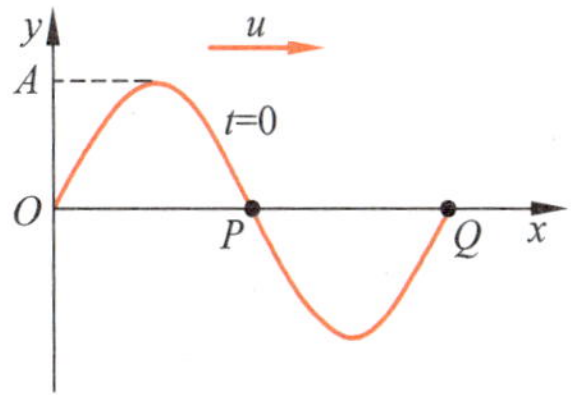

习题 5-30 图

5-31 一线状波源发射柱面波，设介质是不吸收能量的各向同性均匀介质。求波的强度和振幅与离波源距离的关系。

5-32 设简谐波在直径 $d=0.10$ m 的圆柱形管内的空气介质中传播，波的强度 $I=1.0\times10^{-2}$ W/m^2，波速为 $u=250$ m/s，频率 $\nu=300$ Hz，试计算

(1) 波的平均能量密度和最大能量密度各是多少？

(2) 相距一个波长的两个波面之间平均含有多少能量？

5-33 一个声源向各个方向均匀地发射总功率为 10 W 的声波，求距声源多远处，声强级为 100 dB。

5-34 设正常谈话的声强 $I=1.0\times10^{-6}$ W/m^2，响雷的声强 $I'=0.1$ W/m^2，它们的声强级各是多少？

5-35 纸盆半径 $R=0.1$ m 的扬声器，辐射出频率 $\nu=10^3$ Hz、功率 $P=40$ W 的声波。设空气密度 $\rho=1.29$ kg/m^3，声速 $u=344$ m/s，不计空气对声波的吸收，求纸盆的振幅。

5-36 P、Q 为两个以同相位、同频率、同振幅振动的相干波源，它们在同一介质中传播，设波的频率为 ν、波长为 λ，P、Q 间距离为 $3\lambda/2$，R 为 PQ 连线上 P、Q 两点外侧的任意一点，求：

(1) 自 P 发出的波在 R 点的振动与自 Q 发出的波在 R 点的振动的相位差；

(2) R 点合振动的振幅。

5-37 一弦的振动方程为 $y=0.02\cos 0.16x\cos 750t$(SI)，求：

(1) 合成此振动的两个分振动的振幅及波速为多少？

（2）两个相邻节点间的距离为多大？

（3）$t=2.0\times10^{-3}$ s 时，位于 $x=5.0$ cm 处的质元的速度为多少？

5-38 如图所示，一列振幅为 A、频率为 ν 的平面简谐波，沿 x 轴正方向传播，BC 为波密介质的反射面，波在 P 点反射。已知 $OP=3\lambda/4$，$DP=\lambda/6$，在 $t=0$ 时，O 处质元经过平衡位置向负方向运动。求入射波与反射波在 D 点处叠加的合振动方程。

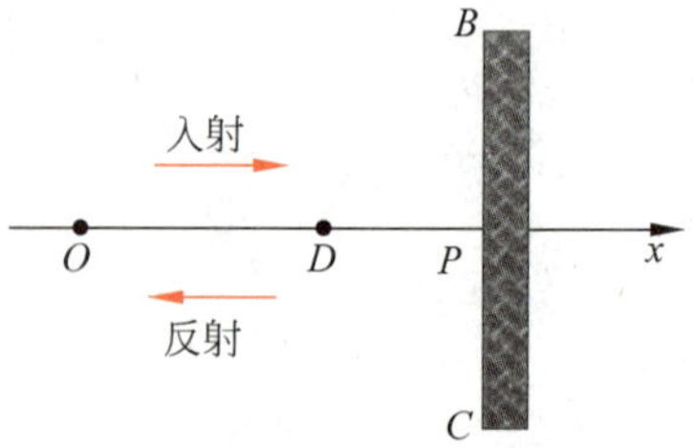

习题 5-38 图

5-39 速度为 20 m/s 的火车 A 和速度也为 20 m/s 的火车 B 相向行驶，火车 A 以频率 $\nu=500$ Hz 鸣汽笛，试就下列两种情况求火车 B 中乘客听到的声音的频率（设声速为 340 m/s）。

（1）A、B 相遇之前；

（2）A、B 相遇之后。

5-40 一人造地球卫星发出 $\nu=10^8$ Hz 的微波信号，卫星探测器在某一时刻检测到由地面站反射回的信号与卫星发出的信号产生了拍频 $\Delta\nu=2400$ Hz 的拍，求此时卫星沿地面站方向的分速度。

5-41 从远方某一星体发射的光谱，经研究确认其中有一组氢原子的巴耳末线系。经测定，地球上氢原子的 434 nm 谱线与该星体上氢原子的 589 nm 谱线属于同一谱线。试由此推断该星体是正在远离还是正在接近地球？它相对地球的运动速度是多大？

第6章 几何光学

光是地球生命的来源之一，光是人类认识外部世界的工具。因此，光最早成了被人类观察并认识的自然现象之一，光学成了物理学较早得到发展的一个分支。根据光的发射、传播、接收以及光与物质相互作用的性质和规律，人们通常把光学分成几何光学、波动光学和量子光学。当光在均匀介质中传播所遇到的障碍物线度比光波波长大很多时，光的衍射现象不显著。这种情况下，光的传播可视为直线传播。这时，所研究的光学内容称为几何光学。几何光学是以光的基本实验定律为基础，研究光的传播和成像规律的一个重要的实用性分支学科。

6.1 几何光学基本规律

6.1.1 光的直线传播

光在均匀介质中沿直线传播，这就是光的直线传播定律。在描述机械波时，我们用波线表示波的传播方向，这里，我们用光线表示光的传播方向。

日食是光线沿直线传播的典型例证。月球运动到太阳和地球中间，当三者正好处在一条直线时，月球就会挡住太阳射向地球的光，月球的黑影（月影）落到地球上，这时发生日食现象。由于月球比地球小，只有在月影中的人们才能看到日食。月球把太阳全部挡住时发生日全食，遮住一部分时发生日偏食，遮住太阳中央部分发生日环食。研究表明，发生日全食的延续时间不超过7分31秒。日环食的最长时间是12分24秒。2009年7月22日，中国发生了一次非常壮观的日全食，全食带横扫中国中部的长江流域，中国的拉萨、成都、上海等40多个城市都能观赏到这次日全食，持续时间达到5～6分钟，这种状况可谓百年难遇。

6.1.2 反射定律和折射定律

光在传播的过程中遇到两种介质的分界面时，一部分光改变方向返回原介质传播，这部分光称为反射光。实验表明，反射光线总是位于入射光线与界面法线所构成的入射面内，并且与入射光线分居法线的两侧，反射角 i' 等于入射角 i，即

$$i' = i \tag{6-1}$$

这一规律称为光的反射定律。如图 6-1 所示。

光从一种介质射入另一种介质时,传播方向一般会发生偏折,这种现象称为光的折射。实验发现,折射光线总是位于入射面内,与入射光线分居法线的两侧,入射角 i 的正弦与折射角 r 的正弦之比为一个常量,即

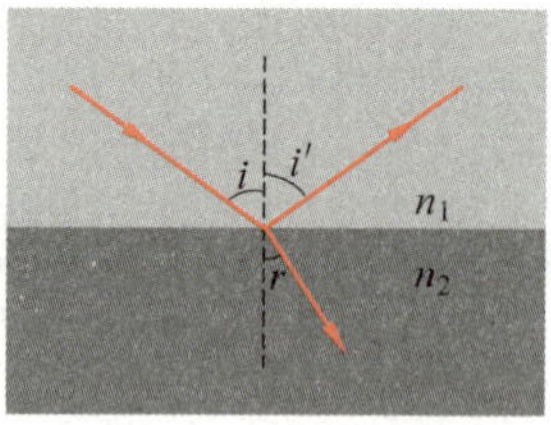

图 6-1　光的反射和折射

$$\frac{\sin i}{\sin r} = n_{21} \tag{6-2}$$

这一规律称为光的折射定律。如图 6-1 所示。常量 n_{21} 称为第二种介质对第一种介质的相对折射率。相对折射率 n_{21} 在数值上等于光在第一种介质中的传播速度 v_1 与光在第二种介质中的传播速度 v_2 之比,即

$$n_{21} = \frac{v_1}{v_2} \tag{6-3}$$

如果光从真空进入某种透明介质,设光在真空中和介质中的传播速度分别为 c 和 v,则该介质相对于真空的折射率 $n=c/v$ 称为绝对折射率,简称折射率。设入射光所在介质的折射率为 n_1,折射光所在介质的折射率为 n_2,折射定律又可以写为

$$n_1 \sin i = n_2 \sin r \tag{6-4}$$

折射率不仅与介质有关,还与光的频率有关。不同频率的光对同一介质具有不同的折射率。表 6-1 是几种常用介质对钠黄光($\lambda=589.3\ \text{nm}$)的折射率。两种介质相比,把折射率较大的介质称为光密介质,折射率较小的介质称为光疏介质。

表 6-1　几种常用介质的折射率

介质	折射率	介质	折射率
金刚石	2.42	水	1.33
玻璃	1.50～1.75	酒精	1.36
水晶	1.54～1.56	乙醚	1.35
冰	1.31	空气	1.0003

在星光灿烂的夜晚仰望天空,会看到繁星在夜空中闪烁,像是顽皮的孩子在不时地眨着眼睛,这是因为当星光穿过不同密度的空气层时要发生折射。一般说来,空气相对地面不是静止的,是在不断地流动的。随着空气的流动,在观察者注视的区域内,空气的密度会时大时小,因此穿过该区域的星光被折射情况也随之变化,于是折射光线就会不停地颤动、摇摆,忽而进入眼睛,忽而又射到眼睛以外的地方,出现了星星"眨眼睛"的景象。

如果光线逆着原反射光线的方向入射,其反射光线必沿着原入射光线的逆方向传播;如果光线逆着原折射光线的方向入射,其折射光线必沿着原入射光线的逆向传播。这一规律称为光路可逆原理,在讨论光学仪器成像问题时,用光路可逆原理有时会使问题变得简单。

6.1.3　全反射

当光从光密介质(n_1)入射到光疏介质(n_2)的界面上,入射角 i 达到或大于临界角

$$i_c = \arcsin\frac{n_2}{n_1} \tag{6-5}$$

时，就会出现没有折射光而只有反射光的现象，这种现象称为全反射。i_c 称为全反射临界角。

全反射的应用很广，近年来发展很快的光学纤维，就是利用全反射规律而使光线沿着弯曲路径传播的光学元件。光学纤维由玻璃、石英或塑料等透明材料制成核芯，外面有低折射率的透明包皮。直径通常在几微米到几十微米之间。入射光从光学纤维一端射入时，那些入射角较小的光进入纤维后，在纤维的核芯-包皮界面上的入射角大于全反射的临界角，因而光在纤维内作连续的全反射，使光从纤维一端传输到另一端。纤维的有限弯曲不会影响全反射，光的传输效率不受影响。成千上万条光学纤维捆扎起来传输光能，可用作特殊照明。若将光学纤维排成有序的阵列，输入端与输出端一一对应，就可用来传输声音和图像。医学中用光学纤维束制成内窥镜可以对人体内部的胃、肠、支气管等进行成像观察。在通信领域中可利用光学纤维制成的光缆进行信号传递。

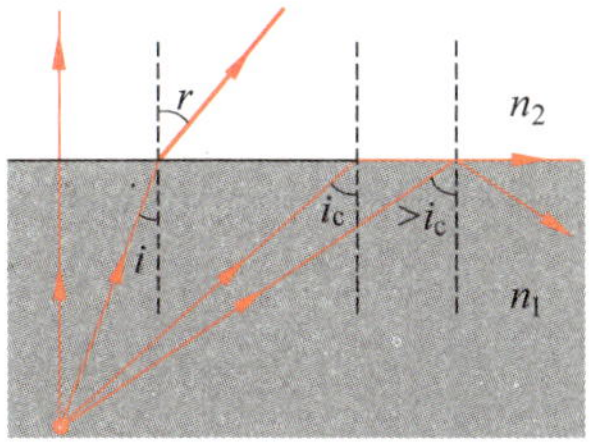

图 6-2　全反射

6.2　光在平面上的反射和折射

在 6.1 节光的基本实验定律的基础上，我们将介绍几何光学的主要研究内容：光的传播和成像规律。

6.2.1　平面反射成像

平面镜是反射面为平面的镜子，它是一种最简单、最常见的光学成像器件。考虑发光物体上的一个发光点 S，我们把发光点 S 称为点光源。点光源 S 发出的发散光照射到平面镜上时，由反射定律可知，从点光源 S 发出的所有光线，经平面镜反射后，其反向延长线都相交于 S' 点。如图 6-3 所示。当我们向平面镜观察时，眼睛接收到的光似乎是点光源 S' 发出的光，S' 就是 S 在平面镜中的像。这个像不是真实光线的实际交点，它是光线的反向延长线的会聚点，所以称为虚像。物点 S 与镜面之间的距离称为物距，用 p 表示；像点 S' 与镜面之间的距离称为像距，用 p' 表示。

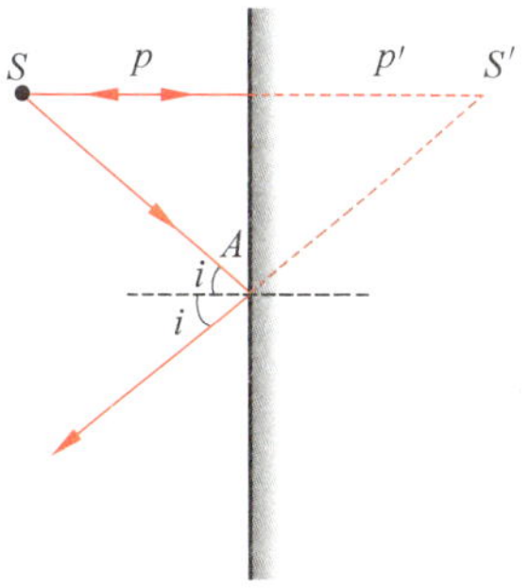

图 6-3　平面反射成像

从一个点光源发出的光经平面镜反射后，反射光的反向延长线仍交于一点。所以，平面反射不会破坏光束的同心性，平面反射能获得“完善”的点像。由于发光物体可以看作由许多发光点组成，所有发光点在平面镜中都有一个相应的虚像点，所有虚像点的集合构成了整个发光物体的虚像。从几何学可以证明，发光物体在平面镜中所成的虚像与物体大小相等，物与像关于平面镜对称，即物距 p 等于像距 p'。

6.2.2　平面折射成像

如图 6-4 所示，设点光源 S 在折射率为 n_1 的介质中发出一束光，经界面折射进入折射

率为 n_2 的介质。根据折射定律,折射角与入射角不呈线性关系。那么,点光源发出的光经平面折射后,折射光的反向延长线一般不会相交于同一点,平面折射将破坏光束的同心性,不能成"完善"的像,这种现象称为像散。入射方向越倾斜,折射光束的像散就越显著。实际上,当人们观察像时,人眼的瞳孔只让很细的一束折射光进入眼睛,这些折射光的反向延长线可以近似交于一点。所以,实际上,当我们在水面上观看水里的物体时,我们仍然可以看清水里的物体。在水面上沿着法线方向观看水中物体时,所见的像最清晰。

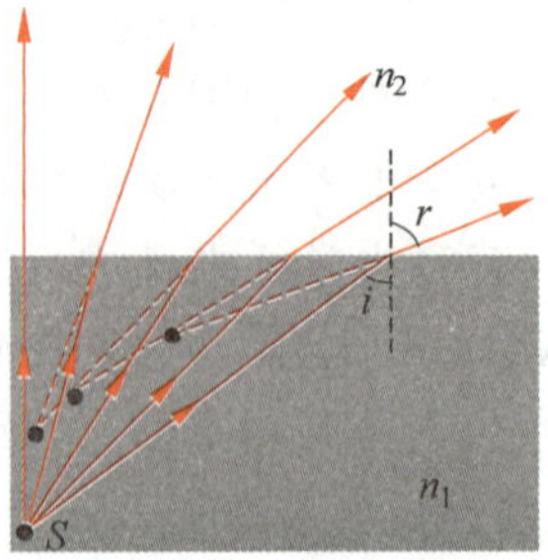

图 6-4 平面折射成像

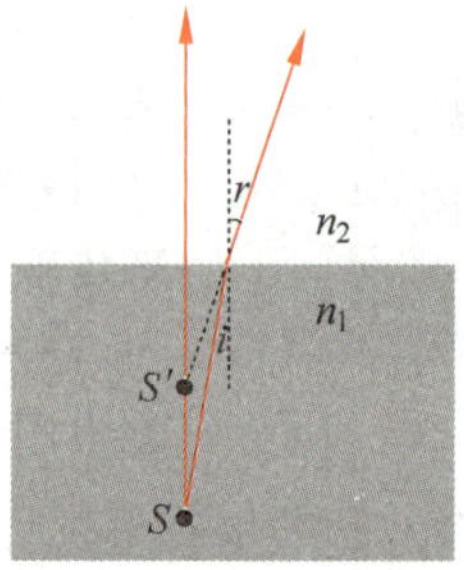

图 6-5 在水面上沿着法线方向观看水中点光源

下面讨论在水面上沿着法线方向观看水中点光源成像问题。如图 6-5 所示,设水中有一点光源 S,它与水面的距离为物距 p,水的折射率为 n_1,空气的折射率为 n_2。从 S 发出的光线经水面折射后,反向延长线交于 S'点,S'与水面的距离为像距 p'。水面上沿着法线方向观看水中物体时,进入眼睛光线的张角很小,根据折射定律和几何关系,在近似条件下,可得

$$p' = \frac{n_2}{n_1}p \tag{6-6}$$

像距 p'称为 S 的视深,由上式可知,因为 $n_1 > n_2$,水中物体的视深小于物距 p。

【例 6-1】 有一只厚底玻璃缸,底厚 6 cm,内盛 4 cm 深的水,已知玻璃和水的折射率分别为 1.8 和 1.33。如果竖直向下看,看到缸底下表面离水面的距离是多少?

解 缸底下表面发出的光线要经过两次折射进入人眼,先经缸底上表面和水的界面折射,再经水和空气的界面折射。已知缸底厚 $h_1 = 6$ cm、水深 $h_2 = 4$ cm,玻璃、水和空气的折射率分别为 $n_1 = 1.8$、$n_2 = 1.33$ 和 $n_3 = 1$。因为竖直向下看缸底,可以用式(6-6)进行计算。

缸底下表面发出的光线经缸底上表面和水的界面(界面 1)折射时,物距 $p_1 = h_1$,像距

$$p_1' = \frac{n_2}{n_1}h_1$$

像在界面 1 下方 p_1'处。所成的像再经水和空气的界面(界面 2)折射时,物距

$$p_2 = p_1' + h_2 = \frac{n_2}{n_1}h_1 + h_2$$

像距

$$p_2' = \frac{n_3}{n_2}p_2 = \frac{n_3}{n_1}h_1 + \frac{n_3}{n_2}h_2$$

计算得 $p_2' = 6.34$ cm 。所以看到缸底下表面离水面的距离为 6.34 cm。

6.3 光在球面上的反射和折射

球面是组成光学仪器的基本元件。研究光在球面上的反射和折射，是研究一般光学系统成像的基础。

6.3.1 一些概念和符号法则

由于发光物体可以看作由许多发光点组成，所有发光点发出的光经过光学元件都会成一个点像，所有点像的集合又构成整个发光物体的像。所以，我们着重研究点物成像。为了研究光线经由球面反射和折射后的成像问题，必须先说明一些概念。当入射光学元件的光是一束发散光时，发出发散光的物是实物；而当入射光学元件的光是一束会聚光时，入射光线的延长线相交于一点，这一点是虚物点。如果经光学元件反射或折射后的光线会聚于一点，该点是实像点；如果反射或折射后的光线的反向延长线相交于一点，这一点是虚像点。讨论球面折射成像时，入射光线所在的空间称为物空间，出射光线所在的空间称为像空间。

球面分凹面和凸面两种。图 6-6 中表示出了球面的一部分，这部分球面的中心点 O 称为顶点，球面的球心 C 称为曲率中心，球面的半径 R 称为曲率半径。过点 O 和点 C 的直线称为球面的主光轴，靠近主光轴的光线称为近轴光线，本章仅讨论近轴光线成像问题。

下面规定一套适当的符号法则，以便计算成像问题。

(1) 物体到球面顶点的距离称为物距，用 p 表示，与实物对应的物距为正，与虚物对应的物距为负。

(2) 像到球面顶点的距离称为像距，用 p' 表示，与实像对应的像距为正，与虚像对应的像距为负。

(3) 凹面镜的曲率半径为正，凸面镜的曲率半径为负。

(4) 讨论球面折射成像时，如果球面的曲率中心在物方空间，曲率半径为负，如果球面的曲率中心在像方空间，曲率半径为正。

(5) 垂直于主光轴的物与像有不同的长度和正倒，在主光轴上方的物与像的长度为正，在主光轴下方的物与像的长度为负。

6.3.2 球面反射成像公式

我们以凹面镜为例进行球面反射成像分析。如图 6-6 所示，凹面镜半径为 R，设物点 P 位于主光轴上，物距大于 $R/2$。从物点发出的光束中，一条光线沿主光轴入射，经镜面反射后原路返回；另一条光线入射于镜面上的 B 点，在 B 点处反射。一般情况下，不同的反射光线并不相交于一点，会出现像散现象。但是，如果入射光线是近轴光线，不同的反射光线会近似相交于同一点 P'，P' 即为物点 P 的像。根据反射定律和几何关系，可以得到

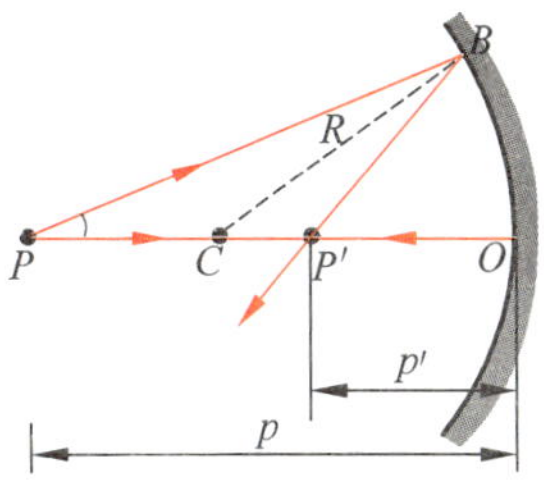

图 6-6 球面反射

$$\frac{1}{p}+\frac{1}{p'}=\frac{2}{R} \tag{6-7}$$

这个联系物距和像距的公式称为球面反射成像公式。无论对于凹球面还是凸球面，无论 p、p'、R 的数值大小、是正的还是负的，只要在近轴光线的条件下，上式都是球面反射成像的基本公式。

当物点 P 在主光轴上且离球面镜无限远（$p \to \infty$）时，入射光线可看作近轴平行光线，该物点的像点称为球面镜的焦点 F，焦点到球面顶点的距离称为焦距，用 f 表示。根据球面反射成像公式，有

$$f = \frac{R}{2} \tag{6-8}$$

这样，球面反射成像公式又可表示为

$$\frac{1}{p} + \frac{1}{p'} = \frac{1}{f} \tag{6-9}$$

一般来说，垂直于主光轴的物与像有不同的长度和正倒。设物体在垂直于主光轴方向上的高度为 y，其像的高度为 y'，定义 $m = y'/y$ 为球面反射成像横向放大率。由反射定律和几何关系可以证明

$$m = \frac{y'}{y} = -\frac{p'}{p} \tag{6-10}$$

$m<0$ 表示像是倒立的，$m>0$ 表示像是正立的；$|m|>1$ 表示成放大像，$|m|<1$ 表示成缩小像。

对于凸面镜，$R<0$，无论实物放在镜前什么位置，总是成缩小虚像。汽车后视镜就是凸面镜。

6.3.3 球面反射成像作图法

在近轴光线入射的条件下，我们可以用作图法确定球面反射成像的物像关系。首先要根据球面反射的特点选择三条特殊光线，它们是：

（1）平行于主光轴的近轴光线，经凹面镜反射后，反射光线过焦点；经凸面镜反射后，反射光线的反向延长线过焦点。

（2）过焦点（或延长线过焦点）的光线，经球面镜反射后，反射光线平行于主光轴。

（3）过球面曲率中心的光线，经球面镜反射后按原路返回。

图 6-7 给出了几种不同情况下的球面反射成像光路图。

6.3.4 球面折射成像公式

下面我们讨论球面折射成像问题。设有两种折射率分别为 n 和 n' 的透明介质，分界面为一个半径为 R 的球面，物点 P 位于折射率为 n 的介质中（设 $n<n'$），如图 6-8 所示。物点 P 发出的光线中，一条光线入射于 O 点，沿原方向进入另一种介质，另一条光线入射于 B 点，在 B 点折入另一种介质。一般情况下，不同的折射光线并不相交于一点，会出现像散现象。但是，在近轴光线条件下，不同的折射光线会近似相交于同一点 P'，P' 为物点 P 的像。根据折射定律和几何关系，可得

$$\frac{n}{p} + \frac{n'}{p'} = \frac{n'-n}{R} \tag{6-11}$$

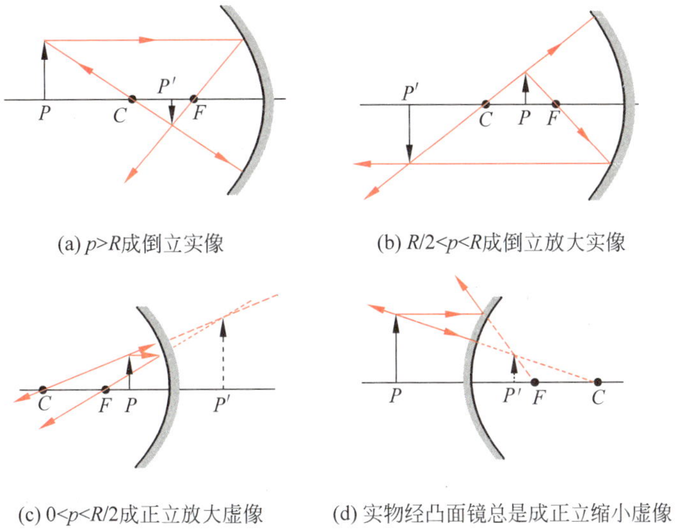

(a) $p>R$成倒立实像　　(b) $R/2<p<R$成倒立放大实像

(c) $0<p<R/2$成正立放大虚像　　(d) 实物经凸面镜总是成正立缩小虚像

图 6-7　球面反射成像光路图

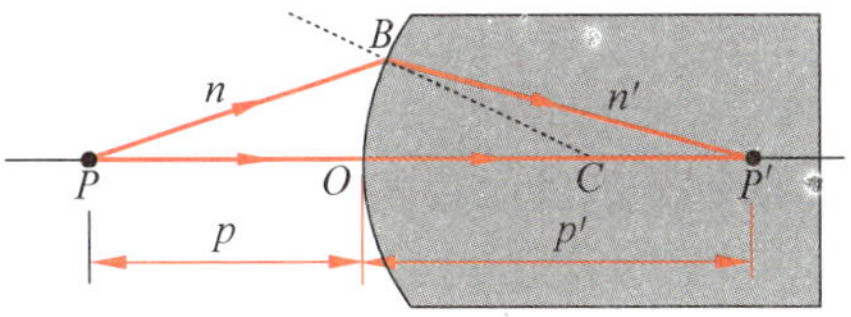

图 6-8　球面折射

上式称为球面折射成像公式。无论对于凹球面还是凸球面，无论 p、p'、R 的数值大小、是正的还是负的，只要在近轴光线的条件下，上式都是球面折射成像的基本公式。

由折射定律和几何关系可以求出球面折射成像的横向放大率

$$m=\frac{y'}{y}=-\frac{np'}{n'p} \tag{6-12}$$

$m<0$ 表示像是倒立的，$m>0$ 表示像是正立的；$|m|>1$ 表示成放大像，$|m|<1$ 表示成缩小像。

【例 6-2】 点光源 P 位于一玻璃球心点左侧 25 cm 处。已知玻璃球半径是 10 cm，折射率为 1.5，空气折射率近似为 1，求像点的位置。

解 点光源 P 发出的光线先经左侧球面成像，对左侧球面而言，物距 $p_1=15$ cm，$R_1=10$ cm，物方折射率 $n_1=1$，像方折射率 $n_1'=1.5$，由

$$\frac{n_1}{p_1}+\frac{n_1'}{p_1'}=\frac{n_1'-n_1}{R_1}$$

得 $p_1'=-90$ cm，即 P 点发出的光经左侧球面成虚像 P_1'，虚像在左侧面左方 90 cm 处。

光线再经右侧球面成像，对右侧球面而言，虚像 P_1' 是它的实物 P_2，物距 $p_2=110$ cm，$R_2=-10$ cm，物方折射率 $n_2=1.5$，像方折射率 $n_2'=1$，由

$$\frac{n_2}{p_2}+\frac{n_2'}{p_2'}=\frac{n_2'-n_2}{R_2}$$

得 $p_2'=27.5$ cm。最终的像点位于玻璃球右侧、距球面右顶点 27.5 cm。

6.4 薄透镜成像

在大多数的折射情况中,折射表面都不止一个。把玻璃等透明物质磨成薄片,使其两表面都为球面或有一面为平面,即为透镜。中间部分比边缘部分厚的透镜称为凸透镜;中间部分比边缘部分薄的透镜称为凹透镜。连接透镜两球面曲率中心的直线称为透镜的主光轴。如果透镜两个面的顶心靠得很近,这样的透镜称为薄透镜。本节着重讨论薄透镜成像问题。物体发出的光线经过薄透镜成像的问题就是光线经过两个球面折射的问题。

6.4.1 薄透镜成像公式

假设透镜左右两个表面的曲率半径分别为 R_1 和 R_2,透镜的折射率为 n,物方空间的折射率为 n_1,像方空间的折射率为 n_2。如果物点 P 放在透镜的左方,物距为 p,P 发出的光线首先在透镜的左侧球面折射,左侧球面折射成的像是右侧球面的物。忽略薄透镜的厚度,利用球面折射成像公式两次,即可求出物点 P 发出的光线经透镜的两个球面折射后所成最终像 P' 的像距 p' 与物距 p 之间的关系

$$\frac{f}{p}+\frac{f'}{p'}=1 \tag{6-13}$$

这就是薄透镜成像公式,其中

$$f=\frac{n_1}{\dfrac{n-n_1}{R_1}+\dfrac{n_2-n}{R_2}} \tag{6-14}$$

$$f'=\frac{n_2}{\dfrac{n-n_1}{R_1}+\dfrac{n_2-n}{R_2}} \tag{6-15}$$

注意,对于薄透镜,忽略薄透镜的厚度,规定物距 p 和像距 p' 从透镜中心算起。

定义:如果把物点放在主光轴上的一点,物点经透镜折射成的像在无限远,这点称为物方焦点,用 F 表示,物方焦点到透镜中心的距离称为物方焦距;跟透镜主光轴平行的近轴光线经透镜折射后在主光轴上的会聚点,称为像方焦点,用 F' 表示,像方焦点到透镜中心的距离称为像方焦距。由式(6-13)可知,物方焦距就是式(6-14)表示的 f,像方焦距就是式(6-15)表示的 f'。

如果几束来自无限远的平行光与主光轴的夹角不同,则像点的位置也各不相同,但只要是近轴光线,像距 p' 都相同,此时像点都位于过焦点且垂直于光轴的平面上,这个平面称为焦平面。

如果将薄透镜置于空气中,物方焦距 f 等于像方焦距 f'。如果把空气的折射率近似为1,空气中的薄透镜成像公式写为

$$\frac{1}{p}+\frac{1}{p'}=\frac{1}{f} \tag{6-16}$$

其中

$$f=\frac{1}{(n-1)\left(\dfrac{1}{R_1}-\dfrac{1}{R_2}\right)} \tag{6-17}$$

根据符号法则，分析式(6-17)可知，若将薄透镜置于空气中使用，凸透镜的焦距为正，凹透镜的焦距为负。

不难发现，式(6-9)与式(6-16)有相同的形式，由此可知，如果把薄透镜放在空气中使用，凸透镜的成像规律与凹面镜相同，凹透镜的成像规律与凸面镜相同。

利用球面折射成像的横向放大率公式(6-12)，连续计算两次，可得薄透镜的横向放大率为

$$m=-\frac{p'}{p} \tag{6-18}$$

$m<0$ 表示像是倒立的，$m>0$ 表示像是正立的；$|m|>1$ 表示成放大像，$|m|<1$ 表示成缩小像。

6.4.2 薄透镜成像作图法

薄透镜成像的物像关系也可以采用作图法确定，与前面介绍的球面反射物像关系作图法类似，也要先确定几条特殊的光线。

(1) 与主光轴平行的近轴光线，通过凸透镜后折射光线过像方焦点；通过凹透镜后折射光线的反向延长线过像方焦点。

(2) 过物方焦点(或延长线过物方焦点)的近轴光线，通过透镜后折射光线与主光轴平行。

(3) 过薄透镜中心的光线，通过薄透镜后沿原方向出射。过薄透镜中心的光线与主光轴的交点称为光心。过光心且与主光轴相交的光线，称为副光轴。

(4) 与副光轴平行的光线，通过薄透镜后过副光轴与焦平面的交点。

图 6-9 给出了几种不同情况下的薄透镜成像光路。

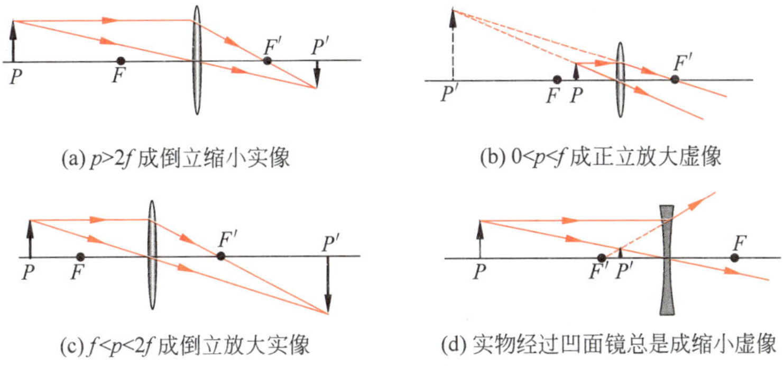

(a) $p>2f$ 成倒立缩小实像　(b) $0<p<f$ 成正立放大虚像

(c) $f<p<2f$ 成倒立放大实像　(d) 实物经过凹面镜总是成缩小虚像

图 6-9　薄透镜成像光路图

【例 6-3】 一薄凸透镜的焦距为 20 cm，如果已知物距分别为 (1) 40 cm；(2) 60 cm；(3) 30 cm；(4) 10 cm。试分别计算这四种情况下的像距，并确定成像性质。

解 由薄透镜成像公式和薄透镜的横向放大率公式，分别计算如下。

(1) 由 $\frac{1}{40}+\frac{1}{p'}=\frac{1}{20}$，得 $p'=40$ cm

又 $m=-\frac{p'}{p}=-\frac{40}{40}=-1$

当 $p=2f$ 时，成与物等大的倒立实像。

(2) 由 $\frac{1}{60}+\frac{1}{p'}=\frac{1}{20}$，得 $p'=30\text{ cm}$

又 $m=-\frac{p'}{p}=-\frac{30}{60}=-0.5$

当 $p>2f$ 时，成缩小倒立实像。

(3) 由 $\frac{1}{30}+\frac{1}{p'}=\frac{1}{20}$，得 $p'=60\text{ cm}$

又 $m=-\frac{p'}{p}=-\frac{60}{30}=-2$

当 $f<p<2f$ 时，成放大倒立实像。

(4) 由 $\frac{1}{10}+\frac{1}{p'}=\frac{1}{20}$，得 $p'=-20\text{ cm}$

又 $m=-\frac{p'}{p}=-\frac{-20}{10}=2$

当 $0<p<f$ 时，成放大正立虚像。

6.5 光学仪器

前面几节我们讨论了平面镜、球面镜和薄透镜等基本光学器件的成像问题。根据基本光学器件的成像规律，人们将单个或多个基本光学器件组合构成光学仪器。光学仪器主要分为两大类，一类是成实像的光学仪器，如幻灯机、照相机等；另一类是成虚像的光学仪器，如望远镜、显微镜、放大镜等。光学仪器是工农业生产、资源勘探、空间探索、科学实验、国防建设以及社会生活各个领域不可缺少的观察、测试、分析、控制、记录和传递的工具。下面简单介绍一些常见光学仪器的基本工作原理、构造和应用。

6.5.1 眼睛

眼睛是人类感观中最重要的器官，据统计，人类感官接收到的外部世界的总信息中，至少 90%以上通过眼睛。眼睛的构造如图 6-10 所示，眼睛的晶状体犹如一个凸透镜，从物体射出的光线，经晶状体折射，在视网膜上形成缩小倒立的实像，视网膜上的视神经把像传给大脑，大脑皮层自动把倒立的像“纠正”。于是，我们看到正立的像。

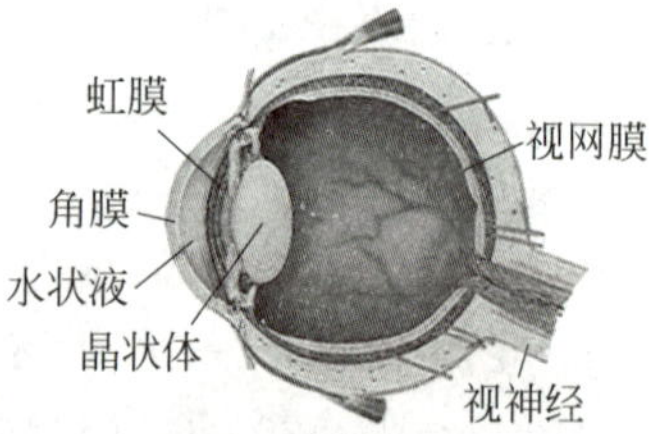

图 6-10　眼睛

眼睛可以通过调节睫状肌来改变晶状体的焦距，使远近不同的物体总能成像在视网膜上。睫状肌完全放松和最紧张时能看清楚的点分别称为眼睛的远点和近点。远点一般在无限远；近点取决于各人睫状肌调节晶状体的能力。在合适的照明下，正常眼睛看 25 cm 远的物体既能看清楚，又能较长时间观看不觉得疲劳，人们把这一距离称为明视距离。

有些人视网膜至晶状体的距离长或晶状体比正常眼睛凸一些，以至在睫状肌完全松弛的情况下，从无限远处来的平行光经过晶状体之后，成像在视网膜之前，这就是近视眼。近视眼的远点不在无限远，而在眼前有限远的地方。矫正近视的方法是佩戴凹透镜，把无限远处的物体成像在近视眼的远点处。

有些人视网膜至晶状体的距离较近或晶状体比正常眼睛扁平些，在睫状肌完全松弛的情况下，平行光会聚在视网膜的后面，这就是远视眼。为了看清远处物体，要利用调节力量把视网膜后面的会聚点移到视网膜上，所以远视眼经常处在调节状态，易发生视疲劳。远视眼的近点在明视距离以外。矫正远视的方法是佩戴凸透镜，把明视距离处的物体成像在远视眼的近点处。

物体对瞳孔中心的张角称为视角。物体在视网膜上所成像的大小与视角有关，如果物体的视角非常小，整个物体看上去就缩成了一个点。一般要求视角大于1′，才能对物体不同部分进行分辨。

6.5.2 放大镜

物体在人眼视网膜上所成像的大小正比于物体对瞳孔中心所张的视角。为看清楚微小的物体或物体的细节，需要把物体移近眼睛，这样可以增大视角，使物体在视网膜上形成一个较大的实像。但是，眼睛睫状肌的调焦能力是有限的，当物体与眼睛的距离小于近点时，即使视角再大也无法看清物体。于是人们设计制造出了各种助视光学仪器，如放大镜、望远镜、显微镜等。

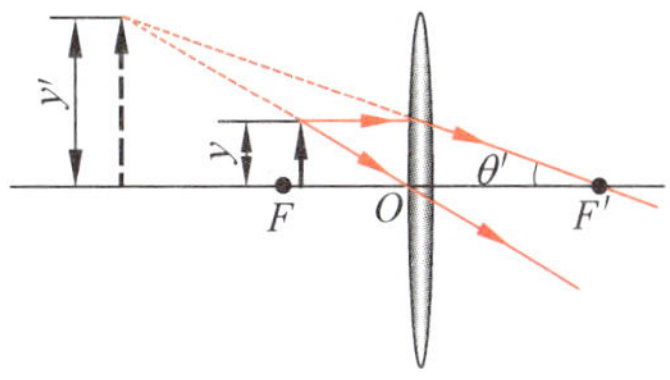

图 6-11　放大镜

放大镜的作用是放大视角，最简单的放大镜就是一片凸透镜。下面计算凸透镜的放大本领。如图6-11所示，把物体放在凸透镜的物方焦点和透镜之间并使它靠近焦点，于是物体经透镜成一放大正立的虚像。为了便于观察，通常使虚像位于明视距离处，虚像对眼睛的视角表示为

$$\theta' = \frac{y'}{-p' + OF'} \approx \frac{y}{f} \tag{6-19}$$

如果不用凸透镜，而是将物体直接放在明视距离 $d=25$ cm 处，物体对眼睛的视角为

$$\theta = \frac{y}{d} \tag{6-20}$$

于是，凸透镜的放大本领为

$$M = \frac{\theta'}{\theta} = \frac{d}{f} \tag{6-21}$$

若凸透镜的焦距为10 cm，则用该凸透镜制成的放大镜的放大本领为2.5倍，写作"2.5×"。由式(6-21)可以看出：如果仅仅从放大本领考虑，凸透镜的焦距越小越好，这样可以得到任意大的放大本领。但是，由于像差的存在，一般采用的放大本领约为3倍。如果采用由几块透镜组成的组合透镜作为放大镜，则可以减小像差，并使放大本领达到20倍。

6.5.3 显微镜

放大镜的放大本领有限,要进一步提高放大本领,就要用组合的光具组构成放大镜,这种放大镜就是显微镜。显微镜由两组透镜组成,一组为短焦距的物镜,另一组为焦距稍长的目镜。为讨论简单起见,两组透镜各以一块单独的凸透镜表示。如图 6-12 所示,把物体 P(高度为 y)放在物镜的物方焦平面之外的很近处,使得物体经物镜所成的实像 P'(高度用 y'表示)尽可能大,P'落在目镜的物方焦平面之内。实像 P'是目镜的实物,它发出的光经目镜形成放大的虚像 P''。下面估算显微镜的放大本领。

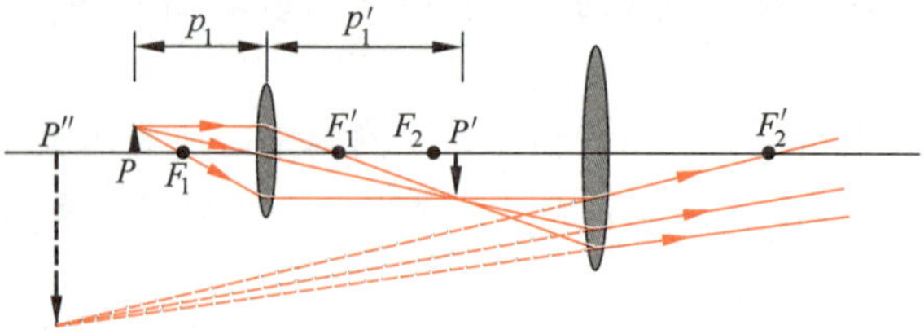

图 6-12 显微镜

显微镜的目镜相当于前面提到的放大镜,为了便于观察,通常使经目镜所成的虚像 P''位于明视距离处,由式(6-19)可知,虚像 P''对眼睛的视角表示为:目镜的实物高度 y'与目镜焦距 f_2 的比值

$$\theta'' \approx \frac{y'}{f_2}$$

显而易见,为得到尽可能大的视角 θ'',目镜的焦距 f_2 要尽可能小;目镜的实物,也就是物镜所成的像 P'要尽可能大。而像 P'的高度 y'表示为

$$y' = -\frac{p_1'}{p_1}y$$

由于物体 P 放在物镜的物方焦平面之外的很近处,p_1 约等于物镜焦距 f_1。同时,因为 P'靠近目镜焦点,而且 f_2 很小,可以近似用目镜与物镜的间距(镜筒长)L 替代 p_1'。这样

$$y' \approx -\frac{Ly}{f_1}$$

可见,为使物镜所成的像 P'尽可能大,要使用焦距很短的物镜。此时,虚像 P''对眼睛的视角表示为

$$\theta'' \approx -\frac{Ly}{f_1 f_2}$$

如果不用显微镜,而是将物体直接放在明视距离 $d=25$ cm 处,物体对眼睛的视角由式(6-20)表示

$$\theta = \frac{y}{d}$$

于是,显微镜的放大本领为

$$M = \frac{\theta''}{\theta} \approx -\frac{Ld}{f_1 f_2} \tag{6-22}$$

已知,物镜的横向放大率表示为 $m_1 = y'/y \approx -L/f_1$,目镜的视角放大率表示为 $M_2 =$

d/f_2。这样，显微镜的放大本领 M 又可以表示为

$$M = m_1 \times M_2 \tag{6-23}$$

所以，显微镜的放大本领取决于物镜横向放大率和目镜视角放大率。在显微镜的物镜和目镜上一般都标有"10×"，"20×"等字样，分别表示物镜横向放大率和目镜视角放大率，我们只要把两者相乘就可以得到该显微镜的放大率了。

6.5.4 望远镜

望远镜是在观察远处物体时用来增加视角的一种光学仪器，它把远处物体很小的张角放大，使远处本来无法用肉眼看清或分辨的物体变得清晰可辨。望远镜和显微镜的结构有些相似，也是由物镜和目镜两个透镜组构成，但是，望远镜的物镜焦距比较长，目镜焦距比较短。望远镜的物镜像方焦点与目镜物方焦点重合，这样，远处物体发出的平行光经过望远镜后仍然保持平行射出。下面分别介绍两种常见的望远镜：开普勒望远镜和伽利略望远镜。

1. 开普勒望远镜

开普勒望远镜是一种天文望远镜，是开普勒于 1611 年首先提出的，它的物镜和目镜都是凸透镜，如图 6-13 所示。远处物体发来的近似平行光，经物镜折射在目镜物方焦平面成倒立实像，这个实像是目镜的实物，目镜将物方焦平面上的实物发来的光折射成平行光。

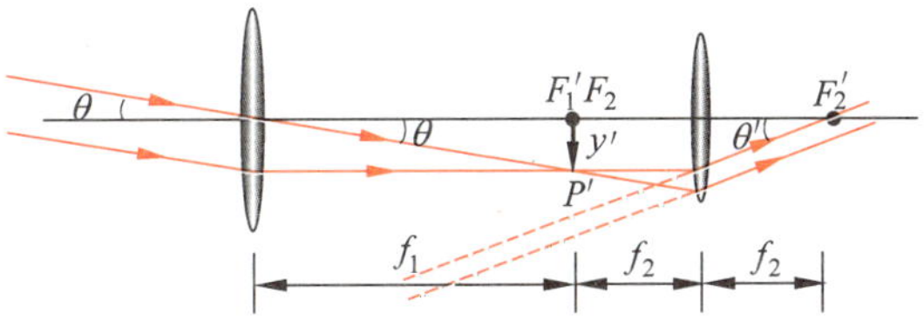

图 6-13 开普勒望远镜

由图 6-13 可以看出，直接看远处物体的视角为 $\theta \approx -y'/f_1$，而从望远镜中看该物体的虚像的视角为 $\theta' \approx y'/f_2$，所以望远镜的视角放大率为

$$M = \frac{\theta'}{\theta} = -\frac{f_1}{f_2} \tag{6-24}$$

开普勒望远镜的两个焦距 f_1 和 f_2 均为正，其放大率为负，所以开普勒望远镜成倒立的虚像，目镜焦距 f_2 越短，物镜焦距 f_1 越长，放大率越大。

2. 伽利略望远镜

这种望远镜(见图 6-14)是伽利略于 1609 年发明的，它的目镜采用凹透镜。远处物体发来的平行光，经物镜折射在目镜物方焦平面成倒立实像，这个实像是目镜的虚物。对于目镜来说，物方焦平面上的虚物成像于无穷远。

与开普勒望远镜一样分析，如果不用望远镜直接观察远方物体，其视角为 $\theta \approx -y'/f_1$，用了望远镜则虚像对眼睛的视角为 $\theta' \approx y'/f_2$，因此伽利略望远镜的放大率为

$$M = \frac{\theta'}{\theta} = -\frac{f_1}{f_2} \tag{6-25}$$

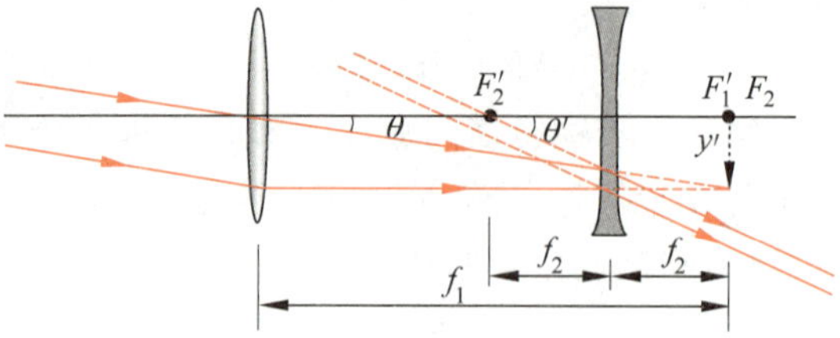

图 6-14 伽利略望远镜

由于伽利略望远镜物镜焦距 f_1 为正，目镜焦距 f_2 为负，其放大率为正，即伽利略望远镜成正立虚像。同样，物镜焦距越长，目镜焦距越短，放大率越大。

6.5.5 照相机

照相机是用于摄影的光学仪器。最早的照相机结构十分简单，仅包括暗箱、镜头和感光材料。现代照相机比较复杂，具有镜头、光圈、快门、测距、取景、测光、输片、计数、自拍等系统，是一种结合光学、精密机械、电子技术和化学等技术的复杂产品。分析照相机原理的时候，一般认为照相机由镜头、光圈、快门、暗箱等几个主要部分构成。被拍摄物体反射出的光线通过镜头和控制曝光量的光圈与快门后，被拍摄物体在暗箱内的感光材料上形成潜像，经显影、定影处理后构成永久性的影像。

1. 镜头

最简单的照相机镜头就是一个凸透镜，被摄物体位于透镜前两倍焦距以外，在照相底片上成缩小倒立的实像。一架高质量的照相机镜头由多片透镜组合而成，这是为了消除各种像差和像散。现在的许多照相机都具有变焦功能，其镜头由多组透镜组合而成。在拍摄中透镜焦距选取得越短，视角越大，拍摄范围也就越大；反之，透镜焦距选取得较长，拍摄视角也较小。

2. 光圈

光圈是光阑的俗称，是位于镜头后或镜头的透镜组合之间的一个通光孔，由若干金属片构成，可以随意开大或缩小。

感光片上的受照光强度不仅与光圈的孔径有关，而且与镜头的焦距有关，焦距越长，则镜头的视角越小，外来光束的范围亦小。因此光圈的大小以镜头焦距与孔径之比来表示。

3. 快门

快门是控制光进入镜头时间长短的装置，它和光圈配合使用，一起来控制曝光量。进入镜头的总光能量取决于光圈的大小和快门的开启时间，同样的曝光量可以有不同的“光圈-快门”组合。

4. 暗箱

暗箱是照相机的机身部分，感光片放在暗箱中，在快门没打开之前不会受到任何光照。

数码照相机，简称数码相机，它最早出现在美国，美国曾利用它通过卫星向地面传送照片。后来数码相机转为民用，并不断拓展其应用范围。

与普通照相机在胶卷上靠溴化银的化学变化来记录图像的原理不同，数码相机利用电子传感器把被拍摄物体的光学影像转换成电子数据，并把电子数据储存在闪存等数码存储设备中。数码相机集成了影像信息的转换、存储和传输等部件，具有数字化存取模式，具有可与电脑交互处理和实时拍摄等特点。

数码相机拍照之后可以立即看到图片，从而对不满意的作品可以立刻重拍；其色彩还原和色彩范围不再依赖胶卷的质量；光电转换芯片能提供多种感光度选择。但是，由于通过成像元件和影像处理芯片的转换，数码相机的成像质量相比普通相机缺乏层次感。

习　题

6-1　一束光在某种透明介质中的波长为 400 nm，传播速度为 2.00×10^8 m/s。(1) 试确定该介质对这一光束的折射率；(2) 同一束光在空气中的波长为多少？

6-2　物体 S 处在两个互相垂直的平面镜的角平分线上，可以看到镜中有几个像？

6-3　人眼 E 垂直通过厚度为 d、折射率为 n 的透明平板观察物体 P，求像 P' 与 P 之间的距离。

6-4　在充满水(折射率为 4/3)的容器底放一平面镜，人在水面上看自己的像，设人眼高出水面 $h_1=5$ cm，镜在水面下深 $h_2=-8$ cm。问人眼与像之距离为多少？

6-5　光导纤维是利用全反射传导光信号的装置。纤维内芯材料的折射率 $n_1=1.3$，外层材料的折射率 $n_2=1.2$。试问：相对光纤端面的入射角 i 在什么范围内的光线才可在纤维内传递。

6-6　凹面镜的曲率半径为 150 cm，要想获得放大三倍的像，物体应放在什么位置？如果是凸面镜则又如何？

6-7　在水平放置的凹面镜中盛少许水(水的折射率 4/3，深度不计)，一物点 P 置于凹面镜正上方，在与镜相距 54 cm 和 36 cm 处可分别得到实像。求凹面镜曲率半径及物点与镜的距离。

6-8　有一放在空气中的玻璃棒，折射率 $n=1.5$，中心轴线长 $L=45$ cm，一端是半径为 $R_1=10$ cm 的凸球面。要使玻璃棒的作用相当于一架理想的天文望远镜(使主轴上无穷远处物体成像于主光轴上无穷远处的望远系统)，取中心轴线为主光轴，玻璃棒另一端应磨成什么样的球面？

6-9　一台幻灯机，镜头焦距是 30 cm，用它放映时，像的最大放大倍数是 100 倍，镜头可移动的范围是 5.7 cm。问此幻灯机最小放大倍数为多少？这时需要将镜头与屏幕间的距离如何改变？改变多少？

6-10　凸透镜焦距为 8 cm，在它的前方 16 cm 处有一小线状物，在它的后方 10 cm 共轴放置一个焦距为 3 cm 的凹透镜，计算像的位置及放大率。

6-11　在焦距为 15 cm 的凸透镜左方 30 cm 处放一物体，在透镜右侧放一垂直于主轴的平面镜，试求平面镜在什么位置，才能使物体通过此系统所成的像距离透镜 30 cm？

6-12 某同学按下面的方法测定凹透镜的焦距：首先让凸透镜和凹透镜共轴放置，在凸透镜前面（在主光轴上）放一小物，小物发出的先经凸透镜再经凹透镜成像，移动屏幕到凹透镜后面 20 cm 的 S_1 处，屏上有清晰像。现将凹透镜撤去，将屏幕往凸透镜移动 5 cm 至 S_2，屏上重新有清晰像。求凹透镜的焦距。

6-13 设有两薄凸透镜，其焦距都为 10 cm，相距 15 cm，用作图法和计算法找出该光学系统物像等大且同方向的物和像的位置。

6-14 人的眼睛是一个变焦距系统，有一个视力正常的人在看遥远的星球时像距为 1.5 cm，那么此人眼睛焦距的变化范围是多少？

6-15 一个放大镜，明视距离是 30 cm 的人使用时放大率是 6，那么当正常人使用时放大率为多少？

6-16 一观剧望远镜物镜焦距为 12 cm，目镜焦距为 −4 cm，当观察 7.2 m 处的物体时，最后的像成于目镜前 20 cm 处，求两镜间距。

6-17 已知显微镜物镜的焦距为 $f_1=2$ mm，目镜的焦距为 $f_2=20$ mm，光学筒长为 $\Delta=153$ mm，最后像离目镜的距离为明视距离 $d=250$ mm。试求：(1)被观测物离物镜的距离；(2)显微镜的视角放大率。

6-18 装在门上的门镜是由一个凹透镜和一凸透镜组成的，其功能是人在室外看不清室内的情况，而在室内的人却能清楚地看见室外的情况。有一种门镜的凹透镜焦距为 1.0 cm，凸透镜的焦距为 3.5 cm，两透镜之间的距离为 2.1 cm，我们以上述数据为例来分析门镜为什么具有这样的功能。

第7章 波动光学

由于天文学和航海上应用的需要，几何光学以光的直线传播以及光在两种介质表面的反射和折射定律为基础首先得到了发展。随后，在探索光的本性时，牛顿主张的“微粒说”与惠更斯主张的“波动说”发生了激烈的争论，直到19世纪初，托马斯·杨的双缝干涉实验与菲涅耳的衍射实验先后获得成功，使光的波动说得以承认，因为微粒说完全无法解释光的干涉和衍射现象，而波动说则对其给予圆满的解释。由于测量装置和测量方法的改进，人们已经能够测量光的传播速度，使光的微粒说更站不住脚了，因为微粒说认为，光在空气中的传播慢于在其他介质中的传播，这一今天看来常识性的错误，在牛顿时代却是无法作出判断的。到19世纪的后半期，由于麦克斯韦电磁理论的成功，人们逐渐认识到，光是电磁波，可以在真空中传播，而且测量得到的光的传播速度与麦克斯韦理论计算得到的电磁波速度一样。这样一来，到19世纪末，光被纳入了电磁理论范畴，并将以波动理论为基础的光学称作波动光学。

至此，由经典力学、热力学统计理论、电磁理论组成的经典物理学被当时大多数物理学家认为发展到了“顶峰”，物理学已不再有新现象可以研究，物理学家剩下的任务只是将一些物理常数测得更精确，使小数点后多几个位数。但是，迈克耳孙-莫雷实验、热辐射效应、光电效应以及线状分立光谱等与光有关的实验，在经典物理学中无法解释，这些与光有关的实验都给经典物理学捅出了不小的“漏子”，使“光是什么”的问题再次被提出。

进一步的探索使物理学家提出一个全新的观念：光具有波粒二象性，既有电磁的波动性，又有“光量子”的粒子性。波粒二象性彻底摒弃了原来的粒子与波动的机械模型，将一对同时存在而又矛盾的两个对立面统一了起来。光在真空或均匀介质中传播时，它的波动性是矛盾的主要方面；而光与实体相互作用时，光的微粒性则成了矛盾的主要方面。

本章我们主要讨论体现光的波动性的干涉、衍射和偏振现象。

7.1 光的干涉

光的干涉现象是光的波动性的一个重要实验事实。在这一节中我们着重讨论作为光的波动性的判决性实验——杨氏双缝实验以及有着广泛应用的薄膜干涉。

7.1.1 相干光的获得

1. 光是电磁波

由麦克斯韦预言、经赫兹实验测定，光是电磁波。它具有如下性质：

(1) 不论什么频率的光，在真空中都以 $c \approx 3.00 \times 10^8$ m/s 的速率传播。

(2) 根据麦克斯韦电磁理论，电磁场的电场强度 $\boldsymbol{E}$ 和磁感应强度 $\boldsymbol{B}$ 与电磁波的传播方向服从右手定则，且 $\boldsymbol{E}$ 与 $\boldsymbol{B}$ 相互垂直，如图 7-1 所示。

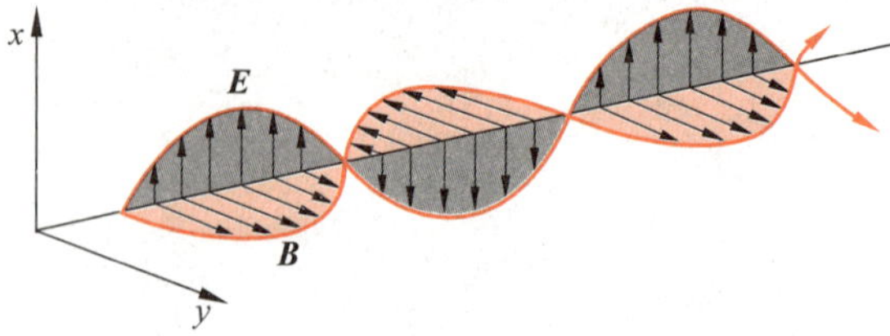

图 7-1　电磁波的 $\boldsymbol{E}$、$\boldsymbol{B}$ 和传播方向的关系

光是电磁波，它的传播可以用波动方程来表示。最简单的情况是，可以将真空中传播的一束平行光看做一平面简谐波。根据平面简谐波波动方程，电磁场的场量——电场强度 $\boldsymbol{E}$ 和磁感应强度 $\boldsymbol{B}$ 可写成

$$\begin{cases} \boldsymbol{E} = \boldsymbol{E}_0 \cos 2\pi\nu\left(t - \dfrac{x}{c}\right) \\ \boldsymbol{B} = \boldsymbol{B}_0 \cos 2\pi\nu\left(t - \dfrac{x}{c}\right) \end{cases} \tag{7-1}$$

实验的事实告诉我们，能对人的视觉和感光底片产生光效应的只有电场强度矢量，因此，称 $\boldsymbol{E}$ 为光矢量，电场也称为光场。今后讨论的光波动，都指光矢量 $\boldsymbol{E}$ 的振动（作图也只画出 $\boldsymbol{E}$ 矢量）。式(7-1)中，$\boldsymbol{E}_0$ 称光矢量振幅。与讨论机械波一样，光的强度 I 也与光矢量振幅的平方成正比。ν 为光波频率，c 为光在真空中的传播速度。式(7-1)中光矢量 $\boldsymbol{E}$ 也可以写成

$$\boldsymbol{E} = \boldsymbol{E}_0 \cos\left(\omega t - 2\pi \frac{x}{\lambda}\right)$$

式中 ω 为角频率，λ 为波长。与机械波类似，光波在不同介质中传播，其频率 ν 不变；而波长 $\lambda = \lambda_0 / n$，这里 n 为介质折射率，λ_0 为真空中的光波波长。值得强调的是，在以后的讨论中，凡波长，若无特别说明，都指真空中的波长，且都用 λ 表示。

(3) 已经发现并广泛应用的电磁波，其波长在 $10^{-14} \sim 10^4$ m 的很宽范围内变化，见表 7-1。而能引起人的视觉的电磁波——可见光，只占电磁波波长（或频率）范围很窄的区域，其波长在 400～760 nm 的范围内变化。不同波长的光，人眼感觉到的颜色是不同的。考虑到波动光学的需要，在表 7-1 中我们将可见光部分的波长和频率分得更细些。

表 7-1　电磁波的波长（及频率）范围

电磁波谱		频率 ν /Hz	真空中的波长 λ /nm
无线电波		$< 10^{12}$	$> 3 \times 10^5$
红外线		$3.9 \times 10^{14} \sim 5.0 \times 10^{11}$	$760 \sim 6 \times 10^5$
可见光	红	$4.8 \times 10^{14} \sim 3.9 \times 10^{14}$	620～760
	橙	$5.0 \times 10^{14} \sim 4.8 \times 10^{14}$	592～620
	黄	$5.2 \times 10^{14} \sim 5.0 \times 10^{14}$	573～592

续表

电磁波谱		频率ν/Hz	真空中的波长λ/nm
可见光	绿	$6.0\times10^{14}\sim5.2\times10^{14}$	500～573
	青	$6.5\times10^{14}\sim6.0\times10^{14}$	464～500
	蓝	$6.7\times10^{14}\sim6.5\times10^{14}$	446～464
	紫	$7.5\times10^{14}\sim6.7\times10^{14}$	400～446
紫外线		$6.0\times10^{16}\sim7.5\times10^{14}$	5.0～400
X射线		$7.5\times10^{18}\sim6.0\times10^{16}$	$4\times10^{-2}\sim5.0$
γ射线		$>7.5\times10^{18}$	$<4\times10^{-2}$

2. 相干条件

第6章讲过，两列满足相干条件（频率相同、振动方向相同、相位差恒定）的波叠加会出现干涉现象。干涉现象是波动的一般特征。对光波来说，满足相干条件的两束光相遇时，在叠加区域光的强度有一稳定的分布，出现光的干涉现象。光波的相干条件不容易满足，所以我们观察不到照明光产生干涉现象。满足相干条件的光源称为相干光源。

3. 普通光源不是相干光源

普通光源不是相干光源，与普通光源的发光机制有关。普通光源发光是物质各个原子或分子的自发辐射的总效果。发光物质中各个原子或分子发光具有间歇性，即它们发光是时发时停的。将单个原子或分子一次持续发出的光波称为波列，波列时间约为 10^{-8} s。对发光物质中的同一个原子或分子来讲，其先后两次发出的光波列，振动方向不一定相同，相位也没有确定的联系。对发光物质中的不同原子或分子来讲，发光是彼此独立、不受制约的。这样，普通光源发出的光的相位、振动方向以及传播方向都是杂乱无章的，不满足相干条件。所以，两个独立光源或同一普通光源的两部分发出的光波，在空间相遇的区域不会出现干涉图样。例如，教室里有几盏电灯发光，却没有出现明暗规则分布的干涉图样。

应该强调的是，普通光源间相位的独立性体现为不同原子或分子发光只能在极短的时间内保持相位关系，而这个时间远小于一般探测器的响应时间或人眼的观察时间，因此不论是用探测器或是人眼都无法观察到这种瞬间的干涉现象。

普通光源不是相干光源，但是可以从普通光源获得相干光。1801年，托马斯·杨用普通光源第一个实现了光的干涉实验（杨氏双缝干涉）。他将一个单色点光源发出的两束光，经不同路径后设法让其相遇。点光源保证两束光来自同一波面，于是，这两束光满足相干条件。这种从同一波面的两部分获得相干光的方法称为分波面法。另一种获得相干光的方法如图7-2所示，从同一入射光束分出两光束1、2，这两束光也满足相干条件。因为这两光束的能量是从同一条入射光束分出来的，而波的能量与振幅有关，所以这种产生相干光的方法叫做分振幅法。薄膜干涉和牛顿环干涉都是用

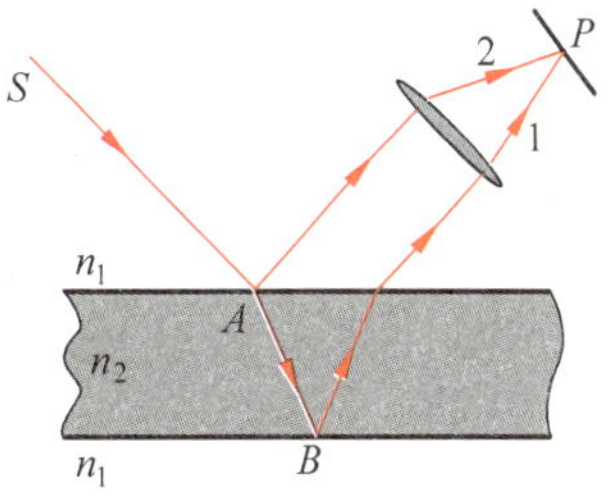

图7-2 分振幅干涉

分振幅法产生的。

与普通光源不同,1960 年发明的激光是相干光源,这是因为激光发光不是自发的,而是受激的(激光全称是“受激发射光放大”,英文全称是 light amplification by stimulated emission of radiation。取每个单词的第一个字母,就组成了 Laser;我国港台称激光为镭射,就是 Laser 的汉语音译)。激光的受激发射放大过程使大量的原子或分子所发出的光具有相同的频率、相位、传播方向和振动方向,所以激光是相干光。

7.1.2 杨氏双缝干涉

1. 杨氏双缝干涉

杨氏干涉实验给光的波动说一个十分有力的证明。如图 7-3(a)所示,光源 L 发出的光,通过窄单缝 S,根据惠更斯原理,S 相当于一个新的光源。将带有两平行窄缝 S_1、S_2 的屏放在 S 的前面,两窄缝 S_1、S_2 既与 S 平行,又与 S 距离相等,从而使 S_1、S_2 恰在 S 发出的光的同一波面上。根据惠更斯原理,S_1 和 S_2 相当于两个振动方向相同、频率相同、相位相同(初相位差为零)的相干光源。S_1、S_2 发出的光在屏 EE' 上叠加,出现一系列明暗相间的平行条纹——干涉条纹(或称干涉图样)。

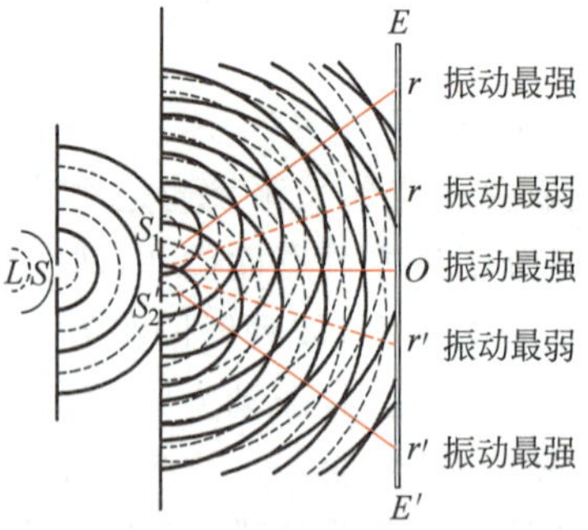

(a)

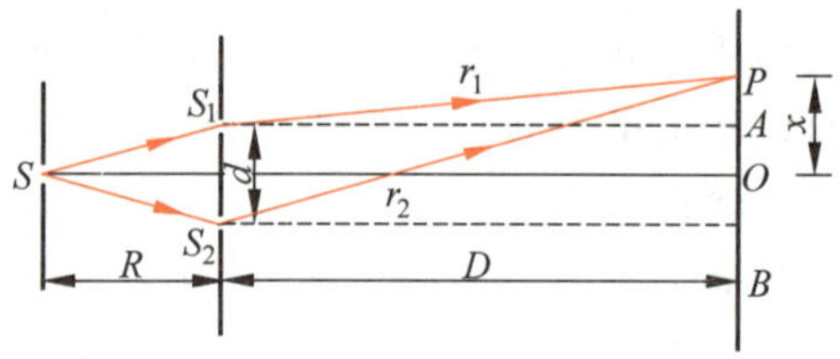

(b)

图 7-3 杨氏双缝干涉

现在进一步讨论,EE' 上出现的明暗条纹的分布规律。由于 S_1、S_2 是两个初相位相同($\varphi_1=\varphi_2$)的相干波源,因此,对于屏 EE' 上一点 P,两光束叠加的强度决定于 S_1、S_2 到 P 点的距离 r_1 与 r_2 之差(波程差 $\delta=r_2-r_1$)。从图 7-3(b)看出

$$r_2^2 = D^2 + \left(x + \frac{d}{2}\right)^2$$

$$r_1^2 = D^2 + \left(x - \frac{d}{2}\right)^2$$

式中,D 为双缝到 EE' 的距离;d 为两平行窄缝 S_1、S_2 间的距离;x 为点 P 的位置坐标,坐标原点在 O 点,向上为正。把上面两式相减得

$$r_2^2 - r_1^2 = 2dx$$

实验中,$D \gg d$;而且实际仅在 O 点附近很窄的范围内能观察到干涉条纹,这样可以近似认为 $D \gg x$,则 $(r_2+r_1) \approx 2D$。于是得到

$$r_2 - r_1 = \delta = \frac{dx}{D}$$

当

$$\delta = \frac{dx}{D} = \pm k\lambda, \quad k = 0,1,2,\cdots \tag{7-2a}$$

干涉相长，屏 EE' 上呈明条纹。式中 x 表示明条纹的中心位置，简称明纹位置。当

$$\delta = \frac{dx}{D} = \pm (2k-1)\frac{\lambda}{2}, \quad k = 1,2,3,\cdots \tag{7-2b}$$

干涉相消，屏 EE' 上呈暗条纹。式中 x 表示暗条纹的中心位置，简称暗纹位置。

式(7-2a)中，令 $k=0$，得 $\delta=0$，呈现的明条纹称零级明纹。由于对应 $x=0$，该明条纹又称中央明纹。式(7-2a)中，$k=1,2,3,\cdots$时，出现的明纹分别称一级、二级、三级……明纹。式(7-2b)中，$k=1,2,3,\cdots$时，出现的暗纹分别称一级、二级、三级……暗纹。可见，两条同级明暗条纹对称分布在中央明纹两侧。

利用式(7-2a)可得明纹位置坐标

$$x = \pm k\frac{D\lambda}{d}, \quad k = 0,1,2,\cdots$$

从式(7-2b)，可得到暗纹位置坐标

$$x = \pm (2k-1)\frac{D\lambda}{2d}, \quad k = 1,2,3,\cdots$$

我们将明(暗)条纹的宽度定义为明(暗)条纹两侧暗(明)条纹的位置坐标差。由以上二式可知，任意两个相邻明纹或暗纹，有相等的间距；任意一级的明纹或暗纹有相同的宽度。间距和宽度均为

$$\Delta x = \frac{D\lambda}{d} \tag{7-3}$$

由此可知，杨氏双缝实验得到的干涉条纹是等间隔、等宽度、相互平行的明暗相间条纹。我们把两条一级暗纹之间的距离称为中央明纹宽度。

分析式(7-3)得到：

(1) 光波长 λ 值很小(用眼不能直接看清这样小的长度)，要使实验得到的干涉条纹足够宽，d 须足够小，D 须足够大。但是，d 小、D 大将影响明条纹亮度，因此，在实验中只能适当调节 d、D 至条纹清晰、可辨为止。

(2) 上面讨论仅对单色入射光(λ 为确定值)而言，若用白光(400 nm$<\lambda<$760 nm)做实验，各种波长的光的中央明纹在 $x=0$ 处混合，中央明纹为白色，其他相同级次、不同波长的干涉明纹出现在屏上不同的位置。当级别较小(k 小)时，能勉强看到有色的干涉明纹；当级别稍高(k 大)时，因为不同颜色干涉条纹的明暗位置相互交错重叠，很难看到干涉明纹。图 7-4 示出紫、黄、红色三种波长的干涉条纹，想象将其重叠起来，就不难理解较高级次的干涉条纹将因不同颜色干涉条纹的明暗交错重叠而变得模糊。

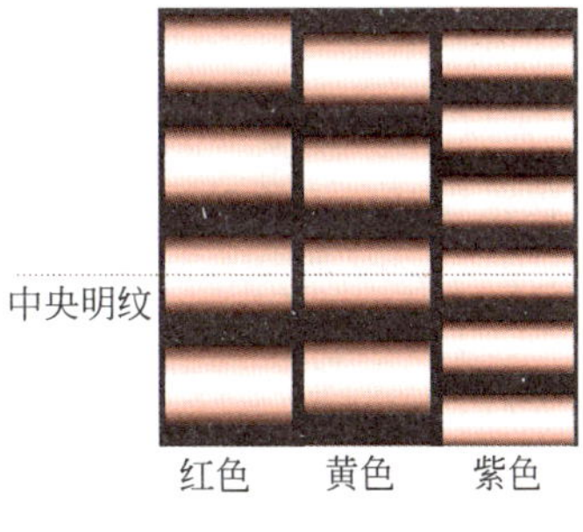

图 7-4　各色干涉条纹的分布

(3) 对单色入射光，若已知 d 与 D 值，可以从中央明

纹宽度或第 k 级暗(明)纹位置计算得到入射光的波长。

【例 7-1】 在图 7-3 的双缝干涉实验中,用钠光灯作光源($\lambda=589.3$ nm),屏幕距双缝距离 $D=500$ mm,问:(1)设双缝间距 $d=1.2$ mm,相邻干涉条纹间距是多大?(2)设 $d=10$ mm,相邻干涉条纹间距是多大?(3)若相邻干涉条纹距离至少为 0.065 mm 时,才能用眼直接看到条纹,双缝间距 d 必须小于多少毫米才能看到干涉条纹?

解 已知相邻明(暗)纹间距为 $\Delta x=\dfrac{D\lambda}{d}$

(1) 当 $d=1.2$ mm 时,$\Delta x=\dfrac{500\times5.893\times10^{-4}}{1.2}=0.25(\text{mm})$

(2) 当 $d=10$ mm 时,$\Delta x=\dfrac{500\times5.893\times10^{-4}}{10}=0.03(\text{mm})$

(3) 若 $\Delta x=0.065$ mm,$d=\dfrac{D\lambda}{\Delta x}=\dfrac{500\times5.883\times10^{-4}}{0.065}=4.5(\text{mm})$

这表明,双缝间距必须小于 4.5 mm 才能用眼在屏上观察到干涉条纹。第(2)小题的条纹,肉眼无法分辨。

【例 7-2】 设两个同频率单色光传播到屏幕上某一点的光矢量 $\boldsymbol{E}_1$ 和 $\boldsymbol{E}_2$ 分别是

$$\boldsymbol{E}_1=\boldsymbol{E}_{10}\cos(\omega t+\varphi_1),\quad \boldsymbol{E}_2=\boldsymbol{E}_{20}\cos(\omega t+\varphi_2)$$

如果这两个光矢量同方向,且属于(1)非相干光,(2)相干光,试由合成光矢量分别讨论该点的光强情况。

解 设由光矢量 $\boldsymbol{E}_1$ 和 $\boldsymbol{E}_2$ 叠加后的光矢量为 $\boldsymbol{E}=\boldsymbol{E}_1+\boldsymbol{E}_2$,由于 $\boldsymbol{E}_1$ 和 $\boldsymbol{E}_2$ 同方向,合成后 $\boldsymbol{E}$ 表示为

$$\boldsymbol{E}=\boldsymbol{E}_0\cos(\omega t+\varphi)$$

式中

$$E_0=\sqrt{E_{10}^2+E_{20}^2+2E_{10}E_{20}\cos(\varphi_2-\varphi_1)}$$

$$\varphi=\arctan\frac{E_{10}\sin\varphi_1+E_{20}\sin\varphi_2}{E_{10}\cos\varphi_1+E_{20}\cos\varphi_2}$$

在所观察的时间 τ 内($\tau\gg$光振动的周期),平均光强 I 正比于$\overline{E_0^2}$,即

$$I\propto\overline{E_0^2}=\frac{1}{\tau}\int_0^\tau E_0^2\mathrm{d}t=\frac{1}{\tau}\int_0^\tau[E_{10}^2+E_{20}^2+2E_{10}E_{20}\cos(\varphi_2-\varphi_1)]\mathrm{d}t$$

$$=E_{10}^2+E_{20}^2+2E_{10}E_{20}\frac{1}{\tau}\int_0^\tau\cos(\varphi_2-\varphi_1)\mathrm{d}t$$

(1) 对非相干光,由于原子或分子发光的间歇性和独立性,两光波在相遇点的相位差($\varphi_1-\varphi_2$)随时间杂乱变化,也就是说,其取值可以是 $0\sim2\pi$ 间的一切数值,这样

$$\int_0^\tau\cos(\varphi_1-\varphi_2)\mathrm{d}t=0$$

得到

$$\overline{E_0^2}=E_{10}^2+E_{20}^2$$

即

$$I=I_1+I_2$$

I_1 和 I_2 是两个非相干光的光强。这表明，两个非相干光叠加后，总光强 I 是各光强 I_1 和 I_2 的总和。

(2) 对于相干光，两光波在相遇点的相位差 $\Delta\varphi=\varphi_1-\varphi_2$ 有一恒定值

$$\frac{1}{\tau}\int_0^\tau \cos(\varphi_1-\varphi_2)\mathrm{d}t=\cos(\varphi_1-\varphi_2)$$

因此

$$I=I_1+I_2+2\sqrt{I_1I_2}\cos(\varphi_1-\varphi_2)$$

对于 $I_1=I_2$ 的特殊情况，得到

$$I=2I_1[1+\cos(\Delta\varphi)]=4I_1\cos^2\frac{\Delta\varphi}{2}$$

合成光强 I 随 $\Delta\varphi$ 变化而周期变化，光强分布如图 7-5 所示。$\Delta\varphi=\pm 2k\pi(k=0,1,2,\cdots)$ 时，合成光强最大；$\Delta\varphi=\pm(2k-1)\pi(k=1,2,3,\cdots)$ 时，合成光强为零。

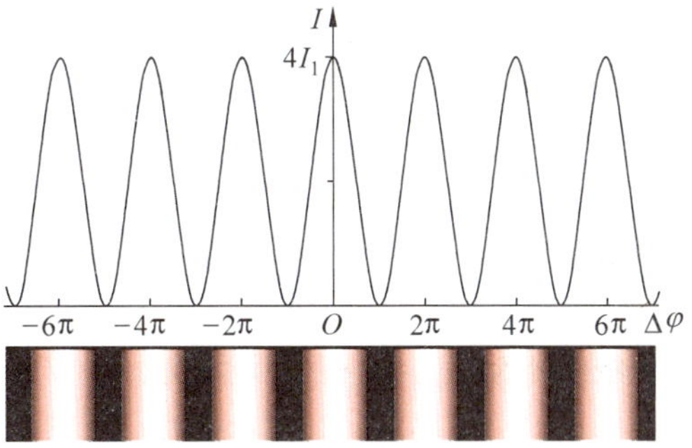

图 7-5 $I_1=I_2$ 的两相干光的合成光强分布

在上面讨论杨氏双缝干涉中，得到两波源 S_1、S_2 到屏上 P 点的波程差 $r_2-r_1=dx/D$，则 S_1、S_2 在 P 点引起的振动的相位差 $\Delta\varphi=2\pi dx/\lambda D$。根据 $I=4I_1\cos^2(\Delta\varphi/2)$，可得到杨氏干涉的光强对 x 的分布

$$I=4I_1\cos^2\frac{\pi dx}{\lambda D}$$

继托马斯·杨 1801 年实现了第一个光的干涉实验后，又出现了许多改进实验。洛埃镜实验就是其中一个，如图 7-6 所示。S_1 是一狭缝光源，从 S_1 发出的光，一部分直接射至屏 E 上，另一部分以很大的入射角射向平面镜 KL 再反射到屏上。图中 S_2 是 S_1 在平面镜中的虚像，反射光线可以看作是由虚像 S_2 发出，S_1、S_2 构成一对相干光源。屏上 AB 区域是平面镜的反射光线可以到达的区域，也是反射光线与由 S_1 直接到达屏上的直射光线叠加的区域。这样实现的干涉称为洛埃镜干涉。对屏上出现的干涉条纹的分析类似双缝干涉。

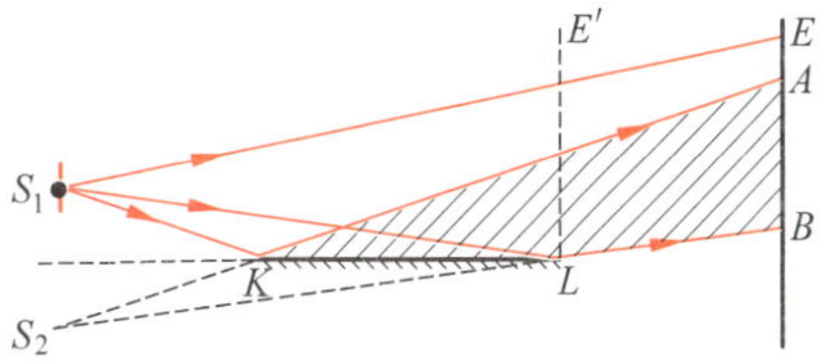

图 7-6 洛埃镜实验

但是，在洛埃镜实验中，如果平行移动屏 E，使之和平面镜 KL 接触（如移到图中 E' 处），这时镜、屏接触处（令其 $x=0$）出现的是暗纹，而不是明纹。这一暗纹是由 S_1 直射到 L

的光线与经镜面反射再到 L 的光线叠加而成。由于 $S_1L=S_2L$，这一暗纹说明光线从镜面反射后产生了量值为 π 的相位突变，即在反射过程中波程损失了半个波长，这种现象也像机械波中所讨论的一样称为半波损失。在实际计算中，当光以很大的入射角（掠射）和很小的入射角（近垂直入射）从光疏介质（折射率 n 小）射向光密（n 大）介质时，它的反射光束产生相位 π 突变，这一事实已经为电磁理论所证明。

2. 空间相干性和时间相干性

（1）空间相干性

在杨氏干涉中，点光源发出的光经两狭缝后在屏上产生干涉条纹，但理想的点光源是不存在的，总是存在一定大小的扩展光源，扩展光源上的每一点都在屏上产生一组干涉条纹，由于每组干涉条纹分布在屏上不同位置，所有干涉条纹的非相干叠加使得屏上条纹变得模糊不清。如图 7-7 所示，假设光源扩展宽度为 b，光源到狭缝的距离为 R，两狭缝间距为 d。从 S_0 点发出的光经狭缝 S_1、S_2 到达屏上 P 点，其波程差为 $\delta_{S_0}=\overline{S_0S_1P}-\overline{S_0S_2P}$；从扩展光源边缘 S'_0 点发出的光经狭缝 S_1、S_2 到达屏上 P 点，对应波程差为 $\delta_{S'_0}=\overline{S'_0S_1P}-\overline{S'_0S_2P}$。光源 S_0、S'_0 点在屏上各产生一组干涉条纹，如果这两组干涉条纹错开的距离小于条纹间距的一半，也就是

$$\delta_{S'_0}-\delta_{S_0}=\frac{bd}{2R}\leqslant\frac{\lambda}{2}$$

扩展光源在屏上形成的干涉条纹不致完全模糊。用角度 $\Delta\theta=d/R$ 表示狭缝间距离对光源所张的角，上式可表示为

$$b\Delta\theta\leqslant\lambda$$

表明要使一定张角 $\Delta\theta$ 内的光波是相干的，扩展光源的线度 b 必须小于 $\lambda/\Delta\theta$。或者说，只有线度小于 $\lambda/\Delta\theta$ 的扩展光源发出的光波经张角为 $\Delta\theta$ 的双缝才具有相干性。光波的这一性质称为空间相干性。

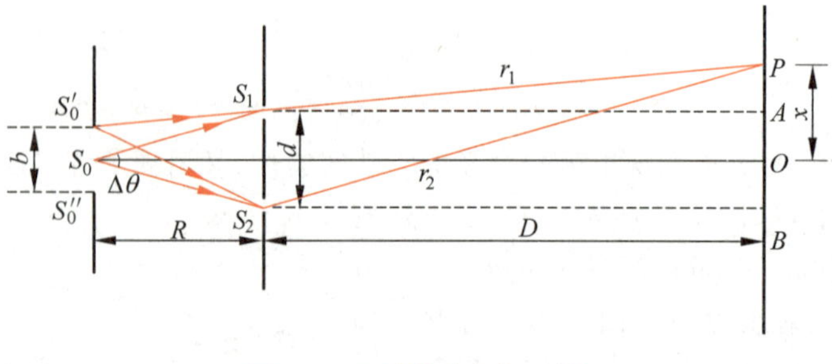

图 7-7　干涉的空间相干性

如果光源为面光源，设在相互垂直的方向线度均为 b，通常用空间相干面积 S 表示光源的空间相干性，有

$$S=b^2=\left(\frac{\lambda}{\Delta\theta}\right)^2 \tag{7-4}$$

（2）时间相干性

除光源扩展引起的空间相干性，要能观察到干涉现象，两束光的波程差有一定的限度，超过这一限度，两束光不再是相干的，这就是这里要讨论的时间相干性。

我们知道，光是原子内部能量变化（能级跃迁）时发出来的电磁波。原子发光具有间歇性，每次发射一个波列，都有一定的持续时间 Δt，对自由原子，Δt 约为 10^{-8} s，而且在 Δt 时间内，这波列的振幅也是随时间变化的，如图 7-8 所示。总之，原子一次发出的光波是一个有限长的波列。

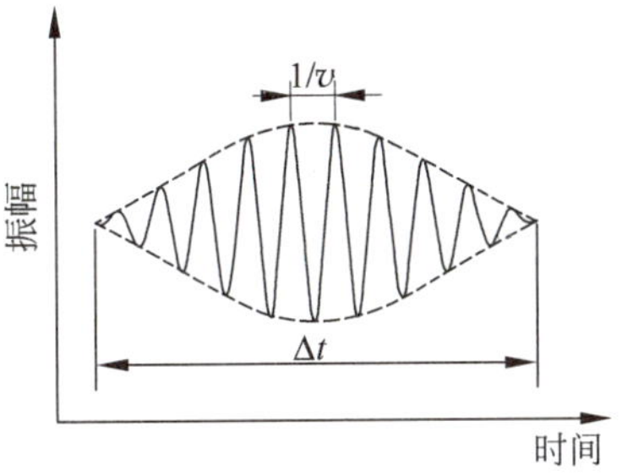

图 7-8　波列

把一个波列一分为二，如果其中一个波列还没完全通过观察点时，另一个波列的前端已经到达观察点，那么，这两个波列可以叠加发生干涉。也就是说，由一个波列分出的两个波列到达观察点的时间间隔小于原子一次发光的持续时间 Δt 时，这两个波列才能叠加发生干涉。显然，Δt 越长，光的相干性就越好。一般称 Δt 为相干时间。

从另一角度看，由一个波列分出的两个波列到达观察点的波程差小于一定长度 l 时，才能发生干涉，l 称为相干长度。容易看出，相干长度 l 和相干时间 Δt 有如下关系

$$l = c\Delta t \tag{7-5}$$

其中 c 为光速。

激光出现以后，常常会看到这样的提法"由于激光具有很好的单色性，使相干长度大大增加"，也即时间相干性大大地提高了，那么，相干长度（或相干时间）和光的单色性到底存在什么关系呢？

通常所谓的单色光，并不是只有单一频率 ν 的光，而是有一定频率分布范围的光。单色光的频率分布如图 7-9 所示。通常规定，最大光强一半处的两个频率的间隔，称为谱线宽度（也称频宽），在图 7-9 中用 $\Delta\nu$ 表示。根据傅里叶积分，$\Delta\nu$ 与 Δt 的关系近似为

$$\Delta\nu \approx \frac{1}{\Delta t} \tag{7-6}$$

由此可见，$\Delta\nu$ 越小，谱线宽度就越小，单色性也就越好，则 Δt 就越大，时间相干性就越好，相干长度 l 也就越长。由上面的讨论知道，时间相干性可以用相干时间 Δt、相干长度（或波列长度）或频宽 $\Delta\nu$ 来说明。

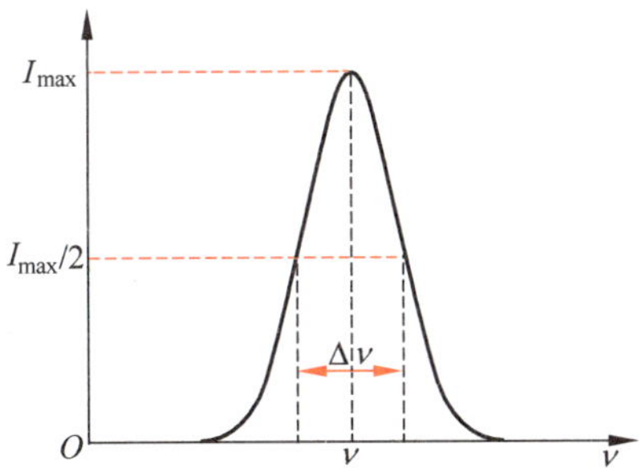

图 7-9　波列频谱

7.1.3　光程　光程差

1. 光程

相位差的计算在分析光的干涉和衍射时十分重要。为了方便计算光通过不同介质时引起的相位差，下面我们引入光程的概念。

设频率为 ν 的光波在真空中波长为 λ，在折射率为 n 的介质中，其波长为

$$\lambda' = \frac{\lambda}{n}$$

已知在一条波线上相隔一个波长的两个振动的相位差为 2π，因此，如果光波在介质中前进 l

的几何距离，相位改变

$$\Delta\varphi = 2\pi \cdot \frac{nl}{\lambda} \tag{7-7}$$

式(7-7)表明，同一频率的光在折射率为 n 的介质中通过 l 距离时引起的相位改变和光在真空中通过 nl 距离时所引起的相位改变相同。称乘积 nl 为光程，用 Δ 表示。光程把光在介质中通过的路程按相位变化相同折合到真空中的路程，这样折合的好处是可以统一地用光在真空中的波长来计算光的相位改变。

2. 光程差

式(7-7)的相位差 $\Delta\varphi$ 是同一波线上不同两点的两个振动的相位差。而在分析光的干涉和衍射现象时，我们关心的是两束相干光在空间某一点的叠加情况，这取决于两束光在相遇点引起的两个光振动的相位差，这相位差又与两束光从波源到相遇点所经历的光程有关。设两束光经历的光程分别为 Δ_1 和 Δ_2，这两束光的光程差写作

$$\delta = \Delta_2 - \Delta_1$$

如果两相干波源同相位，则这两束光在相遇点引起的两个振动的相位差为

$$\Delta\varphi = 2\pi \cdot \frac{\delta}{\lambda} \tag{7-8}$$

式(7-7)与式(7-8)在形式上是类似的。但两式的区别是明显的：式(7-7)是同一波源发出的波在同一波线上不同两点振动的相位差，而式(7-8)则是不同波源发出的波经不同路径在相遇点引起的两个振动的相位差。

看下面的例子。在图 7-10(a)中，光在空气中传播，两个光源发出的光到达相遇点的光程差表示为

$$\delta = r_2 - r_1$$

在图 7-10(b)中，在原来 r_2 的路径上，放一折射率为 n、沿光线方向长为 x 的透明介质，这时光程差表示为

$$\begin{aligned}\delta &= \Delta_2 - \Delta_1 = [(r_2 - x) + nx] - r_1 \\ &= (r_2 - r_1) + (n-1)x\end{aligned}$$

显然，相同的几何路程，由于放进介质，使第二个光源到 P 点的光程增加了 $(n-1)x$，也使两个光源到 P 点的光程差增加了 $(n-1)x$。

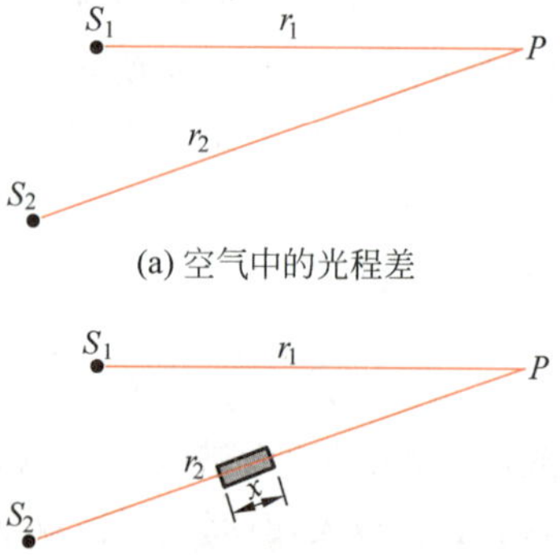

(a) 空气中的光程差

(b) 不均匀介质中的光程差

图 7-10　光程差

3. 透镜近轴光线的等光程性

在后面要讨论的干涉和衍射实验中，常常要使用透镜，下面的讨论将表明，使用透镜不会引起附加的光程差。

图 7-11 中，透镜一面为平面，另一面是以 O 为球心、R 为半径的球面，中心厚度 $D'E = d$。设平面波波前 AB 到达距透镜平面 l 的位置，即 $AC' = BD' = l$，AB 垂直主光轴 OF，B 位于轴上，设 A 到 B 距离为 h。

在近轴光线条件下($h \ll R$)，图中 $EF \approx FG$，$\angle DCE \approx \theta$(从玻璃入射球面的入射角)，

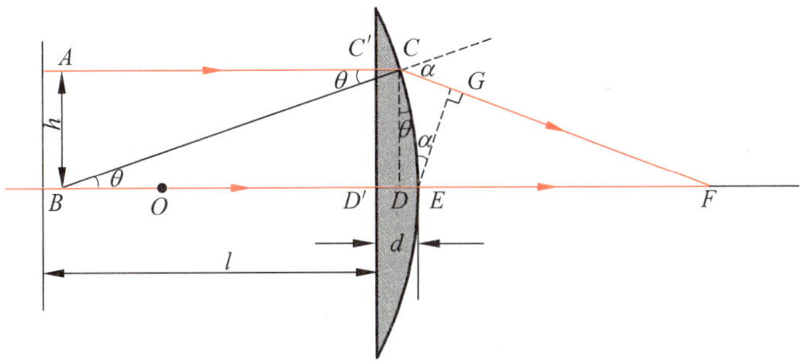

图 7-11 证明透镜的等光程性

$\angle CEG \approx \alpha$(折射入空气的折射角)。下面证明：从垂直于主轴平面上任意两点(例如 A、B)发出的、沿主轴入射的光线到达焦点 F 的光程都相等。

从 A 到 F 的光程和从 B 到 F 的光程分别为

$$L_{1AC'CGF} = AC' + nC'C + CG + GF$$

$$L_{2BD'DEF} = BD' + nD'D + nDE + EF$$

两个光程中第 1、2、4 项对应相等，现在考虑第 3 项是否相等。由图 7-11 可知

$$DE = CE\sin\theta, \quad CG = CE\sin\alpha$$

将以上二式的对应项相除，得

$$\frac{\sin\theta}{\sin\alpha} = \frac{DE}{CG}$$

再利用折射定律

$$\frac{\sin\theta}{\sin\alpha} = \frac{1}{n}$$

得到

$$n \cdot DE = CG$$

说明两光程中的第 3 项也相等，于是两光程必然相等。

在入射平行光束与主光轴间夹角不大、光束不宽的情况下，如图 7-12(b)所示，光线会聚在焦平面上一点 F'，可以证明，这种情况下垂直入射光线的平面上各点到会聚点光程也相等。

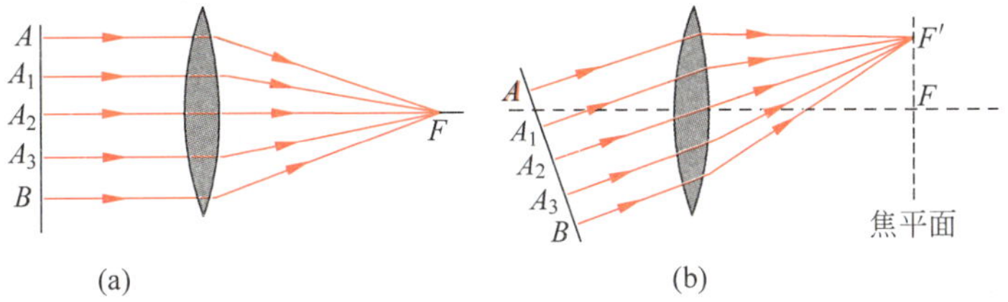

图 7-12 透镜的等光程性

【例 7-3】 如图 7-13 所示，已知 S_2 缝上覆盖的介质厚度为 h、折射率为 n，设入射光的波长为 λ。问：原来的零级明条纹移至何处？若移至原来的第 k 级明条纹处，其厚度 h 为多少？

解 从 S_1 和 S_2 发出的两相干光的光程差为

$$\delta = (r_2 - h + nh) - r_1$$

当光程差为零时，对应零级明条纹。由上式可知，零级明条纹的位置应满足

$$r_2 - r_1 = -(n-1)h < 0$$

说明零级明条纹下移。

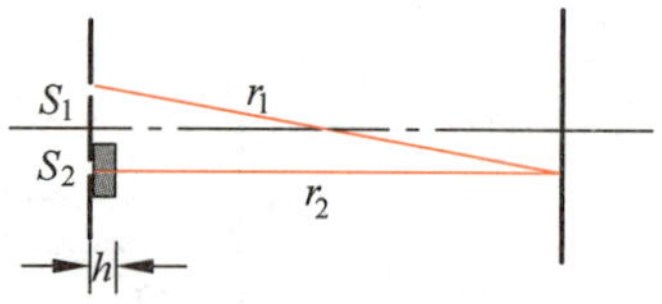

图 7-13 例 7-3 图

原来 k 级明条纹位置满足

$$r_2 - r_1 = -k\lambda$$

如果有介质时零级明条纹移到原来第 k 级明条纹处，必定有

$$(n-1)h = k\lambda$$

得到介质厚度为

$$h = \frac{k\lambda}{n-1}$$

7.1.4 薄膜干涉

光波入射到薄膜、经薄膜上下表面反射而产生的干涉现象称为薄膜干涉。白光入射到薄膜可产生彩色的干涉条纹。通常可以在油膜或肥皂泡表面观察到薄膜干涉。

如图 7-14 所示，厚度为 e、折射率为 n_2 的薄膜，放在折射率为 n_1（$n_2 > n_1$）的均匀介质中。介质 n_1 中单色点光源 S 发出一条光线入射薄膜表面，并在表面发生反射和折射。反射光线用 a 表示；折射光线进入介质 n_2 内，在下表面 C 点反射后传至 B 点，又折射回到介质 n_1 中，成为光线 b。a、b 光线互相平行，经透镜 L 会聚在焦平面上 P 点，产生干涉。干涉加强或减弱取决于两光线到达 P 点的光程差。在图 7-14 中，BD 垂直于 a、b 两光线，B 和 D 两点到 P 点的光程相等，两光线到达 P 点的光程差便取决于从 A 经 C 到 B 和从 A 到 D 的两光路的光程差。此外，应该考虑到，当光从光疏到光密介质反射时，会引起半波损失。这里 $n_2 > n_1$，只有上表面的反射产生半波损失。可以写出光程差

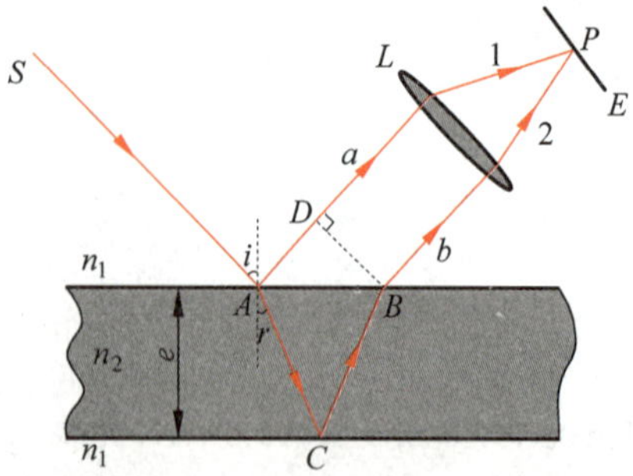

图 7-14 薄膜干涉光程差的计算

$$\delta = n_2(AC + CB) - \left(n_1 AD - \frac{\lambda}{2}\right)$$

从图 7-14 可知

$$AC = CB = \frac{e}{\cos r}$$

$$AD = AB\sin i = 2e\tan r\sin i$$

代入 δ 中，得

$$\delta = 2n_2\frac{e}{\cos r} - 2n_1 e\frac{\sin r}{\cos r}\sin i + \frac{\lambda}{2}$$

$$=\frac{2e}{\cos r}(n_2-n_1\sin r\sin i)+\frac{\lambda}{2}$$

又因

$$\sin i\cdot n_1=\sin r\cdot n_2$$

$$\cos r=\sqrt{1-\sin^2 r}=\frac{\sqrt{n_2^2-n_1^2\sin^2 i}}{n_2}$$

得到薄膜干涉光程差

$$\delta=2e\sqrt{n_2^2-n_1^2\sin^2 i}+\frac{\lambda}{2}$$

干涉相长条件是

$$\delta=2e\sqrt{n_2^2-n_1^2\sin^2 i}+\frac{\lambda}{2}=k\lambda,\quad k=1,2,\cdots \tag{7-9}$$

注意，式(7-9)是在图 7-14 中 $n_2>n_1$ 的条件下得到的。如果没有这个特殊条件，式(7-9)中的"$\lambda/2$"不一定出现。如果图 7-14 中薄膜上、下层介质的折射率不同，当薄膜上、下表面反射均存在半波损失时，或者当薄膜上、下表面反射均不存在半波损失时，式(7-9)中的"$\lambda/2$"不出现，光程差写为

$$\delta=2e\sqrt{n_2^2-n_1^2\sin^2 i}=k\lambda,\quad k=1,2,\cdots \tag{7-10}$$

从式(7-9)看出，如果照射到薄膜上的是平行入射光，入射角 i 一定，则不同的薄膜厚度 e 对应不同的光程差，也对应不同的干涉条纹。这样的一组干涉条纹的每一条都对应薄膜的某一厚度，这种干涉称为等厚干涉。劈尖干涉、牛顿环等都是等厚干涉。

如果光源是扩展光源，光源上每一点都可以发出一束近似平行的光线，以不同的入射角 i 入射薄膜。在反射方向放一透镜，每一平行光束在透镜焦平面上会聚于一点。当薄膜厚度 e 一定(薄膜均匀)时，在透镜焦平面上每一条干涉条纹都与一入射角 i 对应，称这类干涉为等倾干涉。

1. 增透膜 增反膜

在光学元件表面镀上一层膜以减少表面的反射，增加透射，这种膜称为增透膜。

图 7-15 表示一折射率 $n_1=1.50$ 的光学元件，表面镀以厚薄均匀且厚度为 e 的 MgF_2 薄膜，MgF_2 的折射率 $n_2=1.38$。假设光线垂直入射薄膜表面，由于光在 MgF_2 薄膜上下表面反射均有半波损失，因此光线Ⅰ、Ⅱ的光程差

$$\delta=2n_2 e$$

当光线Ⅰ、Ⅱ干涉相消时，薄膜表面反射最小，薄膜起增透作用，光程差应满足

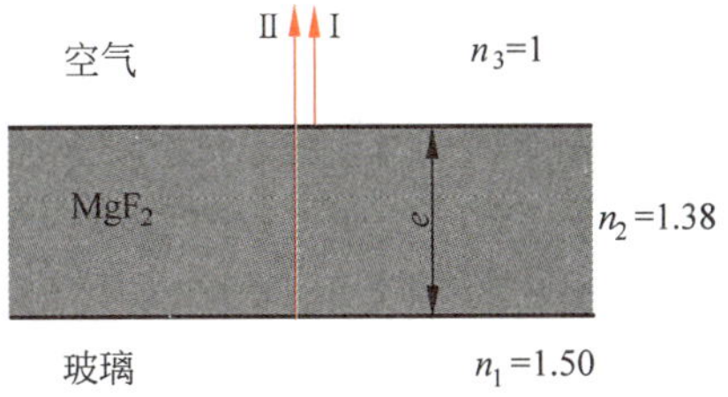

图 7-15 增透膜

$$\delta=2n_2 e=(2k-1)\frac{\lambda}{2},\quad k=1,2,3,\cdots \tag{7-11}$$

由式(7-11)看出，增透膜是指"某一波长"的增透膜，因为在膜厚一定情况下，该式只对特定波长成立。

与增透膜相反，增反膜是利用薄膜干涉来提高反射率，对图 7-15 的 MgF_2 而言，如果膜

厚 e 满足

$$2n_2 e = k\lambda, \quad k = 1,2,3,\cdots$$

光线Ⅰ、Ⅱ干涉相长，薄膜表面反射率最高。

一般来说，单层增反膜的反射光比透射光弱得多，因此，若要获得高反射率，通常要镀多层膜，使入射光在多层界面多次反射加强，使某一波长获得最大的反射。反射光强度随镀层数目增加而增强，但是，薄膜介质对光的吸收也随镀层的增加而增加。因此，一般多层膜镀至 15 至 17 层便可以了。激光器谐振腔中的全反射膜和部分透射膜，就是多层介质膜。

2. 劈尖等厚干涉

上面讨论的增透膜和增反膜是表面平行的薄膜，现在讨论薄膜两表面不平行的情况。如图 7-16(a)所示，在两块相互重叠的平板玻璃的一端垫以一薄纸片(图中纸片厚度被极大地夸张了，这是为了作图的方便)，两玻璃板间的空气层就形成了一个空气劈尖薄膜。两玻璃板交线称劈棱，显然，劈棱处空气膜厚为零。当考虑单色平行光垂直照射($i=0$)空气($n_2=1$)劈尖时，如图 7-16(b)所示，经劈尖上下表面 A 点和 B 点反射的光束 1 和光束 2 在劈尖上表面发生干涉，由式(7-9)得到干涉明暗纹条件为

$$\delta = 2e + \frac{\lambda}{2}\begin{cases} = k\lambda & \text{明纹} \\ = (2k-1)\dfrac{\lambda}{2} & \text{暗纹} \end{cases}$$

这里 $k=1,2,3,\cdots$。由上式可以看出，一个 k 值对应一条条纹(明纹或暗纹)，每一条条纹对应的膜厚 e_k 是一样的；通过上式还可以算出，相邻的两条明纹或暗纹的膜厚差是一样的，均为 $\lambda/2$。于是我们知道，干涉条纹是一组平行棱边、明暗相间的等间隔条纹，如图 7-16(c)所示。称这种干涉为劈尖等厚干涉。

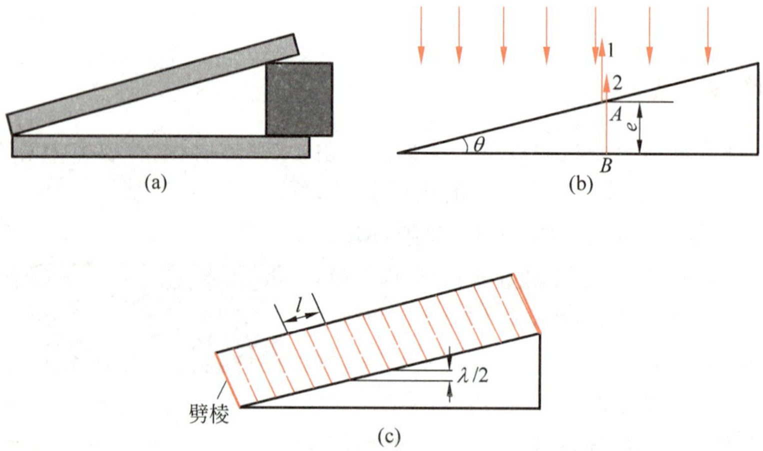

图 7-16 劈尖干涉

在劈尖上表面，相邻的明(暗)条纹的距离

$$l = \frac{e_{k+1} - e_k}{\sin\theta} = \frac{\frac{\lambda}{2}}{\sin\theta} = \frac{\lambda}{2\sin\theta} \tag{7-12}$$

可见，夹角 θ 越小，l 越大，干涉条纹分布越稀疏。

【例 7-4】 在半导体元件生产中，为测定硅(Si)片上 SiO_2 薄膜的厚度，将该膜削成劈尖状，如图 7-17(a)所示。已知 SiO_2 折射率 $n=1.46$，用波长 $\lambda=546.1\ \text{nm}$ 的绿光垂直照射，观测到 SiO_2 劈尖薄膜上出现 7 条暗条纹(见图 7-17(b))，问 SiO_2 薄膜厚度是多少(Si 的折射率为 3.42)?

解 劈尖薄膜介质是 SiO_2，SiO_2 的折射率介于空气和 Si 的折射率之间，光在薄膜上、下表面反射都会产生半波损失。于是，暗纹条件为

$$\delta = 2ne = (2k-1)\frac{\lambda}{2}, \quad k = 1,2,3,\cdots$$

SiO_2 劈尖的棱边(图中 O 处)处出现明纹，第一条暗纹下的薄膜厚度 $e_1=\lambda/4n$，对应 $k=1$。那么，第七条暗纹对应 $k=7$，$e_7=13\lambda/4n$。于是，求出薄膜厚度为

$$e_7 = \frac{13\times 546.1}{4\times 1.46} = 1.19\times 10^{-3}(\text{mm})$$

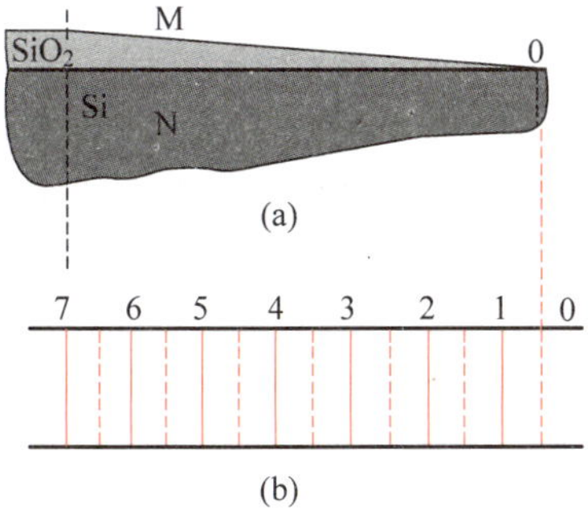

图 7-17 例 7-4 图

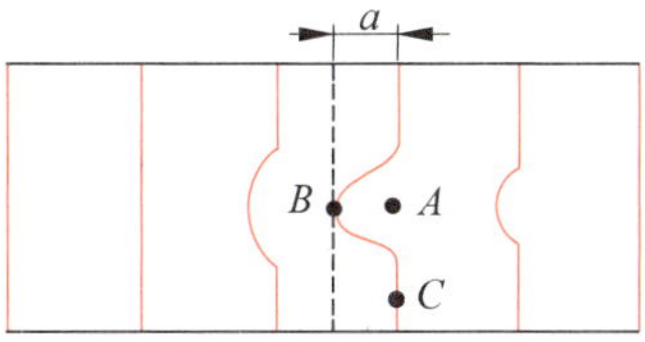

图 7-18 例 7-5 图

【例题 7-5】 为检测某一工件的表面平整度，在它表面上放一块标准平面玻璃，一端垫一小片锡箔，使平板玻璃与待测工件之间形成空气层劈尖，用通过绿色滤光片的波长 $\lambda=550\ \text{nm}$ 的光垂直照射，观测到一般干涉条纹间距 $l=2.34\ \text{mm}$。但某处条纹弯曲，如图 7-18 所示，B 点处畸变量最大，畸变量 $a=1.86\ \text{mm}$，B 点比 A 点更靠近劈尖棱边。问该处工件表面有怎样的缺陷？其深度(或高度)如何?

解 已知空气折射率 $n=1$。因为同一条干涉条纹上各点对应的薄膜的厚度相同，所以图中 B、C 点下面空气层厚度相同。如果待测工件是平整的，由于 B 点比 C 点更靠近棱边，B 点下方空气层应该比 C 点下方空气层薄，但实际上 B 点下方与 C 点下方的空气层厚度相同，说明 B 点下方工件表面一定凹下。

如果待测工件是平整的，由图 7-18 可知，B、C 点所对应的膜厚差应该为

$$d = a\sin\theta = a\frac{e_{k+1}-e_k}{l} = a\frac{\lambda/2}{l} = \frac{a\lambda}{2l} = 2.19\times 10^{-4}(\text{mm})$$

实际上 B、C 点所对应的膜厚差为零，所以上面求出的 d 就是工件最大凹下深度。

3. 牛顿环

等厚干涉的另一个例子是牛顿发现的，由于干涉条纹呈环状，故称牛顿环。取一曲率半径相当大的平凸玻璃透镜 A，将凸面放在一平板玻璃 B 上，如图 7-19(a)所示，在 A、B 之间便形成类似劈尖形空气膜。

图 7-19(a)中，单色点光源发出的光，经透镜 L 变成平行光，又经倾斜 45°的半透明平面镜 M 反射后，垂直照射在平凸透镜上。入射光线经空气膜上下表面反射后，在空气膜上表面产生等厚干涉。容易想象，显微镜中看到的是以接触点 O 为中心、明暗相间、逐渐变密的环形条纹，如图 7-19(b)所示。

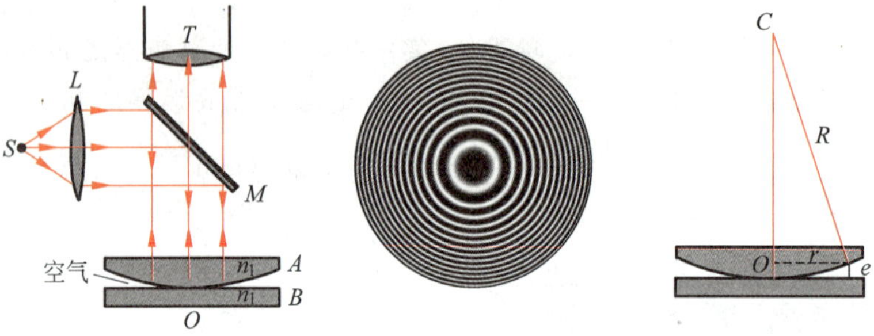

(a) 牛顿环实验装置　(b) 反射光干涉条纹　(c) 牛顿环的计算

图 7-19　牛顿环

现在，我们来定量讨论明、暗环半径与入射光波长 λ 和透镜曲率半径 R 的关系。与讨论劈尖等厚干涉类似，牛顿环的明、暗环条件为

$$2e+\frac{\lambda}{2}\begin{cases}=k\lambda, & k=1,2,3,\cdots \quad \text{明纹}\\ =(2k+1)\dfrac{\lambda}{2}, & k=0,1,2,\cdots \quad \text{暗纹}\end{cases}$$

设圆环条纹半径为 r，从图 7-19(c)知道

$$R^2=r^2+(R-e)^2$$

即

$$r^2=2eR-e^2$$

因为 $e\ll R$，式中 e^2 项可略，因此

$$e=\frac{r^2}{2R}$$

把 e 代入上述明、暗环条件公式，得

明环半径

$$r=\sqrt{(2k-1)\frac{R\lambda}{2}},\quad k=1,2,3,\cdots$$

暗环半径

$$r=\sqrt{kR\lambda},\quad k=0,1,2,3,\cdots \tag{7-13}$$

对于明环，$k=1$ 称一级明环；对于暗环，$k=1$ 称一级暗环；依此类推。而中心 O 处 $r=0$（$k=0$），通常称为中心暗斑。

用上述牛顿环装置，也可以观察到透射光形成的圆形干涉条纹，但其明暗分布情况与图 7-19(b)恰好相反，请读者自行解释。

应该指出，上述明、暗环半径公式是在空气薄膜的情况下得出的。如果把牛顿环装置放入折射率为 n 的介质中，结果就会发生变化，请读者自行推导相应的明、暗环半径公式。

在实验室，常常应用牛顿环来测量入射光波长和透镜曲率半径。在工业中，可以通过观察牛顿环，判断平面是否平整或者透镜曲率是否符合要求。例如，待检成品是凸透镜，则先制造一个曲率半径与成品要求的曲率半径相同的标准凹透镜(称凹样板)，与磨好待检的凸透镜套合在一起。若两者不能密合，可看到较密的干涉条纹(俗称光圈)，则需继续研磨待检成品；若条纹较疏，则说明待检成品已接近或达到要求了。

【例 7-6】 在图 7-19 实验装置中，以钠光灯为光源，测得牛顿环第 20 级暗环的直径为 $d=11.75\ \text{mm}$，求透镜的曲率半径。

解 根据暗环公式 $r=\sqrt{kR\lambda}$，且 $r=\dfrac{d}{2}$，得

$$R=\frac{d^2}{4k\lambda}=2.93\times10^3(\text{mm})=2.93(\text{m})$$

【例 7-7】 用曲率半径 $R=4.50\ \text{m}$ 的平凸透镜做牛顿环实验，测得第 k 级暗环半径 $r_k=4.950\ \text{mm}$，第$(k+5)$级暗环半径 $r_{k+5}=6.605\ \text{mm}$，问所使用的单色光波长是多少，环级数 k 值如何？

解 根据暗环公式，有

$$r_k=\sqrt{kR\lambda},\quad r_{k+5}=\sqrt{(k+5)R\lambda}$$

联立解得

$$\lambda=\frac{r_{k+5}^2-r_k^2}{5R}=\frac{6.065^2-4.950^2}{5\times4.50\times10^3}=5.46\times10^{-4}(\text{mm})=546(\text{nm})$$

将 λ 代入暗环公式，得

$$k=\frac{r_k^2}{R\lambda}=\frac{4.950^2}{4.50\times10^3\times5.46\times10^{-4}}=10$$

4. 迈克耳孙干涉仪

干涉仪是根据光的干涉原理制成的精密测量仪器，它可精密地测量长度及长度的微小变化等，在现代科学技术中有着广泛的应用。干涉仪的种类很多，这里只介绍在科学发展中起过重要作用并在近代物理和近代计量的发展中仍起着重要作用的迈克耳孙干涉仪。

图 7-20(a)是迈克耳孙干涉仪的装置示意图。其中 M_1、M_2 是两个平面反射镜，M_1 可前后移动或绕垂直纸面的轴转动，M_2 固定不动，待测物与 M_1 联系在一起；G_1、G_2 是两块材料和厚度都相同的玻璃板，G_1 第二表面镀有半透膜(图上粗线表示)，G_2 不镀膜，G_1、G_2 平行，且与 M_1 倾斜成 45°角。

图 7-20(b)是迈克耳孙干涉仪的光路原理图。平行光在 G_1(称分光片)的第二表面分成两束：光束 1 被平面镜 M_1 反射后又透过 G_1，到达 D；光束 2 穿过 G_2(称补偿片)后被 M_2 反射，再穿过 G_2 后又被 G_1 第二表面反射到 D。在 D 处两束光叠加产生干涉条纹。

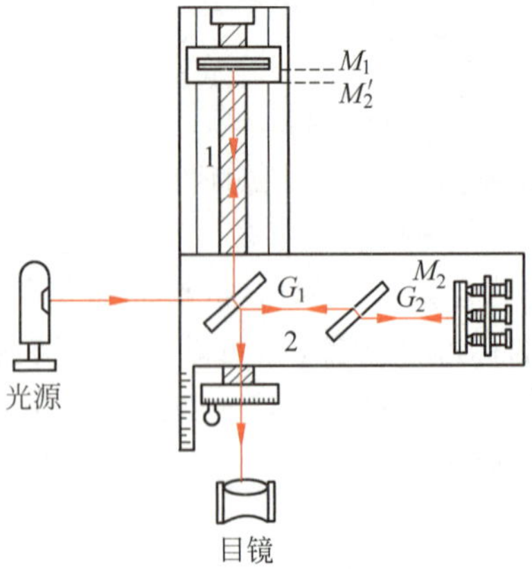

(a) 装置示意图

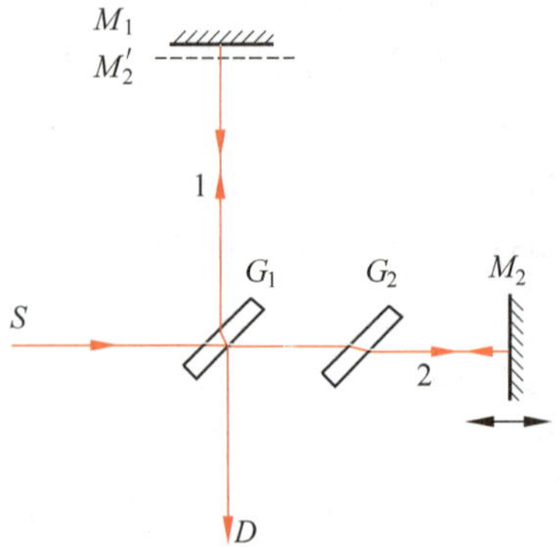

(b) 光路原理图

图 7-20　迈克耳孙干涉仪

干涉条纹形成原理如下：来自 M_2 的反射光线可以看做是由 M'_2 发出的（M'_2 是由 G_1 镀膜面反射形成的 M_2 的虚像，图中用虚线表示），于是 M_1 和 M_2'就好像一个薄膜的两个表面，D 处的干涉条纹便好像薄膜干涉条纹。当 M_1、M_2 不是严格垂直，M_1、M_2'便不平行，形成一个微小的劈尖角，这时 D 处观察到等厚干涉条纹（劈尖干涉）；若 M_1、M_2 严格垂直，则 M_1、M_2'平行，应用扩展光源，可产生环状的等倾干涉条纹。

使用干涉仪时，一般不使 M_1、M_2 严格垂直，而是让 M_1、M_2'形成一劈尖角，用于产生等厚干涉条纹。随着活动反射镜 M_1 的运动（前后移动或转动），干涉条纹的疏密也将发生变化，通过观察干涉条纹的变化，可得知 M_1 的运动，实现精密测量的目的。

（1）长度微小变化的测量

当与待测物相联系的反射镜 M_1 前后移动微小距离时，便能观测到相应的条纹移动。由于等厚干涉相邻条纹的膜厚差为 $\lambda/2$（空气劈尖），因此，M_1 移动 $\lambda/2$，相当于劈尖薄膜厚度变化 $\lambda/2$，在视场中刻线处将看到有一条干涉条纹从视场刻线通过。如果观察到从视场刻线通过的条纹数目为 ΔN，则 M_1 移动距离

$$\Delta d = \Delta N \cdot \frac{\lambda}{2}$$

这好比用光波的半个波长作为长度测量的最小尺度，其精度比千分尺（最小刻度 10 μm）提高约 30～50 倍。反过来，这仪器也可以用来对波长进行精确测量，因为 0.01 条的条纹移动都能被观察到。

（2）角度微小变化的测量

若在视场中选取一定宽度 D 并读出在这宽度内干涉条纹的数目为 N，可得 $l=D/N$，而 $\theta=\lambda/2l$（因 θ 很小 $\sin\theta\approx\theta\approx\lambda/2l$），我们得到 θ 与 N 的关系

$$\theta = \frac{\lambda N}{2D}$$

当与待测物相联系的 M_1 绕垂直纸面轴转过一微小角度时，视场中干涉条纹的疏密情况随之变化。如果 M_1 转过 α 角度，相同的 D 内条纹数由 N_1 变到 N_2，则可得出 M_1 转动角度 α 与条纹数改变量之间的关系

$$\alpha = \frac{\lambda}{2D}(N_2 - N_1)$$

若观测到 D 内条纹数增加，劈尖角增大，$\alpha>0$；反之 $\alpha<0$。

迈克耳孙研制干涉仪的目的，旨在测量地球相对“以太”的运动速度。迈克耳孙花了8年时间，并邀请化学家、物理学家莫雷合作，尽管不断改进仪器、提高精度，并在不同季节、不同地点进行实验，都观察不到预期可观察到的现象。迈克耳孙实验结果使经典物理陷入了危机。迈克耳孙的实验“失败”了，但迈克耳孙干涉仪却因其高精度使它在计量技术中体现出其巨大价值。迈克耳孙为此成了获得诺贝尔物理学奖的第一个美国人(1907年)。

7.2 光的衍射

光的干涉现象表明光具有波动性。作为电磁波，光也能产生衍射现象。本节将讨论光的衍射现象及其规律。

7.2.1 惠更斯-菲涅耳原理

1. 光的衍射现象

按几何光学的观点，光是直线传播的。当光通过狭缝、圆孔、圆盘等障碍物时，必定在障碍物后面的平面上清晰地呈现出障碍物的几何阴影，影内完全黑暗，影外明亮，且光强的分布是均匀的。但是，当障碍物的线度足够小时(与波长比较)，在几何光学所认为的几何阴影内，会观察到光，光强并非均匀分布，呈现出一定的分布规律。这就是光的衍射现象。

2. 惠更斯-菲涅耳原理

历史上惠更斯曾提出著名的惠更斯原理，即波在传播的过程中，波面上各点都可看成是子波波源。利用惠更斯原理可以解释波的直线传播、反射和折射等现象，但它不能圆满地解释波的衍射现象。这主要是因为它不能确切地说明沿不同方向传播的波的振幅和相位，不能定量地计算各个方向上波的强度。

菲涅耳在惠更斯原理的基础上，运用了波的叠加和干涉原理，给惠更斯原理作了补充。

菲涅耳假设：从同一波面上各点发出的子波，在传播到空间某一点时，各个子波之间可以互相叠加而产生干涉现象。利用相干叠加概念发展了的惠更斯原理称为惠更斯-菲涅耳原理。

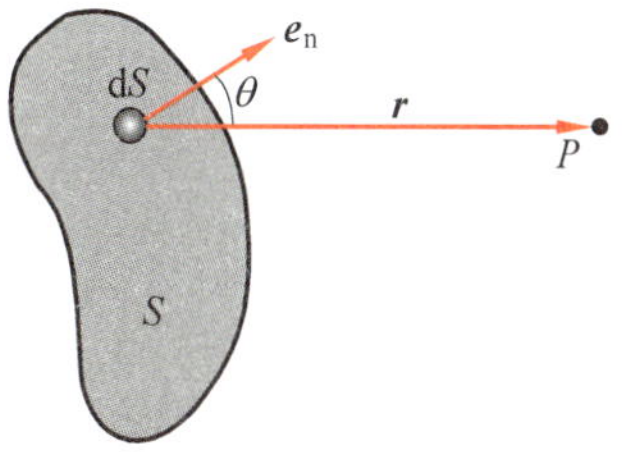

图 7-21 惠更斯-菲涅耳原理

如图7-21所示，波面 S 上任意一点(严格说是一面积元 $\mathrm{d}S$)均可视为子波波源。根据惠更斯-菲涅耳原理，波面 S 发出的光传到某一点 P 时，P 点振动是该波面 S 上所有面积元 $\mathrm{d}S$ 发出的子波在 P 点引起的振动的相干叠加。把面积元 $\mathrm{d}S$ 发出的子波在 P 点引起光振动的振幅记作 $\mathrm{d}E_0$，它正比于面积元 $\mathrm{d}S$，反比于面积元到 P 点的距离，并与 r 和 $\mathrm{d}S$ 的法线 $\boldsymbol{n}$ 的夹角 θ 有关。$\theta=0$ 时，$\mathrm{d}E_0$ 最大；θ 越大，$\mathrm{d}E_0$ 越小；$\theta\geqslant\pi/2$ 时，$\mathrm{d}E_0=0$。θ 的作用用 $K(\theta)$ 表示，这样，面积元 $\mathrm{d}S$ 在 P 点光振动的振幅

$$\mathrm{d}E_0 \propto \frac{K(\theta)\mathrm{d}S}{r}$$

任意时刻，面积元 $\mathrm{d}S$ 在 P 点光振动 $\mathrm{d}E$ 写作

$$dE \propto \frac{K(\theta)dS}{r}\cos 2\pi\left(\frac{t}{T}-\frac{r}{\lambda}\right) \tag{7-14}$$

整个波面 S 在 P 点引起的振动是所有面积元 dS 在 P 点引起振动的叠加，在数学上就是对上式施以积分运算。一般来说，这积分是很复杂的。

7.2.2 夫琅禾费单缝衍射

按照光源、衍射孔(缝)、屏三者之间的相互位置的关系，衍射分成两种：夫琅禾费衍射和菲涅耳衍射。图 7-22(a)为菲涅耳衍射。这种衍射中，光源或显示屏或两者与衍射孔(或缝)的距离是有限的，因此又称为近场衍射。若光源和显示屏都移到无限远处，如图 7-22(b)所示，这种衍射称夫琅禾费衍射，也称远场衍射。图 7-22(c)是夫琅禾费衍射的实验装置图，将光源置于第一个透镜的焦平面上，产生平行光束，将显示屏放在第二个透镜的焦平面上。下面我们利用菲涅耳半波带法讨论夫琅禾费单缝衍射。

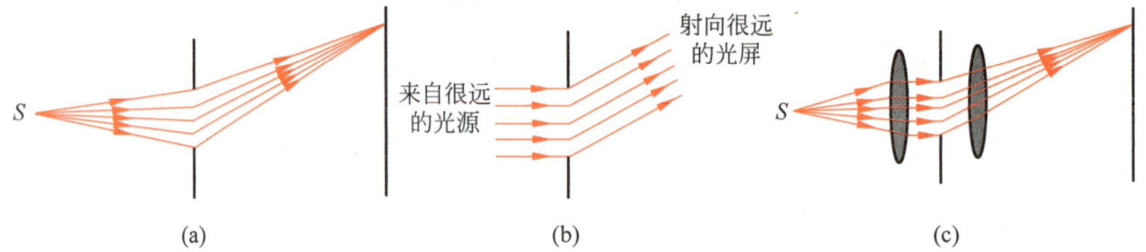

图 7-22 衍射的分类

1. 菲涅耳半波带法

图 7-23 中，单缝 AB 面上各子波源发出的平行于透镜 L 主光轴的光线被 L 聚焦在屏 E 的 O 点(即透镜 L 的焦点)。由于 AB 是垂直入射平行光的同相面，根据透镜近轴光线的等光程性可知，AB 上各点到 O 点是等光程的，因此各子波在 O 点叠加呈现明纹，该明纹称为中央明纹。

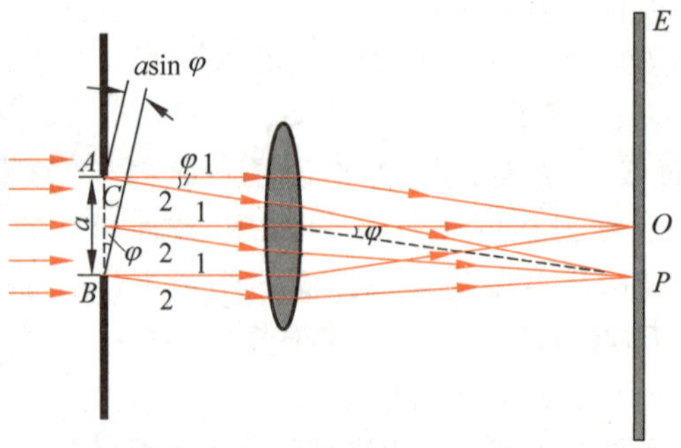

图 7-23 夫琅禾费单缝衍射

现在考虑各子波源向其他方向发出的光线经透镜会聚后的干涉情况。考虑图 7-23 中所示与缝平面法线夹角为 φ 的光束 2，垂直于该光束的平面 BC 上各点到会聚点 P 的光程相等。这样，由同相面 AB 发出的各子波到 P 点的光程差仅仅产生在由 AB 面转向 BC 面的路程之间。例如，A 点发出的子波比 B 点发出的子波多走了 $AC=a\sin\varphi$ 的光程，其中 a 是单缝的缝宽，φ 是子波光线与狭缝平面法线的夹角，称为衍射角。从图 7-23 不难看出，衍射角为 φ 的光束 2 的会聚点 P 与焦点 O 对透镜光心的张角也是 φ。用菲涅耳半波带法能简单地解释这一方向的光到达 P 点叠加后的光强的大小。

设入射单色光波长 λ 已知，用平行于 BC、相距为 $\lambda/2$ 的一系列平面把 AC 划分为 m 个部分。这些平面也把单缝波面 AB 切割成 m 个波带，每个完整波带称为菲涅耳半波带。菲涅耳半波带的特点是，其上下边缘子波源发出的光到 P 点的光程差恰为 $\lambda/2$。利用菲涅耳半波带分析衍射图样的方法叫做半波带法。

如果单缝波面恰好被分成 m 个完整的波带，m 称为半波带数，单缝两端的子波源发出的沿 φ 角方向的光到达 P 点的光程差满足

$$a\sin\varphi=m\frac{\lambda}{2}$$

若单缝缝宽 a、入射光波长 λ 为定值，波面 AB 能被分成几个半波带，便完全由衍射角 φ 决定。φ 值大，m 值相应也大，即 φ 越大，AB 上半波带越多。

图 7-24(a)中 $m=2$，单缝波面被分成 AA_1、A_1B 两个半波带。这两个波带大小相等，可以认为它们具有同样数量发射子波的点。两个半波带上的所有对应点(如 AA_1 半波带上边缘点 A_1 与 A_1B 半波带上边缘点 B，其他依次往下数)发出的光到会聚点 P_1' 的光程差都为 $\lambda/2$，所有对应点发出的光都在 P_1' 点处干涉相消，屏上 P_1' 点处出现暗纹。图 7-24(c)表示一种 φ 角更大的情况，$m=4$，单缝被分成 AA_1、A_1A_2、A_2A_3 和 A_3B 四个波带。按上述分析，相邻波带对应点发出的光在 P_2' 点处干涉相消，屏上 P_2' 点处再出现暗纹。由此推论：半波带数 $m=2k(k=1,2,3\cdots)$时，屏上都出现暗纹。$k=1$ 对应第一级暗纹，$k=2$ 对应第二级暗纹，其余类推。而 $m=3$(图 7-24(b))、$m=5$(图 7-24(d))时，单缝波面分成奇数个半波带，按照上述讨论，相邻半波带发出的光在屏上干涉相消后，将剩下一个半波带发出的光不能抵消，于是屏上出现明纹。

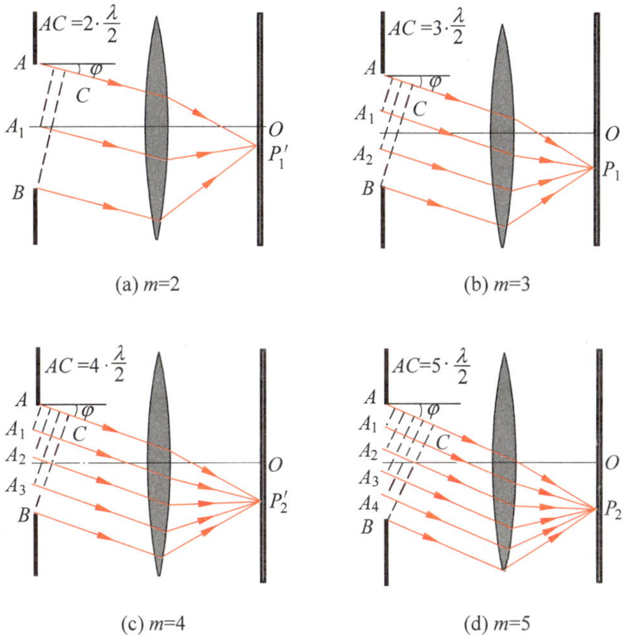

(a) $m=2$　　(b) $m=3$　　(c) $m=4$　　(d) $m=5$

图 7-24　单缝的菲涅耳半波带

对于其他任意的衍射角 φ，单缝波面一般不能恰好分成整数个半波带，此时，衍射光束形成介于最明和最暗之间的中间区域。

综上所述，当平行光垂直于单缝平面入射时，单缝衍射形成的明暗条纹的位置可用衍射角 φ 表示如下：

中央明纹中心

$$\varphi=0$$

暗纹中心

$$a\sin\varphi=\pm 2k\cdot\frac{\lambda}{2}=\pm k\lambda,\quad k=1,2,3,\cdots$$

明纹中心

$$a\sin\varphi=\pm(2k+1)\cdot\frac{\lambda}{2},\quad k=1,2,3,\cdots$$

以上两式中的正、负号表示明、暗纹对称地分布在中央明纹的两侧。

*2. 单缝衍射光强分布

如图 7-25 所示，将单缝平面沿缝宽方向分为一组平行于缝长的窄带，宽度为 $\mathrm{d}x$，每一窄带都可看作发射子波的子波源。图 7-25 中从 M 点发出的光沿 φ 角方向到达 N 点，$BM=x$，$MN=x\sin\varphi$。设入射光在 AB 面上相位为零，则 N 点相位为 $2\pi x\sin\varphi/\lambda$。$BC$ 面上各点到 P 点光程相等，设该光程为 Δ。根据惠更斯-菲涅耳原理，每一子波到达 P 点的光振动由式(7-14)决定。考虑到通常衍射条纹离中心 O 距离很小，透镜焦距 f 很大，因此，不同条纹间 φ 变化很小，可以认为 $K(\varphi)$ 为常数($\theta=\varphi$)；另外不同子波源到 P 点的距离 r 的变化与 r 值相比可以忽略(这里 r 与 f 有关)；这样，振幅只是简单地正比于窄带的宽度 $\mathrm{d}x$，可得窄带 $\mathrm{d}x$ 在 P 点的光振动表达式

$$\mathrm{d}E_\varphi=A_0\frac{\mathrm{d}x}{a}\cos\left(\omega t-\frac{2\pi}{\lambda}x\sin\varphi-\frac{2\pi}{\lambda}\Delta\right)\tag{7-15}$$

上式中 A_0 为常数。从狭缝平面所有各窄缝发出的子波到达 P 点的合振动可表示为

$$E_\varphi=\frac{A_0}{a}\int_0^a\cos\left(\omega t-\frac{2\pi}{\lambda}x\sin\varphi-\frac{2\pi}{\lambda}\Delta\right)\mathrm{d}x$$

积分得

$$E_\varphi=A_0(\varphi)\cos\left(\omega t-\frac{\pi a}{\lambda}\sin\varphi-\frac{2\pi}{\lambda}\Delta\right)$$

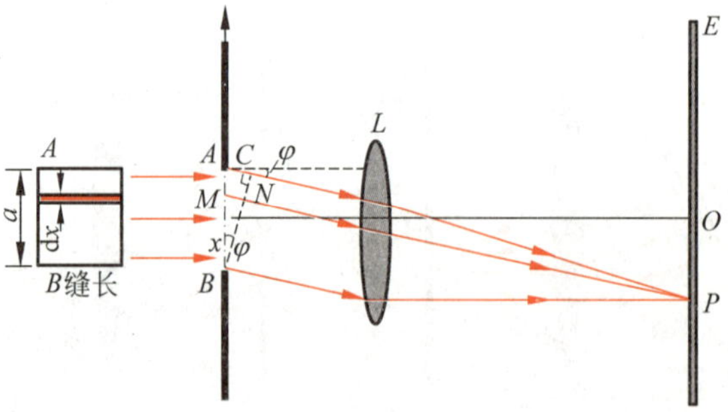

图 7-25　单缝衍射

P 点光振动的振幅为

$$A_0(\varphi)=A_0\frac{\sin\left(\frac{\pi a\sin\varphi}{\lambda}\right)}{\frac{\pi a\sin\varphi}{\lambda}}$$

其中 A_0 为 $\varphi=0$ 时(对应屏上中心 O 点)的振幅。相应屏上光强度分布为

$$I=I_0\frac{\sin^2\left(\frac{\pi a\sin\varphi}{\lambda}\right)}{\left(\frac{\pi a\sin\varphi}{\lambda}\right)^2}$$

式中 I_0 为中心条纹的最大光强。

利用求极值条件便可求出衍射条纹的极大值和极小值位置。图 7-26 为单缝衍射光强分布曲线和衍射条纹。此图表明，单缝衍射图样中各级明条纹的光强是不相同的，中央明纹光强最大，其他明纹光强迅速下降。

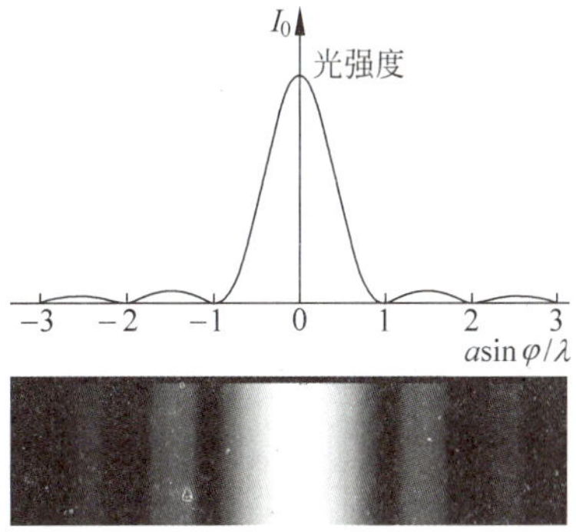

图 7-26　单缝衍射光强分布和衍射条纹

【例 7-8】 用波长 $\lambda=632.8$ nm 的平行光垂直入射于宽度为(1)$a=0.15$ mm，(2)$a=4.6$ mm 的狭缝上，缝后以焦距 $f=40$ cm 的凸透镜将衍射光会聚在屏幕上。分别求两种狭缝在屏幕上形成的中央明纹宽度，以及第二级与第三级暗纹之间的距离。

解 $a\sin\varphi=0$(即 $\varphi=0$)只给出中央明纹的中心位置，中央明纹宽度指的是两侧对称的一级暗纹中心之间的距离。

单缝衍射暗纹公式为

$$a\sin\varphi=\pm 2k\cdot\frac{\lambda}{2}=\pm k\lambda,\quad k=1,2,3,\cdots$$

通常各衍射条纹到中央明纹中心距离 x 远比透镜的焦距 f 小，因此 $\sin\varphi\sim\tan\varphi=\frac{x}{f}$，如图 7-27 所示。设中央明纹中心 O 到第一级、第二级、第三级暗纹中心的距离分别是 x_1、x_2 和 x_3，得 $x_1=\frac{f\lambda}{a}$，$x_2=\frac{2f\lambda}{a}$，$x_3=\frac{3f\lambda}{a}$。

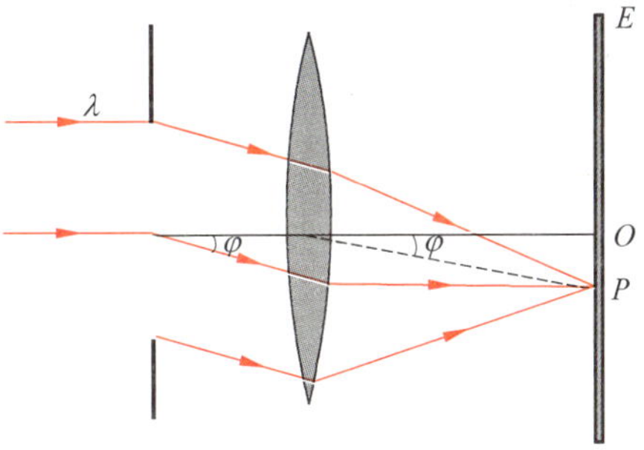

图 7-27　例 7-8 图

(1) 当 $a=0.15$ mm，$\lambda=632.8\times10^{-6}$ mm，$f=40$ cm $=400$ mm 时，中央明纹宽度

$$d=2x_1=\frac{2f\lambda}{a}=\frac{2\times400\times632.8\times10^{-6}}{0.15}$$

$$=3.4\text{ mm}$$

二、三级暗纹间距离

$$\Delta x=x_3-x_2=\frac{f\lambda}{a}=1.7\text{ mm}$$

二、三级暗纹间的距离就是一级明纹的宽度。由此可见，单缝衍射的中央明纹宽

度是其他明纹宽度的两倍。

（2）当 $a=4.6$ mm 时，同理得

$$d=\frac{2f\lambda}{a}=\frac{2\times400\times632.8\times10^{-8}}{4.6}=0.11\ \text{mm}$$

$$\Delta x=\frac{f\lambda}{a}=0.055\ \text{mm}$$

【例 7-9】 如上题，单缝 $a=0.15$ mm 与透镜 $f=400$ mm 的装置，现以某单色光垂直入射单缝，测得中央明纹两侧两条三级暗纹间隔为 8.0 mm，求光的波长。

解 从上题知，两条三级暗纹间隔是

$$d_3=2x_3=\frac{6f\lambda}{a}$$

光波长为

$$\lambda=\frac{ad_3}{6f}=\frac{0.15\times8.0}{6\times400}=5.0\times10^{-4}\text{mm}=500\ \text{nm}$$

7.2.3 圆孔衍射和光学仪器的分辨率

上面讨论了光通过狭缝时产生的衍射现象。同样，平行光通过小圆孔，经透镜会聚，位于焦平面处的屏幕上也能看到衍射图样（如图 7-28 所示）。中央为亮圆斑，周围为明暗交替的环形条纹。中央亮斑较亮，称作爱里斑，其直径 d 规定为一级暗环的直径。设透镜焦距为 f，透镜前圆孔直径为 D（若平行光直接入射透镜，D 就是透镜直径），入射光波长为 λ，由理论计算可得，爱里斑对透镜光心的张角

$$2\theta=\frac{d}{f}=2.44\frac{\lambda}{D} \tag{7-16}$$

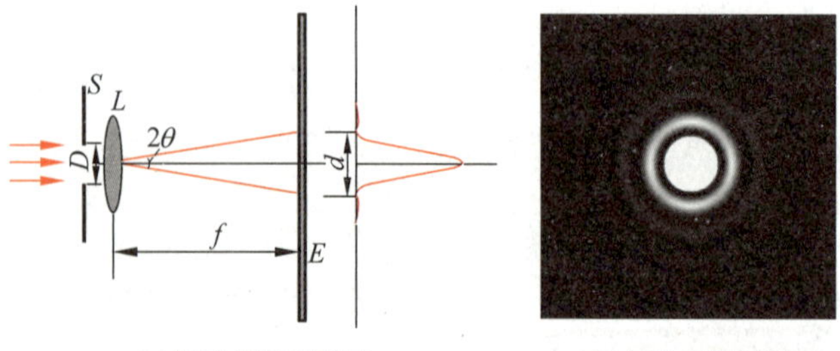

(a) 圆孔衍射装置图 (b) 圆孔衍射图样

图 7-28 圆孔衍射

光学仪器中由若干透镜组成的部件可以用一个等效透镜 L 表示。从几何光学观点看，物体通过光学仪器成像时，每一个物点对应一个像点。由于光的衍射，像点应是有一定大小的爱里斑。因此，相距很近的两个物点，对应的两个爱里斑将因为靠得太近而重叠，以致无法分辨清楚。可见，由于光的衍射现象，光学仪器的分辨本领有一定的限制。

当两个爱里斑靠得很近而发生重叠时，什么样的情况才能被分辨？瑞利提出了一个标准，称作瑞利判据。它说的是，对于两个强度相等的不相干的点光源（或物点），一个点光源的爱里斑的中心恰好落在另一个点光源的爱里斑的第一级暗环上（即两个爱里斑的中心距

离 d_0 恰好等于爱里斑的半径 $d/2$)时,两个爱里斑的合成光强的谷峰比为 0.8。这时两个爱里斑恰好能被分辨,即对应的两个点光源(或物点)恰好能被这一光学仪器分辨(如图 7-29(b)所示)。两个点光源(或物点)的爱里斑相距越远,它们就越能清楚地被分辨。

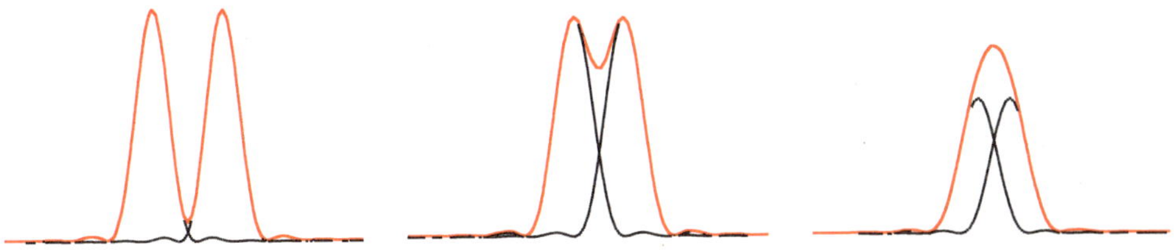

(a) 能分辨　(b) 恰能分辨　(c) 不能分辨

图 7-29　瑞利判据

图 7-29(a)中,两个爱里斑相距较远,即两个爱里斑的中心距离 d_0 大于爱里斑的半径 $d/2$。这时,两个爱里斑虽然部分重叠,但重叠部分谷底的光强 I 要比爱里斑中心的光强 I_0 小得多,光学仪器能清楚地分辨出这两个爱里斑。

图 7-29(c)中,两个爱里斑中心距离 d_0 小于爱里斑半径,两个爱里斑几乎混为一体,光学仪器不能清楚地分辨这两个爱里斑。

以透镜为例,假设两个物点(设为 S_1、S_2)恰好能被分辨,则这两个物点对透镜光心的张角(即两个爱里斑中心对透镜光心的张角)称为最小分辨角,用 θ_0 表示。由式(7-16)可得

$$\theta_0 = \frac{d_0}{f} = \frac{1.22\lambda}{D} \tag{7-17}$$

在光学中,常把光学仪器最小分辨角的倒数 $1/\theta_0$ 叫分辨率。由式(7-17)可知,最小分辨角 θ_0 与波长成正比,与 D 成反比;也就是说,分辨率与波长成反比,与仪器的透光孔径 D 成正比。在天文观测上,为能分清远处靠得很近的星体,就必须制作直径很大的透镜,以提高望远镜的分辨率。

【例 7-10】 在正常照度下,设人眼瞳孔的直径为 3 mm,在可见光中,人眼最敏感的波长为 550 nm(绿光),问:(1)人眼的最小分辨角多大?(2)若物体放在明视距离 25 cm 处,则两物体能被分辨的最小距离多大?

解 (1) 人眼瞳孔直径 $D=3$ mm,光波波长 $\lambda=5.5\times10^{-5}$ cm,则人眼最小分辨角

$$\theta = 1.22\frac{\lambda}{D} = 1.22\times\frac{5.5\times10^{-5}}{0.3} = 2.3\times10^{-4}(\text{rad}) \approx 0.8'$$

(2) 在明视距离 $L=25$ cm 处,两物点能被分辨的最小距离

$$x = L\theta_0 = 25\times2.3\times10^{-4} = 0.0058\ \text{cm} = 0.058(\text{mm})$$

7.2.4 光栅衍射

大量等宽度狭缝等距离地排列起来而形成的光学原件称为光栅。在一块不透明的屏板上刻划出大量等宽度而且等间距的平行狭缝,狭缝处透光,未刻划处不透光,这样的屏板就

是一块透射光栅；如果在光洁的金属表面上刻上一系列的等间距的平行槽纹，就做成了反射光栅。简易的光栅可用照相的方法制作，印有一系列平行而且等间距的黑色条纹的照相底片就是透射光栅。实用光栅每毫米内有上千甚至几万条狭缝。由于光栅的这种空间周期性结构，光栅能够将不同波长的光很好地分开，因此光栅通常用于光谱分析。

本节以透射光栅的衍射为例，讨论光栅衍射的基本规律。如图 7-30 所示，光栅的每一条透光狭缝的宽度为 a，不透光部分的宽度为 b，两相邻透光狭缝的中心距离 $d=a+b$。d 称为光栅常数，是光栅的空间周期性的表示。光栅的总缝数用 N 表示。单色平面光垂直照射光栅表面，在透镜焦平面上 P 点的光振动是各狭缝沿衍射角为 φ 的方向发出的光在 P 点相干叠加的结果。

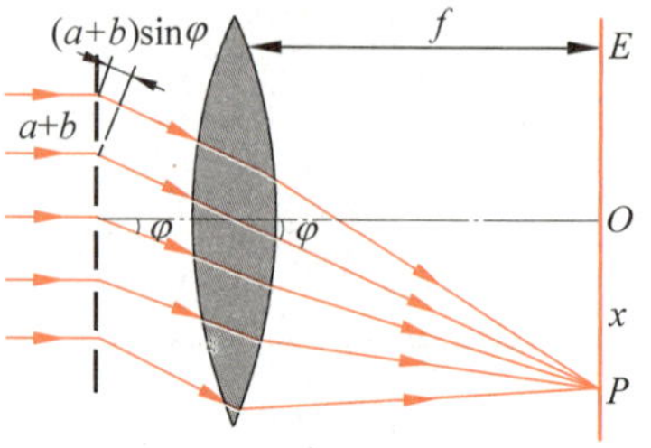

图 7-30　光栅衍射

分析光通过光栅衍射后的光强分布情况。一方面，要考虑各个狭缝的单缝衍射。由于光栅的各个狭缝宽度相同，所以各狭缝发出的光在相遇点 P 的振幅相等，均为 $A_0(\varphi)$。另一方面，要考虑 N 个狭缝间的多光束干涉。因为光栅狭缝等宽度等间距的特点，N 个狭缝便是 N 个间距都是 d 的同相的子波源，它们沿每一方向都发出频率相同、振幅相同的光波。在衍射角为 φ 的方向各相邻狭缝发出的光在 P 点相干叠加时的光程差相同，均为

$$\delta=(a+b)\sin\varphi$$

相邻狭缝发出的光在 P 点引起的振动的相位差也相同，均为 $\delta\cdot\dfrac{2\pi}{\lambda}$，于是，$N$ 个狭缝在 P 点引起的振动便是 N 个振幅相等、频率相同且相邻两个振动相位依次相差 $\delta\cdot2\pi/\lambda$ 的简谐振动。利用例 5-9 结果，叠加后合振动的振幅为

$$A=A_0(\varphi)\frac{\sin\dfrac{N\delta(2\pi/\lambda)}{2}}{\sin\dfrac{\delta(2\pi/\lambda)}{2}} \tag{7-18}$$

式中 $A_0(\varphi)$ 反映了各个狭缝的单缝衍射，$\dfrac{\sin[N\delta(2\pi/\lambda)/2]}{\sin[\delta(2\pi/\lambda)/2]}$ 反映了狭缝间的多光束干涉。

首先分析狭缝间的多光束干涉。

(1) 当 $\delta=(a+b)\sin\varphi=\pm k\lambda$ $(k=0,1,2,\cdots)$ 时，$\dfrac{\sin[N\delta(2\pi/\lambda)/2]}{\sin[\delta(2\pi/\lambda)/2]}=N$，干涉相长，屏上呈明纹，称这种明纹为主极大。$k=0,1,2,\cdots$ 对应的主极大分别称为零级、一级、二级……主极大。这里，$k=0$ 时，$\varphi=0$，零级主极大也称为中央主极大，其他主极大相对中央主极大对称分布。

(2) 当 $\delta=(a+b)\sin\varphi=\pm k'\lambda/N$ （k' 取不等于 $0,N,2N,\cdots\cdots$ 的整数）时，$\dfrac{\sin[N\delta(2\pi/\lambda)/2]}{\sin[\delta(2\pi/\lambda)/2]}=0$，干涉相消，屏上呈暗纹，称暗纹为极小。

如果 $k'=0,N,2N,\cdots$，对应 $\delta=(a+b)\sin\varphi=\pm(0,\lambda,2\lambda,\cdots)$，这是主极大条件。$k'=0$ 对应零级主极大，$k'=N$ 对应一级主极大。在 $k'=0$ 和 $k'=N$ 之间 k' 可取 $N-1$ 个值，说明两个主极大之间有 $N-1$ 个极小。两个极小之间必定有一个极大（呈明纹），称这种极大为次极大。进一步理论证明，主极大强度大致是次极大强度的 23 倍。

通常情况下，N 是很大的，因此，光栅的多光束干涉条纹的特点是：主极大是细窄、明亮

的锐明纹，两个主极大之间是宽阔的暗区。所以，我们以后经常称主极大为明纹，而不用考虑次极大。图 7-31 画出了 $N=6$ 时多光束干涉的光强度分布。我们称多光束干涉的明纹条件

$$(a+b)\sin\varphi=\pm k\lambda,\quad k=0,1,2,\cdots \tag{7-19}$$

为光栅方程。

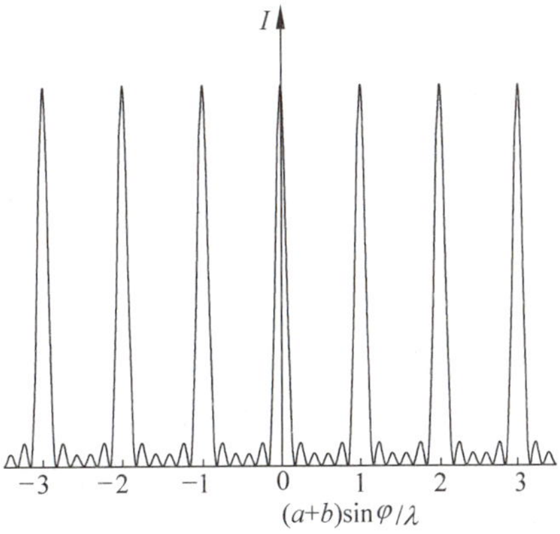

图 7-31　N=6 时多光束干涉光强度分布

进一步考虑单缝衍射对光栅衍射的影响。图 7-32(a)为狭缝间的多光束干涉光强度分布，各明纹强度相等，明纹的位置由光栅方程决定；图 7-32(b)是只考虑每个单缝衍射时的衍射光强度分布；图 7-32(c)是同时考虑单缝衍射和狭缝间多光束干涉后的光栅衍射光强度分布。这说明，光栅衍射的明纹位置由光栅方程决定，但明纹的强度受到单缝衍射的制约。

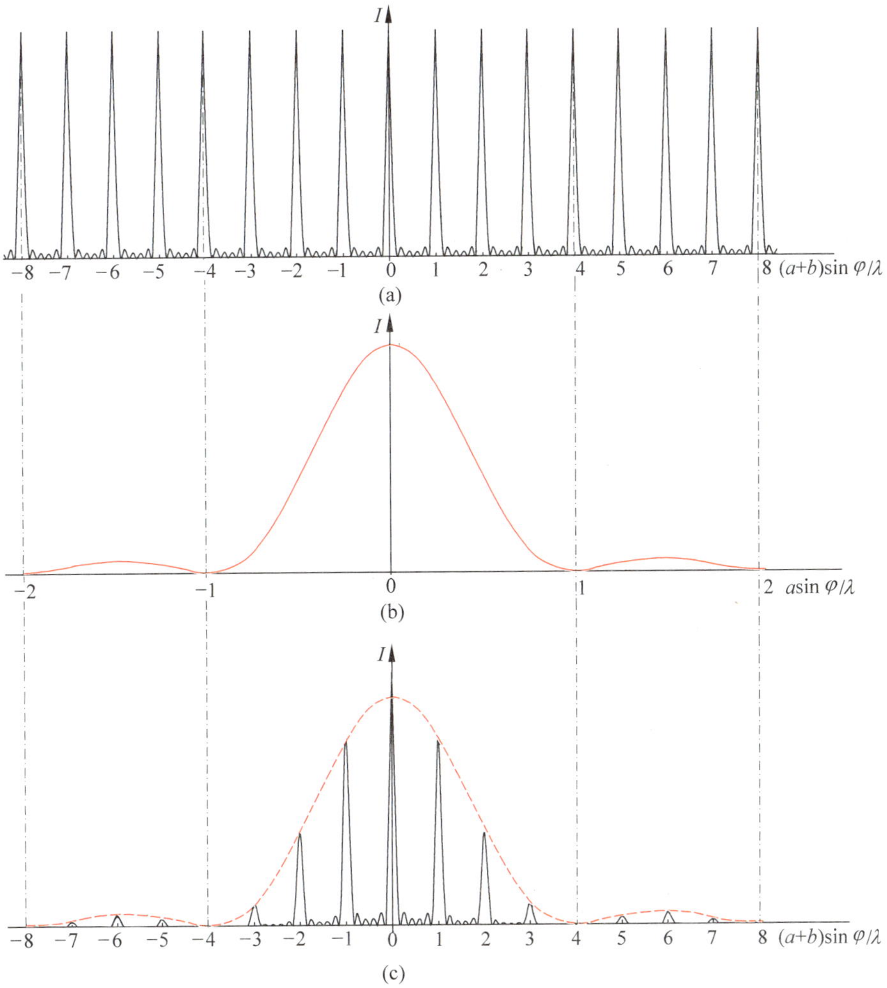

图 7-32　光栅衍射光强度分布

如上所述,将可能出现这样的情况:屏上某处,由于满足光栅方程$(a+b)\sin\varphi=\pm k\lambda$,应该出现多光束干涉的明纹,但是,该处又同时满足单缝衍射的暗纹公式$a\sin\varphi=\pm k'\lambda$,该处又会出现单缝衍射的暗纹。这样,由于多光束干涉本来应该出现明纹的位置,现在却变成强度为零的暗纹了。我们称这种情形为缺级。屏上出现缺级的位置(用φ表示)应同时满足$(a+b)\sin\varphi=\pm k\lambda$和$a\sin\varphi=\pm k'\lambda$,两式相除得

$$\frac{a+b}{a}=\frac{k}{k'} \tag{7-20}$$

上式的意义是,本来应该出现多光束干涉第k级明纹的位置,正好出现单缝衍射第k'级暗纹。上式说明光栅常数$(a+b)$和狭缝宽度a之比为整数比时,会出现缺级现象。因此,光栅衍射是否会出现缺级取决于光栅结构。缺级的级次由$k=(a+b)k'/a(k'=1,2,3,\cdots)$决定。例如,当$a=3b$或$b=3a$时,将出现第4、8、12,…等级缺级。图7-32(c)所示的是$b=3a$的情况。

【例7-11】 用波长$\lambda=632.8\ \text{nm}$(He-Ne激光波长)的平行光垂直入射于(1)每厘米中有500条刻线,(2)每厘米有8000条刻线的光栅,分别计算每种光栅第一级、第二级明纹的衍射角。

解 (1) 每厘米有500条刻线的光栅

$$(a+b)=\frac{1\ \text{cm}}{500}=2\times10^{-3}\,\text{cm}$$

设一级和二级明纹的衍射角分别为φ_1和φ_2,有

$$\sin\varphi_1=\pm\frac{\lambda}{a+b}=\pm\frac{632.8\times10^{-9}}{2\times10^{-5}}\qquad\varphi_1=\pm1°49'$$

$$\sin\varphi_2=\pm\frac{2\lambda}{a+b}\qquad\varphi_2=\pm3°38'$$

(2) 每厘米有8000条刻线的光栅

$$(a+b)=\frac{1\ \text{cm}}{8000}=1.25\times10^{-4}\,\text{cm}$$

同(1)的方法,得到

$$\sin\varphi_1=\frac{\lambda}{a+b}=\frac{632.8\times10^{-9}}{1.25\times10^{-6}}\qquad\varphi_1=30°25'$$

$$\sin\varphi_2=\frac{2\lambda}{a+b}=\frac{2\times632.8\times10^{-9}}{1.25\times10^{-6}}>1$$

由以上计算看出,光栅刻线较疏(每厘米刻线<500)时,一、二级明纹衍射角很小(<5°),一、二级明纹与中央明纹靠得很近,不易分辨。光栅刻线较密(每厘米刻线>8000)时,看不到二级明纹,这种把明纹分得很开的光栅,有应用价值,可用于测量波长。

我们前面讨论的都是单色光入射光栅,屏上一个级次(对应一个k)只有一条明纹。如果是复色光入射光栅,一个级次含有多条不同颜色的明纹,不同颜色的明纹按波长顺序排列,我们将这种光栅衍射明纹称为光栅光谱。

【例 7-12】 采用上题(2)光栅，以通过平行光管(产生平行光)与单缝(限束器)的汞灯灯光垂直照射光栅，测得一级光谱有四条光谱线，衍射角分别为 19°58′、20°24′、25°54′、27°33′，求汞原子发出的这四条光谱线的波长。

解 已知一级($k=1$)光谱四条光谱线的衍射角分别为 $\varphi_1=19°58'$、$\varphi_2=20°24'$、$\varphi_3=25°54'$、$\varphi_4=27°33'$。由$(a+b)\sin\varphi=\lambda$，计算得

$$\lambda_1=(a+b)\sin\varphi_1=1.25\times10^3\times\sin 19°58'=426.8(\text{nm})$$

$$\lambda_2=(a+b)\sin\varphi_2=1.25\times10^3\times\sin 20°24'=435.8(\text{nm})$$

$$\lambda_3=(a+b)\sin\varphi_3=1.25\times10^3\times\sin 25°54'=546.0(\text{nm})$$

$$\lambda_4=(a+b)\sin\varphi_4=1.25\times10^3\times\sin 27°33'=578.1(\text{nm})$$

光栅方程$(a+b)\sin\varphi=\pm k\lambda$成立的条件是平行光垂直入射光栅。如果平行光斜入射光栅，光栅平面不再是同相面，每条狭缝作为子光源就不再是同相位的了。而我们在计算光程时总是从同相点算到会聚点。图 7-33 所示为平行光斜入射光栅情况，AB 面是同相面，计算两相邻狭缝光源发出的光到达会聚点的光程差时，应从 AB 面算起。这种情况下，光程差应为

$$\delta=(a+b)\sin\theta+(a+b)\sin\varphi$$

这里规定：衍射光线和入射光线在光栅平面法线同侧时，$\varphi>0$；反之，$\varphi<0$。

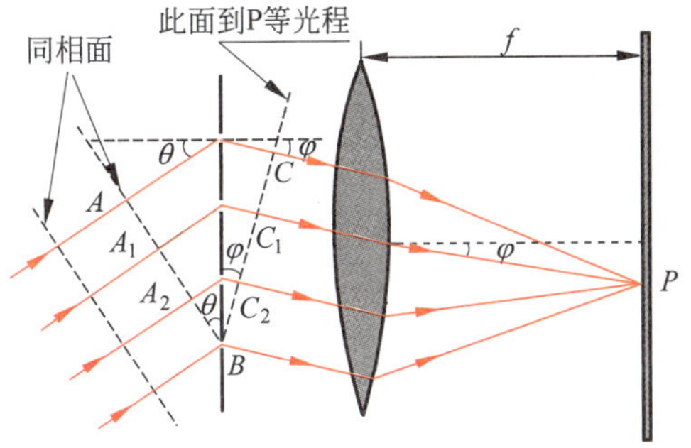

图 7-33 平行光斜入射光栅

【例 7-13】 波长 $\lambda=590.0$ nm 的平行光(1)垂直入射，(2)入射角 $\theta=30°$，入射每厘米 5000 刻线光栅，最多能看到几级明纹。

解 (1) 计算最多能看到几级明纹，可令光栅方程$(a+b)\sin\varphi=\pm k\lambda$中的衍射角 $\varphi=\pm\pi/2$。计算得到 $k=(a+b)/\lambda=3.4$。明纹级次只能取整数，因此最多能看到第 3 级明纹。由于各级明纹对称分布在中央明纹两侧，所以一共能看到 7 条明纹。

(2) 令 $\delta=(a+b)\sin\theta+(a+b)\sin\varphi$ 中 $\varphi=\pi/2$，得到 $k=5.1$。说明衍射光线和入射光线在光栅平面法线同侧时，能看到第 5 级明纹。

再令 $\delta=(a+b)\sin\theta+(a+b)\sin\varphi$ 中 $\varphi=-\pi/2$，得到 $k=-1.7$。说明在另一侧只能看到第 1 级明纹。

可见，斜入射时不能称零级($k=0$)明纹为中央明纹，其他明纹不会相对零级明纹对称分布。斜入射时明纹级次变大了，但一般明纹数不会增加。

【例 7-14】 用波长 $\lambda=546.1\ \text{nm}$ 的绿光垂直照射于每厘米有 3000 刻线的光栅上，该光栅的刻痕宽度与透光缝宽度相等。问：能看到几级明纹，各级明纹衍射角是多大。

解 光栅常数 $(a+b)=1/3000\ \text{cm}$，波长 $\lambda=546.1\ \text{nm}=5.461\times10^{-5}\ \text{cm}$，第 k 级明纹的衍射角 φ_k 应满足

$$\sin\varphi_k=\pm\frac{k\lambda}{a+b}=\pm0.1638k$$

显然，k 不能大于或等于 7，最多能看到第 6 级明纹。

据题中条件 $a=b$，表明第 2、4、6 级缺级，因此只能看到 $k=0$、1、3、5 各级明纹，共 7 条明纹。各级明纹的衍射角分别计算如下：

$$\varphi_0=0$$

$$\varphi_1=\arcsin(\pm0.1638)=\pm9°26'$$

$$\varphi_3=\arcsin(\pm0.1638\times3)=\pm29°26'$$

$$\varphi_5=\arcsin(\pm0.1638\times5)=\pm54°59'$$

*7.3 X 射线衍射

X 射线是高速电子束轰击金属极板（靶子）时产生的。它是人眼看不见的射线，但它可以使一些固体（例如亚铂氰化钡、闪锌矿等）发出可见的荧光，可使照相胶片感光，使空气游离，并可产生其他许多化学和生物的作用。X 射线还具有很强的穿透能力，它能穿透黑纸、木材、肌肉等许多可见光不能穿透的物质。由于这些特征，它在工业、医学上有广泛的应用。

用来获得 X 射线的装置是 X 射线管，如图 7-34 所示。图中 K 是热阴极，用电源加热以发射电子；A 是阳极，它是用钨或钼等金属做成靶子。管内抽成真空。在两极间加上几万伏的电压，使电子获得高速。当高速电子轰击金属靶子时，产生 X 射线。这射线的强度、穿透能力决定于靶子的材料、热阴极温度以及所加的高压。

实验表明，X 射线在磁场或电场中仍沿直线前进。这说明，X 射线是不带电的粒子源。后来的实验进一步证实，X 射线是波长在 $4\times10^{-11}\sim1.0\times10^{-9}\ \text{m}$ 的电磁波。既然是电磁波，人们自然想到，X 射线也应该能产生干涉、衍射等现象。

但是，用普通的光栅观察不到 X 射线的衍射现象，这是因为普通光栅常数（$10^{-5}\sim10^{-6}\ \text{m}$）比 X 射线的波长大得多。因此，要看到 X 射线的衍射现象，光栅常数应和 X 射线波长相当，这种光栅无论如何是人工刻制不出的。

1912 年，劳厄首先想到晶体内原子按晶格规则排列，相邻原子间隔与 X 射线波长相当，便想以晶体作为“光栅”来观察 X 射线的衍射。他做了如图 7-35 所示的实验。一束 X 射线射到一单晶片上，置于晶体后面的感光底片感光，结果发现底片上形成很多按一定规则分布的感光斑点。这样的斑点表明，晶体对 X 射线的作用类似于光栅对光波的作用。当 X 射线照射在晶片上时，由于晶片中大量原子的空间点阵产生衍射和干涉，只在某些确定的方向上会相互加强，从而出现很强的 X 射线束。底片上的斑点，便是加强的 X 射线束到达的地方，称这些斑点为劳厄斑点。斑点的位置和强度反映晶片中原子排列的情况。这是一种常用的 X 射线晶体结构分析方法。

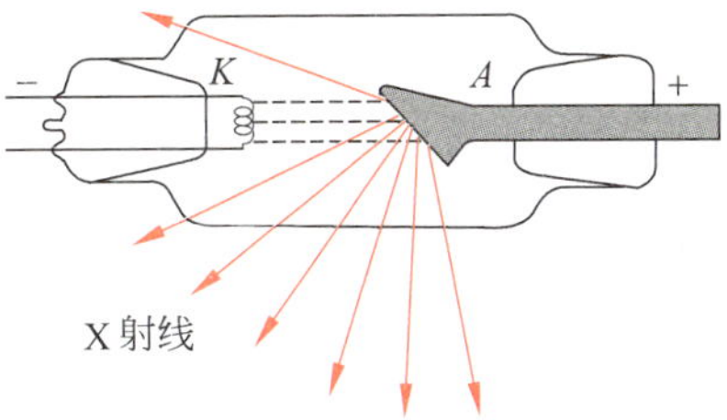

图 7-34　X 射线管

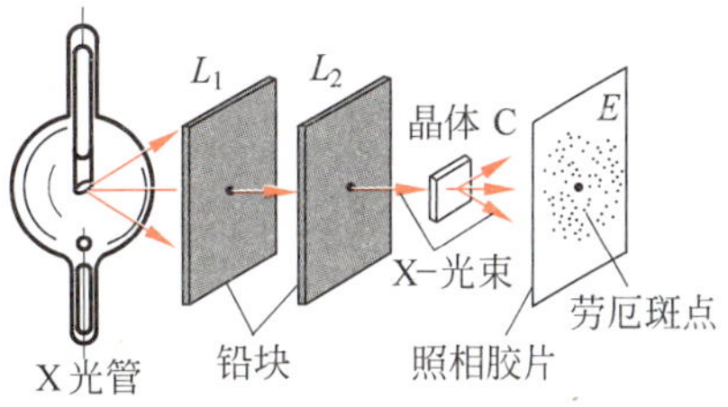

图 7-35　劳厄实验

1913 年，布喇格父子提出另一种研究 X 射线衍射的方法，并作了定量的验证。他们把晶体看成一系列彼此相互平行的原子层，如图 7-36 所示。小圆点表示晶体点阵中的原子(或离子)。当 X 射线射到晶体上时，按照惠更斯原理，这些原子成了子波源，向各方向发出散射波。考虑第一层平面，如图 7-36(a)，若投射的 X 射线与该平面的夹角为 θ，散射波与该平面夹角为 φ，那么，两相邻射线间的光程差

$$\delta = AD - BC = 2h(\cos\varphi - \cos\theta)$$

式中 h 为该平面上相邻原子的间距。只有光程差为波长整数倍的，散射波才相互加强，对于光程差为零的情况来说，即

$$h(\cos\varphi - \cos\theta) = 0$$

叠加的强度最大，这时有 $\varphi=\theta$。这表明，对 X 射线来说，原子平面好似一平面镜，满足该面反射定律的方向上，散射的 X 射线最强。

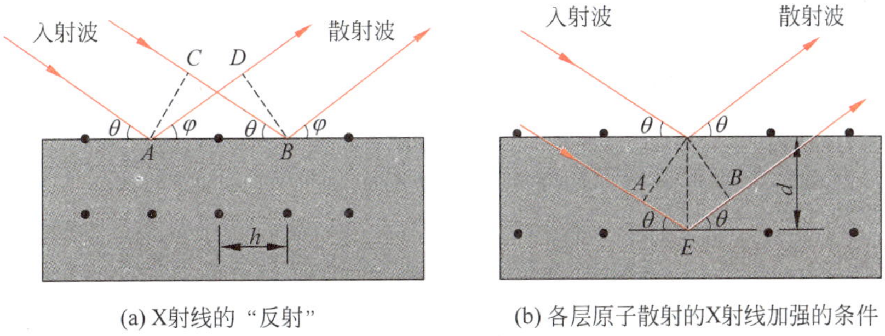

图 7-36　布喇格公式推导用图

由于 X 射线能透入晶体内部，所以还必须考虑各个原子平面散射的 X 射线的叠加。如图 7-36(b)所示，设两原子平面层间距为 d(也称晶面距)，则从相邻平面散射的 X 射线之间的光程差 $\delta=AE+EB=2d\sin\theta$，因此，相互叠加出现加强的条件是

$$2d\sin\theta = k\lambda,\quad k = 1,2,3,\cdots \tag{7-21}$$

式(7-21)称布喇格公式。若 d,θ 已知，从式(7-21)可得到 X 射线波长。图 7-37 为 X 射线分光计示意图。由 X 射线管 T 发出 X 射线，经铅板上小孔后，形成一束单一方向的 X 射线，投射在一结构已知的晶体 C 上，而散射的 X 射线由检测器 D 检测。D 可

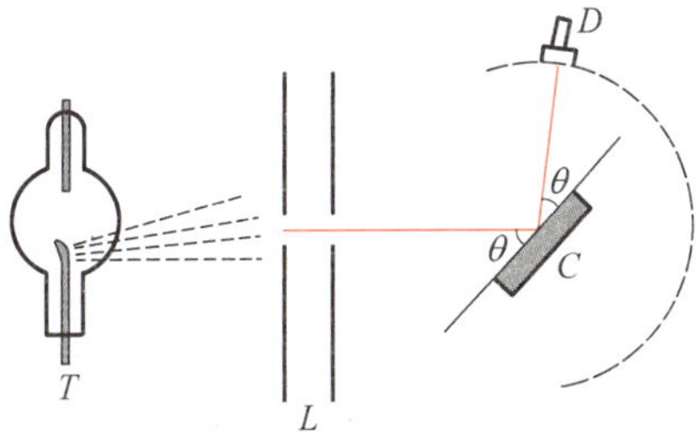

图 7-37　X 射线分光计

绕 C 旋转。从 D 和 C 的相对位置，可计算投射角 θ。若入射 X 射线束中有不同的波长，它们便分别在不同的 θ 角上获得加强。如果是旋转晶体 C，改变投射角，就可以在某一方向上获得某一单色的 X 射线，我们便可以用这单一波长的 X 射线进一步进行其他的实验。

劳厄与布喇格父子由于利用 X 射线分析晶体结构方面研究的贡献分别获得 1914 年和 1915 年度的诺贝尔物理学奖。

【例 7-15】 以波长为 1.10×10^{-10} m 的 X 射线照射某晶面，在与晶面成 $11°15'$ 的角度入射时获得第一级极大反射光，问该晶体晶面距 d 为多大？又以一束待测的 X 射线照射该晶面，测得第一级极大的反射光相应的入射线与晶面夹角为 $17°30'$，问待测 X 射线的波长是多少？

解 已知波长 $\lambda=1.10\times10^{-10}$ m，入射线与晶面夹角 $\theta=11°15'$，$k=1$。由布喇格公式，得到

$$d=\frac{k\lambda}{2\sin\theta}=\frac{1\times1.10\times10^{-10}}{2\times\sin 11°15'}=2.82\times10^{-10}\ \text{m}$$

当待测入射线与晶面夹角 $\theta'=17°30'$ 时，利用上面计算得到的晶面距 d，可计算待测 X 射线的波长（$k=1$）

$$\lambda'=2d\sin\theta'=2\times2.82\times10^{-10}\times\sin 17°30'=1.80\times10^{-10}\ \text{m}$$

7.4 光的偏振

光的干涉和衍射现象说明了光的波动性质，但它们并不涉及光是横波还是纵波的问题。光的偏振现象将进一步说明光是横波。这一节介绍各种偏振态的区别以及产生和检验线偏振光的方法，并进一步讨论与偏振相关的各种现象。

7.4.1 自然光与偏振光

我们知道，光波是特定频率范围内的电磁波。由于电磁波是横波，所以光波中的光矢量的振动方向总和光的传播方向垂直。在许多情况下，在垂直于光的传播方向的平面内，光振动在某一方向的振幅较大，或只在某一方向上有光振动。这种现象称为光的偏振。

如果光传播过程中只存在某一确定方向的光振动，这种光就称为线偏振光，简称偏振光。线偏振光的光矢量方向和光的传播方向构成的平面叫振动面，如图 7-38(a) 所示。图 7-38(b) 是线偏振光的图示方法，图中“|”表示振动面与纸面平行，“•”表示振动面与纸面垂直。

普通光源发出的光不是偏振光。这是因为在普通光源中，光是由光源中大量分子、原子振动发出的独立光波列所组成的。这些光波列持续时间很短（10^{-8} s），且振动方向各不相同。虽然各独立波列具有偏振性，但分子、原子发光的随机性导致这些分子、原子朝各方向光振动的几率是均等的。因此，整个光源发出的光包含着各个方向的振动，且各方向光矢量的振幅相等，如图 7-39(a) 所示。具有这种特性的光就称为自然光。自然光中各光矢量之间没有固定的相位关系，我们可以用两个相互垂直的振幅相等的光振动来表示自然光，如

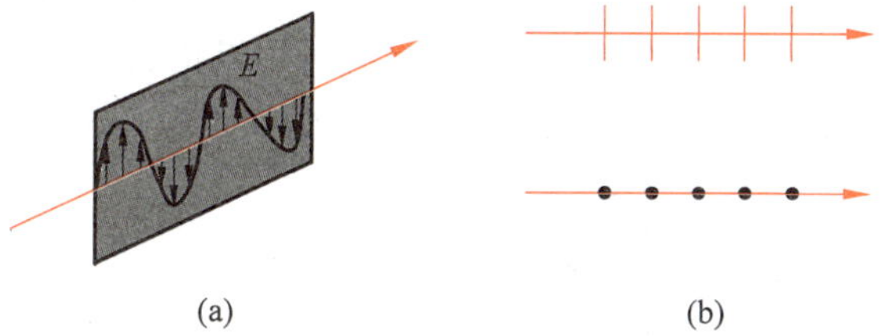

图 7-38　线偏振光及其图示法

图 7-39(b)所示。图 7-39(c)则是自然光的侧面图示法，点和竖线数目相等表示两个方向的振动强度相等。

自然光在传播过程中，如果受到外界的作用，造成各个振动方向上的强度不等，使某一方向的振动比其他方向占优势，则称这种光为部分偏振光。如图 7-40 所示，沿光传播方向上的点、竖线数目不等，表示相应数目多的方向上的振动占有优势。自然界我们看到的光一般都是部分偏振光。例如，仰头看到的“天光”和俯首看到的“湖光”都是部分偏振光。

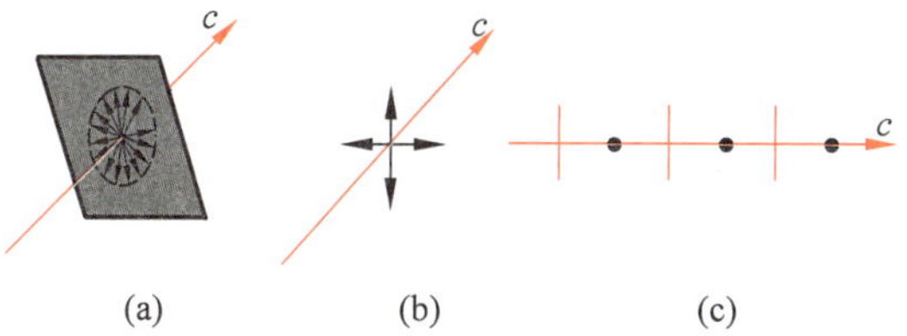

图 7-39　自然光及其图示法

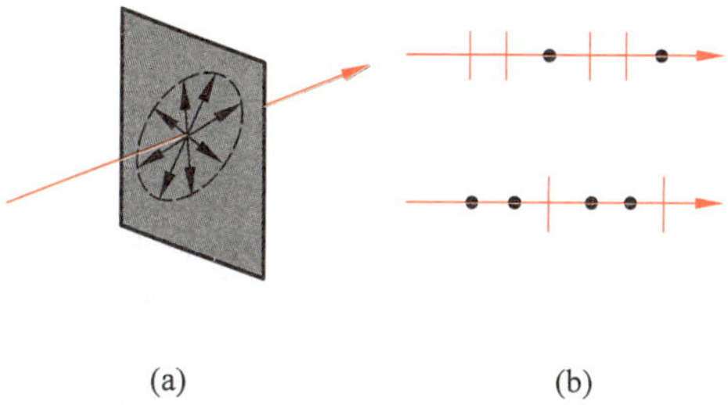

图 7-40　部分偏振光及其图示法

除了激光外，一般光源发出的都是自然光。如何产生并检测偏振光，便自然成为需要进一步讨论的问题了。

7.4.2　起偏　检偏　马吕斯定律

1. 起偏和检偏

为了从自然光中获得偏振光，人们发明了偏振片。早在 1928 年，19 岁的美国大学生兰德(E. H. Land)就发明了一种具有二向色性的材料制成的透明薄片。它能选择性地吸收某一方向的光振动，而只允许与该方向垂直的光振动通过，这样的透明薄片称为偏振片。偏振片上允许光振动通过的方向称为偏振化方向(图中用符号“↕”表示)。

图 7-41 示出利用偏振片产生和检验偏振光的情况。图 7-41(a)中自然光入射偏振片 P_1，便只有沿偏振化方向振动的光通过，成了强度为自然光一半的偏振光。在 P_1 后放一相同的偏振片 P_2，其偏振化方向与 P_1 平行，则偏振光全部通过。以光线为轴转动偏振片 P_2，透过偏振片 P_2 的光强度会逐渐变化。图 7-41(b)中偏振片 P_2 转过 90°，使 P_2 偏振化方向与 P_1 垂直，这样透过 P_1 的偏振光振动方向与 P_2 偏振化方向垂直，因此被偏振片 P_2 吸收而没有光透过。在 P_2 旋转一周的过程中，通过 P_2 的光强会出现两明两暗的变化。由此想到，偏振片 P_2 起到了一个检偏器的作用，可用来检验一束光是自然光还是偏振光。因为如

果是自然光入射到 P_2 上，在转动偏振片 P_2 的过程中光强将不会改变。图中 P_1 称为起偏器，起偏器 P_1 使自然光成为偏振光。P_2 称为检偏器，用以检验入射光是否为偏振光。图中 P_1、P_2 其实是相同的偏振片，可见，偏振片既可作起偏器也可作检偏器。

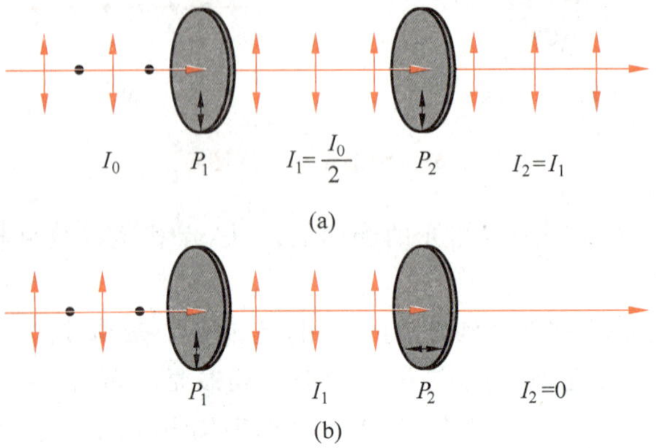

图 7-41　偏振片的起偏和检偏

2. 马吕斯定律

图 7-41 中，以光线为轴转动偏振片 P_2，透过偏振片 P_2 的光强度是逐渐变化的，偏振光透过偏振片后其光强的变化规律遵从马吕斯定律。

如图 7-42 所示，强度为 I_0 的偏振光入射偏振片。设入射偏振光的光矢量振幅为 E_0，其振动方向与偏振片的偏振化方向夹角为 α。现将 E_0 分解为相互垂直的 $E_0\cos\alpha$ 和 $E_0\sin\alpha$ 两个振动，只有平行偏振化方向的振动 $E_0\cos\alpha$ 才能通过偏振片。由于光强正比于振幅的平方，因此，透射光强与入射光强之比为

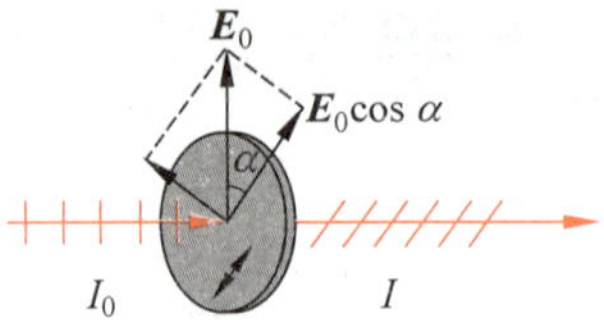

图 7-42　马吕斯定律

$$\frac{I}{I_0}=\frac{(E_0\cos\alpha)^2}{E_0^2}$$

即

$$I=I_0\cos^2\alpha \tag{7-22}$$

式(7-22)称为马吕斯定律。式中 I_0 为入射的偏振光强度，I 为透射的偏振光强度。如果入射偏振光的振动方向和偏振片偏振化方向平行（$\alpha=0°$或 $180°$），则 $I=I_0$，光强最大；如果它们相互垂直（$\alpha=90°$或 $270°$），则 $I=0$，没有光通过偏振片；当 α 为其他值时，通过偏振片的光强介于最大与零之间。

偏振片在我们的日常生活中有很多应用。例如，偏振片可以用来制造太阳镜和照相机的滤光镜。观看 3D 电影的眼镜的镜片也是用偏振片做的，两个镜片的偏振化方向相互垂直。为防止夜行时相向行驶的汽车灯光晃眼，可以在汽车的车窗玻璃和车灯前装上与水平方向成 45°角，而且向同一方向倾斜的偏振片。这样，相向行驶的汽车就可以不必熄灯而又不会被对方的车灯晃眼了。

【例 7-16】 以强度为 I_0 的偏振光入射于偏振片，若要求透射光的强度降为原来的三分之一，问偏振光的振动方向和偏振片的偏振化方向的夹角应为多少？

解 根据式(7-22)，有

$$\frac{I_0}{3} = I_0 \cos^2 \alpha$$

夹角应为

$$\alpha = \arccos\left(\pm\frac{\sqrt{3}}{3}\right) = 54°44' \quad 或 \quad 234°44'$$

【例 7-17】 用两偏振片装成起偏器和检偏器，在它们偏振化方向成 30°角时，观测一自然光源，又在成 60°角时，观测同一位置的另一自然光源，两次所得强度相等。求两自然光源的强度之比。

解 令两自然光源的强度分别为 I_1 和 I_2，透过起偏器后，光强分别是 $I_1/2$ 和 $I_2/2$，根据马吕斯定律，先后两次透过检偏器的光强分别是

$$I_1' = \frac{1}{2} I_1 \cos^2 30°$$

$$I_2' = \frac{1}{2} I_2 \cos^2 60°$$

依题意，$I_1' = I_2'$，即

$$\frac{1}{2} I_1 \cos^2 30° = \frac{1}{2} I_2 \cos^2 60°$$

得到

$$\frac{I_1}{I_2} = \frac{\cos^2 60°}{\cos^2 30°} = \frac{1}{3}$$

7.4.3 反射和折射时的偏振

午后阳光照射下的湖面令人炫目，这时如果用一块偏振片来观察湖面，我们会发现炫目程度明显削弱。这是由于自然光经水面反射后变成了部分偏振光或线偏振光的缘故。

一般情况下，自然光入射在两种介质的分界面上，反射光和折射光分别是不同的部分偏振光。在反射光中振动方向垂直于入射面(纸面为入射面)的成分占优势，折射光中则是振动方向平行于入射面的成分占优势，如图 7-43 所示。

布儒斯特于 1812 年指出，反射光的偏振程度决定于入射角 i。当入射角为某一定值 i_b 时，即满足

$$\tan i_b = \frac{n_2}{n_1} \tag{7-23}$$

时，反射光只有垂直振动的偏振光，即平行振动的光完全不反射，折射入介质Ⅱ的光仍是平行振动占优势的部分偏振光。此入射角 i_b 称为布儒斯特角，式(7-23)称为布儒斯特定律。n_1、n_2 分别是第Ⅰ、Ⅱ介质的折射率。图 7-43(b)中，以空气、玻璃两介质为例，从空气入射到玻璃界面，则 $n_1=1$，设玻璃折射率 $n_2=1.5$，可求出 $i_b \approx 56°$。

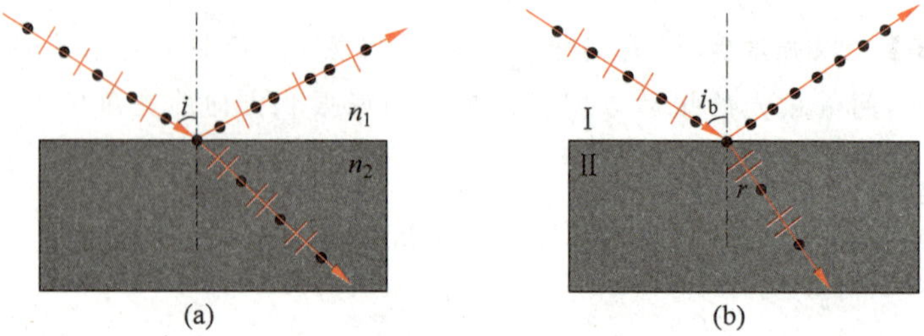

图 7-43　反射和折射的偏振光

将式(7-23)写作

$$\frac{\sin i_b}{\cos i_b} = \frac{n_2}{n_1}$$

而折射定律

$$\frac{\sin i_b}{\sin r} = \frac{n_2}{n_1}$$

两式右边相等，得 $\sin r = \cos i_b$，所以

$$i_b + r = 90°$$

这表明，完全偏振的反射光和折射光相互垂直。利用这种方法产生偏振光的方法称为反射起偏法。

由于一般光学玻璃反射光强不到入射光的 15%，因此仅由单一玻璃片反射产生的偏振光强度太弱，而透射光强，仍包含垂直振动，只是部分偏振光。如果将许多玻璃片重叠在一起(称玻璃片堆)，每一玻璃片表面在入射角为 i_b 时都反射一些垂直振动的偏振光，各片反射加在一起，使入射光的垂直振动大部分反射。如图 7-44 所示，这一方面使反射偏振光强度增大，另一方面折射光中垂直振动一次又一次被反射出去，最后折射光就几乎都是平行振动的偏振光了，这样获得偏振光的方法，称为玻璃片堆起偏法。显然，玻璃片越多，透射光的偏振程度越高，但由于玻璃片对光的吸收是难免的，势必削弱反射光和透射光的强度。因此，玻璃片堆的实际应用价值不大。但是，人们从中受到启发，通过人工制作的多层介质薄膜的多次反射和透射，既能获得很好的偏振光，又能有效地减少吸收引起的光强损失。激光器中的布儒斯特窗便是实际应用的一个例子。如图 7-45 所示的激光器谐振腔中，通常装有使激光束以布儒斯特角入射并穿过的透明窗口，称为布儒斯特窗。这窗口通常是喷镀制作的多层介质膜，其作用类似玻璃片堆，但因膜厚度很薄，吸收就很小。这样，激光器谐振腔内多次振荡产生的强光束，经布儒斯特窗输出的便是偏振光。

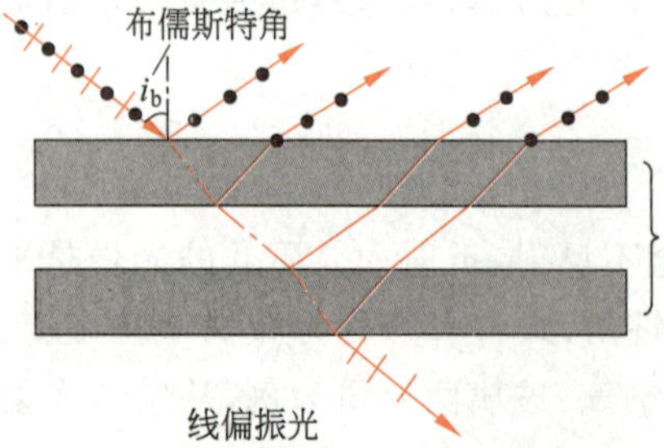

图 7-44　玻璃片堆产生线偏振光

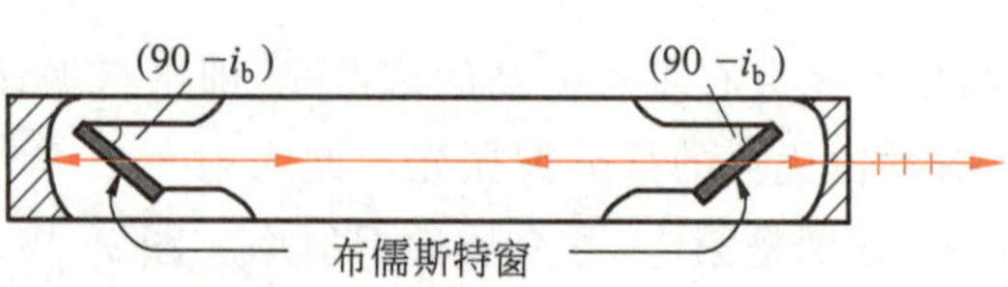

图 7-45　氦氖激光管的布儒斯特窗

*7.4.4 光的双折射

1. 双折射现象产生的寻常光和非常光

光从一种介质射入另一种介质时要产生折射。经验告诉我们，一束入射光经过折射后还是一束光。其实这是片面的，只适用于各向同性的介质，如玻璃和水等内部原子分布毫无规则的非晶材料。因为光在非晶材料中沿各向传播的速率都相等，也就是说非晶材料只有一个折射率，所以只能有一束折射光。

自然界中还有一大类材料，其内部原子有序排列，称为晶体。1669 年，巴托里特斯发现，通过方解石晶体(或冰洲石，即碳酸钙 $CaCO_3$)观察物体时，物体的像是双重的。如图 7-46 所示。这现象被解释为：光进入方解石晶体，经过折射，一条入射光线变成两条折射光线并透过晶体，因此称这现象为双折射现象。进一步实验发现，除立方晶系的晶体外，几乎所有晶体都会产生双折射现象。

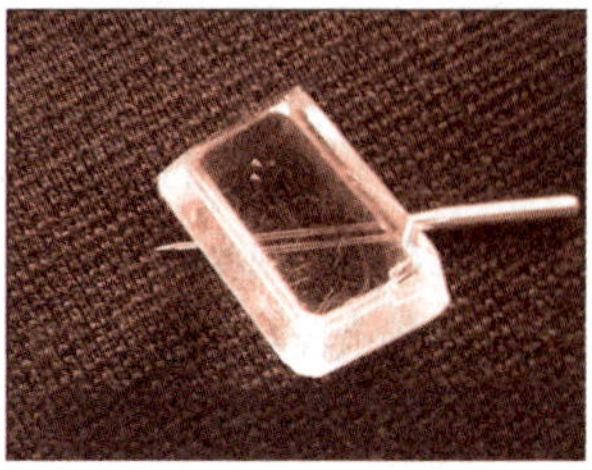
图 7-46 方解石的双折射

在人们认识了光的偏振现象后，对双折射的两条光线的观察表明，这两条光线都是偏振光，进一步的研究表明，由双折射产生的两条偏振光具有以下不同的行为。

(1) 如图 7-47 中，光从空气入射到双折射晶体，一条折射线满足折射定律，另一条折射线不满足折射定律。我们将满足折射定律的一条称作寻常光，简称 o 光；另一条则称作非寻常光或非常光，简称 e 光。它们的折射率表达式分别为

$$\frac{\sin i}{\sin r_o}=n_o=\text{恒量},\quad \frac{\sin i}{\sin r_e}=n_e'\neq\text{恒量}$$

n_e'随入射角 i 变化，也可以说，e 光折射率 n_e'随它在双折射晶体内传播方向的不同而不同。

(2) 在双折射晶体内存在一个方向(而不是一条线)，o 光、e 光沿这个方向传播时，二者有相同的折射率，这个方向称为光轴。在晶体内的每一点，都可以做出一条光轴来。图 7-48 表示方解石中光轴的方向。图中所画的是一六面菱体的方解石天然晶体。其中有两个特殊顶点 A 和 D，相交这两个特殊顶点各有三条棱，相互间夹角都是 102°，A、D 的连线即方解石晶体中的光轴方向。当光沿垂直光轴的方向传播时，o 光、e 光的折射率相差最大。我们通常在手册中查到的 e 光折射率 n_e，都是指垂直光轴传播的 e 光折射率。

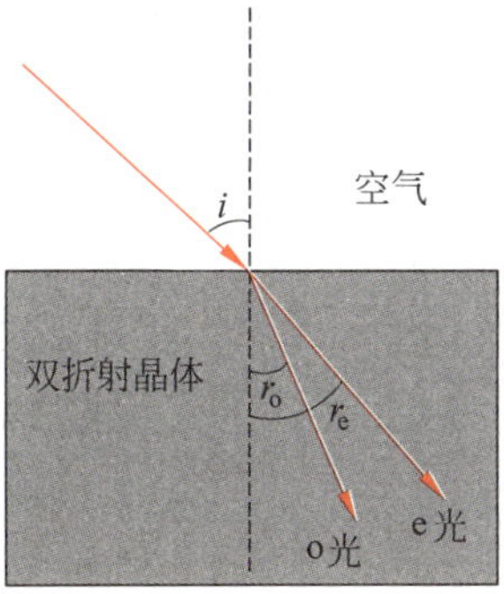

图 7-47 寻常光线和非寻常光线

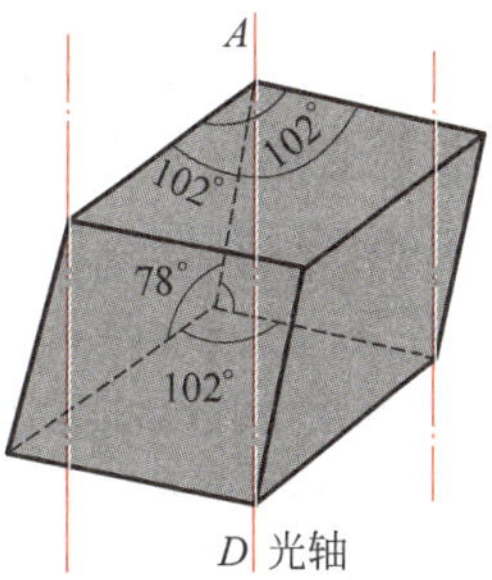

图 7-48 方解石晶体的光轴

根据介质中的光速 $v=c/n$ 知道，光在双折射晶体中传播时，当沿光轴方向传播时，o光、e光有相同的速度，即 $v_o=v_e$，而垂直光轴传播时，$v_o\neq v_e$，且相差最大。这样，我们想象在双折射晶体中光由于速度与方向有关，其波面则不是球面。对只有一个光轴方向的晶体(称单轴晶体)，e光的波面是以光轴为旋转轴的旋转椭球面，如图7-49所示。从图中看出，垂直光轴方向上，v_o、v_e 相差最大，沿光轴方向 $v_o=v_e$，o光、e光波面在光轴上相切。图中 $v_o>v_e$ 的晶体称正单轴晶体；$v_o<v_e$ 的晶体称负单轴晶体，方解石晶体是负单轴晶体。

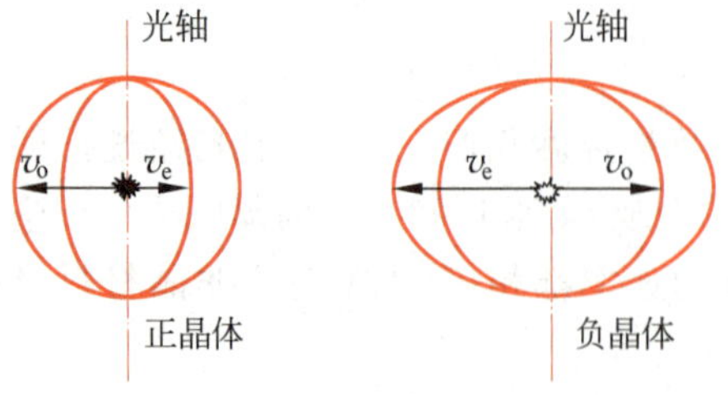

图 7-49　正晶体和负晶体的子波波面

(3) 为了说明双折射现象产生的o光、e光的振动方向，我们定义：晶体任意晶面的法线和光轴方向所成的平面称晶体的主截面；晶体中传播的光线与晶体的光轴方向所成的平面称光线的主平面。

通过检偏器检验，我们知道o光和e光都是线偏振光，并且o光振动方向垂直于o光主平面，e光振动方向在e光主平面内。一般情况下，o光和e光的主平面不相重合，有一个不大的夹角，这时o光和e光的振动方向不相垂直。当入射光线在主截面内时(即入射面与主截面重合)，双折射产生的o光和e光都在主截面内，也就是说o光和e光的主平面是同一平面并与主截面重合。这种情况下o光和e光的振动方向垂直。

2. 惠更斯原理解释双折射现象

利用惠更斯原理作图法能对双折射的某些现象进行简单的解释。在图7-50(a)中晶体光轴为任意方向(既不平行又不垂直于晶体表面)。自然光垂直入射于晶体表面后，晶体表面上各点都是发射o光和e光的新波源。图中只画出 B、D 两个点的子波面，o光子波面为球面，e光子波面为椭球面，各子波面的包络面形成o光和e光的新波阵面，图中 EE' 表示o光波阵面，FF' 表示e光波阵面，o光和e光波阵面不重合，波线(光线)也不重合，出现双折射现象。显然，o光遵循折射定律，e光不遵循。

在图7-50(b)中，把晶体磨制成表面与光轴垂直，自然光垂直入射后，进入晶体而产生的o光和e光，波面重合，波线也重合，或者说沿晶体光轴方向上o光和e光完全重合。因此，在晶体光轴方向上不产生双折射。

在图7-50(c)中，把晶体磨制成表面与光轴

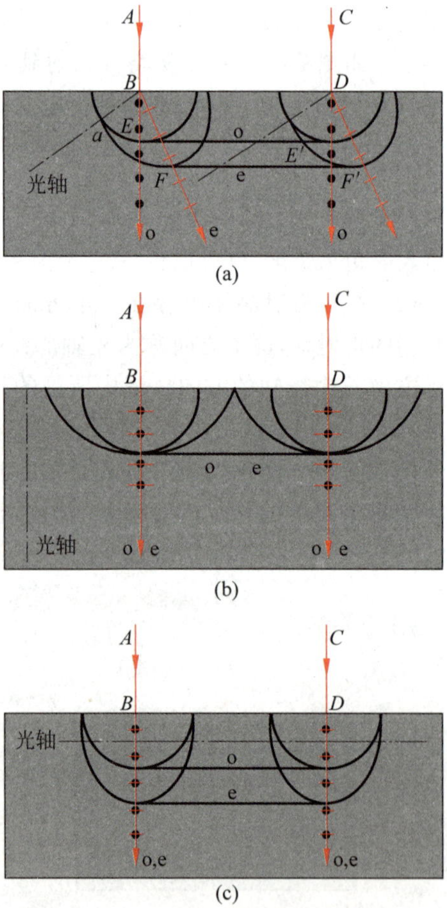

图 7-50　惠更斯原理解释双折射现象

平行，垂直入射表面的自然光进入晶体后产生的o光和e光的波线重合，表明二光在晶体中传播方向相同，但因垂直光轴方向上速度不同，使波阵面不重合。即o光和e光在这同一传播方向上存在着光程差。如果晶体片的厚度为d，两相对表面平行，光线垂直表面入射并透过晶体后，o光、e光的光程差是$\delta=(n_o-n_e)d$。这种情况可具体应用在下面将提到的波片中。

3. 利用双折射现象制作的偏振元件

双折射晶体可以把入射的自然光转化为o光和e光这两种偏振光，这一特性被利用来制造各种起偏、检偏或使偏振光性质发生变化的各种光学元件。

(1) 渥拉斯顿棱镜

一般的双折射晶体厚度不大，当它把自然光分解成o光和e光而透出晶体时，两束偏振光分开距离太小，无法直接用于起偏。利用渥拉斯顿棱镜却能把o光和e光显著地分开。

渥拉斯顿棱镜是由两块光轴相互垂直的方解石直角棱镜组成，其剖面如图7-51所示。图中棱镜ABC光轴与剖面平行，其方向标注左下角；棱镜ADC的光轴垂直剖面，其方向标注右上角，α为棱镜一个边角。

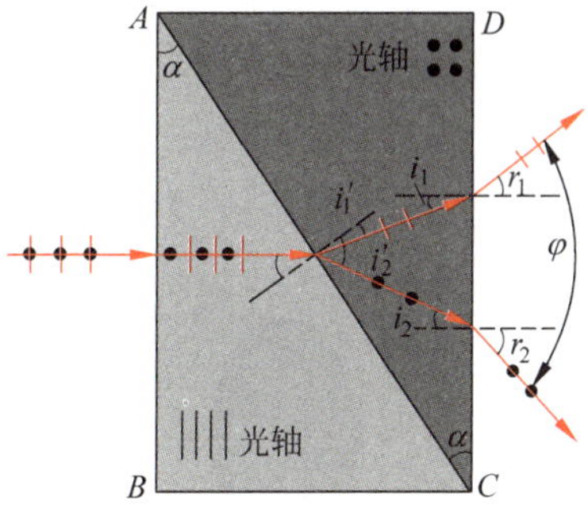

图7-51 渥拉斯顿棱镜

当自然光垂直入射AB面时，正是图7-50(c)的情况，进入ABC内的o光、e光行进方向重合，但有光程差，这时振动方向垂直纸面的为棱镜ABC中的o光，平行纸面的为ABC中的e光，折射率分别是n_o和n_e，并且$n_o>n_e$。光线行进至界面AC时，ACB中的o光进入棱镜ACD中，因振动方向平行ACD的光轴，在ACD中就成了e光，相应折射率成了n_e，又因$n_e<n_o$，因此垂直纸面振动的光，在通过界面AC进入ACD时有较大的折射角$i_2'(i_2'>\alpha)$；同理，平行纸面的振动的光，经AC进入ACD时，折射角i_1'较小$(i_1'<\alpha)$，于是两条折射光线间有一张角$(i_2'-i_1')$。当两条光线到达CD面时，均以较大的折射角进入空气。因此，渥拉斯顿棱镜可以把入射的自然光转化为两条振动方向相互垂直的偏振光，这两条偏振光以较大的张角$\varphi=(r_1+r_2)$透射出棱镜(如图7-51所示)后显著地分开，既具有起偏作用，又具有分光作用。

(2) 尼科尔棱镜

把方解石按长度为宽度的2.8倍的比例磨制成图7-52(a)所示的形状，沿图上所示的$AFND$面将晶体剖成两半，再以折射率$n=1.550$的加拿大树胶粘合成原来形状，就成了尼科尔棱镜。图7-52(b)是该晶体的一主截面。当自然光平行底面入射，在尼科尔内分解为o光和e光折射率，o光折射率$n_o=1.658$，大于加拿大树胶折射率$n=1.550$，e光折射率$n_e=1.516$，$n_e<n$，因此，e光射到树胶表面时，光可进入树胶并透过继续前进；o光在树胶界面入射角大于临界角，因此发生全反射而折向尼科尔侧面，被涂黑的侧面吸收，因此，只有振动方向平行主截面(纸面)的e光透射出尼科尔，尼科尔起了起偏的作用。

值得注意的是，所谓o光与e光，是针对光在其中传播的晶体来说，如图7-52中平行纸面振动的光，当它在方解石晶体中传播时，称之为e光，一旦出了晶体在空气中传播，便只能说是平行纸面振动的偏振光，也就无所谓e光、o光了。又如图7-51渥拉斯顿棱镜中，ABC

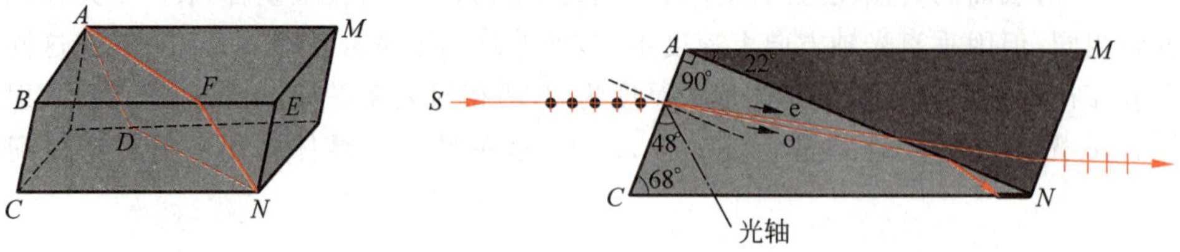

(a) (b)

图 7-52　尼科尔棱镜

棱镜中传播的 o 光，进入 ACD 棱镜后便成了 e 光。因此，判断 o 光或是 e 光，是不能离开光在其中传播的晶体的光轴方向的。

（3）波片

如图 7-53，当线偏振光经过一光轴与晶面平行的晶片时，设偏振光的振动方向与主截面成 α 角，偏振光的振幅为 E，进入晶体后分成 o 光和 e 光的振幅分别为

$$E_o = E\sin\alpha$$

$$E_e = E\cos\alpha$$

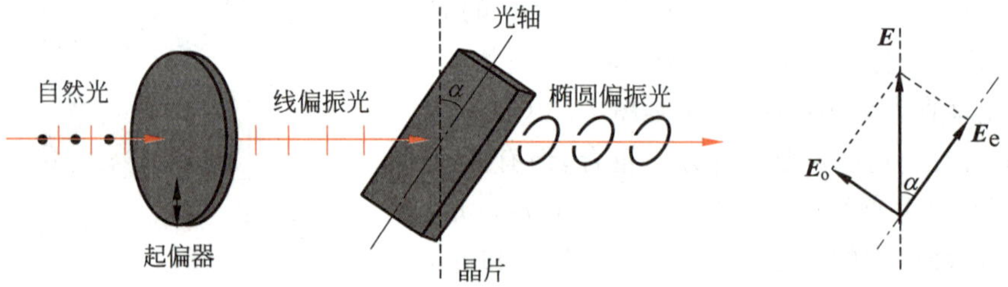

(a) 线偏振光经过晶片后变成了椭圆偏振光

(b) 线偏振光进入晶片后，其光矢量 $\boldsymbol{E}$ 分解为两垂直分量 $\boldsymbol{E}_o$ 和 $\boldsymbol{E}_e$

图 7-53　偏振光经过晶片的振动分解

由于晶体中 o 光和 e 光传播速度不同，它们的折射率分别为 n_o 和 n_e，设晶片厚度为 d，经过晶片后 o 光和 e 光之间有一光程差

$$\delta = (n_o - n_e)d$$

相应的位相差为

$$\Delta\varphi = \frac{2\pi}{\lambda}(n_o - n_e)d$$

因为 o 光和 e 光振动方向垂直，根据垂直振动合成原理，它们的合振动在一般情况下为一椭圆运动，即两条光线相遇后形成椭圆偏振光。

当 $\alpha = 45°$ 时，$E_o = E_e$，若晶片厚度 d 刚好使经过晶片后的 o 光和 e 光的位相差为 $\pm\frac{\pi}{2}$，即

$$(n_o - n_e)d = \pm\frac{\lambda}{4}$$

这时两条光线相遇后的合振动为一圆运动，称合成光为圆偏振光。这种晶片称为四分之一波片。如果晶片厚度 d 使 $(n_o - n_e)d$ 等于 $\pm\frac{\lambda}{2}$，$\pm\frac{3\lambda}{2}$ 等值时，称这种晶片为半波片，二分之

三波片等。必须注意，这些波片都仅对一特定波长而言的，不适用于其他波长。如果用一个尼科耳棱镜来检查被测光是椭圆偏振光还是圆偏振光，可将尼科耳棱镜绕着光线旋转，在视场中光的强度无变化的为圆偏振光；光的强度在某一方位最强，转过90°最弱的，即椭圆偏振光。

*7.4.5 偏振光干涉 旋光现象

1. 偏振光干涉

光干涉的基本条件是：频率相同、振动方向相同以及有恒定的相位差。由自然光经过双折射晶体所产生的o光和e光是不相干的。因为它们来自不同的原子或分子，相互之间既无联系，也无固定的位相差。但是同一偏振光经过双折射晶体所产生的o光和e光是相干光，由此可以得到偏振光的干涉现象。

在图7-54(a)中，起偏器和检偏器的偏振化方向相互垂直。未放入晶片时，检偏器不透光。而放进晶片后，若晶片的光轴与起偏器的偏振化方向成α角，这时检偏器后面视场能见到光，这可以由偏振光的干涉来说明。

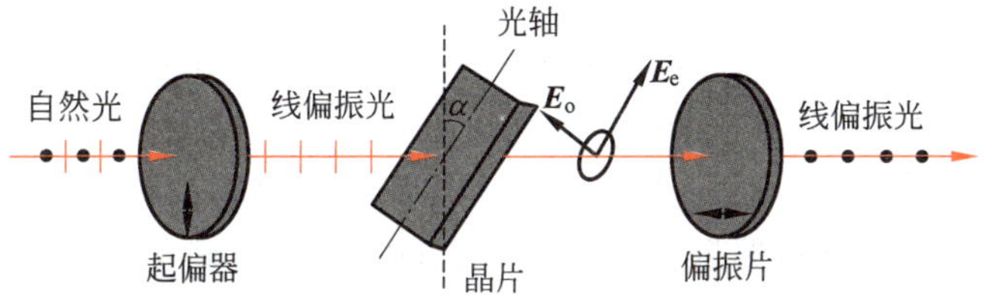

(a) o光和e光通过偏振片后振动方向一致

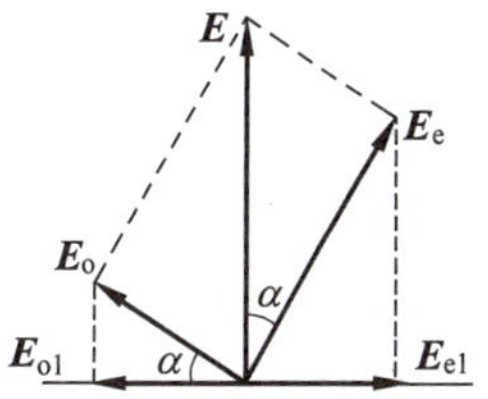

(b) 线偏振光的光矢量为$\boldsymbol{E}$，通过晶片后光矢量分别为$\boldsymbol{E}_o$和$\boldsymbol{E}_e$，然后进入偏振片，$\boldsymbol{E}_o$和$\boldsymbol{E}_e$在偏振化方向分别为$\boldsymbol{E}_{o1}$和$\boldsymbol{E}_{e1}$，出射后相互叠加产生干涉

图7-54 偏振光的干涉

设透过晶片的o光和e光的光矢量分别为E_o和E_e，只有平行于检偏器偏振化方向的分量E_{o1}和E_{e1}可以通过偏振片，如图7-54(b)中所示

$$E_{o1}=E_o\cos\alpha=E\sin\alpha\cos\alpha$$

$$E_{e1}=E_e\sin\alpha=E\cos\alpha\sin\alpha$$

由于经过晶片后，o光和e光的速度不同，因此有一光程差$(n_o-n_e)d$。从图7-54(b)可以看出，这两条光线经过检偏器后由于反向投影又有一附加的位相差π。因此，从检偏器出来时，它们总的位相差为

$$\Delta\varphi=\frac{2\pi}{\lambda}(n_o-n_e)d+\pi$$

当$\Delta\varphi=2k\pi, k=\pm1,\pm2,\cdots$时，即

$$(n_o-n_e)d=(2k-1)\frac{\lambda}{2} \tag{7-24a}$$

时，叠加加强；

当$\Delta\varphi=(2k+1)\pi, k=0,\pm1,\pm2,\cdots$时，即

$$(n_o-n_e)d=k\lambda \tag{7-24b}$$

时，叠加削弱。

随晶片厚度不同，在检偏器后的视场中可以看到不同的明暗程度。若光源为白光，视场中便相应地出现颜色，称这现象为色偏振。色偏振有着广泛的应用，可以用来鉴定材料是否存在双折射性质、揭示岩石材料的构成、分析矿物质的成分等。

2. 人工双折射

在通常情况下，某些物质或晶体不具有双折射性质。但是，在外加的强电场（约达 kV/mm 量级）作用下，会转化为具有双折射性质。这种现象称为电致双折射，又叫克尔效应。当外场撤销后，电致双折射现象就随之消失。实验表明，电致双折射晶体的光轴方向与外加电场 E 的方向一致，并且（n_o-n_e）值与外加电场强度的平方成正比。对一定物质，外电场一定时，（n_o-n_e）也具有一定值。

利用克尔效应制成的克尔盒常用来调制光脉冲，在某些激光器、电视、传真设备中广泛应用。图 7-55 是一克尔盒的剖面示意图，在厚度为 d 的透明密闭容器中装有硝基苯或其他电致双折射物质，再有一对平行金属极板。当两极板加上电压时，硝基苯转化为光轴与场强 E 方向一致的双折射物质。当以振动方向与光轴成 θ 角的偏振光入射克尔盒，在电场作用下的硝基苯将入射光分解为 o 光和 e 光，两偏振光在透射出克尔盒时存在着光程差（n_o-n_e）d。用克尔盒取代图 7-54(a)中的晶片，并使入射于克尔盒的偏振光振动方向与外加电场成 $\theta=45°$角，调整外加电压，使硝基苯主折射率差值（n_o-n_e）与盒的厚度 d 配合，以满足式(7-24a)。这样，整个系统起调制光脉冲的作用：切断克尔盒电路盒内电场消失，硝基苯还原为无双折射的一般透明物质，将没有光从偏振器后透射出来；接通电路，硝基苯成为双折射物质，偏振器后透出光强度为最大。这样就可以通过克尔盒上的电压的通断，调节光脉冲的长短和频率，从而将电讯号转为光讯号，且可以极快的速度开关光路。

上面介绍的是电场作用下，物质显示出双折射性质。有些各向同性的非晶体透明材料（如玻璃、塑料等）在机械力作用下发生形变，也能产生双折射性质，这就为研究各种机械零件受外力作用下内部应力变化提供了方便，这种方法称作光弹性法。

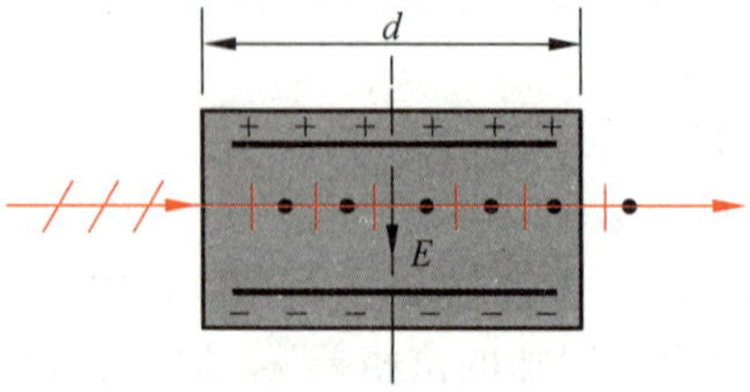

图 7-55　克尔盒

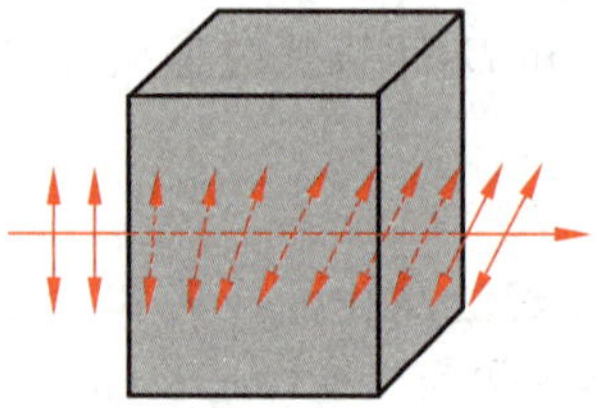
图 7-56　旋光现象

3. 旋光现象

偏振光在通过某些物质（如石英晶体、糖溶液、酒石酸溶液等）后，其振动面会以光的传播方向为轴转过一个角度，如图 7-56 所示，这种现象称为旋光现象。迎着光线射来的方向，根据振动面按顺时针或逆时针方向旋转的不同，还可以将旋光物质分为右旋物质和左旋物质。偏振光通过旋光物质后，其振动面转过的角度称为旋光度。实验表明，旋光度与偏振光通过旋光晶体的距离成正比。在入射光波长一定的情况下，旋转角度可以表示为

$$\theta = \alpha l$$

对于旋光溶液则有

$$\theta = \alpha c l$$

其中，α 称为介质的旋光率，与物质的性质、温度、入射光的波长有关；l 为光在旋光物质中的传播距离，c 为溶液的浓度。旋光现象在生产实践中有广泛应用，如在制糖工业中利用糖溶液的旋光性测量其浓度。这种方法也可以用于化学和制药工业中。

除了天然旋光物质外，利用人工方法也可以使一些物质产生旋光现象。其中最为重要的是法拉第于 1845 年发现的磁致旋光效应。

如图 7-57 所示，在两个偏振化方向相互垂直的偏振片之间放入某种磁性物质样品，并在光的传播方向加上磁场，则发现线偏振光在通过样品后，其振动面发生了偏转。实验表明，磁致旋光度与样品的长度 l、所加磁场的磁感应强度 B 成正比

$$\theta = VlB$$

V 称为费尔德常量，与物质的性质和光的波长以及温度等有关。由于磁致旋光的产生和消失时间非常快（约 10^{-9}s），因此可以利用磁致旋光效应制成光开关，来控制光的传播。

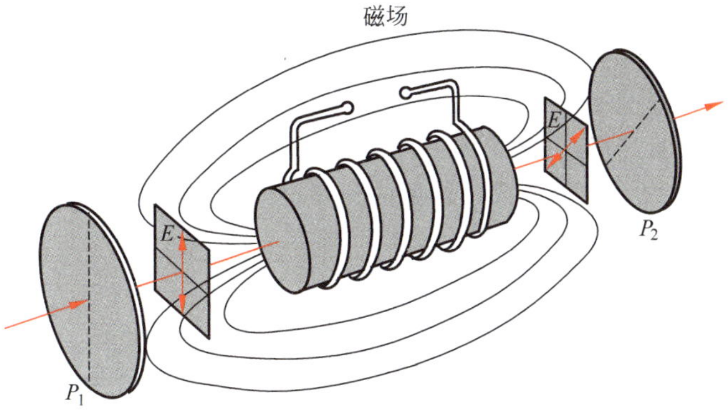

图 7-57　法拉第磁致旋光效应

专题 B

非线性光学简介

在线性光学的研究中，弱光场与物质的相互作用呈线性响应，其极化强度可表达为

$$\boldsymbol{P} = \varepsilon_0 \chi \boldsymbol{E}$$

其中，$\boldsymbol{E}$ 为入射光场的电矢量，ε_0 为真空介电常数，χ 为线性电极化率。这里极化强度与光电场强度呈线性关系，并且极化率 χ 与光强度无关。线性光学主要研究光的反射、折射、吸收、散射、干涉和衍射等光学现象，在这些光现象中，光的频率不发生改变。

伴随着激光器的发明，因为激光的高亮度，光场与物质相互作用变得更为复杂。强激光使极化强度与光场呈非线性响应，这时极化强度与光强有关，这种研究与光强有关效应的学科，称为非线性光学。如图 B-1 所示，1961 年，弗兰肯(Franken)等人将红宝石激光器产生的波长为 694.3 nm 的脉冲光聚焦到石英晶体上，观察到波长为 347.1 nm 的二次谐波辐射

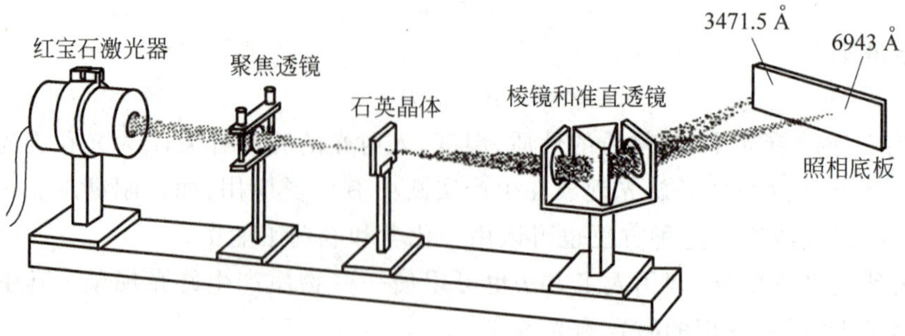

图 B-1　激光倍频实验

光场，证实了非线性光学效应的存在。非线性效应引起不同频率的光场之间的能量交换，呈现出许多新的光学现象，并在众多实验中观察到，这些非线性光学效应有倍频、和频、差频、自聚焦、受激拉曼散射、多光子吸收、光学位相共轭等，在激光技术中有着广泛的应用。

在光场非线性效应中，极化强度与光场的关系可唯像表示为

$$\boldsymbol{P}=\boldsymbol{P}_L+\boldsymbol{P}_{NL}=\boldsymbol{P}_L+\boldsymbol{P}^{(2)}+\boldsymbol{P}^{(3)}+\cdots$$
$$=\varepsilon_0\chi^{(1)}\boldsymbol{E}+\varepsilon_0\chi^{(2)}\boldsymbol{E}^2+\varepsilon_0\chi^{(3)}\boldsymbol{E}^3+\cdots$$

上式中 $\chi^{(1)}$ 为一阶极化率，$\chi^{(2)}$ 为二阶极化率，$\chi^{(3)}$ 为三阶极化率。与此相对应，我们可以用 $P_L=\varepsilon_0\chi^{(1)}E$ 表示一阶极化强度，为线性极化；总的非线性极化强度可以用 P_{NL} 表示，其中 $P^{(2)}=\varepsilon_0\chi^{(2)}E^2$ 为二阶极化强度，$P^{(3)}=\varepsilon_0\chi^{(3)}E^3$ 为三阶极化强度。当光电场 $\boldsymbol{E}$ 很大时，非线性极化强度不可忽略，由于非线性极化强度的存在，使得光在介质中将有可能激发出新的光场。不同阶的极化率之间有如下关系

$$\frac{\chi^{(2)}}{\chi^{(1)}}\approx\frac{\chi^{(3)}}{\chi^{(2)}}\approx\frac{1}{E_{at}}$$

其中 E_{at} 为原子中的电场，其大小约为 2×10^7 V/cm。从上式可以看出要获得二阶极化非线性光学效应，二阶极化强度大小应与一阶极化强度达到相接近的数量级，这时输入光场就应接近 E_{at}。这意味着激光强度 $I\approx c\varepsilon_0E_{at}^2/2=5\times10^{11}\,\mathrm{W/cm^2}$ 才有可能实现非线性光学效应。

实际上非线性极化率的大小与物质的原子或分子空间结构有关，与极化率的阶数也有关。对二阶极化率 $\chi^{(2)}$ 而言，具有中心对称结构的物质其二阶极化率均为 0，这样各向均匀同性的物质就因为具有中心对称结构而不存在二阶非线性光学效应，因此当强激光通过一定厚度的普通玻璃、水等各向均匀同性物质后不可能产生二阶非线性光学效应，要产生二阶非线性光学效应通常用各向异性的光学晶体。而三阶极化率 $\chi^{(3)}$ 的性质就不大相同，所有光学材料均存在非零三阶非线性极化率，但相对系数更小。

这里我们之所以要用极化强度来表示非线性光学效应，是因为只有当介质中非线性极化强度不为 0 时，非线性极化使得介质在空间激发出电磁场。根据麦克斯韦电磁场理论，光波在介质中的传播方程通常可表示为

$$\nabla^2\boldsymbol{E}-\frac{n^2}{c^2}\frac{\partial^2\boldsymbol{E}}{\partial^2 t}=\mu_0\frac{\partial^2}{\partial^2 t}\boldsymbol{P}_{NL}$$

其中 c 为真空中光速，n 为光波的介质中的折射率，μ_0 为真空中磁导率，$\nabla^2=\frac{\partial^2}{\partial^2 x}+\frac{\partial^2}{\partial^2 y}+\frac{\partial^2}{\partial^2 z}$。从上式可以看出当非线性极化强度 P_{NL} 为 0 时，波动方程的解只是改变光场的强度和

其在空间的分布，不可能产生新的频率光场。而当非线性极化强度与线性极化强度相比不可忽略时，相当于通过非线性极化强度的驱动，使得上式中与非线性极化强度具有相同频率的光场有非零解，实现不同频率光场之间的能量交换，因而就得到新的频率光场。下面我们将简单分析二阶和三阶非线性光学效应。

1. 二阶非线性光学效应

对于倍频或二次谐波产生，考虑频率为 ω 的入射光场

$$E(t) = E_0 \cos \omega t$$

代入二阶极化强度公式，可得二阶极化强度为

$$P^{(2)}(t) = \frac{1}{2}\varepsilon_0 \chi^{(2)} (\cos 2\omega t + 1)$$

可以看出由于二阶极化，二阶极化强度产生直流和频率为 2ω 的频率光场，通过这种非线性介质将激发出频率为 2ω 的光场，这一过程就称为二次谐波过程。

更一般地如果入射光场中包含频率分别为 ω_1 和 ω_2 的光场，设

$$E(t) = E_1 \cos \omega_1 t + E_2 \cos \omega_2 t$$

其中 E_1 和 E_2 表示两光场的振幅。其二阶极化强度为

$$\begin{aligned} P^{(2)}(t) &= \varepsilon_0 \chi^{(2)} (E_1 \cos \omega_1 t + E_2 \cos \omega_2 t)^2 \\ &= \varepsilon_0 \chi^{(2)} \Big[\frac{1}{2}(E_1^2 + E_2^2) + \frac{1}{2}E_1^2 \cos 2\omega_1 t + \frac{1}{2}E_2^2 \cos 2\omega_2 t \\ &\quad + E_1 E_2 \cos (\omega_1 + \omega_2) t + E_1 E_2 \cos (\omega_1 - \omega_2) t \Big] \end{aligned}$$

上式中括号中除了直流成分 $(E_1^2+E_2^2)/2$ 以及频率为 $2\omega_1$ 和 $2\omega_2$ 的倍频项外，还产生频率为 $\omega_1+\omega_2$ 的和频项、频率为 $\omega_1-\omega_2$ 的差频项。实际上，不论是倍频、和频或差频过程中，尽管其二阶极化强度不为 0，但要使其光场的解不为 0，仍然需要满足相位匹配条件。以和频为例，在两入射光场共线情况下，三光波的相位匹配可表示为

$$\frac{n_1 \omega_1}{c} + \frac{n_2 \omega_2}{c} = \frac{n_3 \omega_3}{c}$$

上式其中 $\omega_3 = \omega_1 + \omega_2$ 为能量守恒，n_1、n_2 和 n_3 分别为 ω_1、ω_2 和 ω_3 的光场在介质中的折射率。要使上式位相匹配条件得到满足，一般利用晶体的双折射，选择适当入射光场的偏振方向以及它们在晶体中的传播方向。这就要求对不同频率光场的和频过程，晶体的切割角度不同。常用的非线性光学晶体有磷酸二氢钾（KH_2PO_4，简称 KDP）、铌酸锂（$LiNbO_3$）、磷酸氧钛钾（$KTiOPO_4$，简称 KTP）和 β—偏硼酸钡（β-BaB_2O_4，简称 BBO）晶体等。

2. 三阶非线性光学效应

下面讨论三阶非线性光学效应，其极化强度为

$$P^{(3)}(t) = \varepsilon_0 \chi^{(3)} E^3$$

光场通常包含多频率成分叠加，而相互作用实际上是四光场相互作用，其结果较为复杂。为简化起见，我们设初始光场只含一个频率光波

$$E = E_0 \cos \omega t$$

代入三阶极化强度表达式中，可得

$$P^{(3)}=\varepsilon_0\chi^{(3)}E^3=\frac{1}{4}\varepsilon_0E_0^3\chi^{(3)}\cos 3\omega t+\frac{3}{4}\varepsilon_0E_0^3\chi^{(3)}\cos\omega t$$

上式第一项为 3ω 的极化强度,这将导致三次谐波产生,同样这一过程需要满足位相匹配条件。第二项表示极化强度对入射光场的非线性贡献,这使得入射光场的折射率因为非线性作用而发生变化。这样折射率可表示为

$$n=n_0+n_2I$$

其中 n_0 为线性或光强很小时的折射率,而 $n_2=\frac{3}{4n_0^2c\varepsilon_0}\chi^{(3)}$,这说明由于三阶非线性作用使得光场在介质中的折射率与光的强度成正比,当光强度在横截面上非均匀分布时(如高斯分布),并且上式中系数 $n_2>0$,介质中的折射率分布相当于一个正透镜作用,使得光场发生自聚焦作用,这种自聚焦作用使光在介质中的强度随传输距离越变越大,并导致在焦点附近材料的击穿效应,这是在大功率激光器研制中需要加以避免的问题。当然由于光的衍射效应存在,最终也有可能使聚焦和衍射对光束的发散作用达到平衡,这样光束半径保持不变,如图 B-2 所示。

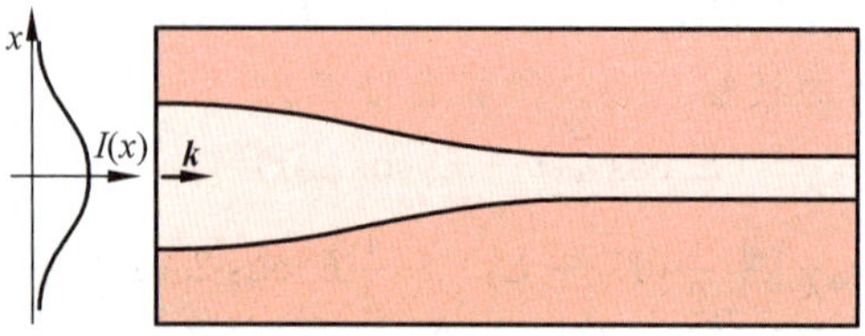

图 B-2　光学自聚焦

习　题

7-1　由汞弧灯发出的光,通过一滤光片后,照射到相距为 0.6 mm 的双缝上,在距双缝 2.5 m 远处的屏幕上出现干涉条纹,若测得相邻两条明条纹的中心距离为 2.27 mm,求入射光的波长。

7-2　洛埃镜实验中,点光源 S 在镜平面上方 2 mm 处,反射镜置于光源与屏幕正中间,镜长 $L=40$ cm,屏到光源的距离 $D=1.5$ m,波长 $\lambda=500.0$ nm。试求:

(1) 条纹间距;

(2) 屏幕上干涉条纹范围;

(3) 屏幕上能观察到的干涉条纹数。

7-3　波长为 λ 的两相干单色平行光束(光束 1 和光束 2),分别以图示的入射角 θ 和 φ 入射在屏 MN 上,求屏上干涉条纹的间距。

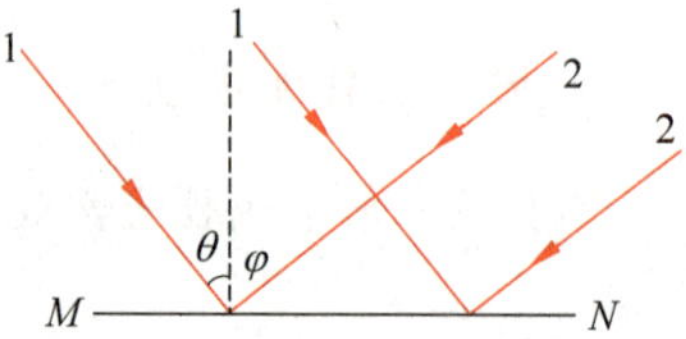

习题 7-3 图

7-4　杨氏双缝实验装置的两个缝分别被 $n_1=1.4$ 和 $n_2=1.7$的两片等厚透明片所遮盖,在两透明片插入后,屏上原中央明纹所在处被现在的第 5 级明纹所占据,求透明片厚度 e(设入射光波长为 $\lambda=480$ nm)。

7-5 在如图所示的洛埃镜装置中，S 是发射频率 $f=6\times10^{14}$ Hz 的光波的点光源。

$$SP = 1\ \text{mm},\quad AB = PA = 5\ \text{cm},\quad BO = 190\ \text{cm}$$

(1) 确定能产生干涉条纹的区域，并计算能观察到的条纹数；

(2) 在光路 SQ 上插上一块折射率为 $n=1.5$ 的云母片，如能使最下面的干涉条纹移到原干涉条纹的最上部，试求云母片应该有多厚。

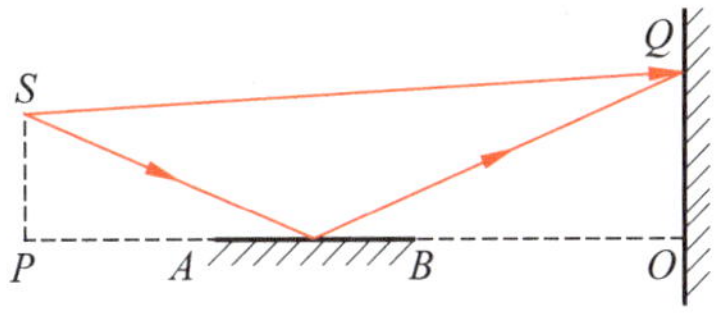

习题 7-5 图

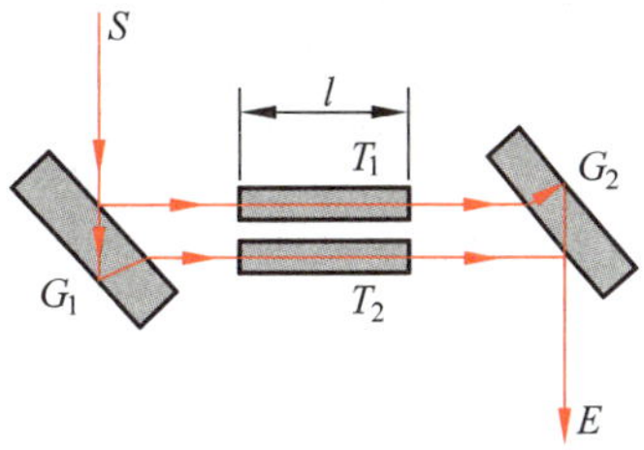

习题 7-6 图

7-6 如图所示，维敏干涉仪常用于测量气体在各种温度和压强下的折射率。实验时先将 T_1 和 T_2 抽成真空，再将待测气体徐徐通入 T_2。若光波波长 $\lambda=589.3$ nm，$l=20$ cm，在 E 处共看到 98 条干涉条纹移动，求该气体折射率。

7-7 用钠黄光($\lambda=589.3$ nm)垂直照射在某光栅上，测得第 3 级明纹衍射角为 $10°11'$，(1)若换用另一个光源，测得其第 2 级明纹衍射角为 $6°12'$，求后一光源的波长；(2)若以白光照射在该光栅上，问其第 2 级光谱带对透镜光心的张角。

7-8 钠黄光以入射角 $\theta=30°$照射在每厘米 6000 刻线的光栅上，求(1)各条明纹的衍射角；(2)最多能看到第几级明纹；(3)一共看到几条明纹。

7-9 白光垂直照射在每厘米 4000 刻条的光栅上，在光栅后透镜(焦距 $f=25$ cm)的焦平面上放一光屏，屏上开一 1.0 cm 宽的孔，孔内侧离零级主极大 5.0 cm。问什么波长范围的可见光可以通过开孔。

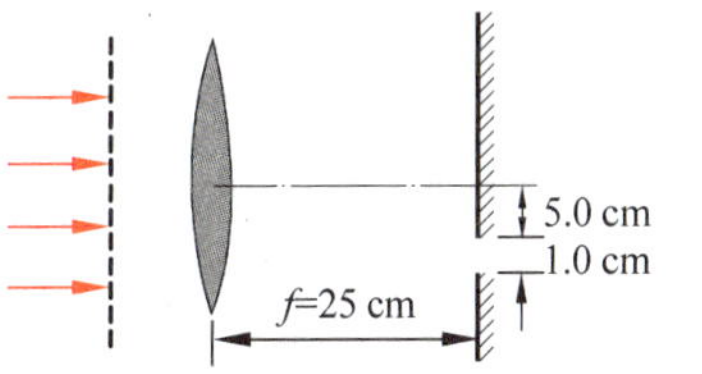

习题 7-9 图

7-10 白光垂直照射一块置于空气中、$n=1.4$ 的厚度均匀的薄膜时，只有 $\lambda=644$ nm 的反射光得到加强，问该膜的最小厚度应等于多少？

7-11 在棱镜($n_1=1.52$)表面涂上一层增透膜($n_2=1.30$)，为使此增透膜适用于 550 nm 波长的光，膜的厚度应取何值？

7-12 两块平面玻璃叠在一起，在一端夹入一薄纸片，形成一个空气劈尖。用 $\lambda=5.9\times10^{-7}$ m 的钠光垂直入射，每厘米上形成 10 条干涉条纹，求此劈尖角。

7-13 块规是一种长度标准器。它是一块钢制长方体，两端面磨平抛光并很精确地相互平行，两端面间距离就是长度标准。图中 G_1 是一合格块规，G_2 是与 G_1 同型号待校准的块规。校准装置如图所示。块规放置于平台上，上面盖以平玻璃，平玻璃与块规端面间形成空气劈

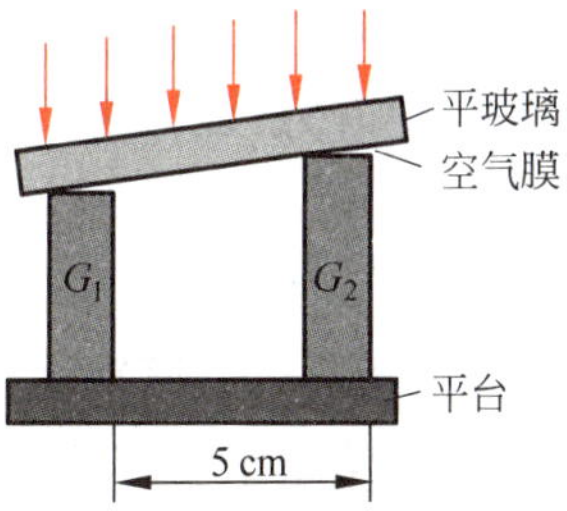

习题 7-13 图

尖，用波长为 589.3 nm 的光垂直照射时，观察到两端面上方各有一组干涉条纹。

(1) 两组条纹的间距都是 $L=0.50$ mm，试求 G_1 和 G_2 的长度差；

(2) 如何判断 G_2 比 G_1 长还是短？

(3) 如果两组条纹间距分别为 $L_1=0.50$ mm，$L_2=0.30$ mm，这表示 G_2 加工有什么不合格之处？如果 G_2 加工完全合格，应观察到什么现象？

7-14 如图为干涉膨胀仪的示意图。二平面玻璃板 AB 与 $A'B'$ 之间放一热膨胀系数极小的熔石英环 CC'，被测样品放在环内，其上表面与 AB 板下表面形成一楔形空气层，以波长 λ 的单色光自 AB 板垂直入射到楔形空气层上，产生等厚干涉条纹。设在温度 t_0 时，测得样品长度为 L_0，温度升高到 t 时，环 CC' 的长度近似不变，样品 W 的长度增为 L，通过视场某一刻线的条纹数目为 N，求证，被测物体的膨胀系数

$$\beta=\frac{N\lambda}{2L_0(t-t_0)}$$

（提示：定义膨胀系数 $\beta=\dfrac{L-L_0}{L_0}\cdot\dfrac{1}{t-t_0}$。）

7-15 一曲率半径为 10 m 的平凸透镜放在一块平玻璃表面上时，可观察到牛顿环。

(1) 当用波长 480 nm 垂直入射时，求各级暗环的半径；

(2) 如果透镜直径为 4×10^{-2} m，能看见多少个环？

7-16 若用不同波长的光观察牛顿环

(1) $\lambda_1=600$ nm，$\lambda_2=450$ nm，观察到用 λ_1 时的第 k 个暗环与用 λ_2 时的第 $k+1$ 个暗环重合，已知透镜的曲率半径是 190 cm，求用 λ_1 时第 k 个暗环半径。

(2) 如果用 $\lambda_1=500$ nm 时的第 5 个明环与用 λ_2 时的第 6 个明环重合，求 λ_2。

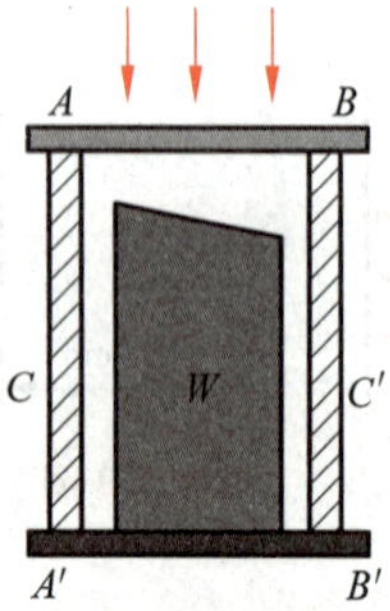

习题 7-14 图

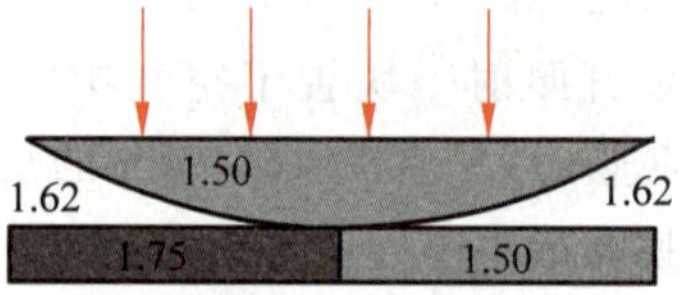

习题 7-17 图

7-17 牛顿环装置的平板玻璃由折射率 $n_1=1.50$、$n_3=1.75$ 的两种不同材料组成，平凸透镜的折射率 $n_1=1.5$，透镜与玻璃之间充满折射率 $n_2=1.62$ 的二硫化碳，如图所示。已知凸透镜的曲率半径为 $R=1.9$ m，垂直入射的光波波长为 600 nm。

(1) 画出反射光形成的干涉花样？

(2) 左边第五条暗环半径是多少？右边第六条明环半径又为多少？

7-18 牛顿环装置原来放在空气中，在牛顿环装置中的透镜与平板玻璃之间充以某种液体后，第十个明环的直径由 1.40 cm 变为 1.27 cm，试求这种液体的折射率。

7-19 如图所示的实验装置中，平面玻璃片 MN 上放有一油滴，当油滴展开形成球形油膜

时，在波长 $\lambda=500$ nm 的单色光垂直照射下，从反射光中观察油膜形成的干涉条纹，已知玻璃的折射率 $n_1=1.5$，油膜的折射率 $n_2=1.2$，问(1)当油膜中心最高点与玻璃片上表面相距 $h=1200$ nm 时，可看到几条明条纹？各明条纹所在处的油膜厚度为多少？中心点的明暗程度如何？(2)当油膜继续摊展时，所看到的条纹情况如何变化？中心点的情况如何变化？

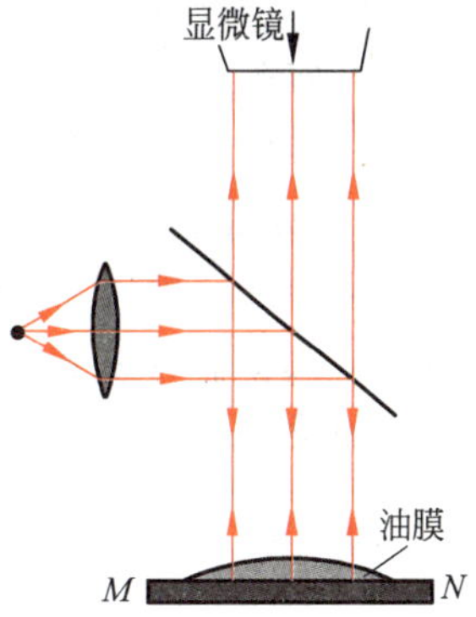

习题 7-19 图

7-20 迈克耳孙干涉仪可用来测量单色光的波长，当反射镜 M_1 移动距离 $\Delta d=0.3220$ mm 时，测得某单色光的干涉条纹移过 $\Delta N=1024$ 条。试求该单色光波长。

7-21 用氦-氖激光($\lambda=632.8$ mm)作光源，迈克耳孙干涉仪中的 M_1 反射镜移动一段距离，干涉条纹移动了 3792 条，试求 M_1 移过的距离。

7-22 夫琅禾费单缝衍射装置中发生下列变化，则中央明纹的位置和角宽度有何变化？

(1) 单缝向上或向下平移一个小距离；

(2) 单缝不动而会聚透镜向上或向下平移一个小距离；

(3) 入射平面单色光与单缝法线有一夹角 θ，求出各衍射暗纹的 φ 角条件。

7-23 在一个焦距为 1 m 的透镜的焦平面上，观察单缝夫琅禾费衍射图样，单缝宽 $a=4\times10^{-4}$ m，入射光中有波长为 λ_1 和 λ_2 的光，λ_1 的第四级暗纹和 λ_2 的第五级暗纹出现在同一点，离中央明纹的距离为 5×10^{-3} m，求 λ_1 和 λ_2 的值。

7-24 波长为 600 nm 的单色光垂直照射宽 $a=0.30$ mm 的单缝，在缝后透镜的焦平面处的屏幕上，中央明纹上下两侧第二级暗纹之间相距 2.0 mm，求透镜焦距。

7-25 单缝宽 0.10 mm，缝后透镜的焦距为 50 cm，用波长 $\lambda=546.1$ nm 的平行光垂直照射单缝，求透镜焦平面处屏幕上中央明纹宽度。

7-26 锂原子发光波长为 $\lambda_1=460.3$ nm、$\lambda_2=497.2$ nm、$\lambda_3=670.8$ nm。光栅由在 20 mm 宽度的光学平面玻璃片上一万条宽为千分之一毫米的刻痕构成，用锂光灯垂直照射这光栅时，问：(1)能看到几条光谱线；(2)每条谱线的衍射角各是多少？

7-27 有一每厘米 3000 条的光栅，589.6 nm 波长的单色光以沿 30°入射角方向平行斜入射到该光栅上，问能看到几条明纹？若第 2 级缺级，a 有多大？此条件下能看到几条明纹？

7-28 波长为 600 nm 的单色光垂直入射在一光栅上，第二、第三级明条纹分别出现在 $\sin\varphi=0.20$ 与 $\sin\varphi=0.30$ 处，第四级缺级，试问：(1)光栅上相邻两个狭缝的间距是多少？(2)光栅上狭缝的宽度可能有多大？(3)按上述选定的 a、b 值，在 $90°>\varphi>-90°$范围内，求出实际呈现的全部级数。

7-29 利用一个每厘米 4000 条缝的光栅，可产生多少级完整的可见光谱(可见光的波长：400～700 nm)？

7-30 在迎面驶来的汽车上，两盏前灯相距 120 cm。试问汽车离人多远的地方，眼睛恰可分辨这两盏灯？设夜间人眼瞳孔直径为 5.0 mm，入射光波长 $\lambda=550$ nm。

7-31 已知天空中两颗星相对于一望远镜的角距离为 4.84×10^{-6} rad，它们都发出波长 $\lambda=$

5.50×10^{-5} cm 的光。试问望远镜的口径至少要多大，才能分辨出这两颗星？

7-32 图中所示的入射 X 射线不是单色的，它含有从 $0.95\times10^{-10}\sim1.30\times10^{-10}$ m 这一范围内的各种波长。晶体的晶面距 $d=2.75\times10^{-10}$ m。试问图示的晶面能否对入射 X 射线产生强反射？

7-33 用方解石分析 X 射线的谱线。已知方解石的晶面距为 3.029×10^{-10} m，在 $43°20'$ 和 $43°42'$ 的掠射方向上观察到两条主极大谱线，且在小于上述掠射角时都未见到主极大谱线。求这两条谱线的波长。

7-34 从起偏器 A 获得的线偏振光，强度为 I_0，入射于检偏器 B，要使透射光的强度降低为原来的四分之一，问检偏器与起偏器两者偏振化方向之间的夹角应为多少？

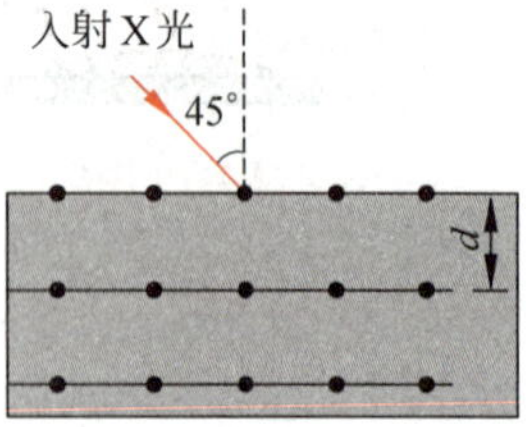

习题 7-32 图

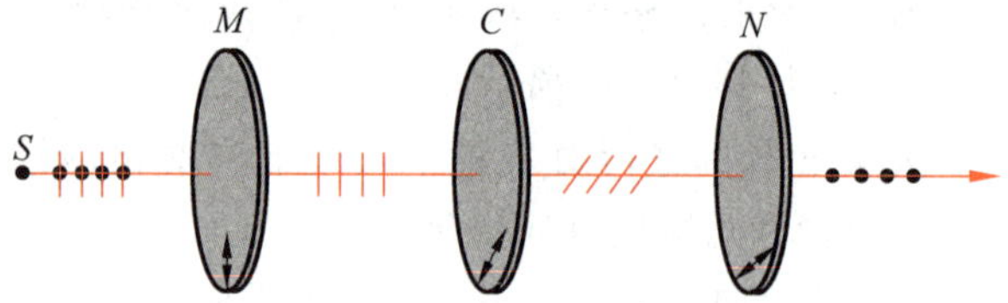

习题 7-35 图

7-35 如图所示，偏振片 M 作为起偏器，N 作为检偏器，使 M 和 N 的偏振方向互相垂直。今以单色自然光垂直入射于 M，并在 M、N 中间平行地插入另一偏振片 C，C 的偏振化方向与 M、N 均不相同。

(1) 求透过 N 后的透射光强度；

(2) 若偏振片 C 以入射光线为轴转动一周，试画出透射光强度随转角变化的函数曲线。设自然光强度为 I_0，并且不考虑偏振片对透射光的吸收。

7-36 一束光是偏振光和自然光的混合，当它通过一偏振片时，发现透射光强度依赖于偏振片的取向，其光强可变化 5 倍，求入射光中这两成分的相对强度？

7-37 (1) 求出光在装满水的容器底部反射时的布儒斯特角。已知容器是用折射率 $n=1.50$ 的冕牌玻璃制成的。（水的折射率为 1.33）

(2) 今测得釉质在空气中的起偏振角 $i_b=58°$，试求它的折射率为多少？

7-38 如图所示，自然光以 i_b 角入射到水面上，反射光为线偏振光，欲使光由玻璃面反射也成为完全偏振光，求水面与玻璃面之间的夹角 α。（$n_1=1$，$n_2=1.33$，$n_3=1.50$）

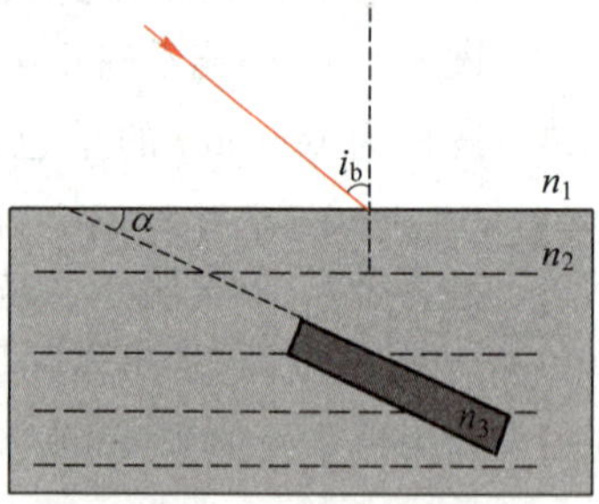

习题 7-38 图

7-39 在图所示的各种情况中，以线偏振光或自然光入射于界面时，问折射光和反射光各属于什么性质的光？并在图中用点和短线把其振动方向表示出来。（图中 $i_b=\arctan n$，$i\neq i_b$）

7-40 回答下列问题：

(1) 何谓光轴、主截面？

(2) 何谓寻常光线和非常光线？它们的振动方向与主截面有何关系？指出在怎样

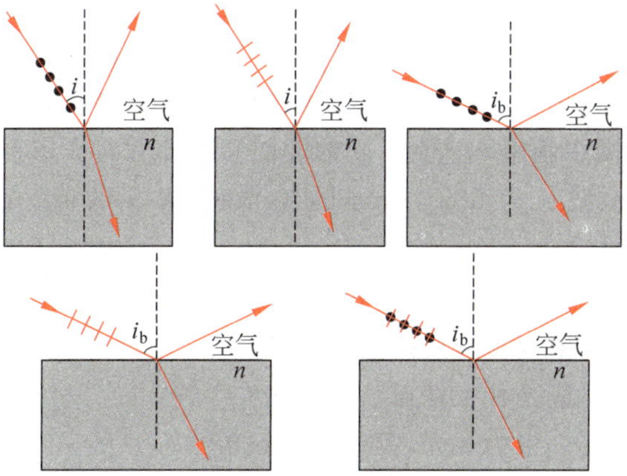

习题 7-39 图

情形下寻常光线和非常光线都在主截面内?

(3) 有人认为只有自然光通过双折射晶体,才能获得 o 光和 e 光。你的看法如何?为什么?

7-41 如图(a)所示,一束自然光入射在方解石晶体的表面上,入射光线与光轴成一定角度。问将有几条光线从方解石透射出来?如果把方解石割成等厚的 A、B 两块,并平行地移开很短一段距离,如图(b)所示,此时光线通过这两块方解石后有多少条光线射出来?如果把 B 块绕光线转过一个角度,此时将有几条光线从 B 块射出来?为什么?

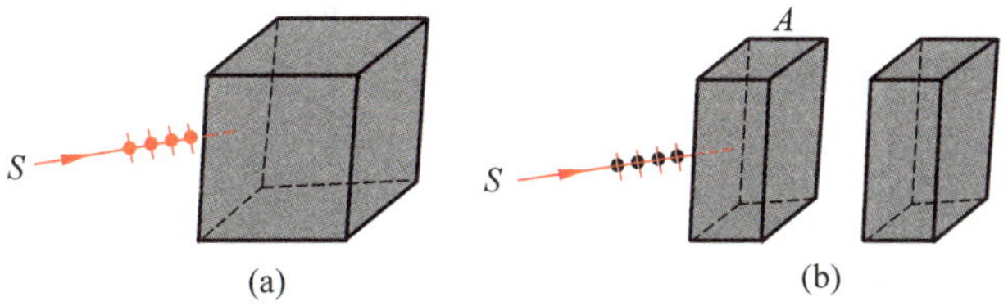

习题 7-41 图

7-42 把方解石割成一个正三角形棱镜,其光轴与棱镜的棱边平行,亦即与棱镜的正三角形横截面相垂直。如图所示,今有一束自然光入射于棱镜,为使棱镜内的 e 光折射线平行于棱镜的底边,该入射光的入射角 i 应为多少?并在图上画出 o 光的光路。已知 $n_e=1.49$(主折射率),$n_o=1.66$。

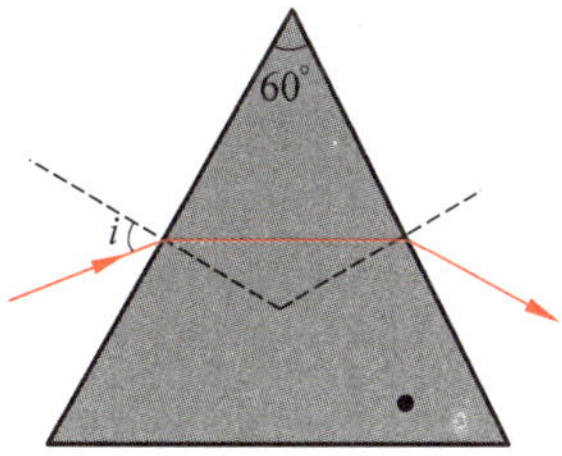

习题 7-42 图

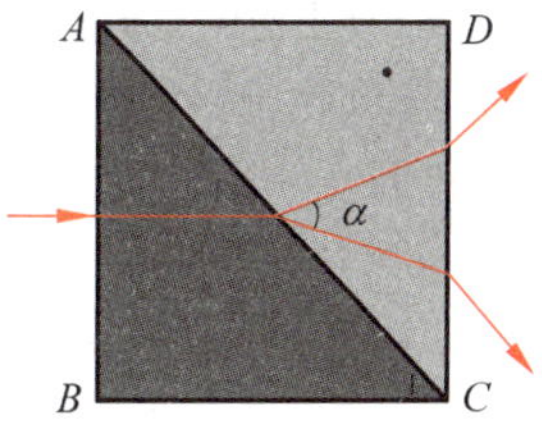

习题 7-43 图

7-43 图示为一渥拉斯顿棱镜的截面，它是由两个锐角均为45°的直角方解石棱镜粘合其斜面而构成的，并且棱镜 ABC 的光轴平行于 AB，棱镜 ADC 的光轴垂直于图截面。

(1) 当自然光垂直于 AB 入射时，试说明为什么o光和e光在第二个棱镜中分开成 α 夹角，并在图中画出o光和e光的波面和振动方向；

(2) 当入射光是波长为589.0 nm的钠光时，求 α 的值。已知方解石中的 $n_o=1.658$，$n_e=1.486$。

7-44 一方解石晶体，$n_o=1.66$，$n_e=1.49$，晶体光轴如图所示，一束自然光以角 i 入射而被分成两束。

(1) 晶体表面反射光是什么偏振状态的光？

(2) 折射光束中哪一束为o光，哪一束为e光？

(3) 说明两条出射光线的振动方向？

(4) 两束出射光线的垂直距离 $h=$？

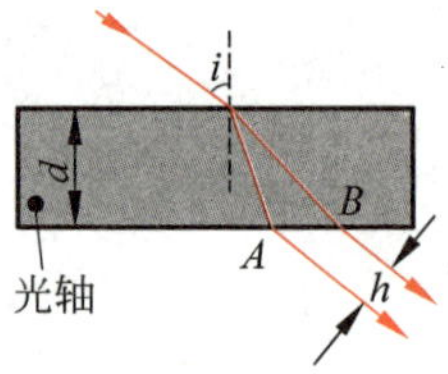

习题 7-44 图

7-45 两尼科耳棱镜的主截面间夹角由30°转到45°。

(1) 当入射光是自然光时，求转动前后透射光的强度之比；

(2) 当入射光是线偏振光时，求转动前后透射光的强度之比。

7-46 如果一个(1)λ/2波片；(2)λ/4波片的光轴与起偏振器的偏振化方向成30°角。则从波片透出来的光是线偏振光、圆偏振光还是椭圆偏振光？

7-47 单色光通过两个偏振化方向正交的偏振片，在两偏振片之间放一双折射晶片，在下述两种情形中，能否观察到干涉花样？

(1) 晶片的主截面与第一个偏振片的偏振化方向平行；

(2) 晶片的主截面与第一个偏振片的偏振化方向垂直。

7-48 试证明：一克尔盒放在正交的起、检偏器之间，当起偏器偏振化方向与克尔盒的电场方向成 $\pi/4$ 角度时，从检偏器透出的光强为最大。

7-49 一般He-Ne激光器激光波长为632.8 nm，它的谱线宽度 $\Delta\lambda$ 小于亿分之一纳米，试计算它的相干长度。

7-50 一 CO_2 气体激光器发出波长为10.6 μm的激光，功率为1 kW，光束经聚焦后截面积为1 mm^2。

(1) 问每秒通过该截面有多少个光子？

(2) 这束激光射到2 cm厚的铁板上，有10%的光能量被反射，余下的能量由于时间极其短暂来不及传递被所照射的那一小部分铁板所吸收。问在铁板上打一个面积为1 mm^2 的孔需要多少时间？已知铁的热容量 $C=26.6$ J/mol·K，密度 $\rho=7.9\times10^3$ kg/m^3，熔点 $J_m=1808$ K，熔解热 $L_m=1.49\times10^4$ J/mol，室温为293 K。